弹塑性力学

盛冬发　李明宝　朱德滨　编

科学出版社

北　京

内 容 简 介

本书主要介绍了弹塑性材料及其结构在外部荷载作用下的力学响应的基础理论、方法及相应的屈服准则，各类结构弹塑性问题的求解方法及其在工程实践中的应用. 全书共 14 章，主要内容包括：应力应变分析、弹塑性本构关系、弹性问题的解法、能量原理及变分法、塑性屈服、简单弹塑性问题、理想刚塑性的平面应变问题、结构的塑性极限分析.

本书可作为工程力学专业高年级本科生教材以及土木、机械、水利等非力学专业研究生教材，也可作为相关科研和工程技术人员的参考书.

图书在版编目（CIP）数据

弹塑性力学/盛冬发，李明宝，朱德滨编. —北京：科学出版社，2021.3
ISBN 978-7-03-068423-3

Ⅰ. ①弹… Ⅱ. ①盛…②李…③朱… Ⅲ. ①弹性力学②塑性力学 Ⅳ. ①O34

中国版本图书馆 CIP 数据核字（2021）第 048865 号

责任编辑：罗 吉 乔丽维 / 责任校对：杨聪敏
责任印制：张 伟 / 封面设计：蓝正设计

科学出版社 出版
北京东黄城根北街 16 号
邮政编码：100717
http://www.sciencep.com

北京凌奇印刷有限责任公司 印刷

科学出版社发行 各地新华书店经销

*

2021 年 3 月第 一 版 开本：720 × 1000 B5
2024 年 1 月第四次印刷 印张：18 1/2
字数：373 000

定价：69.00 元

（如有印装质量问题，我社负责调换）

前　言

弹塑性力学是人们在长期生产与科学实验丰富成果的基础上发展起来的学科，作为固体力学的一个重要分支已有一百多年的历史，是研究弹性和弹塑性物体变形规律的一门学科. 弹塑性力学有一套较完善的理论和方法，它推理严谨、计算结果准确，是分析和解决许多工程技术问题的基础和依据，为许多工科专业硕士研究生的学位课程. 本书是作者多年来在为硕士研究生开设弹塑性力学课程的基础上，经逐年修改更新后编写而成，能满足教学学时为 48～64 的工科类专业高年级本科生或硕士研究生的教学要求.

弹塑性力学采用宏观连续介质力学的研究方法，从材料的宏观弹塑性行为中抽象出力学模型，并建立相应的数学方程予以描述. 其基本方程的建立需要从静力学、物理学和几何学三方面来进行研究. 在静力学方面，主要是建立物体的平衡条件，不仅物体整体要保持平衡，而且物体内的任何局部(直到材料单元)都要处于平衡状态. 反映这一规律的数学方程有两类，即平衡微分方程和应力边界条件. 以上两类方程都与材料的力学性质无关，属于普适方程. 在物理学方面，则要建立应力与应变或应力与应变增量之间的关系，这种关系常称为本构关系. 在几何学方面，主要是建立位移和应变之间的关系，由于物体是连续的，因而在变形时各相邻小单元都是相互联系的，可以得到变形的协调条件. 反映变形连续规律的数学表达式有两类，即几何方程和位移边界条件.

科技的飞速发展和工业生产实际需求的不断提高，有力地推动了弹塑性力学的发展. 同时，弹塑性力学为力学学科的发展提供了更为可靠的测量方法和更加先进的计算工具，也为研究工程结构的强度、振动、稳定性以及材料与结构的断裂和损伤理论奠定了必要的理论基础. 目前弹塑性力学已在土木、机械、水利、航空、造船、核能、冶金、采矿、材料等工程领域获得了广泛的应用. 随着研究工作的深入，弹塑性力学将在各工程领域中发挥越来越大的作用.

本书将弹性力学和塑性力学分开编写是为了体现它们的不同特点. 在数学表达方面，同目前大多数教科书一样，引入了张量的指标记号法，简洁明了. 全书共 14 章，主要内容包括：应力应变分析、弹塑性本构关系、弹性问题的解法、能量原理及变分法、塑性屈服、简单弹塑性问题、理想刚塑性的平面应变问题、结构的塑性极限分析. 其中第 2～8 章由西南林业大学盛冬发教授撰写，第 10～14 章由东北林业大学李明宝教授撰写，第 1、9 章由西南林业大学朱德滨副教授撰写. 本书的特点是在突出基本概念、基本原理和基本方法的前提下，注重理论联系实际. 在内容安排上按照由浅入深、循序渐进、易于理解和便于自学的原则. 在保证基础的前提下，注重知识的更新和应用能力的提高.

本书写作过程中，北京科技大学的尚新春教授细致地审阅了初稿并提出了许多宝贵的建议，特此向他表示衷心的感谢！在本书编写的过程中参考了一些兄弟院校同类教材中的部分内容和习题，在此也一并表示感谢！

由于成稿时间仓促以及作者水平所限，书中难免存在不足和值得改进之处，恳请读者批评指正.

编 者

2020 年 4 月于昆明

目 录

第1章 绪论

本章主要介绍弹塑性力学的基本概念，掌握弹塑性力学的研究内容和基本假设，了解弹塑性力学的发展历史. 本书中的一些主要公式，采用张量记号给出. 为了方便读者阅读，本章还简要地介绍了张量的初步知识.

1.1 弹塑性的概念

可变形固体在外力等外部因素作用下将发生变形，根据变形的特点，固体在受力过程中的力学行为可分为两个明显不同的阶段：弹性变形阶段和塑性变形阶段. 当外力较小时，卸除外力后，物体能完全恢复至原有的形状，这种能完全恢复的变形称为弹性变形. 当外力超过某个极限值时，即使卸除全部外力后，物体的变形也不能完全恢复，会有一部分变形残留在物体中，这部分变形称为塑性变形. 弹性变形阶段对应于外力不超过弹性极限荷载，当外力超过弹性极限荷载后，进入塑性变形阶段. 弹性力学研究物体弹性变形阶段的力学问题，塑性力学研究物体塑性变形阶段的力学问题，而弹塑性力学将物体弹性和塑性这两个紧密相连的变形阶段的力学问题结合在一起来研究.

弹性几乎是所有固体的一种固有属性，有线性和非线性之分. 有一类材料，如钢材等，当应力不超过弹性极限时，其应力应变之间呈线性关系，称为物理线性. 也有一类材料，如橡胶和某些有色金属，却具有非线性的弹性性质，称为物理非线性. 固体在塑性变形阶段，其应力应变之间的关系是非线性的.

有的材料弹性阶段明显，而塑性阶段很不明显，往往在弹性阶段变形后就发生破坏，这类材料定义为脆性材料. 而大部分固体材料在外荷载作用下都有明显的弹性变形阶段和塑性变形阶段，这类材料统称为弹塑性材料，由它所制成的物体是弹塑性力学的研究对象.

1.2 弹塑性力学的研究内容和任务

弹塑性力学与材料力学、结构力学一样，都是可变形固体力学学科分支. 弹塑性力学研究内容与我们熟悉的材料力学、结构力学一样，是分析各种结构或其构件在外界因素作用下的应力、应变及位移，确定其承载能力. 然而，这三门学科在研究对象上有所分工，其研究方法亦不同. 材料力学研究杆件，即物体的长度远大于其宽度和厚度的一维问题；结构力学在材料力学基础上主要研究杆件系统；而弹塑性力学研究对象更为广泛，不仅研究一维杆件结构，还可以研究二维板、壳结构，以及挡土墙、堤坝、地基等三维实体结构. 此外，材料力学和结构力学研究的问题主要局限于弹性变形阶段，而弹塑性力学研究从弹性阶段到塑性阶段，直至最后破坏的整个过程的力学问题. 在研究任务上，材料力学主要在于合理地设计杆件，以保证它们具有足够的强度、刚度和稳定性；结构力学的任务在于研究杆系结构内力和变形的计算方法，以便进行结构强度、刚度和稳定性的计算；**弹塑性力学的主要任务在于针对实际问题建立可变形固体的基本方程及应力、应变和位移分布求解的基本方法，从而获得结构在荷载作用下的变形和应力分布，确定和充分发挥一般工程结构的承载能力，提高经济效益.** 此外，弹塑性力学还进一步为研究工程结构的强度、振动、稳定性以及材料与结构的断裂与损伤理论奠定必要的理论基础.

1.3 弹塑性力学的基本假设

弹塑性力学的主要内容是根据已知条件，如外力、结构几何形状和约束条件等，求解未知的位移、应变和应力等物理量. 由于多方面因素的影响，工程实际问题是十分复杂的，如果不分主次地考虑所有因素，必将带来数学上的极大困难. 因此，根据问题性质建立力学模型时，必须对研究对象的物理几何性质进行抽象，提出若干基本假设作为研究的前提. 这些假设不但简化了分析问题的数学难度，而且被广泛的实验和工程实践证明是可行的.

弹塑性力学的基本假设和一般变形体力学的基本假设相似，不外乎涉及两个方面：一方面是物理假设，即关于物体材料性质的假设；另一方面是为了应用数学分析的工具所做的几何连续性假设. 我们必须仔细研究各种假设的物理意义及其对解答的影响，从而明确假设的作用以及基于假设的理论的适用范围，如果超出这个范围，弹塑性理论必须被修正以便适用于新的前提条件.

1.3.1 连续性假设

连续性假设有两层含义：①组成物体的物质粒子密实地充满了物体所占据的整个空间，毫无空隙；②物体在变形过程中仍保持连续性，不出现开裂或重叠现象，即变形前物体中的质点与变形后物体中的质点是一一对应的. 显然，在连续性假设下，表征物体变形和内力的量都是物体所占空间坐标的连续函数. 这样，我们在进行弹塑性力学分析时，就可以应用数学分析这个强有力的工具.

必须说明，这里所说的连续性假设对一般变形体力学也是适用的. 严格地说，这只是一种近似假设. 实际上，由于物体是由原子和分子组成的，对于固体而言，物体可认为是由无数个多晶体晶粒组成的，而这些物质粒子之间本身存在空隙. 因此，构建物体的物质粒子实际上不可能连续地充满整个物体. 不过，通常工程上的结构构件尺寸与晶粒的大小相比，其数量级是非常悬殊的. 在力学分析中，从物体中取出任一微元体也含有大量的晶粒，晶粒之间的距离与微元体甚至与物体尺寸相比更是小得多，故可认为连续性假设是成立的.

1.3.2 均匀性假设

均匀性假设认为，所研究的可变形固体是由同一类型的均匀材料构成的. 因此，其内各点处的物理力学性质相同，并不因坐标位置的变化而变化. 根据均匀性假设，在研究问题的时候，就可以从固体中取出任一单元来进行分析，然后将分析的结果用于整个物体.

1.3.3 各向同性假设

各向同性假设认为，所研究的可变形固体内部任一点在各个方向上都具有相同的物理力学性质，即材料的性质与方向无关，其特性参数不随方向而变化. 工程上常用的金属材料，其各个晶粒本身并非各向同性，但是从固体中取出的任一单元中一般包含许多无序排列的晶粒，这些晶粒综合起来并不显示出方向性的差异，就统计平均行为而言，可以认为金属材料是各向同性的. 实际上，有不少固体材料不具有这种性质，如木材、竹材、纤维增强复合材料等必须考虑各向异性. 此外，各向同性假定也仅仅应用于弹性阶段，即使是初始各向同性的固体，在进入塑性阶段后，也会变成各向异性材料.

1.3.4 小变形假设

小变形假设认为，所研究的变形固体在外力或其他外界因素(如温度变化等)作用下，所产生的位移、转动和应变都很小. 根据小变形假设，可以不考虑变形引起的物体尺寸的变化，而采用变形前的几何尺寸来代替变形后的几何尺寸，使问题大大简化. 例如，在研究物体的平衡时，可不考虑变形引起的物体尺寸和位置的变化. 在建立应变和位移之间的关系时，可以略去几何方程中的二阶小量等，使位移和应变之间呈线性关系. 然而，对于大变形问题，必须考虑几何关系中的高阶非线性项，平衡方程也应在变形后的物体上列出. 因此，可变形固体的大变形问题要比小变形问题复杂得多.

1.3.5 无初应力假设

无初应力假设认为，所研究的变形固体初始处于自然状态，即在外界因素(如外力或温度变化等)作用之前，物体内部是没有应力的. 根据这一假设，弹塑性力学分析计算是从这种无应力自然状态出发的，求解出的应力仅仅是因外力或温度改变而产生的. 这个假设仅仅是为了表述简便而引入的，若变形固体有初应力存在，则弹塑性理论求得的应力加上初应力才是物体中的实际应力.

以上假设是本书所讨论问题的基础，还有一些针对具体问题的假设，将在以后各章分别给出. 此外,本书不考虑固体与时间相关的力学性质,如黏性等. 同时，也不考虑固体在外力作用下的动力效应，即假设外力作用过程是一个缓慢的加载过程，在这个过程中，惯性力效应可以忽略不计(这样的加载过程称为准静态加载过程).

1.4 弹塑性力学发展史

1.4.1 弹性理论

与其他任何学科一样，我们可以看出人们认识自然的不断深化的过程，即从简单到复杂、从粗糙到精确、从错误到正确的演变历史. 弹性力学发展至今已有三百余年的历史，其间许多数学家、力学家和实验工作者做了辛勤的探索和研究工作，使弹性力学理论得到建立，并且不断地深化和发展.

1. *发展初期*(1660～1820 年)

这段时期主要是通过实验探索物体的受力与变形之间的关系，胡克(R. Hooke)最先注意到材料的弹性，通过实验发现了弹性体的变形与外力成正比的规律，这是变形研究的开端. 伯努利(D. Bernoulli)研究了梁的弯曲理论，杨(T. Young)做了大量的实验，提出和测定了材料的弹性模量.

2. *理论基础的建立*(1821～1855 年)

这段时期建立了线性弹性力学的基本理论，并对材料的性质进行了深入研究. 法国科学家纳维(C. L. M. H. Navier)可认为是连续介质力学的先驱者，他于 1821 年向法国科学院提交的论文《弹性固体的平衡和运动法则的研究报告》，从分子假设出发导出弹性体的运动方程(但只含一个弹性参数)，这是有关连续介质运动方程方面开创性的工作. 纳维还研究过板的弯曲，导出了板的弯曲方程(但只含一个弹性常数)并且对于四边简支情形给出了双三角级数解，至今称为纳维解，此外他还研究了受压板屈曲问题. 柯西(A. L. Cauchy)给出了应力和应变的概念，并推导出变形体的平衡微分方程、变形几何方程、变形协调方程以及各向同性材料和各向异性材料的弹性应力-应变关系(即广义胡克定律). 格林(G. Green)应用能量守恒定律，指出各向异性体只有 21 个独立的弹性常数. 拉梅(G. Lame)再次肯定了各向同性体只有两个独立的弹性常数. 至此，弹性力学建立了完整的线性理论，弹性力学问题已经化为在给定边界条件下求解微分方程的数学问题.

3. 线性理论的发展时期(1856～1907 年)

在这段时期，数学家和力学家应用已建立的线性弹性理论去解决大量的工程实际问题，并由此推动了数学分析工作的进展. 弹性力学基本方程建立后，圣维南(A. J. C. B. Saint-Venant)着手求解方程，得到一些有价值的结果，如指出局部的平衡力系对于大范围内的弹性效应是可以忽略的，并提出了著名的圣维南原理. 圣维南于 1853 年研究了弹性柱体的扭转，首次提出了求解弹性力学问题的半逆解法；1855 年研究了弹性柱体的弯曲，验证了梁弯曲平面假设的精确性. 艾里(G. B. Airy)提出应力函数，以求解平面问题. 赫兹(H. R. Hertz)发表了关于接触力学的著名文章《关于弹性固体的接触》，得到了接触应力和法向加载力、接触的曲率半径和弹性模量. 乐甫(A. E. H. Love)又得到一些具体情况的解，收录在他所著的《数学弹性理论》两卷中，弹性力学在这段时间得到了飞跃的发展.

4. 弹性力学深入发展时间(1908 年至今)

1907 年以后，非线性弹性力学迅速地发展起来. 卡门(T. V. Kármán)提出了薄板的大挠度问题. 卡门和钱学森提出了薄壳的非线性稳定问题. 力学工作者还提出了大应变问题、非线性材料问题等. 同时，线性弹性力学也得到进一步的发展，出现了许多分支学科，如薄壁构件力学、薄壳力学、热弹性力学、黏弹性力学、各向异性弹性力学等.

弹性力学的解法也在不断发展. 首先是变分法(能量法)及其应用的迅速发展. 贝蒂(E. Betti)建立了功的互等定理，卡斯蒂利亚诺(A. Castigliano)建立了最小余能原理，以后为了求解变分问题出现了瑞利-里茨(Rayleigh-Ritz)法、伽辽金(B. G. Galerkin)法. 此外，赫林格和赖斯纳(Hellinger-Reissner)提出了两类变量的广义变分原理，胡海昌和鹫津(Hu-Washiza)提出了三类变量的广义变分原理.

其次，数值解法也广泛应用于弹性力学问题. 迈可斯(Michaels)提出了微分方程的差分解法，并得到广泛应用. 在 20 世纪 30 年代以后，出现了用复变函数的实部和虚部分别表示弹性力学的物理量，并用复变函数理论求解弹性力学问题的方法，萨文(Г. Н. Савин)和穆斯赫利什维利(Н. И. Мусхелищвили)做了大量的研究工作，解决了孔口应力集中等问题. 1946 年之后，又出现了有限单元法，并且得到迅速发展和应用，成为现在解决工程结构分析的强有力的工具.

1.4.2 塑性理论

塑性力学作为固体力学的一个重要分支，其发展历史可以追溯到 18 世纪 70 年代，是从法国科学家库仑(C. A. Coulomb)在研究土力学中土壤的剪断裂时，提出土的屈服准则开始的. 特雷斯卡(H. Tresca)对金属材料提出了最大剪应力屈服准则，圣维南提出塑性流动的基本假设和基本方程，他假设最大剪应力方向和最大剪应变率方向一致，并解出柱体中发生部分塑性变形的扭转和弯曲问题以及厚壁筒受内压的问题. 莱维(M. Levy)将塑性应力-应变关系由二维推广到三维情况. 波兰力学家胡勃(M. T. Houber)提出了材料的形状改变比能理论，米泽斯(R. von Mises)提出了应变能屈服准则，并独立地提出和莱维一致的塑性应力-应变关系(后称为莱维-米泽斯本构关系). 此后，普朗特(L. Prandtl)和罗伊斯(A. Reuss)提出包括弹性应变增量部分的三维塑性应变增量和应力关系的表达式，这就是塑性增量理论. 尤其值得注意的是，在这个时期内进行了复杂应力状态下塑性变形规律的第一批系统的实验研究，此外，塑性力学也开始有成效地应用到工程技术中. 与此同时，亨基(H. Hencky)、纳达依(A. L. Nadai)和伊柳辛(A. A. Ильюшин)等建立和发展了塑性力学应力-应变关系的全量理论，至此，弹塑性力学的基本理论框架得以确立，并被广泛地应用于解决工程实际问题.

虽然塑性全量理论在理论上不适用于复杂的应力变化历程，但是计算结果却与板的失稳实验结果很接近. 为此在 1950 年前后展开了塑性增量理论和塑性全量理论的辩论，促使人们从更根本的理论基础上对这两种理论进行探讨. 另外，在强化规律的研究方面，除等向强化模型外，普拉格(W.Prager)又提出随动强化等模型. 电子计算机的发展为塑性力学的研究和应用开展了广阔的前景，特别是促进了有限单元法的应用. 阿吉里斯(J. H. Argyris)提出初始荷载法可作为有限单元法解弹塑性问题的基础. 至此，理想塑性的塑性力学已经达到定型的阶段，而具有加工硬化的塑性力学至今仍是发展中的研究课题.

20 世纪 60 年代以后，随着有限单元法的发展，恰当的本构关系已成为解决问题的关键. 因此，70 年代关于塑性本构关系的研究十分活跃，主要从宏观与微观相结合、不可逆过程热力学及理性力学等方面进行研究.

1.5 张量简介

张量分析是研究固体力学、流体力学及连续介质力学的重要数学工具，并在力学中得到广泛应用. 弹塑性力学的所有定律必须具有坐标变换下的不变性质，因此要求用不依赖于坐标的量来表示，而张量就是这样的数学对象. 下面仅就本书所涉及的一些张量基本概念及计算方法做简要介绍.

1.5.1　张量的定义

里奇(G. Ricci)创立了张量分析，虽后经列维-奇维塔(T. Levi-Civita)发展，但仍只有少数几何学家对此有兴趣. 在爱因斯坦(A. Einstein)发表了广义相对论后，作为相对论的基本数学工具，张量分析在理论物理学家心目中才占有了显要的地位. 张量是确定的物理(几何)概念，用来描述客观存在的物理(几何)量. 张量作为一个整体是独立存在的，本身是与坐标系无关的物理(几何)量，其分量与坐标有关. 例如，力的大小和方向与坐标选择无关，但力的分量是随坐标转换而改变的. 在这些随坐标转换而千变万化的分量间应满足一定的转换规律才能反映矢量或张量本身与坐标无关的不变性. 张量具有这样的特性，当坐标变换时，其分量作线性变换，采用不同的坐标系，就有不同的分量，但这是一种非本质现象. 张量描述就是寻求这群量的整体特性，舍去由坐标系选择的任意性所带来的非本质现象. 因此，张量也可以定义如下：**由若干当坐标改变时满足一定坐标变换规律的有序数组成的集合为张量**. 张量方法，就是既采用坐标系又摆脱坐标系影响的不变性方法. 它从整体上使物理(几何)概念更明确. 应用张量，不仅可以把弹塑性力学中的复杂方程和公式写得紧凑简洁、便于数学运算，更重要的是它能够恰如其分地表征弹塑性力学中的基本概念、运动规律、物理规律，从本质上揭示客观规律的内在关系.

张量被用来描述客观存在的物理量. 在数学上，张量是不依赖于任何特定坐标系而存在的量. 例如，温度、位移和应力等物理量都是客观存在的，不依赖于坐标系而变化，因而它们都是张量. 在三维坐标系中，如果一个张量的分量个数为 3^N，则该张量就称为 N 阶张量. 例如，温度、质量、能量等物理量都是与方向无关的标量，它们是零阶张量；力、位移、速度、加速度等是与方向有关的矢量，它们在任何维空间中的分量集合都可以是一阶张量；可变形固体某一点的应力、应变等不仅本身具有方向，还与作用于可变形固体所属截面方向有关，它们的分量集合可以由二阶张量来表示，等等.

1.5.2　张量运算基础知识

表征可变形固体运动的许多量具有张量的本质，所以我们来讨论张量运算的基础知识. 张量一般采用下标记法来表示该张量的所有分量，如一点的坐标可用 x_i 表示，一点的位移可用 u_i 表示，一点的应力状态可用 σ_{ij} 表示，一点的应变状态可用 ε_{ij} 表示等.

1. 求和约定

如果在一个方程或表达式的一项中，一种下标只出现一次，则称为自由指标；

如果在一个方程或表达式的一项中，一种下标出现两次，则称为哑标，它表示从1到3进行求和. 哑标在其他项中可以刚好出现两次，也可以不出现. 如线性方程组

$$\begin{cases} a_{11}x_1 + a_{12}x_2 + a_{13}x_3 = b_1 \\ a_{21}x_1 + a_{22}x_2 + a_{23}x_3 = b_2 \\ a_{31}x_1 + a_{32}x_2 + a_{33}x_3 = b_3 \end{cases} \tag{1.1}$$

利用求和约定可写为

$$a_{ij}x_j = b_i \tag{1.2}$$

这里i就是自由指标，而重复指标j就是哑标.

2. 克罗内克符号

δ_{ij}是张量分析中的一个基本符号，称为克罗内克(Kronecker)符号，亦称为单位张量. 其定义为

$$\delta_{ij} = \begin{cases} 1 & (i = j) \\ 0 & (i \neq j) \end{cases}, \quad \delta_{ij} = \begin{bmatrix} 1 & 0 & 0 \\ 0 & 1 & 0 \\ 0 & 0 & 1 \end{bmatrix} \tag{1.3}$$

δ_{ij}有如下性质：

(1) $\delta_{ii} = \delta_{11} + \delta_{22} + \delta_{33} = 3$；

(2) $\delta_{ij}a_j = a_i$，$\delta_{im}A_{mj} = A_{ij}$，也就是说，$\delta_{ij}$可以起到变换指示的作用；

(3) $\delta_{im}\delta_{mj} = \delta_{ij}$，$\delta_{im}\delta_{mj}\delta_{jn} = \delta_{in}$.

3. 排列(置换)符号

排列(置换)符号e_{ijk}定义为

$$e_{ijk} = \begin{cases} 1 & (i、j、k\text{偶置换}) \\ -1 & (i、j、k\text{奇置换}) \\ 0 & (i、j、k\text{不都互异，非循环}) \end{cases} \tag{1.4}$$

这里，偶置换指的是i、j、k取不同值，且按 1→2→3→1 顺序排列，即$e_{123} = e_{231} = e_{312} = 1$；奇置换指的是$i$、$j$、$k$取不同值，且按 1→3→2→1 顺序排列，即$e_{132} = e_{213} = e_{321} = -1$；$i$、$j$、$k$不都互异是指有两个以上指标取相同值，如$e_{112} = e_{233} = e_{111} = e_{313} = \cdots = 0$.

e_{ijk} 和 δ_{ij} 有如下恒等式：

$$e_{ijk}e_{rst} = \delta_{ir}(\delta_{js}\delta_{kt} - \delta_{ks}\delta_{jt}) + \delta_{jr}(\delta_{ks}\delta_{it} - \delta_{is}\delta_{kt}) + \delta_{kr}(\delta_{is}\delta_{jt} - \delta_{js}\delta_{it}) \tag{1.5}$$

当 $r=i$ 时，有

$$e_{ijk}e_{ist} = \delta_{js}\delta_{kt} - \delta_{ks}\delta_{jt} \tag{1.6}$$

当 $r=i$ ，$s=j$ 时，有

$$e_{ijk}e_{ijt} = 2\delta_{kt} \tag{1.7}$$

当 $r=i$ ，$s=j$ ，$t=k$ 时，有

$$e_{ijk}e_{ijk} = 2\delta_{kk} = 1\cdot 2\cdot 3 = 3! \tag{1.8}$$

1.5.3 张量的基本运算与分解

1．张量的加减法

如同矢量可以表示为列阵一样，二阶张量也可以用矩阵表示，称为张量矩阵，如

$$[a] = \left[a_{ij}\right] = \begin{bmatrix} a_{11} & a_{12} & a_{13} \\ a_{21} & a_{22} & a_{23} \\ a_{31} & a_{32} & a_{33} \end{bmatrix} \tag{1.9}$$

式中，a_{ij} 是矩阵 $[a]$ 中第 i 行第 j 列的元素．凡是同阶的两个或几个张量可以相加(相减)，得到同阶的张量，它的分量等于原来张量中标号相同的诸分量之代数和(差)．对于两个或若干个二阶张量相加(相减)，得到一个新的二阶张量．例如，采用矩阵排列，则张量的加减法和矩阵的加减法相同，即

$$\left[a_{ij}\right] \pm \left[b_{ij}\right] = \left[c_{ij}\right] \tag{1.10}$$

其中各分量(元素)关系为 $a_{ij} \pm b_{ij} = c_{ij}$.

2. 张量的乘法

一个张量 $\left[a_{ij}\right]$ 与一个标量 α 的乘积构成一个同阶的张量 $\left[b_{ij}\right]$ ，即 $\left[b_{ij}\right] = \alpha\left[a_{ij}\right]$ ，各分量关系为 $b_{ij} = \alpha a_{ij}$.

两个任意阶张量的外积(并乘)是它们分量的积的集合，其定义为：第一个张量中的每一个分量乘以第二个张量中的每一个分量，它们所组成的集合仍是一个张量，称为两个张量的外积(并乘)，记为 $\boldsymbol{A}\otimes\boldsymbol{B}$ 或 $\boldsymbol{AB}$ ．张量的外积是比参加运算的张量更高阶的张量，其阶数是参加外积运算的张量的阶数之和，这一过程称为

张量的升阶. 例如

$$\left[a_i\right]\left[b_{jk}\right]=\left[c_{ijk}\right] \tag{1.11}$$

张量缩并：按一对重复指标求和而使张量减少两阶的运算. 例如，设 $\boldsymbol{A}$ 为 n 阶张量，其分量为 $A_{i_1 i_2 \cdots i_n}$，当 i_1，i_2，$\cdots$，i_n 中有两个自由指标相同时，应用求和约定就得到 $n-2$ 阶张量 $\boldsymbol{B}$，并且称张量 $\boldsymbol{B}$ 是张量 $\boldsymbol{A}$ 的缩并.

张量的内积:两张量的内积为它们的外积加缩并. 张量 $\boldsymbol{A}$ 和 $\boldsymbol{B}$ 的内积用 $\boldsymbol{A}\cdot\boldsymbol{B}$ 表示，其阶数等于 $\boldsymbol{A}$ 和 $\boldsymbol{B}$ 的阶数之和减 2. 同理，张量 $\boldsymbol{A}$ 和 $\boldsymbol{B}$ 的双点积用 $\boldsymbol{A}:\boldsymbol{B}$ 表示,其阶数等于 $\boldsymbol{A}$ 和 $\boldsymbol{B}$ 的阶数之和减4. 可以定义 $\boldsymbol{AB}$ 的 s 次缩并为 $e^s\boldsymbol{AB}$，当 $s=1$ 时表示 $\boldsymbol{AB}$ 缩并一次，即为点积(内积)，即 $e^1\boldsymbol{AB}=\boldsymbol{A}\cdot\boldsymbol{B}$. 当 $s=2$ 时表示 $\boldsymbol{AB}$ 缩并两次，即为双点积，即 $e^2\boldsymbol{AB}=\boldsymbol{A}:\boldsymbol{B}$.

任何一个二阶张量都可唯一分解成一个对称张量与一个反(斜)对称张量之和，即

$$\left[a_{ij}\right]=\frac{1}{2}\left(\left[a_{ij}\right]+\left[a_{ji}\right]\right)+\frac{1}{2}\left(\left[a_{ij}\right]-\left[a_{ji}\right]\right)=\left[b_{ij}\right]+\left[c_{ij}\right] \tag{1.12}$$

其中，$\left[b_{ij}\right]=\frac{1}{2}\left(\left[a_{ij}\right]+\left[a_{ji}\right]\right)$ 为对称张量；$\left[c_{ij}\right]=\frac{1}{2}\left(\left[a_{ij}\right]-\left[a_{ji}\right]\right)$ 为反(斜)对称张量.

1.5.4 转置张量

1. 转置张量的定义

如果对一个给定的二阶张量 $\boldsymbol{A}$，有另外一个二阶张量 $\boldsymbol{B}$，使得对任意矢量 $\boldsymbol{a}$ 都有

$$\boldsymbol{A}\cdot\boldsymbol{a}=\boldsymbol{a}\cdot\boldsymbol{B}$$

则称张量 $\boldsymbol{B}$ 为张量 $\boldsymbol{A}$ 的转置张量，并记为

$$\boldsymbol{B}=\boldsymbol{A}^{\mathrm{T}}$$

张量的转置是相互的，即如下两式同时成立：

$$\boldsymbol{B}=\boldsymbol{A}^{\mathrm{T}}, \quad \boldsymbol{A}=\boldsymbol{B}^{\mathrm{T}} \tag{1.13}$$

2. 二阶对称张量

如果一个二阶张量 $\boldsymbol{A}$ 具有性质 $\boldsymbol{A}=\boldsymbol{A}^{\mathrm{T}}$，即对任意的矢量 $\boldsymbol{a}$，都有

$$\boldsymbol{A}\cdot\boldsymbol{a}=\boldsymbol{a}\cdot\boldsymbol{A}$$

则称张量 $\boldsymbol{A}$ 为二阶对称张量. 对二阶对称张量，有 $A_{ij} = A_{ji}$.

3. 二阶反对称张量

如果一个二阶张量 $\boldsymbol{A}$ 具有性质 $\boldsymbol{A} = -\boldsymbol{A}^{\mathrm{T}}$，即对任意的矢量 $\boldsymbol{a}$，都有

$$\boldsymbol{A} \cdot \boldsymbol{a} = -\boldsymbol{a} \cdot \boldsymbol{A}$$

则称张量 $\boldsymbol{A}$ 为二阶反对称张量或斜对称张量. 对二阶反对称张量，有 $A_{ij} = -A_{ji}$.

4. 转置张量性质

设有两个矢量 $\boldsymbol{a}$ 和 $\boldsymbol{b}$，$\boldsymbol{A}$ 为二阶张量，则有

$$\boldsymbol{a} \cdot \boldsymbol{A}\boldsymbol{b} = \boldsymbol{b} \cdot \boldsymbol{A}^{\mathrm{T}}\boldsymbol{a} \tag{1.14}$$

式中，$\boldsymbol{Ab}$ 表示一个二阶张量 $\boldsymbol{A}$ 作用于一个矢量 $\boldsymbol{b}$，结果是一个矢量，该矢量的第 i 个分量为

$$(\boldsymbol{Ab})_i = A_{ij} b_j \tag{1.15}$$

1.5.5 张量函数的求导

在力学中，广泛采用标量场、矢量场和张量场的概念. 标量场就是标量(如温度)的空间分布；矢量场则是矢量(如位移)的空间分布；而张量场是张量(如应力应变)的空间分布. 一般情况下，标量、矢量和张量都是空间坐标和时间 t 的函数.

自变量是张量的函数称为张量函数. 若函数值是标量，则该函数称为标量值张量函数，如应变能函数 $W(\sigma_{ij})$ 和屈服函数 $f(\sigma_{ij})$ 等. 若函数值是张量，则该函数称为张量值张量函数，如本构关系中应变张量是应力张量的张量函数 $\varepsilon_{kl}(\sigma_{ij})$.

张量导数就是把张量的每个分量都对坐标参数求导数. 在笛卡儿直角坐标系中，一个张量的导数仍然是一个张量. 求张量分量的导数与普通函数的求导方法相同. 这里我们对张量的坐标参数求导数时，采用在张量下标符号前方加“,”的方式来表示. 关于张量函数的求导，举例如下.

1. 标量场的梯度

假定在空间某区域定义一个标量 ϕ，那么可以得到 ϕ 分别对三个坐标 x_1、x_2、x_3 的导数，即

$$G_i = \phi_{,i} = \frac{\partial \phi}{\partial x_i} \quad (i = 1, 2, 3) \tag{1.16}$$

其中，G_i 为矢量 $\boldsymbol{G}$ 的分量. $\boldsymbol{G}$ 称为 ϕ 的梯度，即

$$\boldsymbol{G}=\text{grad}\phi=\nabla\phi \tag{1.17}$$

其中,符号∇表示一个矢量算子,称为梯度算子,其分量为$\partial/\partial x_1$、$\partial/\partial x_2$和$\partial/\partial x_3$.

2. 矢量的散度

算子∇与一个矢量的点积为这个矢量的散度.

$$\nabla\cdot\boldsymbol{u}=\text{div}\boldsymbol{u}=u_{i,i}=\frac{\partial u_1}{\partial x_1}+\frac{\partial u_2}{\partial x_2}+\frac{\partial u_3}{\partial x_3} \tag{1.18}$$

3. 矢量的旋度

设$\boldsymbol{u}$是一个矢量,$\boldsymbol{u}$的旋度定义为

$$\nabla\times\boldsymbol{u}=\text{curl}\boldsymbol{u}=\begin{vmatrix}\boldsymbol{e}_1 & \boldsymbol{e}_2 & \boldsymbol{e}_3\\ \dfrac{\partial}{\partial x_1} & \dfrac{\partial}{\partial x_2} & \dfrac{\partial}{\partial x_3}\\ u_1 & u_2 & u_3\end{vmatrix} \tag{1.19}$$

如果ϕ、ψ和$\boldsymbol{u}$的偏导数存在,那么很容易得到以下结论:

(1) 标量场梯度的散度为

$$\text{div}(\text{grad}\phi)=\nabla\cdot\nabla\phi=\nabla^2\phi=\left(\frac{\partial^2}{\partial x_1^2}+\frac{\partial^2}{\partial x_2^2}+\frac{\partial^2}{\partial x_3^2}\right)\phi \tag{1.20}$$

式中,$\nabla^2=\dfrac{\partial^2}{\partial x_1^2}+\dfrac{\partial^2}{\partial x_2^2}+\dfrac{\partial^2}{\partial x_3^2}$,称为拉普拉斯算子.

(2) 标量场梯度的旋度等于零,即

$$\text{curl}(\text{grad}\phi)=\nabla\times\nabla\phi=0 \tag{1.21}$$

(3) 矢量场旋度的散度等于零,即

$$\text{div}(\text{curl}\boldsymbol{u})=\nabla\cdot(\nabla\times\boldsymbol{u})=0 \tag{1.22}$$

(4) 矢量场旋度的旋度为

$$\text{curl}(\text{curl}\boldsymbol{u})=\nabla\times(\nabla\times\boldsymbol{u})=\text{grad}(\text{div}\boldsymbol{u})-\nabla^2\boldsymbol{u} \tag{1.23}$$

(5) 标量乘积的梯度为

$$\text{grad}(\phi\psi)=\nabla(\phi\psi)=\phi\nabla\psi+\psi\nabla\phi \tag{1.24}$$

(6) 标量与矢量乘积的散度为

$$\text{div}(\phi\boldsymbol{u})=\nabla\cdot(\phi\boldsymbol{u})=\phi\nabla\cdot\boldsymbol{u}+\boldsymbol{u}\cdot\nabla\phi \tag{1.25}$$

最后仍需说明一下,上述讨论的均为三维空间问题,如仅在二维平面问题中,下标可一律改用希腊字母α、β表示,取值为 1 和 2,如x_α的取值为x_1和x_2,u_α

的取值为 u_1 和 u_2. 大家在学习弹塑性力学过程中，一定会逐步了解与熟悉张量描述和运算，并体会到它不仅是简捷有效的数学工具，而且是符合逻辑推理的有效方法.

习 题

1-1 证明：(1) $\delta_{ij}A_j = A_i$；(2) $\delta_{im}T_{mj} = T_{ij}$；(3) $\delta_{im}\delta_{mj}\delta_{jn} = \delta_{in}$.

1-2 设 $\phi = axy^2 + byz + cx^3z^2$ 在点 $P(1,2,-1)$ 的梯度平行于 z 轴，且在 P 点沿 z 轴正方向的方向导数为64，求 a、b、c 的值.

1-3 设矢量场 $\boldsymbol{F} = (y^2\cos x + z^3)\boldsymbol{e}_x + (2y\sin x - 4)\boldsymbol{e}_y + (3xz^2 + 2)\boldsymbol{e}_z$，(1)试证 $\boldsymbol{F}$ 为势力场；(2)求 $\boldsymbol{F}$ 的势函数；(3)求从点 $(0,1,-1)$ 到点 $(\pi/2,-1,2)$，力 $\boldsymbol{F}$ 做的功.

1-4 证明：$\boldsymbol{u}\cdot(\boldsymbol{v}\times\boldsymbol{w})$ 是 $\boldsymbol{u}$、$\boldsymbol{v}$、$\boldsymbol{w}$ 构成的六面体的体积.

第2章

应力分析

本章主要介绍一点的应力状态描述方法，掌握力(包括外力和内力)和应力的概念，了解应力矢量和应力张量的定义. 掌握应力张量分量的坐标变换公式及主应力与主应力空间，应力张量的分解，八面体应力与应力强度的概念及计算方法，掌握平衡(运动)微分方程和静力边界条件.

2.1 基本概念

在学习应力的概念之前，必须首先了解外力和内力的概念. 内力是由外力引起的，为了求解变形体内部一点沿某截面方向的应力，可在该截面上一点处割出一个微小的单元，作用在这个单元面积上的内力除以单元面积并将单元面积无限缩小，比率的极限值就是该点沿截面方向的应力大小，内力的极限方向就是应力方向.

2.1.1 外力

作用在可变形固体上的外力有两种，即表面力和体积力. 分布在物体表面上的力，如两物体间的接触力、风力、静水压力等，称为表面力. 分布在物体体积内的力，如重力、磁力或运动物体的惯性力等，称为体积力. 在直角坐标系中，我们把单位面积上的表面力分解为三个分量，用记号$\overline{f}_x$、$\overline{f}_y$、$\overline{f}_z$表示；把单位体积上的体积力也分解为三个分量，用记号f_x、f_y、f_z表示. 表面力和体积力分量的符号规则为：其指向与坐标轴的正向一致者取正值，反之取负值.

2.1.2 内力、应力矢量

在未形变的物体中，分子的分布使物体各部分彼此之间处于力学平衡状态. 物体在外力作用下发生变形时，变形改变了分子间距，从而在物体内产生了力图使物体恢复平衡状态的力，形成一个附加的内力场. 当这个内力场和外力相平衡时，物体重新达到稳定平衡状态. 这种可变形固体在外力等因素作用下，其内部各部分之间产生的相互作用力，称为内力.

如图 2-1(a)所示受外力后处于平衡状态的变形体，为了研究其内部任意一点 P 的内力，假想使用一个过 P 点的平面 mn 将其截成 A 和 B 两部分. 选其中一部分为研究对象，内力分别如图 2-1(b)和(c)所示. 从图中可以看出，如果将 B 移去，则 B 对 A 的作用力应以分布的内力代替. 为了精确描述内力场，柯西引进了应力的重要概念. 设 A 部分截面的外法线方向为 $\boldsymbol{n}$，微元面积为 ΔS，作用在微元面上的内力合力为 $\Delta \boldsymbol{F}$，则该微元面上的内力集度为 $\Delta \boldsymbol{F} / \Delta S$，$P$ 点的内力集度可使用下式定义的应力矢量 $\boldsymbol{p}_{(n)}$ 描述：

$$\boldsymbol{p}_{(n)} = \lim \frac{\Delta \boldsymbol{F}}{\Delta S} \tag{2.1}$$

显然，从图 2-1(b)和(c)可得

$$\boldsymbol{p}_{(-n)} = -\boldsymbol{p}_{(n)} \tag{2.2}$$

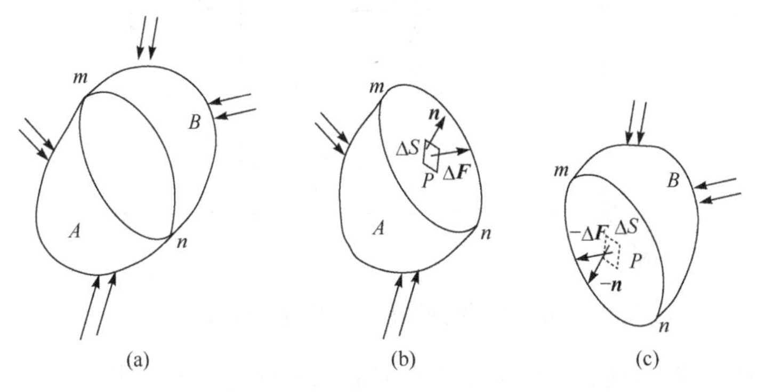

图 2-1　内力及应力矢量定义

在笛卡儿坐标系中，使用 $\boldsymbol{e}_x$、$\boldsymbol{e}_y$ 和 $\boldsymbol{e}_z$ 表示坐标轴的单位基矢量，则应力矢量可以表示为

$$\boldsymbol{p}_{(n)} = p_{(x)}\boldsymbol{e}_x + p_{(y)}\boldsymbol{e}_y + p_{(z)}\boldsymbol{e}_z \tag{2.3}$$

式中，$p_{(x)}$、$p_{(y)}$ 和 $p_{(z)}$ 分别为应力矢量沿坐标轴的分量. 实际应用中，往往需要知道应力矢量沿微元法线方向和微元切线方向的分量. 沿法线方向的应力分量称为正应力，沿切线方向的应力分量称为剪应力，可分别用 $\boldsymbol{\sigma}_{(n)}$ 和 $\boldsymbol{\tau}_{(n)}$ 表示.

2.2　一点的应力状态

为了表示和研究受力物体内任一点 P 的应力状态，我们建立 $Oxyz$ 直角坐标系，在 P 点处参考 x 、y 、z 轴截取一微分平行六面体，其六个截面的外法线方向分别平行于 x 、y 、z 轴. 由于各棱边长分别取为无限小量 dx 、dy 、dz ，因此该六面体又称为单元体. 只要 dx 、dy 、dz 尺寸取得足够小，就可近似认为单元体各截面上的应力是均匀分布的，且相互平行的两截面上的应力近似相同. 于是各截面上的应力便可用在各截面中心的一个全应力矢量来表示. 而每个面上的全应力矢量又可参考 x 、y 、z 轴方向分解为一个正应力和两个剪应力分量，如图 2-2 所示.

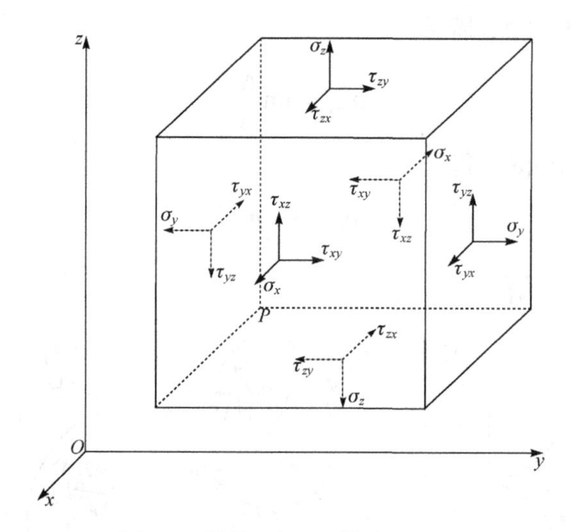

图 2-2 微分平行六面体应力分量

为了以后研究方便，对应力的正负号做如下规定：单元体截面外法线指向与坐标轴正方向一致的截面称为正截面，与坐标轴负方向一致的截面称为负截面；正截面上的应力分量指向与坐标轴正方向一致者为正，反之为负；负截面上的应力分量指向与坐标轴负方向一致者为正，反之为负. 按此规定，图 2-2 中单元体所有各截面上所标明的应力分量都是正.

显而易见，应力矢量的大小和方向不仅取决于 P 点的空间位置，还与所取的外法线方向 $\boldsymbol{n}$ 有关，某点的应力状态由该点上全部应力矢量 $\boldsymbol{p}_{(n)}$ 的总体确定. 由于过一点可作无数个截面，所以有无数个 $\boldsymbol{p}_{(n)}$ 的值，一般情况下它们互不相同，这无数个 $\boldsymbol{p}_{(n)}$ 的值表征了该点的应力状态. 幸运的是，正如后面证明的那样，不需要知道过该点的全部平面上的应力矢量，而只需知道过该点的三个互相垂直的应力矢量(如 $\boldsymbol{p}_{(x)}$、 $\boldsymbol{p}_{(y)}$ 和 $\boldsymbol{p}_{(z)}$)，就可以由该点的平衡条件求出该点任意截面上的应力矢量. 为了得到任意平面上的应力矢量 $\boldsymbol{p}_{(n)}$ 和作用于坐标面上三个应力矢量 $\boldsymbol{p}_{(x)}$、 $\boldsymbol{p}_{(y)}$、 $\boldsymbol{p}_{(z)}$ 之间的关系，可取一个微四面体，该四面体由三个坐标

(负)面和一个斜面组成，如图 2-3 所示. 设斜面的外法线单位矢量为 $\boldsymbol{n}$，它和三个坐标轴正向夹角的余弦分别是 n_1、n_2 和 n_3，斜面面积为 $\mathrm{d}S$，O 点到斜面的距离为 $\mathrm{d}h$，即四面体的高. 由图 2-3(a)所示的微四面体的受力情况，可得如下静力平衡条件：

$$\boldsymbol{p}_{(n)}\mathrm{d}S+\boldsymbol{p}_{(-x)}n_1\mathrm{d}S+\boldsymbol{p}_{(-y)}n_2\mathrm{d}S+\boldsymbol{p}_{(-z)}n_3\mathrm{d}S+\boldsymbol{f}\cdot\frac{1}{3}\mathrm{d}S\mathrm{d}h=0$$

式中，$\boldsymbol{f}$ 是单位体积力矢量；$\boldsymbol{p}_{(-x)}$、$\boldsymbol{p}_{(-y)}$ 和 $\boldsymbol{p}_{(-z)}$ 分别为外法线方向为 $-\boldsymbol{e}_x$、$-\boldsymbol{e}_y$ 和 $-\boldsymbol{e}_z$ 的三个负面上的应力矢量.

上式中最后一项是比前面各项高一阶的小量，可忽略不计，考虑到式(2.2)，上式可表示为

$$\boldsymbol{p}_{(n)}=\boldsymbol{p}_{(x)}n_1+\boldsymbol{p}_{(y)}n_2+\boldsymbol{p}_{(z)}n_3 \tag{2.4}$$

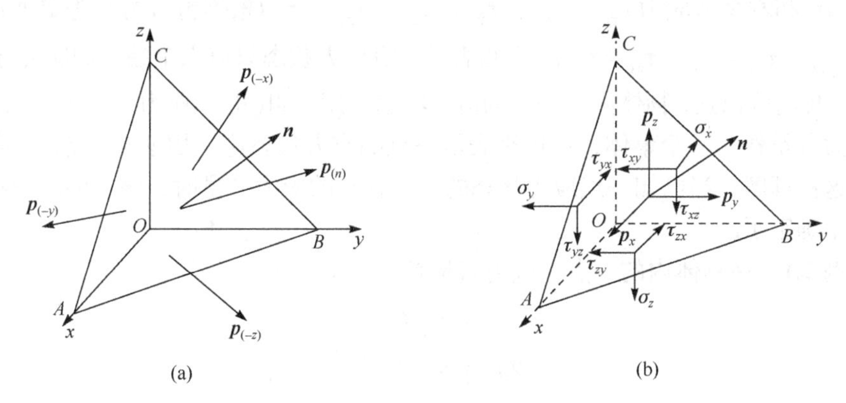

图 2-3 任意截面上应力矢量与坐标面上应力矢量关系

把微四面体的各应力矢量按坐标方向分解，微四面体的受力图如图 2-3(b)所示. 列三个方向的投影方程，有

$$\begin{cases}p_x=\sigma_x n_1+\tau_{yx}n_2+\tau_{zx}n_3\\ p_y=\tau_{xy}n_1+\sigma_y n_2+\tau_{zy}n_3\\ p_z=\tau_{xz}n_1+\tau_{yz}n_2+\sigma_z n_3\end{cases} \tag{2.5}$$

应用张量指示记法，式(2.5)可表示为

$$p_j=n_i\sigma_{ij} \tag{2.6}$$

式(2.4)和式(2.5)是计算斜面上应力的计算公式，称为柯西公式. 式(2.6)也可以写为 $\boldsymbol{p}_{(n)}=\boldsymbol{n}\cdot\boldsymbol{\sigma}$. 利用上面的分析，可计算斜面上的正应力和切应力. 斜面上的正应力为

$$\sigma_n = \boldsymbol{p}_{(n)} \cdot \boldsymbol{n} = p_x n_1 + p_y n_2 + p_z n_3$$

将式(2.5)代入，可得

$$\sigma_n = \sigma_x n_1^2 + \sigma_y n_2^2 + \sigma_z n_3^2 + 2\tau_{xy} n_1 n_2 + 2\tau_{yz} n_2 n_3 + 2\tau_{zx} n_3 n_1 = \sigma_{ij} n_i n_j \tag{2.7}$$

式中应用了剪应力互等定理.

斜面上的切应力为

$$\tau_n = \sqrt{\left\|\boldsymbol{p}_{(n)}\right\|^2 - \sigma_n^2} \tag{2.8}$$

其中，$\left\|\boldsymbol{p}_{(n)}\right\|$表示斜面上的应力矢量大小(又称全应力)，即$\left\|\boldsymbol{p}_{(n)}\right\| = \sqrt{p_x^2 + p_y^2 + p_z^2}$，由式(2.5)可求得.

由上面的分析可知，一点的应力状态只需一组应力分量，即三个正应力σ_x、σ_y、σ_z和六个剪应力τ_{xy}、τ_{yx}、τ_{yz}、τ_{zy}、τ_{zx}、τ_{xz}(根据剪应力互等定理知：$\tau_{xy} = \tau_{yx}$、$\tau_{yz} = \tau_{zy}$、$\tau_{zx} = \tau_{xz}$)，于是表示一点应力状态只需六个独立的应力分量. 因此，我们认识到，物体内任一点的应力状态可用一组(九个)应力分量来表示. 这组应力分量作为一个整体，可用来表示一点的应力状态这一物理量. 或者，我们可以这样理解：当已知一点应力状态的六个独立的应力分量时，该点的应力状态就完全确定了.

例 2.1 在物体内的一点，应力张量是

$$\sigma_{ij} = \begin{bmatrix} 1 & 0 & -4 \\ 0 & 3 & 0 \\ -4 & 0 & 5 \end{bmatrix}$$

求在$\boldsymbol{n} = \left(\dfrac{1}{2}, -\dfrac{1}{2}, \dfrac{\sqrt{2}}{2}\right)$面上的正应力和切应力.

解 利用式(2.5)求该斜面上应力矢量的三个分量为

$$p_x = \sigma_x n_1 + \tau_{yx} n_2 + \tau_{zx} n_3 = 1 \times \frac{1}{2} + 0 \times \left(-\frac{1}{2}\right) + (-4) \times \frac{\sqrt{2}}{2} = \frac{1}{2} - 2\sqrt{2}$$

$$p_y = \tau_{xy} n_1 + \sigma_y n_2 + \tau_{zy} n_3 = 0 \times \frac{1}{2} + 3 \times \left(-\frac{1}{2}\right) + 0 \times \frac{\sqrt{2}}{2} = -\frac{3}{2}$$

$$p_z = \tau_{xz} n_1 + \tau_{yz} n_2 + \sigma_z n_3 = (-4) \times \frac{1}{2} + 0 \times \left(-\frac{1}{2}\right) + 5 \times \frac{\sqrt{2}}{2} = -2 + \frac{5\sqrt{2}}{2}$$

该斜面上的正应力和切应力分别为

$$\sigma_n = p_x n_1 + p_y n_2 + p_z n_3 = \left(\frac{1}{2} - 2\sqrt{2}\right) \times \frac{1}{2} + \left(-\frac{3}{2}\right) \times \left(-\frac{1}{2}\right) + \left(-2 + \frac{5\sqrt{2}}{2}\right) \times \frac{\sqrt{2}}{2} = \frac{7}{2} - 2\sqrt{2}$$

$$\begin{aligned}\tau_n &= \sqrt{\left\|\boldsymbol{p}_{(n)}\right\|^2 - \sigma_n^2} = \sqrt{p_x^2 + p_y^2 + p_z^2 - \sigma_n^2} \\ &= \sqrt{\left(\frac{1}{2} - 2\sqrt{2}\right)^2 + \left(-\frac{3}{2}\right)^2 + \left(-2 + \frac{5\sqrt{2}}{2}\right)^2 - \left(\frac{7}{2} - 2\sqrt{2}\right)^2} \\ &= \frac{1}{2}\sqrt{27 + 48\sqrt{2}}\end{aligned}$$

2.3　应力分量的坐标变换式

应力张量是一个二阶张量，因此在数学上，应力张量的各个分量在坐标变换时应服从二阶张量的坐标变换规律. 下面通过分析坐标变换时应力分量的变换规律，证明张量的这一特性.

考虑图 2-4 中新老两个笛卡儿坐标系 x'_m 和 x_i，相应的基矢量分别为 $\boldsymbol{e}'_m$ 和 $\boldsymbol{e}_i$ ($i,m = 1,2,3$). 把新坐标系的三个正截面分别看成老坐标系的斜面. 考虑垂直于新坐标轴 x'_m 的正截面，其法向矢量 $\boldsymbol{e}'_m$ 在老坐标系中的分解式为

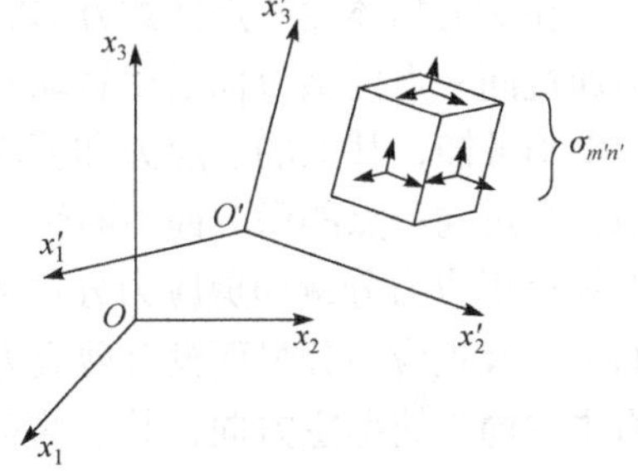

图 2-4　不同笛卡儿坐标系中应力分量转换规律

$$\boldsymbol{e}'_m = l_{mi}\boldsymbol{e}_i$$

其中，l_{mi} 为新坐标轴 x'_m 和老坐标轴 x_i 之间夹角的余弦，即 $l_{mi} = \cos(x'_m, x_i)$. 利用柯西公式(2.6)可得该截面的应力矢量为

$$\boldsymbol{p}'_m = \boldsymbol{e}'_m \cdot \boldsymbol{\sigma}$$

其应力分量为

$$\sigma'_{mn} = \boldsymbol{p}'_m \cdot \boldsymbol{e}'_n = \boldsymbol{e}'_m \cdot \boldsymbol{\sigma} \cdot \boldsymbol{e}'_n = l_{mi}\boldsymbol{e}_i \cdot (\sigma_{kl}\boldsymbol{e}_k\boldsymbol{e}_l) \cdot l_{nj}\boldsymbol{e}_j = l_{mi}l_{nj}\sigma_{ij} \tag{2.9}$$

这就是应力分量转换公式，简称转轴公式. 它和二阶张量的分量转换定律完全相同. 因而，又一次证明了应力 $\boldsymbol{\sigma}$ 是二阶张量，在坐标转换时具有不变性，即物体内客观受力状态不会因人为选择坐标而改变. 由于剪应力互等关系，由 9 个应力分量组成的应力张量是一个对称张量.

将式(2.9)展开，可得到新老坐标系下各应力分量的关系为

$$
\begin{cases}
\sigma'_x = l_{11}^2\sigma_x + l_{12}^2\sigma_y + l_{13}^2\sigma_z + 2l_{11}l_{12}\tau_{xy} + 2l_{12}l_{13}\tau_{yz} + 2l_{13}l_{11}\tau_{zx} \\
\sigma'_y = l_{21}^2\sigma_x + l_{22}^2\sigma_y + l_{23}^2\sigma_z + 2l_{21}l_{22}\tau_{xy} + 2l_{22}l_{23}\tau_{yz} + 2l_{23}l_{21}\tau_{zx} \\
\sigma'_z = l_{31}^2\sigma_x + l_{32}^2\sigma_y + l_{33}^2\sigma_z + 2l_{31}l_{32}\tau_{xy} + 2l_{32}l_{33}\tau_{yz} + 2l_{33}l_{31}\tau_{zx} \\
\tau'_{xy} = l_{11}l_{21}\sigma_x + l_{12}l_{22}\sigma_y + l_{13}l_{23}\sigma_z + (l_{11}l_{22} + l_{12}l_{21})\tau_{xy} + (l_{12}l_{23} + l_{13}l_{22})\tau_{yz} + (l_{13}l_{21} + l_{11}l_{23})\tau_{zx} \\
\tau'_{yz} = l_{21}l_{31}\sigma_x + l_{22}l_{32}\sigma_y + l_{23}l_{33}\sigma_z + (l_{21}l_{32} + l_{22}l_{31})\tau_{xy} + (l_{22}l_{33} + l_{23}l_{32})\tau_{yz} + (l_{23}l_{31} + l_{21}l_{33})\tau_{zx} \\
\tau'_{zx} = l_{31}l_{11}\sigma_x + l_{32}l_{12}\sigma_y + l_{33}l_{13}\sigma_z + (l_{31}l_{12} + l_{32}l_{11})\tau_{xy} + (l_{32}l_{13} + l_{33}l_{12})\tau_{yz} + (l_{33}l_{11} + l_{31}l_{13})\tau_{zx}
\end{cases}
\tag{2.10}
$$

2.4 主应力、应力状态不变量

2.4.1 主应力和主方向、应力状态不变量

在受力物体内一点任意方向的微分面上，一般都有正应力和剪应力分量存在. 当通过同一点的微分面发生转动时，它的法线方向也随之发生改变，从式(2.7)和式(2.8)可知，其上的正应力和剪应力分量数值也将发生改变. 这样就产生一个问题：在过同一点的微分面不断转动的过程中，是否会出现这样的微分面，在该面上只有正应力分量而剪应力分量为零？可以证明，这个问题的答案是肯定的. 我们把只有正应力分量而没有剪应力分量的微分面称为**主平面**，其法线方向称为**应力主方向**，简称**主方向**，其上的正应力称为**主应力**.

设 $\boldsymbol{n}$ 为过物体内任一点的主平面的单位法向量，根据主平面的定义，该主平面上的应力矢量 $\boldsymbol{p}_{(n)}$ 可表示为

$$\boldsymbol{p}_{(n)} = \sigma \boldsymbol{n} \tag{2.11a}$$

或

$$p_x=\sigma n_1,\quad p_y=\sigma n_2,\quad p_z=\sigma n_3 \tag{2.11b}$$

式中，σ 表示主平面上的主应力.

比较式(2.5)和式(2.11b)，经移项并整理可得

$$
\begin{cases}
(\sigma_x - \sigma)n_1 + \tau_{xy}n_2 + \tau_{xz}n_3 = 0 \\
\tau_{yx}n_1 + (\sigma_y - \sigma)n_2 + \tau_{yz}n_3 = 0 \\
\tau_{zx}n_1 + \tau_{zy}n_2 + (\sigma_z - \sigma)n_3 = 0
\end{cases}
\tag{2.12}
$$

上式利用了剪应力互等定理，利用克罗内克符号 δ，上式可简写为

$$(\sigma_{ij} - \sigma\delta_{ij})n_j = 0 \quad (i = x, y, z) \tag{2.13}$$

关系式(2.12)也可以写成矩阵的形式，即

$$\begin{bmatrix}\sigma_x & \tau_{xy} & \tau_{xz}\\ \tau_{yx} & \sigma_y & \tau_{yz}\\ \tau_{zx} & \tau_{zy} & \sigma_z\end{bmatrix}\begin{Bmatrix}n_1\\ n_2\\ n_3\end{Bmatrix}=\sigma\begin{Bmatrix}n_1\\ n_2\\ n_3\end{Bmatrix} \tag{2.14}$$

它表示数学上的矩阵特征值问题，主应力 σ 即为应力矩阵的特征值，$\boldsymbol{n}=\{n_1,n_2,n_3\}^{\mathrm{T}}$ 为其特征向量. 要使特征向量有非零解，则方程(2.12)系数行列式必须为零，即

$$\begin{vmatrix}\sigma_x-\sigma & \tau_{xy} & \tau_{xz}\\ \tau_{yx} & \sigma_y-\sigma & \tau_{yz}\\ \tau_{zx} & \tau_{zy} & \sigma_z-\sigma\end{vmatrix}=0$$

上式展开后，得

$$\sigma^3-I_1\sigma^2+I_2\sigma-I_3=0 \tag{2.15}$$

其中

$$\begin{cases}I_1=\sigma_x+\sigma_y+\sigma_z\\ I_2=\sigma_x\sigma_y+\sigma_y\sigma_z+\sigma_z\sigma_x-(\tau_{xy}^2+\tau_{yz}^2+\tau_{zx}^2)\\ I_3=\sigma_x\sigma_y\sigma_z+2\tau_{xy}\tau_{yz}\tau_{zx}-\sigma_x\tau_{yz}^2-\sigma_y\tau_{zx}^2-\sigma_z\tau_{xy}^2\end{cases} \tag{2.16}$$

可以证明 I_1、I_2、I_3 是三个与坐标无关的标量，它们分别称为应力张量的第一、第二和第三不变量. 它们分别是应力分量的一次、二次和三次齐次式，因而是相互独立(线性无关)的.

方程(2.15)称为应力状态的特征方程，它是一个关于主应力 σ 的三次方程. 其三个特征根称为主应力，通常主应力按其代数值的大小排列，称为第一主应力 σ_1、第二主应力 σ_2 和第三主应力 σ_3. 它们是三个不同主平面(其剪应力等于零)上正应力的数值，而不是某个应力矢量的三个分量.

把 σ_1、σ_2 和 σ_3 分别代入式(2.12)中，注意到该方程组中只有两个是独立的，并利用

$$n_1^2+n_2^2+n_3^2=1 \tag{2.17}$$

就可联立求解出分别与三个主应力 σ_1、σ_2 和 σ_3 相应的主方向.

2.4.2　主应力的几个重要性质

1. 不变性

由于特征方程(2.15)的三个系数是不变量，所以作为特征根的主应力及相应的

主方向都是不变量. 从物理上看，它们都是物体内部受力状态的客观性质，与人为选择参考坐标无关. 不变量对描述客观物理规律(如强度理论)起重要的作用.

2. 实数性

可用反证法证明，先设主应力σ_k是复数，由式(2.13)有

$$\sigma_k n_i^{(k)} = \sigma_{ij} n_j^{(k)} \tag{2.18}$$

右端应力分量为实数，所以要求方向余弦$n_i^{(k)}$、$n_j^{(k)}$为复数. 设$n_j^{(k)} = \alpha_j + \mathrm{i}\beta_j$和$n_i^{(k)} = \alpha_i + \mathrm{i}\beta_i$，其中$\alpha_i$、$\alpha_j$和$\beta_i$、$\beta_j$都是实数. 用共轭复数$n_i^{(k)*} = \alpha_i - \mathrm{i}\beta_i$同乘式(2.18)两端，并利用应力分量的对称性可得

$$\sigma_k n_i^{(k)} n_i^{(k)*} = \sigma_{ij} n_j^{(k)} n_i^{(k)*} = \frac{1}{2}\left(\sigma_{ij} n_j^{(k)} n_i^{(k)*} + \sigma_{ji} n_i^{(k)} n_j^{(k)*}\right) = \sigma_{ij}\left(\alpha_i\alpha_j + \beta_i\beta_j\right)$$

现在右端为实数，而左端$n_i^{(k)} n_i^{(k)*} = \alpha_i^2 + \beta_i^2$也是实数，所以若要上式成立，$\sigma_k$只能是实数. 主应力为实数表明任何应力状态都存在主应力.

3. 正交性

考虑任意两个不同主应力σ_k和σ_l，相应主方向为$\boldsymbol{n}^{(k)}$和$\boldsymbol{n}^{(l)}$，根据式(2.18)有

$$\sigma_k n_i^{(k)} = \sigma_{ij} n_j^{(k)}, \quad \sigma_l n_i^{(l)} = \sigma_{ij} n_j^{(l)}$$

两式两边分别乘$n_i^{(l)}$和$n_i^{(k)}$，可得

$$\sigma_k n_i^{(k)} n_i^{(l)} = \sigma_{ij} n_j^{(k)} n_i^{(l)}, \quad \sigma_l n_i^{(l)} n_i^{(k)} = \sigma_{ij} n_j^{(l)} n_i^{(k)}$$

两式相减，可得

$$(\sigma_k - \sigma_l) n_i^{(k)} n_i^{(l)} = \sigma_{ij} n_j^{(k)} n_i^{(l)} - \sigma_{ij} n_j^{(l)} n_i^{(k)} = (\sigma_{ij} - \sigma_{ji}) n_j^{(k)} n_i^{(l)}$$

由应力张量的对称性可知,上式右端为零. 而左端$\sigma_k \neq \sigma_l$,故要求$n_i^{(k)} n_i^{(l)}=0$，这正是主方向$\boldsymbol{n}^{(k)}$和$\boldsymbol{n}^{(l)}$正交的条件. 因此，当特征方程(2.15)无重根(σ_1、σ_2和σ_3互不相等)时，三个主方向必两两正交. 当特征方程有一个重根时，在两个相同的主应力的作用面内呈现双向等拉(或等压)应力状态，可在面内选择任意两个相互正交的方向作为主方向. 当特征方程出现三个重根($\sigma_1=\sigma_2=\sigma_3$)时，空间任意三个相互正交的方向都可作为主方向. 总之，对于任何应力状态，至少能找到一组三个相互正交的主方向，沿每点主方向的直线称为主轴. 处处与主方向相切的曲线称为主应力轨迹. 以主应力轨迹为坐标轴的坐标系称为主坐标系. 一般说,主坐标系是正交曲线坐标系.

在主坐标系中，应力张量可表示为

$$\sigma_{ij}=\begin{bmatrix}\sigma_1 & 0 & 0\\ 0 & \sigma_2 & 0\\ 0 & 0 & \sigma_3\end{bmatrix} \tag{2.19}$$

式中，σ_1、σ_2 和 σ_3 为三个主应力.

应力不变量表示为

$$\begin{cases}I_1=\sigma_1+\sigma_2+\sigma_3\\ I_2=\sigma_1\sigma_2+\sigma_2\sigma_3+\sigma_3\sigma_1\\ I_3=\sigma_1\sigma_2\sigma_3\end{cases} \tag{2.20}$$

所以主轴和主应力的概念在理论推导中非常有用.

4. 极值性

下面分三个方面来讨论.

(1) 最大(或最小)主应力是相应点处任意截面上正应力的最大值(或最小值).

证明 选主轴为参考轴，把式(2.19)中的应力分量代入式(2.7)得

$$\sigma_n=\sigma_{ij}n_in_j=\sigma_1n_1^2+\sigma_2n_2^2+\sigma_3n_3^2=\sigma_in_i^2 \tag{2.21}$$

利用 $n_1^2+n_2^2+n_3^2=1$，把上式改写成

$$\sigma_n=\sigma_1-(\sigma_1-\sigma_2)n_2^2-(\sigma_1-\sigma_3)n_3^2 \tag{2.22a}$$

或

$$\sigma_n=(\sigma_1-\sigma_3)n_1^2+(\sigma_2-\sigma_3)n_2^2+\sigma_3 \tag{2.22b}$$

由于 $\sigma_1\geqslant\sigma_2\geqslant\sigma_3$，式(2.22a)右端后两项恒为负，式(2.22b)右端前两项恒为正，所以 $\sigma_1\geqslant\sigma_n\geqslant\sigma_3$.

(2) 绝对值最大(或最小)的主应力是相应点处任意截面上全应力的最大值(或最小值).

证明 选主轴为参考轴，把式(2.19)中的应力分量代入式(2.5)得

$$p_x=\sigma_1n_1,\quad p_y=\sigma_2n_2,\quad p_z=\sigma_3n_3$$

全应力的平方为

$$\left\|\boldsymbol{p}_{(n)}\right\|^2=p_x^2+p_y^2+p_z^2=\sigma_1^2n_1^2+\sigma_2^2n_2^2+\sigma_3^2n_3^2=\sigma_i^2n_i^2 \tag{2.23}$$

和式(2.21)右端相比，上式右端仅用 $\sigma_i^2n_i^2$ 代替了 $\sigma_in_i^2$，所以同上相似可以证明：

若$\sigma_1^2 \geqslant \sigma_2^2 \geqslant \sigma_3^2$，必有$\sigma_1^2 \geqslant \|\boldsymbol{p}_{(n)}\|^2 \geqslant \sigma_3^2$，开方后就得$|\sigma_1| \geqslant \|\boldsymbol{p}_{(n)}\| \geqslant |\sigma_3|$.

(3) 最大剪应力等于最大主应力与最小主应力之差的一半.

证明 选主轴为参考轴. 把式(2.19)中的应力分量代入式(2.8)，有

$$\tau_n^2 = \|\boldsymbol{p}_{(n)}\|^2 - \sigma_n^2 = \sigma_1^2 n_1^2 + \sigma_2^2 n_2^2 + \sigma_3^2 n_3^2 - (\sigma_1 n_1^2 + \sigma_2 n_2^2 + \sigma_3 n_3^2)^2 \tag{2.24}$$

利用$n_1^2 + n_2^2 + n_3^2 = 1$消去$n_3^2$，上式可写为

$$\tau_n^2 = \left(\sigma_1^2 - \sigma_3^2\right) n_1^2 + \left(\sigma_2^2 - \sigma_3^2\right) n_2^2 + \sigma_3^2 - \left[\left(\sigma_1 - \sigma_3\right) n_1^2 + \left(\sigma_2 - \sigma_3\right) n_2^2 + \sigma_3\right]^2 \tag{2.25}$$

为求上式的驻值，令$\dfrac{\partial}{\partial n_1}\left(\tau_n^2\right) = 0$和$\dfrac{\partial}{\partial n_2}\left(\tau_n^2\right) = 0$，于是有

$$\begin{cases} \left(\sigma_1^2 - \sigma_3^2\right) n_1 - 2\left[\left(\sigma_1 - \sigma_3\right) n_1^2 + \left(\sigma_2 - \sigma_3\right) n_2^2 + \sigma_3\right]\left(\sigma_1 - \sigma_3\right) n_1 = 0 \\ \left(\sigma_2^2 - \sigma_3^2\right) n_2 - 2\left[\left(\sigma_1 - \sigma_3\right) n_1^2 + \left(\sigma_2 - \sigma_3\right) n_2^2 + \sigma_3\right]\left(\sigma_2 - \sigma_3\right) n_2 = 0 \end{cases} \tag{2.26}$$

以下分三种情况讨论.

(1) 若$\sigma_1 \neq \sigma_2 \neq \sigma_3$，由式(2.26)有

$$\begin{cases} \left\{\left(\sigma_1 - \sigma_3\right) - 2\left[\left(\sigma_1 - \sigma_3\right) n_1^2 + \left(\sigma_2 - \sigma_3\right) n_2^2\right]\right\} n_1 = 0 \\ \left\{\left(\sigma_2 - \sigma_3\right) - 2\left[\left(\sigma_1 - \sigma_3\right) n_1^2 + \left(\sigma_2 - \sigma_3\right) n_2^2\right]\right\} n_2 = 0 \end{cases} \tag{2.27}$$

方程(2.27)有三组解答：$n_1=0$，$n_2=0$；$n_1=0$，$n_2=\pm\dfrac{1}{\sqrt{2}}$；$n_1=\pm\dfrac{1}{\sqrt{2}}$，$n_2=0$. 利用式(2.17)可求得$n_3$，再由式(2.24)可求得$\tau_n$.

同理可利用式(2.17)和式(2.24)，分别消去n_1和n_2，再重复以上完全相同的做法，总共可得到六组解答，如表 2-1 所示.

表 2-1 剪应力的驻值解

n_1	0	0	± 1	0	$\pm\dfrac{1}{\sqrt{2}}$	$\pm\dfrac{1}{\sqrt{2}}$
n_2	0	± 1	0	$\pm\dfrac{1}{\sqrt{2}}$	0	$\pm\dfrac{1}{\sqrt{2}}$
n_3	± 1	0	0	$\pm\dfrac{1}{\sqrt{2}}$	$\pm\dfrac{1}{\sqrt{2}}$	0
τ_n	0	0	0	$\pm\dfrac{\sigma_2-\sigma_3}{2}$	$\pm\dfrac{\sigma_3-\sigma_1}{2}$	$\pm\dfrac{\sigma_1-\sigma_2}{2}$

表 2-1 中的前三组解答对应于主方向和主应力，而后三组解答则对应于最大剪应力及其方向. 从表 2-1 可以看出，最大剪应力所在的微分面与某一应力平行，并且平分另外两个应力主轴.

若进一步假定 $\sigma_1 > \sigma_2 > \sigma_3$，则最大剪应力为

$$\tau_{\max} = \frac{\sigma_1 - \sigma_3}{2} \tag{2.28}$$

与之相应的微分面的单位法向量为

$$\left(n_1 = \pm\frac{\sqrt{2}}{2},\quad n_2 = 0,\quad n_3 = \pm\frac{\sqrt{2}}{2} \right)$$

可见，该微分面与 σ_2 应力主轴平行，且与 σ_1 和 σ_3 应力主轴成 $45°$. 主应力是计算最大正应力和最大切应力的基础，在工程强度校核中起着重要的作用. 各向同性材料的强度与主方向无关，但对于各向异性材料，必须考虑方向的影响. 作为一点应力状态的完整描述需要六个独立参数，可选用六个应力分量或三个主应力和三个主应力方向.

(2) 若两个主应力相等，不妨假设 $\sigma_1 \neq \sigma_2 = \sigma_3$，由式(2.26)可知第二式已满足，从它的第一式可得

$$\left\{(\sigma_1 - \sigma_3) - 2\left[(\sigma_1 - \sigma_3)n_1^2\right]\right\} n_1 = 0$$

由此解得

$$n_1 = 0 \quad 或 \quad n_1 = \pm\frac{1}{\sqrt{2}}$$

将 $n_1 = 0$ 和 $\sigma_2 = \sigma_3$ 代入式(2.25)，得 $\tau_n = 0$，它对应的是主方向和主应力. 将 $n_1 = \pm\frac{1}{\sqrt{2}}$ 和 $\sigma_2 = \sigma_3$ 代入式(2.25)，可得

$$\tau_n = \pm\frac{\sigma_1 - \sigma_3}{2}$$

这就是最大剪应力. 与之相应的微分面的单位法向量满足如下关系式：

$$n_1 = \pm\frac{1}{\sqrt{2}},\quad n_2^2 + n_3^2 = \frac{1}{2}$$

其中，n_2 的数值可以从 0 变到 $\pm\frac{1}{\sqrt{2}}$，而 n_3 的数值则相应地从 $\pm\frac{1}{\sqrt{2}}$ 变到 0. 因此，这个最大剪应力发生在与一个圆锥面相切的微分面上，这个圆锥面与 σ_1 应力主轴成 $45°$.

(3) 若三个主应力相等，即 $\sigma_1 = \sigma_2 = \sigma_3$，则由式(2.25)可知，过该点的任何微分

面上的剪应力都等于零，也就是说，任何微分面都是主平面. 这一结论再次证实了前面的论断.

2.5 应力张量的分解

2.5.1 球形应力张量和偏应力张量

一点的应力张量可分解为球形应力张量(静水压力张量)和偏应力张量之和，即

$$\boldsymbol{\sigma} = \sigma_{\mathrm{m}}\boldsymbol{I} + \boldsymbol{S} \tag{2.29}$$

球形应力张量指微六面体的每个面上只有正应力作用，正应力的大小均为平均应力，即

$$\sigma_{\mathrm{m}} = \frac{1}{3}I_1 = \frac{1}{3}(\sigma_x + \sigma_y + \sigma_z) \tag{2.30a}$$

其中，I_1 为应力张量的第一不变量，而剪应力为零，即

$$\sigma_{\mathrm{m}}\boldsymbol{I} = \sigma_{\mathrm{m}}\delta_{ij} = \begin{pmatrix} \sigma_{\mathrm{m}} & 0 & 0 \\ 0 & \sigma_{\mathrm{m}} & 0 \\ 0 & 0 & \sigma_{\mathrm{m}} \end{pmatrix} \tag{2.30b}$$

式中，δ_{ij} 为克罗内克符号；$\sigma_{\mathrm{m}}\delta_{ij}$ 称为球形张量. 球形应力状态很容易通过式(2.21)和式(2.24)证明：任意一个斜面上的剪应力均为零，正应力均为 σ_{m}. 因此，球形应力状态每一个面都是主平面，每一个面上的正应力 σ_{m} 均为主应力. 球形应力状态是一种各个面上应力都相同的应力状态.

偏应力张量是从应力状态中扣除静水压力后剩余的部分，用 $\boldsymbol{S}$ 表示，即

$$\boldsymbol{S} = S_{ij} = \begin{bmatrix} \sigma_x - \sigma_{\mathrm{m}} & \tau_{xy} & \tau_{xz} \\ \tau_{yx} & \sigma_y - \sigma_{\mathrm{m}} & \tau_{yz} \\ \tau_{zx} & \tau_{zy} & \sigma_z - \sigma_{\mathrm{m}} \end{bmatrix} \tag{2.31}$$

偏应力张量 S_{ij} 也是一个对称的二阶张量. 它的各分量的大小反映了一个实际的应力状态偏离均匀应力状态的程度，故称为偏斜应力张量或应力偏量. 应用张量形式，式(2.29)也可以写为

$$\sigma_{ij} = \sigma_{\mathrm{m}}\delta_{ij} + S_{ij} \tag{2.32}$$

2.5.2 偏应力张量的主值及不变量

应力偏量与材料的塑性有着密切的关系，现进一步研究它的一些特性. 由于应力偏量的三个正应力之和为零，即

$$S_x+S_y+S_z=(\sigma_x-\sigma_{\mathrm{m}})+(\sigma_y-\sigma_{\mathrm{m}})+(\sigma_z-\sigma_{\mathrm{m}})=0$$

因而偏应力张量可分解为五个部分，即

$$\begin{bmatrix} S_x & S_{xy} & S_{xz} \\ S_{yx} & S_y & S_{yz} \\ S_{zx} & S_{zy} & S_z \end{bmatrix}=\begin{bmatrix} S_x & 0 & 0 \\ 0 & -S_x & 0 \\ 0 & 0 & 0 \end{bmatrix}+\begin{bmatrix} 0 & S_{xy} & 0 \\ S_{yx} & 0 & 0 \\ 0 & 0 & 0 \end{bmatrix}+\begin{bmatrix} 0 & 0 & S_{xz} \\ 0 & 0 & 0 \\ S_{zx} & 0 & 0 \end{bmatrix}$$

$$+\begin{bmatrix} 0 & 0 & 0 \\ 0 & 0 & S_{yz} \\ 0 & S_{yz} & 0 \end{bmatrix}+\begin{bmatrix} 0 & 0 & 0 \\ 0 & -S_z & 0 \\ 0 & 0 & S_z \end{bmatrix}$$

可以发现，上式等号右边的五个部分都表示纯剪应力状态. 可见，应力偏量只与微分单元体的剪切变形有关. 和应力张量一样,偏应力张量也具有三个不变量. 将式(2.15)和式(2.16)中的σ_{ij}用S_{ij}替代，则求得偏应力主值的特征方程为

$$S^3-J_1S^2-J_2S-J_3=0 \tag{2.33}$$

式中

$$J_1=S_x+S_y+S_z=0$$

$$J_2=-(S_xS_y+S_yS_z+S_zS_x)+(S_{xy}^2+S_{yz}^2+S_{zx}^2)=\frac{1}{2}S_{ij}S_{ij} \tag{2.34}$$

$$J_3=\begin{vmatrix} S_x & S_{xy} & S_{xz} \\ S_{yx} & S_y & S_{yz} \\ S_{zx} & S_{zy} & S_z \end{vmatrix}=\frac{1}{3}S_{ij}S_{jk}S_{ki}$$

是偏应力张量的三个不变量. 其中第一不变量为零,第二不变量使用最多. 解偏应力特征方程(2.33)，得偏应力的三个主值S_1、S_2和S_3为

$$S_1=\frac{2\sqrt{J_2}}{\sqrt{3}}\sin\left(\theta_\sigma+\frac{2\pi}{3}\right)$$

$$S_2=\frac{2\sqrt{J_2}}{\sqrt{3}}\sin\theta_\sigma \tag{2.35}$$

$$S_3=\frac{2\sqrt{J_2}}{\sqrt{3}}\sin\left(\theta_\sigma-\frac{2\pi}{3}\right)$$

式中，θ_σ称为洛德(Lode)角，为

$$\theta_\sigma=\frac{1}{3}\arcsin\frac{-\sqrt{27}J_3}{2(J_2)^{3/2}} \tag{2.36}$$

在主应力空间里，应力偏量的三个不变量表示为

$$J_1 = S_1 + S_2 + S_3 = 0$$

$$J_2 = -\left(S_1S_2 + S_2S_3 + S_3S_1\right) = \frac{1}{2}\left(S_1^2 + S_2^2 + S_3^2\right) = -I_2 + \frac{1}{3}I_1^2 \tag{2.37}$$

$$J_3 = \begin{vmatrix} S_1 & 0 & 0 \\ 0 & S_2 & 0 \\ 0 & 0 & S_3 \end{vmatrix} = S_1S_2S_3 = I_3 - \frac{1}{3}I_1I_2 + \frac{2}{27}I_1^3$$

在应力偏量的三个不变量中，第二不变量 J_2 使用最多. 下面给出 J_2 的另外一些不同表达式.

(1) 在主应力空间里，J_2 的表达式可简写为

$$J_2 = \frac{1}{2}S_iS_i = \frac{1}{6}\left[\left(\sigma_1 - \sigma_2\right)^2 + \left(\sigma_2 - \sigma_3\right)^2 + \left(\sigma_3 - \sigma_1\right)^2\right] \tag{2.38}$$

(2) 在一般应力空间里，J_2 的表达式可简写为

$$J_2 = \frac{1}{2}S_{ij}S_{ij} = \frac{1}{6}\left[\left(\sigma_x - \sigma_y\right)^2 + \left(\sigma_y - \sigma_z\right)^2 + \left(\sigma_z - \sigma_x\right)^2 + 6\left(\tau_{xy}^2 + \tau_{yz}^2 + \tau_{zx}^2\right)\right] \tag{2.39}$$

例 2.2 已知应力状态

$$\sigma_{ij} = \begin{bmatrix} 5 & 3 & 4 \\ 3 & 0 & 3 \\ 4 & 3 & 7 \end{bmatrix}$$

求偏应力张量和它的 3 个主值.

解 平均应力为 $\sigma_{\mathrm{m}} = \frac{1}{3}(5+0+7) = 4$，故偏应力张量为

$$S_{ij} = \begin{bmatrix} 5-4 & 3 & 4 \\ 3 & 0-4 & 3 \\ 4 & 3 & 7-4 \end{bmatrix} = \begin{bmatrix} 1 & 3 & 4 \\ 3 & -4 & 3 \\ 4 & 3 & 3 \end{bmatrix}$$

$$J_2 = \frac{1}{2}S_{ij}S_{ij} = \frac{1}{2}\left[1^2 + (-4)^2 + 3^2 + 2\times 3^2 + 2\times 4^2 + 2\times 3^2\right] = 47$$

$$J_3 = \begin{vmatrix} 1 & 3 & 4 \\ 3 & -4 & 3 \\ 4 & 3 & 3 \end{vmatrix} = 88$$

将 J_2、J_3 的值代入式(2.36)，得洛德角为

$$\sin(3\theta_\sigma) = \frac{-\sqrt{27}J_3}{2(J_2)^{3/2}} = \frac{-\sqrt{27}\times 88}{2\times(47)^{3/2}} = -0.7096$$

$$\theta_\sigma = -15.07^\circ$$

将上面的结果代入式(2.35)，得偏应力的 3 个主值为

$$S_1=\frac{2\sqrt{47}}{\sqrt{3}}\sin\left(-15.07^\circ+120^\circ\right)=7.65$$

$$S_2=\frac{2\sqrt{47}}{\sqrt{3}}\sin\left(-15.07^\circ\right)=-2.06$$

$$S_3=\frac{2\sqrt{47}}{\sqrt{3}}\sin\left(-15.07^\circ-120^\circ\right)=-5.59$$

2.6　八面体和八面体应力

2.6.1　八面体

现在主应力空间里，考察通过物体内任一点 M 的一个微分面，该微分面的外法线方向 $\boldsymbol{n}$ 与三个应力主轴呈等倾斜．于是它的 3 个方向余弦为

$$n_1=\cos(\boldsymbol{n},\sigma_1)=\pm\frac{1}{\sqrt{3}}$$

$$n_2=\cos(\boldsymbol{n},\sigma_2)=\pm\frac{1}{\sqrt{3}}$$

$$n_3=\cos(\boldsymbol{n},\sigma_3)=\pm\frac{1}{\sqrt{3}}$$

这样的微分面共有 8 个，它们可组成一个包含点 M 在内的无限小的正八面体，如图 2-5 所示．这些微分面上的应力，称为八面体应力．

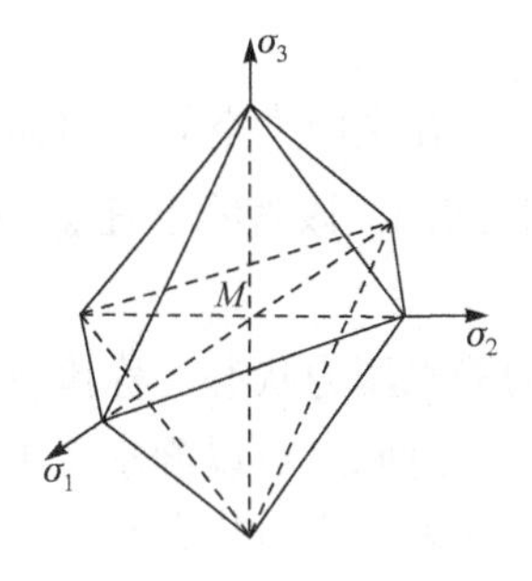

图 2-5　八面体

2.6.2　八面体应力和等效应力

根据主应力空间中物体内一点任意微分面上的正应力和剪应力的计算式(2.21)和式(2.24)，很容易求得八面体等倾面上的正应力和剪应力分别为

$$\begin{aligned}&\sigma_8=\frac{1}{3}(\sigma_1+\sigma_2+\sigma_3)=\frac{1}{3}I_1\\&\tau_8=\frac{1}{3}\sqrt{(\sigma_1-\sigma_2)^2+(\sigma_2-\sigma_3)^2+(\sigma_3-\sigma_1)^2}=\sqrt{\frac{2}{3}J_2}\end{aligned}\tag{2.40}$$

式中，σ_8 和 τ_8 分别表示八面体上的正应力和剪应力．八面体剪应力 τ_8 对于塑性理论具有重要意义，为了使用方便，将它乘以 $3/\sqrt{2}$，并称为应力强度，用符号 σ_i 来表示，即

$$\sigma_{\mathrm{i}}=\frac{3}{\sqrt{2}}\tau_8=\sqrt{3J_2}=\frac{1}{\sqrt{2}}\sqrt{(\sigma_1-\sigma_2)^2+(\sigma_2-\sigma_3)^2+(\sigma_3-\sigma_1)^2}$$
$$=\frac{1}{\sqrt{2}}\sqrt{(\sigma_x-\sigma_y)^2+(\sigma_y-\sigma_z)^2+(\sigma_z-\sigma_x)^2+6(\tau_{xy}^2+\tau_{yz}^2+\tau_{zx}^2)} \tag{2.41}$$

应力强度σ_{i}的物理意义可以这样来理解：对于单向应力状态，有$\sigma_1\neq 0$，$\sigma_2=\sigma_3=0$，代入式(2.41)即可得到$\sigma_{\mathrm{i}}=\sigma_1$. 由此可见，从某种意义上来说，应力强度$\sigma_{\mathrm{i}}$是将一个复杂的应力状态化为一个具有相同“等效”作用的单向应力状态. 因此，σ_{i}又称为有效应力.

2.7 主应力空间与π平面

建立以σ_1、σ_2和σ_3为坐标轴的直角坐标系，称为主应力空间，如图 2-6 所示. 主应力空间中任意一坐标点$P(\sigma_1,\sigma_2,\sigma_3)$就代表物体一点的应力状态，使用$\boldsymbol{e}_1$、$\boldsymbol{e}_2$和$\boldsymbol{e}_3$表示主应力空间中三个坐标轴方向的单位基矢量，点$P$的位置矢量为

$$\overrightarrow{OP}=\sigma_1\boldsymbol{e}_1+\sigma_2\boldsymbol{e}_2+\sigma_3\boldsymbol{e}_3$$

在主应力空间，过原点O作一条与三个坐标轴具有相同夹角的直线(如图 2-6 中$\overrightarrow{ON}$)，该直线上任意一点代表的应力状态有

$$\sigma_1=\sigma_2=\sigma_3$$

为静水压力状态，称该直线为静水压力轴.

过原点O以静水压力轴为法线作一个平面，称为π平面，该平面上任意一点所代表的应力状态有

$$\sigma_1+\sigma_2+\sigma_3=0$$

为偏应力状态.

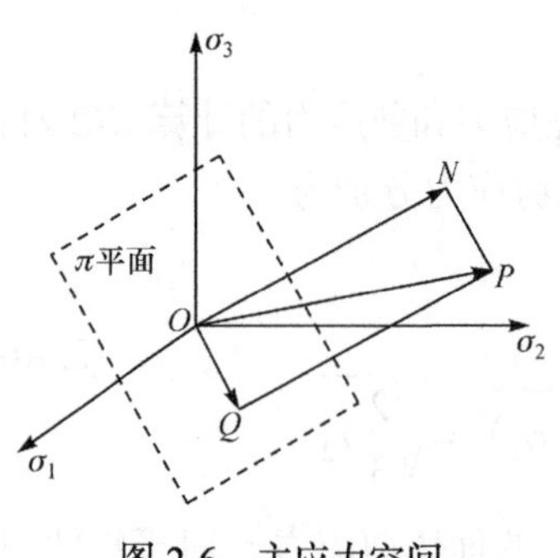

图 2-6 主应力空间

如图 2-6 所示，几何上代表任意一应力状态的矢量$\overrightarrow{OP}$可分解为在静水压力轴上的投影和π平面上的投影的矢量和，这就直观地给出了任意应力状态可分解为静水压力部分和偏应力部分之和. 实际上

$$\overrightarrow{OP}=(\sigma_{\mathrm{m}}+S_1)\boldsymbol{e}_1+(\sigma_{\mathrm{m}}+S_2)\boldsymbol{e}_2+(\sigma_{\mathrm{m}}+S_3)\boldsymbol{e}_3$$
$$=(\sigma_{\mathrm{m}}\boldsymbol{e}_1+\sigma_{\mathrm{m}}\boldsymbol{e}_2+\sigma_{\mathrm{m}}\boldsymbol{e}_3)+(S_1\boldsymbol{e}_1+S_2\boldsymbol{e}_2+S_3\boldsymbol{e}_3)$$
$$=\overrightarrow{ON}+\overrightarrow{OQ}$$

式中，S_i是主偏应力；σ_{m}是平均应力；$\overrightarrow{ON}$代表静水压力矢量，位于静水压力轴上；$\overrightarrow{OQ}$代表主偏应力矢量，位于π平面上.

顺着静水压力轴方向看π平面，$\boldsymbol{e}_1$、$\boldsymbol{e}_2$和$\boldsymbol{e}_3$在π平面上的投影为$\boldsymbol{e}_1'$、$\boldsymbol{e}_2'$和$\boldsymbol{e}_3'$，这三个投影轴相互间的夹角θ_σ为$\dfrac{2\pi}{3}$. 在π平面上建立直角坐标系，其中y轴与$\boldsymbol{e}_2'$轴重合，如图2-7所示. 下面建立图2-6所示的主应力空间任一点$P(\sigma_1,\sigma_2,\sigma_3)$与其在$\pi$平面上的投影$Q$点的平面坐标$(x,y)$之间的关系.

首先确定三个空间坐标轴$\boldsymbol{e}_1$、$\boldsymbol{e}_2$和$\boldsymbol{e}_3$与π平面的夹角. 如图2-8所示，斜面ABC与π平面平行，过$\boldsymbol{e}_2$轴作一平面和斜面ABC垂直，交线为BD，则BO与BD间的夹角就是$\boldsymbol{e}_2$与π平面的夹角，也就是$\boldsymbol{e}_2$与$\boldsymbol{e}_2'$的夹角，记为β. 根据几何关系可得

$$\cos\beta=\frac{BO}{BD}=\frac{1}{\sqrt{3/2}}=\sqrt{\frac{2}{3}}$$

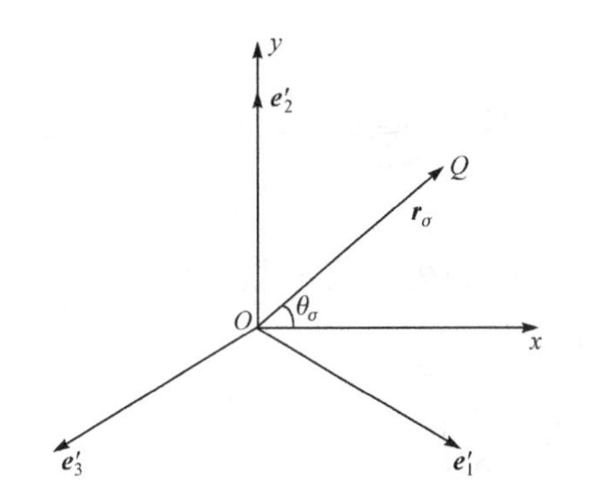

图2-7 π平面上坐标系

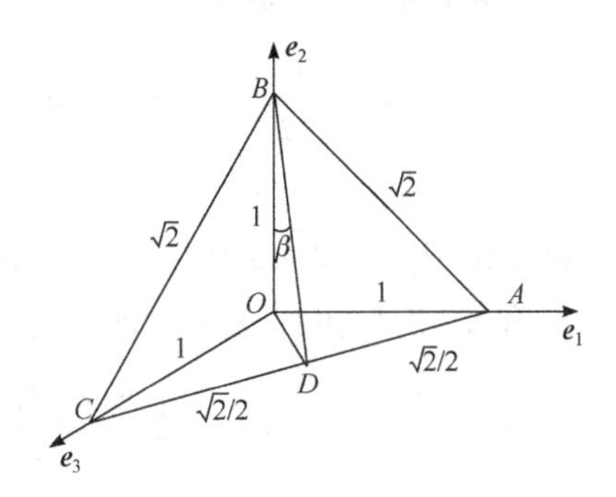

图2-8 $\boldsymbol{e}_2$轴与π平面的夹角

由前所述，主偏应力矢量在主应力空间中可表示为$S_1\boldsymbol{e}_1+S_2\boldsymbol{e}_2+S_3\boldsymbol{e}_3$，该矢量在$\pi$平面上的投影为$S_1\cos\beta\boldsymbol{e}_1'+S_2\cos\beta\boldsymbol{e}_2'+S_3\cos\beta\boldsymbol{e}_3'$. 注意到$\boldsymbol{e}_1'$和$\boldsymbol{e}_3'$与$x$轴的夹角分别为30°和−30°，而$\boldsymbol{e}_2'$与$y$轴重合. 因此，主偏应力矢量的$x$和$y$坐标可表示为

$$x=S_1\cos\beta\cos30°-S_3\cos\beta\cos30°=\frac{\sqrt{2}}{2}(S_1-S_3)=\frac{\sqrt{2}}{2}(\sigma_1-\sigma_3)$$

$$\begin{aligned}y&=-S_1\cos\beta\sin30°+S_2\cos\beta-S_3\cos\beta\sin30°=\frac{1}{\sqrt{6}}(2S_2-S_1-S_3)\\&=\frac{1}{\sqrt{6}}(2\sigma_2-\sigma_1-\sigma_3)\end{aligned}\tag{2.42}$$

它的极坐标是

$$r_\sigma=\sqrt{x^2+y^2}=\sqrt{2J_2}$$

$$\tan\theta_\sigma=\frac{y}{x}=\frac{1}{\sqrt{3}}\mu_\sigma \tag{2.43}$$

式中

$$\mu_\sigma=\frac{2S_2-S_1-S_3}{S_1-S_3}=\frac{2\sigma_2-\sigma_1-\sigma_3}{\sigma_1-\sigma_3} \tag{2.44}$$

称为应力洛德参数，表示主应力之间的相对比值关系.

在简单应力状态下，利用式(2.44)很容易得到 μ_σ 的值分别为：①单轴拉伸，$\mu_\sigma=-1$；②纯剪切，$\mu_\sigma=0$；③单轴压缩，$\mu_\sigma=1$. 若规定 $\sigma_1\geqslant\sigma_2\geqslant\sigma_3$，则有

$$-1\leqslant\mu_\sigma\leqslant1,\quad -\frac{\pi}{6}\leqslant\mu_\theta\leqslant\frac{\pi}{6}$$

使用式(2.42)，并注意到 $S_1+S_2+S_3=0$，可以将偏应力的主值 S_1、S_2 和 S_3 用 Q 点的直角坐标 x 和 y 表示为

$$S_1=\frac{1}{\sqrt{2}}x-\frac{1}{\sqrt{6}}y,\quad S_2=\sqrt{\frac{2}{3}}y,\quad S_3=-\frac{1}{\sqrt{2}}x-\frac{1}{\sqrt{6}}y \tag{2.45}$$

由于 $x=r_\sigma\cos\theta_\sigma=\sqrt{2J_2}\cos\theta_\sigma$，$y=r_\sigma\sin\theta_\sigma=\sqrt{2J_2}\sin\theta_\sigma$，代入式(2.45)，可以得到 S_1、S_2 和 S_3 用 J_2 和 θ_σ 表示的计算式(2.35)，即

$$S_1=\frac{2\sqrt{J_2}}{\sqrt{3}}\sin\left(\theta_\sigma+\frac{2\pi}{3}\right)$$

$$S_2=\frac{2\sqrt{J_2}}{\sqrt{3}}\sin\theta_\sigma$$

$$S_3=\frac{2\sqrt{J_2}}{\sqrt{3}}\sin\left(\theta_\sigma-\frac{2\pi}{3}\right)$$

将式(2.35)代入 $J_3=S_1S_2S_3$，经整理可得洛德角 θ_σ 使用应力张量不变量 J_2 和 J_3 的计算式(2.36).

2.8 平衡微分方程和边界条件

在前面我们讨论了应力和应力张量的基本概念，学习了受力物体内任一点的应力状态是由这一点的应力张量决定的. 一般来说，物体在外力作用下处于平衡状态时，其内部各点的应力状态是各不相同的. 如果物体在外力作用下处于平衡状态，则其内部每一点附近任取一微小体积的单元体都应处于平衡状态；反过来，如果物体内部每一点附近任取单元体都处于平衡状态，则整个物体也必然处于平

衡状态. 基于这种考虑，假想在物体内部分别作三组与三个坐标轴垂直的剖面，在物体的内部，它们将物体分割成无数微分平行六面体；在靠近物体的表面，只要剖分网格足够密，则物体在表面附近被切割成无数的微分四面体，如图 2-9 所示. 分别考虑物体内部任意一个微分平行六面体和表面处任意一个微分四面体的平衡条件，可以导出处于平衡状态的物体内部各点均需满足的条件，以及表面各点需要满足的静力边界条件.

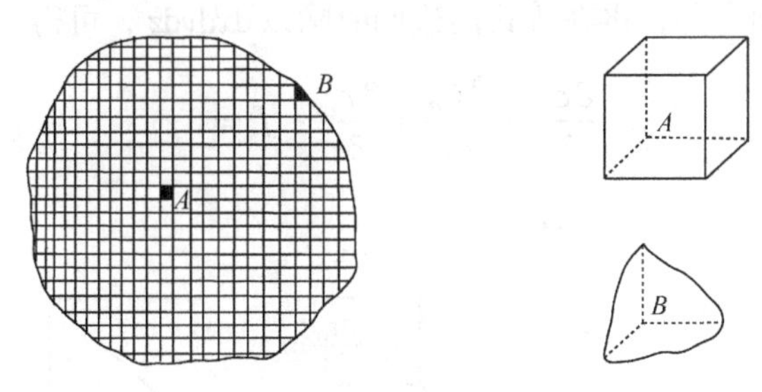

图 2-9 固体网格划分及微分单元体

2.8.1 平衡微分方程

现考察受外力平衡的物体内部任意一个微分平行六面体的平衡条件，当该微分平行六面体趋向无限小时，它表示物体内任一点的平衡条件. 该微分平行六面体三条棱长分别为 $\mathrm{d}x$ 、 $\mathrm{d}y$ 和 $\mathrm{d}z$. 根据连续性假设可认为物体内各点处的应力分量 σ_{ij} 都是坐标 x 、 y 、 z 的单值连续函数，即

$$\sigma_{ij}=\sigma_{ij}(x,y,z)$$

由于单元体取得充分小，其体积力和表面力均可认为是均匀分布的. 在给定 x 的微分面上的应力分量为 σ_x 、 τ_{xy} 和 τ_{xz} . 根据连续函数的泰勒展开公式，则在 $x+\mathrm{d}x$ 微分面上的应力分量为

$$\sigma_x(x+\mathrm{d}x,y,z)=\sigma_x(x,y,z)+\frac{\partial\sigma_x(x,y,z)}{\partial x}\mathrm{d}x=\sigma_x+\frac{\partial\sigma_x}{\partial x}\mathrm{d}x$$

$$\tau_{xy}(x+\mathrm{d}x,y,z)=\tau_{xy}(x,y,z)+\frac{\partial\tau_{xy}(x,y,z)}{\partial x}\mathrm{d}x=\tau_{xy}+\frac{\partial\tau_{xy}}{\partial x}\mathrm{d}x$$

$$\tau_{xz}(x+\mathrm{d}x,y,z)=\tau_{xz}(x,y,z)+\frac{\partial\tau_{xz}(x,y,z)}{\partial x}\mathrm{d}x=\tau_{xz}+\frac{\partial\tau_{xz}}{\partial x}\mathrm{d}x$$

这里忽略了二阶及以上的微量.

同理，可得到其他四个微分面上的应力分量，如图 2-10 所示，图中所标示的各应力分量，均假设为正值.

由于单元体取得充分小，其体积力和表面力均可认为是均匀分布的. 于是，由单元体上力系所满足的平衡条件就可求得应力分量必须满足的方程，例如，由

平衡条件$\sum F_x = 0$，有

$$\left(\sigma_x + \frac{\partial \sigma_x}{\partial x}\mathrm{d}x\right)\mathrm{d}y\mathrm{d}z - \sigma_x \mathrm{d}y\mathrm{d}z + \left(\tau_{yx} + \frac{\partial \tau_{yx}}{\partial y}\mathrm{d}y\right)\mathrm{d}x\mathrm{d}z - \tau_{yx}\mathrm{d}x\mathrm{d}z$$

$$+\left(\tau_{zx} + \frac{\partial \tau_{zx}}{\partial z}\mathrm{d}z\right)\mathrm{d}x\mathrm{d}y - \tau_{zx}\mathrm{d}x\mathrm{d}y + f_x \mathrm{d}x\mathrm{d}y\mathrm{d}z = 0$$

将上式中的同类项合并，再在等式两边同时除以$\mathrm{d}x\mathrm{d}y\mathrm{d}z$，可得

$$\frac{\partial \sigma_x}{\partial x} + \frac{\partial \tau_{yx}}{\partial y} + \frac{\partial \tau_{zx}}{\partial z} + f_x = 0$$

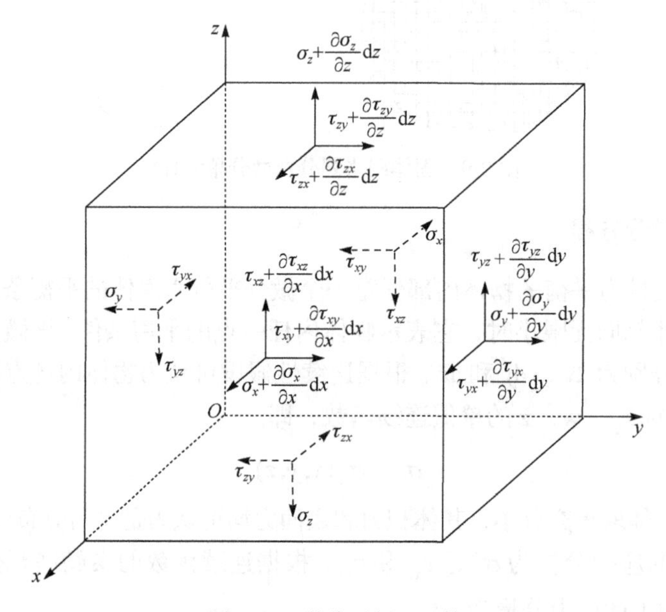

图 2-10 微分平行六面体

同理，由平衡条件$\sum F_y = 0$和$\sum F_z = 0$可以推得另外两个方程，把三个方程写在一起，构成了物体处于平衡状态时内部各点所需要满足的平衡方程或运动方程，即

$$\begin{cases} \dfrac{\partial \sigma_x}{\partial x} + \dfrac{\partial \tau_{xy}}{\partial y} + \dfrac{\partial \tau_{xz}}{\partial z} + f_x = 0 \quad \text{或} \quad \left(\rho \dfrac{\partial^2 u}{\partial t^2}\right) \\ \dfrac{\partial \tau_{yx}}{\partial x} + \dfrac{\partial \sigma_y}{\partial y} + \dfrac{\partial \tau_{yz}}{\partial z} + f_y = 0 \quad \text{或} \quad \left(\rho \dfrac{\partial^2 v}{\partial t^2}\right) \\ \dfrac{\partial \tau_{zx}}{\partial x} + \dfrac{\partial \tau_{zy}}{\partial y} + \dfrac{\partial \sigma_z}{\partial z} + f_z = 0 \quad \text{或} \quad \left(\rho \dfrac{\partial^2 w}{\partial t^2}\right) \end{cases} \tag{2.46}$$

这里利用了剪应力互等定理. 式中，f_x、f_y、f_z 为作用在单元体形心处的体积力 $\boldsymbol{f}$ 沿 x、y、z 轴方向的分量；ρ 为物体的密度；u、v、w 为物体内任一点的位移矢量在三个坐标轴方向的分量.

方程(2.46)建立了物体处于平衡状态时内部各点的应力和体积力之间的关系，通常称为纳维平衡微分方程，它是纳维于 1827 年首先导出的. 如果物体处于运动状态，则各方程式中的右端应包括括弧中的各项，方程相应地称为运动微分方程. 若采用张量记式，则式(2.46)可缩写为

$$\sigma_{ij,j}+f_i=0 \quad 或 \quad \left(\rho\frac{\partial^2 u_i}{\partial t^2}\right) \tag{2.47}$$

若对通过单元体重心的三根互相垂直的轴线运用力矩平衡条件 $\sum M_z=0$、$\sum M_x=0$、$\sum M_y=0$，则可分别证得如下关系：

$$\tau_{xy}=\tau_{yx},\quad \tau_{yz}=\tau_{zy},\quad \tau_{zx}=\tau_{xz}$$

也即再次证明了剪应力互等定理的成立.

式(2.46)中包含六个独立的应力分量，它们都是 x、y、z 的函数，因此一般来说，在弹塑性力学中，求解应力场的问题是一个静不定问题.

例 2.3 受力物体内的应力分布规律由应力分量函数所确定. 一受力物体处于平衡状态，其应力分量函数写成应力张量的形式，即

$$\sigma_{ij}=\begin{bmatrix}\sigma_x & \tau_{xy} & \tau_{xz}\\ \tau_{yx} & \sigma_y & \tau_{yz}\\ \tau_{zx} & \tau_{zy} & \sigma_z\end{bmatrix}=\begin{bmatrix}x^2y & (1-y^2)x & 0\\ (1-y^2)x & (y^3-3y)/3 & 0\\ 0 & 0 & 2z^2\end{bmatrix}\ (\mathrm{MPa})$$

试问：(1) 若此应力场满足平衡微分方程，其体积力分布如何？

(2) 在物体内一点 $P(a,0,2\sqrt{a})$ 处的主应力大小？(a 为大于零的常数.)

解 (1) 将已知各应力分量函数代入平衡方程(2.46)，有

$$\begin{cases}2xy-2yx+0+f_x=0\\ (1-y^2)+(y^2-1)+0+f_y=0\\ 0+0+4z+f_z=0\end{cases}$$

由上式可得到体积力分量分别为：$f_x=0$，$f_y=0$，$f_z=-4z$.

(2) 将 P 点的坐标值代入各应力分量的函数式，可得该点的应力张量为

$$\sigma_{ij}=\begin{bmatrix}0 & a & 0\\ a & 0 & 0\\ 0 & 0 & 8a\end{bmatrix}\ (\mathrm{MPa})$$

为求得 P 点的主应力，利用应力状态的特征方程

$$\sigma^3 - I_1\sigma^2 + I_2\sigma - I_3 = 0$$

其中，$I_1=\sigma_x+\sigma_y+\sigma_z=8a$，$I_2=\sigma_x\sigma_y+\sigma_y\sigma_z+\sigma_z\sigma_x-(\tau_{xy}^2+\tau_{yz}^2+\tau_{zx}^2)=-a^2$，$I_3=\sigma_x\sigma_y\sigma_z+2\tau_{xy}\tau_{yz}\tau_{zx}-\sigma_x\tau_{yz}^2-\sigma_y\tau_{zx}^2-\sigma_z\tau_{xy}^2=-8a^3$，代入上式可得

$$\sigma^3 - 8a\sigma^2 - a^2\sigma + 8a^3 = 0$$

上面方程有三个实根，分别为 $\sigma_1=8a$，$\sigma_2=a$，$\sigma_3=-a$.

2.8.2 应力边界条件

在外力作用下处于平衡状态的物体，在表面各点处的应力分量应当与作用在该点处的表面力相平衡. 这种关系构成了变形固体的应力场所必须满足的边界条件，称为静力边界条件(也称应力边界条件). 现考察物体表面处任意一个微分四面体的平衡条件，设该微分四面体斜面(代表物体的边界面，图 2-9)的外法线方向 $\boldsymbol{n}$ 与三个坐标轴夹角的余弦分别为 n_1、n_2、n_3，采用与 2.2 节中同样的方法，可得

$$\begin{cases} \sigma_x n_1 + \tau_{xy} n_2 + \tau_{xz} n_3 = \bar{f}_x \\ \tau_{yx} n_1 + \sigma_y n_2 + \tau_{yz} n_3 = \bar{f}_y \\ \tau_{zx} n_1 + \tau_{zy} n_2 + \sigma_z n_3 = \bar{f}_z \end{cases} \tag{2.48}$$

式中，$\bar{f}_x$、$\bar{f}_y$、$\bar{f}_z$ 分别为物体表面任一点的表面力在三个坐标轴方向的分量. 若采用张量记式，式(2.48)可简写为

$$\sigma_{ij} n_j = \bar{f}_i \tag{2.49}$$

由应力边界条件可知，应力边界条件与坐标系 $Oxyz$ 的选取及物体边界处一点微斜面的外法线方向余弦有关. 下面对静力边界条件的特殊情况讨论如下：

(1) 当边界面与某坐标轴垂直，如与 x 轴垂直时，则有 $n_1=\pm1$，$n_2=0$，$n_3=0$，于是由式(2.48)得 $\sigma_x=\pm\bar{f}_x$，$\tau_{xy}=\pm\bar{f}_y$，$\tau_{xz}=\pm\bar{f}_z$. 在此情况下，该边界各点的应力分量与相应的表面力分量直接相等，正面上的应力分量与表面力同号，负面上的应力分量与表面力异号.

(2) 对于平面问题的应力边界条件. 对于平面问题(包括平面应力问题和平面应变问题)，设这类物体的边界面与 z 轴平行(即在 Oxy 平面讨论问题)，则物体边界上一点的边界微分面外法线方向余弦 $n_3=0$，于是应力边界条件(2.48)可简化为

$$\begin{cases} \sigma_x n_1 + \tau_{xy} n_2 = \bar{f}_x \\ \tau_{yx} n_1 + \sigma_y n_2 = \bar{f}_y \end{cases} \tag{2.50}$$

式(2.50)即平面问题的静力边界条件.

习 题

2-1 已知直角坐标系中一点的应力分量

$$\sigma_{ij}=\begin{bmatrix}\sigma_1 & 0 & 0\\ 0 & \sigma_2 & 0\\ 0 & 0 & \sigma_3\end{bmatrix}$$

求该点处与 Oxy 平面垂直的任意斜截面上的正应力和剪应力. 设斜面法向矢量 $\boldsymbol{n}$ 与 x 轴的夹角为 α.

2-2 已知某点以直角坐标表示的应力分量为 σ_x、σ_y、σ_z、τ_{xy}、τ_{yz}、τ_{zx}，试求该点以柱坐标表示的应力分量.

2-3 已知变形体内一点在直角坐标系中的应力分量为

$$\sigma_{ij}=\begin{bmatrix}50a & 50a & 80a\\ 50a & 0 & -75a\\ 80a & -75a & -30a\end{bmatrix}$$

求法向矢量为 $\boldsymbol{n}=\frac{1}{2}\boldsymbol{i}+\frac{1}{2}\boldsymbol{j}+\frac{1}{\sqrt{2}}\boldsymbol{k}$ 斜面上的总应力、正应力和剪应力.

2-4 已知物体中某点的应力分量为

$$\sigma_{ij}=\begin{bmatrix}0 & 0 & 100a\\ 0 & 0 & 100a\\ 100a & 100a & 200a\end{bmatrix}$$

求该点应力张量的三个不变量、主应力、最大剪应力、八面体正应力与剪应力.

2-5 已知物体中一点的应力状态

$$\sigma_{ij}=\begin{bmatrix}100a & -50a & 0\\ -50a & 200a & 0\\ 0 & 0 & 300a\end{bmatrix}$$

求：(1) 该点应力张量的三个不变量、主应力、主方向；

(2) 将此应力张量分解为球形应力张量和偏斜应力张量，并求偏斜应力张量的三个不变量.

2-6 已知物体中某点的应力状态

$$\sigma_{ij}=\begin{bmatrix}5&3&8\\3&0&3\\8&3&11\end{bmatrix}\times10^5\quad(\text{Pa})$$

试求该点八面体正应力与剪应力.

2-7　如习题 2-7 图所示的平板中的应力分量为 $\sigma_x=-20y^3+30yx^2$，$\sigma_y=10y^3$，$\tau_{xy}=-30y^2x$，试确定该板边界上的表面力.

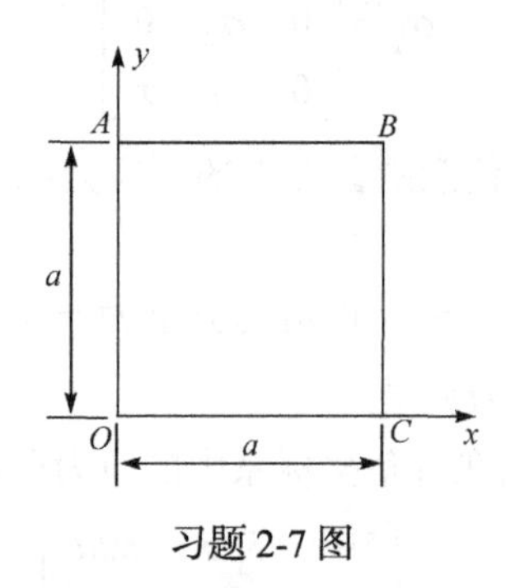

习题 2-7 图

2-8　在 π 平面上画出下列函数的图形：

(1) $\sqrt{J_2}=k_1$；(2) $\tau_{xy}=k_2$

试确定该板边界上的表面力.

2-9　任意一个形状的物体，其表面受均匀压力 q 作用. 如果不计体积力，试验证应力分量

$$\sigma_x=\sigma_y=\sigma_z=-q\ ,\quad \tau_{xy}=\tau_{yz}=\tau_{zx}=0$$

是否满足平衡微分方程和该问题的静力边界条件.

第3章

应变分析

本章主要介绍一点的应变状态描述方法，掌握位移、变形和应变的概念，了解位移和应变关系、几何方程、转角方程和位移边界条件. 掌握应变分量的坐标变换公式及主应变与主应变方向，应变张量的分解，应变协调方程，应变速率和应变增量的概念.

3.1 变形与应变概念

在静力学理论中，通常假定物体是刚性的，也就是说，在力的作用下，物体内任意两点之间的距离保持不变. 例如，在第 2 章建立的平衡微分方程就忽略了固体的变形，即假定固体为刚体. 实际上，在自然界中根本不存在刚体，所有物体在某种程度上都是可以变形的，也就是说，在力的作用下，实际物体任意两点之间的距离总是要发生改变，从而使物体的形状和尺寸发生变化. 一个物体是否可以被假定为刚体，关键在于刚体假定的有效范围.

本章将从几何学的观点出发，分析研究物体的变形. 反映物体变形规律的数学方程同样有两类，即几何方程和应变协调方程. 由于这两类方程都是基于物体连续性的基本假定从几何学出发得到的，并不涉及产生变形的原因和物体的材料性质，它们均属于普遍适用的方程.

3.1.1 位移、变形和应变的概念

要描述一点的应变状态，先从运动的描述方法入手. 物体在外力作用下，在其内部各点产生应力，并发生运动和变形. 物体在发生运动和变形前后占有不同的区域，我们可以把物体占有的区域称为物体的构形. 在初始时刻$t=0$占有的区域称为初始构形，在当前研究的时刻t占有的区域称为现时构形，如图3-1所示. 为了描述物体的运动，需要选择某特定时刻(一般选初始时刻)的构形作为参考构形，以确定某时刻每个物质点的位置. 参考构形的意义在于运动或变形是参考这个构形来定义的. 物质点的位置可用其在参考构形中的坐标$\boldsymbol{X}$来表示，为此，要建立

一个物质坐标系(X_1, X_2, X_3)，也就是说，每个物质点都有其在参考构形中的位置$\boldsymbol{X}(X_1, X_2, X_3)$. 物质点$\boldsymbol{X}(X_1, X_2, X_3)$在任一时刻$t$的空间位置由空间坐标系($x_1$，$x_2$，$x_3$)中的位置$\boldsymbol{x}(x_1, x_2, x_3)$确定. 物质坐标系用于参考构形，空间坐标系用于现时构形. 为简便，通常采用两个完全重合的直角坐标系(图 3-1).

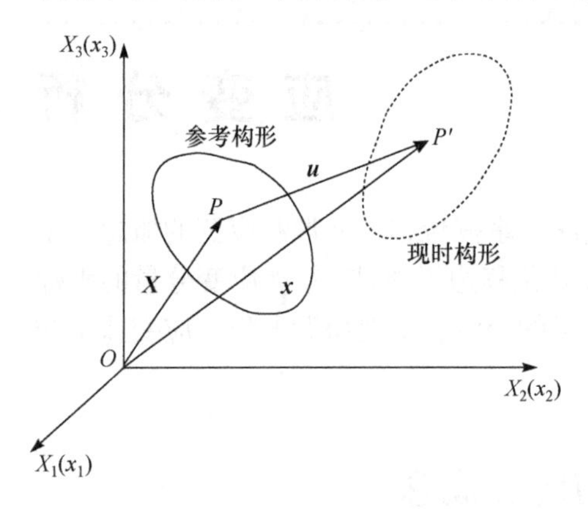

图 3-1 基于参考构形的位移

在荷载作用下，物体内各质点将产生位移，各点位移矢量的集合定义了物体的位移场. 在弹性力学中，通常假定位移场足够光滑，存在三阶以上的连续偏导数. 物质点P的位移为$\boldsymbol{u}$，由图 3-1 可知

$$\boldsymbol{x} = \boldsymbol{X} + \boldsymbol{u} \quad 或 \quad x_i = X_i + u_i \tag{3.1}$$

由上式可得$\mathrm{d}x_i = \left(\delta_{ij} + \dfrac{\partial u_i}{\partial X_j}\right)\mathrm{d}X_j$，引入$H_{ij} = \dfrac{\partial u_i}{\partial X_j}$，则上式可写为

$$\mathrm{d}x_i = (\delta_{ij} + H_{ij})\mathrm{d}X_j$$

写成张量形式为

$$\mathrm{d}\boldsymbol{x} = (\boldsymbol{I} + \boldsymbol{H})\mathrm{d}\boldsymbol{X} \tag{3.2}$$

式中，$\boldsymbol{H}$ 称为位移梯度张量，其分量为

$$\left[H_{ij}\right] = \left[\frac{\partial u_i}{\partial X_j}\right] = \begin{bmatrix} \dfrac{\partial u_1}{\partial X_1} & \dfrac{\partial u_1}{\partial X_2} & \dfrac{\partial u_1}{\partial X_3} \\ \dfrac{\partial u_2}{\partial X_1} & \dfrac{\partial u_2}{\partial X_2} & \dfrac{\partial u_2}{\partial X_3} \\ \dfrac{\partial u_3}{\partial X_1} & \dfrac{\partial u_3}{\partial X_2} & \dfrac{\partial u_3}{\partial X_3} \end{bmatrix} \tag{3.3}$$

物质点的运动轨迹可用下列方程描述：

$$x = x(X, t) \tag{3.4}$$

或

$$x_i = x_i(X_1, X_2, X_3, t) \tag{3.5}$$

就特定物质点$\boldsymbol{X}$，上式表示该物质点的运动轨迹；而当时刻t固定时，上式表示该时刻物体的构形. 在连续性假设条件下，函数$x_i = x_i(X_1, X_2, X_3, t)$是单值、连续的，其雅可比(Jacobi)行列式不等于零，即

$$J=\left|\frac{\partial x_i}{\partial X_j}\right|=\begin{vmatrix}\dfrac{\partial x_1}{\partial X_1} & \dfrac{\partial x_1}{\partial X_2} & \dfrac{\partial x_1}{\partial X_3}\\ \dfrac{\partial x_2}{\partial X_1} & \dfrac{\partial x_2}{\partial X_2} & \dfrac{\partial x_2}{\partial X_3}\\ \dfrac{\partial x_3}{\partial X_1} & \dfrac{\partial x_3}{\partial X_2} & \dfrac{\partial x_3}{\partial X_3}\end{vmatrix}\neq 0$$

坐标 $X_i\,(i=1,2,3)$是识别物质点的标志，物质坐标也称拉格朗日(Lagrange)坐标；坐标 $x_i\,(i=1,2,3)$是识别空间点的标志，同一物质点在不同时刻可以占有不同的空间点，同一空间点在不同时刻可以被不同的物质点占据，空间坐标也称欧拉(Euler)坐标.

以空间坐标表示物质坐标，有

$$X=X(x,t) \tag{3.6}$$

或

$$X_i=X_i(x_1,x_2,x_3,t) \tag{3.7}$$

对于特定的空间点 $\boldsymbol{x}$，上式表示 t 时刻占据该空间位置的物质点 $\boldsymbol{X}$. 在连续性假设条件下，函数 $X_i(x_1,x_2,x_3,t)$ 也是单值连续的，其雅可比行列式不等于零，即

$$J=\left|\frac{\partial X_i}{\partial x_j}\right|=\begin{vmatrix}\dfrac{\partial X_1}{\partial x_1} & \dfrac{\partial X_1}{\partial x_2} & \dfrac{\partial X_1}{\partial x_3}\\ \dfrac{\partial X_2}{\partial x_1} & \dfrac{\partial X_2}{\partial x_2} & \dfrac{\partial X_2}{\partial x_3}\\ \dfrac{\partial X_3}{\partial x_1} & \dfrac{\partial X_3}{\partial x_2} & \dfrac{\partial X_3}{\partial x_3}\end{vmatrix}\neq 0$$

以物质坐标 X_i 和时间 t 作为独立变量的描述方法称为拉格朗日描述；以空间坐标 x_i 和时间 t 作为独立变量的描述方法称为欧拉描述. 固体力学中一般采用拉格朗日描述，如弹性力学中的基本未知量应力、应变、位移都以物质坐标 X_i 作为独立自变量；在流体力学中，采用欧拉描述法更为方便. 在大变形问题中常采用混合法；在小变形情况下，拉格朗日描述与欧拉描述所得结果是相同的.

描述物体内一点的变形采用应变概念，应变分为线应变和剪应变. 物体内一点 P 的线应变度量是指过这点沿某个方向微段的长度改变程度，线应变不仅与点 P 的位置有关，还与微段的方位有关. 由于过点 P 可沿不同方向作微段，所以物体内一点的线应变有无数个. 为了度量一点 P 微小邻域形状的改变程度，可在点 P 取两个相互垂直的线段，两线段变形前的夹角为 $90°$，变形后两线段夹角的改变量 γ 称为点 P 关于这两线段的切应变，切应变与这两个互相垂直的线段的方位也有关. 由于过点 P 可沿不同方向作两个相互垂直的微线段，所以物体内一点的

切应变也有无数个. 这些线应变和切应变作为整体称为一点的应变状态.

现研究初始构形中的一条曲线 PA，在现时构形中为 $P'A'$. 如图 3-2 所示，初始构形曲线两相邻点 P 和 A 的位置分别为 $\boldsymbol{X}(s)$、$\boldsymbol{X}(s+\Delta s)$，$s$ 为曲线坐标. 显然当这两点无限接近时，$\mathrm{d}\boldsymbol{X}/\mathrm{d}s$ 为一单位矢量，令 $\boldsymbol{n}=\mathrm{d}\boldsymbol{X}/\mathrm{d}s$. 该矢量的方向为曲线 PA 上 P 点的切线方向，其长度为1，即 $|\boldsymbol{n}|=1$. 现时构形曲线两相邻点 P' 和 A' 的位置分别为 $\boldsymbol{x}(s)$、$\boldsymbol{x}(s+\Delta s)$，$\mathrm{d}\boldsymbol{x}/\mathrm{d}s$ 方向是现时构形中曲线上 P' 点的切线方向，但不再是单位长度，其长度 $\lambda(\boldsymbol{n})$ 为

$$\lambda(\boldsymbol{n})=\left|\frac{\mathrm{d}\boldsymbol{x}}{\mathrm{d}s}\right|=\sqrt{\frac{\mathrm{d}\boldsymbol{x}}{\mathrm{d}s}\cdot\frac{\mathrm{d}\boldsymbol{x}}{\mathrm{d}s}}\neq 1$$

或写为

$$\lambda^2(\boldsymbol{n})=\frac{\mathrm{d}\boldsymbol{x}}{\mathrm{d}s}\cdot\frac{\mathrm{d}\boldsymbol{x}}{\mathrm{d}s} \tag{3.8}$$

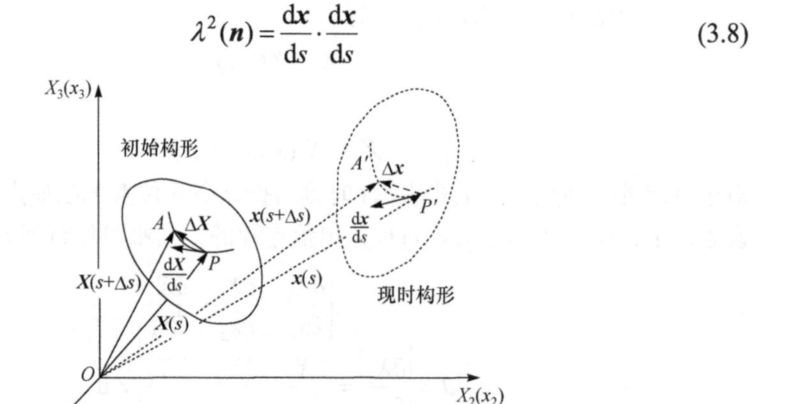

图 3-2 初始构形与现时构形中的曲线

由式(3.5)有

$$\mathrm{d}x_i=\frac{\partial x_i}{\partial X_j}\mathrm{d}X_j=F_{ij}\mathrm{d}X_j \tag{3.9}$$

或写为

$$\mathrm{d}\boldsymbol{x}=\boldsymbol{F}\mathrm{d}\boldsymbol{X} \tag{3.10}$$

式中，$\boldsymbol{F}$ 称为变形梯度张量，写成分量形式为

$$\left[F_{ij}\right]=\left[\frac{\partial x_i}{\partial X_j}\right]=\begin{bmatrix}\frac{\partial x_1}{\partial X_1} & \frac{\partial x_1}{\partial X_2} & \frac{\partial x_1}{\partial X_3}\\ \frac{\partial x_2}{\partial X_1} & \frac{\partial x_2}{\partial X_2} & \frac{\partial x_2}{\partial X_3}\\ \frac{\partial x_3}{\partial X_1} & \frac{\partial x_3}{\partial X_2} & \frac{\partial x_3}{\partial X_3}\end{bmatrix} \tag{3.11}$$

式(3.10)表明，变形梯度张量 $\boldsymbol{F}$ 的物理含义是把初始构形中的微元 $\mathrm{d}\boldsymbol{X}$ 变换成现时构形中的微元 $\mathrm{d}\boldsymbol{x}$，一方面使 $\mathrm{d}\boldsymbol{X}$ 伸长，另一方面又使它旋转一个角度. 由式(3.10)可得

$$\frac{\mathrm{d}\boldsymbol{x}}{\mathrm{d}s}=\boldsymbol{F}\frac{\mathrm{d}\boldsymbol{X}}{\mathrm{d}s}=\boldsymbol{F}\boldsymbol{n} \tag{3.12}$$

将式(3.12)代入式(3.8)可得

$$\lambda^2(\boldsymbol{n})=\boldsymbol{F}\boldsymbol{n}\cdot\boldsymbol{F}\boldsymbol{n}=\boldsymbol{n}\cdot\boldsymbol{F}^{\mathrm{T}}\boldsymbol{F}\boldsymbol{n}$$

令 $\boldsymbol{C}=\boldsymbol{F}^{\mathrm{T}}\boldsymbol{F}$，代入上式，有

$$\lambda^2(\boldsymbol{n})=\boldsymbol{n}\cdot\boldsymbol{C}\boldsymbol{n} \tag{3.13}$$

式中，二阶张量 $\boldsymbol{C}$ 称为格林变形张量. 由 $\boldsymbol{C}=\boldsymbol{F}^{\mathrm{T}}\boldsymbol{F}$ 可知，格林变形张量是对称张量，其分量为

$$\left[C_{ij}\right]=\begin{bmatrix}C_{11} & C_{12} & C_{13}\\ C_{21} & C_{22} & C_{23}\\ C_{31} & C_{32} & C_{33}\end{bmatrix}=\left[F_{mi}F_{mj}\right] \tag{3.14}$$

由线应变定义，设 P 点沿 $\boldsymbol{n}$ 方向的线应变为 $E(\boldsymbol{n})$，有

$$\lambda(\boldsymbol{n})=E(\boldsymbol{n})+1$$

两边平方，略去高阶微量，有

$$E(\boldsymbol{n})=\frac{1}{2}\left[\lambda^2(\boldsymbol{n})-1\right]=\boldsymbol{n}\cdot\boldsymbol{E}\boldsymbol{n} \tag{3.15}$$

式中

$$\boldsymbol{E}=\frac{1}{2}(\boldsymbol{C}-\boldsymbol{I}) \tag{3.16}$$

称为拉格朗日应变张量，它也是对称张量. 上式写成分量形式为

$$\left[E_{ij}\right]=\begin{bmatrix}E_{11} & E_{12} & E_{13}\\ E_{21} & E_{22} & E_{23}\\ E_{31} & E_{32} & E_{33}\end{bmatrix}=\frac{1}{2}\begin{bmatrix}C_{11}-1 & C_{12} & C_{13}\\ C_{21} & C_{22}-1 & C_{23}\\ C_{31} & C_{32} & C_{33}-1\end{bmatrix} \tag{3.17}$$

比较式(3.2)和式(3.10)，有

$$\boldsymbol{F}=\boldsymbol{I}+\boldsymbol{H} \tag{3.18}$$

将式(3.18)代入式(3.16)，可得

$$\boldsymbol{E}=\frac{1}{2}(\boldsymbol{C}-\boldsymbol{I})=\frac{1}{2}\left(\boldsymbol{F}^{\mathrm{T}}\boldsymbol{F}-\boldsymbol{I}\right)=\frac{1}{2}\left(\boldsymbol{H}+\boldsymbol{H}^{\mathrm{T}}+\boldsymbol{H}^{\mathrm{T}}\boldsymbol{H}\right) \tag{3.19}$$

写成分量形式，为

$$E_{ij}=\frac{1}{2}\left(H_{ij}+H_{ji}+H_{ki}H_{kj}\right)=\frac{1}{2}\left(\frac{\partial u_i}{\partial X_j}+\frac{\partial u_j}{\partial X_i}+\frac{\partial u_k}{\partial X_i}\frac{\partial u_k}{\partial X_j}\right) \tag{3.20}$$

在直角坐标系中，上式展开后可写成

$$\left\{\begin{aligned}
E_{11}&=\frac{\partial u_1}{\partial X_1}+\frac{1}{2}\left[\left(\frac{\partial u_1}{\partial X_1}\right)^2+\left(\frac{\partial u_2}{\partial X_1}\right)^2+\left(\frac{\partial u_3}{\partial X_1}\right)^2\right]\\
E_{22}&=\frac{\partial u_2}{\partial X_2}+\frac{1}{2}\left[\left(\frac{\partial u_1}{\partial X_2}\right)^2+\left(\frac{\partial u_2}{\partial X_2}\right)^2+\left(\frac{\partial u_3}{\partial X_2}\right)^2\right]\\
E_{33}&=\frac{\partial u_3}{\partial X_3}+\frac{1}{2}\left[\left(\frac{\partial u_1}{\partial X_3}\right)^2+\left(\frac{\partial u_2}{\partial X_3}\right)^2+\left(\frac{\partial u_3}{\partial X_3}\right)^2\right]\\
E_{12}&=E_{21}=\frac{1}{2}\left(\frac{\partial u_1}{\partial X_2}+\frac{\partial u_2}{\partial X_1}+\frac{\partial u_1}{\partial X_1}\frac{\partial u_1}{\partial X_2}+\frac{\partial u_2}{\partial X_1}\frac{\partial u_2}{\partial X_2}+\frac{\partial u_3}{\partial X_1}\frac{\partial u_3}{\partial X_2}\right)\\
E_{23}&=E_{32}=\frac{1}{2}\left(\frac{\partial u_2}{\partial X_3}+\frac{\partial u_3}{\partial X_2}+\frac{\partial u_1}{\partial X_2}\frac{\partial u_1}{\partial X_3}+\frac{\partial u_2}{\partial X_2}\frac{\partial u_2}{\partial X_3}+\frac{\partial u_3}{\partial X_2}\frac{\partial u_3}{\partial X_3}\right)\\
E_{31}&=E_{13}=\frac{1}{2}\left(\frac{\partial u_1}{\partial X_3}+\frac{\partial u_3}{\partial X_1}+\frac{\partial u_1}{\partial X_3}\frac{\partial u_1}{\partial X_1}+\frac{\partial u_2}{\partial X_3}\frac{\partial u_2}{\partial X_1}+\frac{\partial u_3}{\partial X_3}\frac{\partial u_3}{\partial X_1}\right)
\end{aligned}\right. \tag{3.21}$$

拉格朗日应变张量描述了一点的应变状态. 只要已知物体内某点的拉格朗日应变张量，则该点任意方向 $\boldsymbol{n}=(n_1,n_2,n_3)$ 的线应变可由式(3.15)求得，即

$$E(\boldsymbol{n})=\boldsymbol{n}\cdot\boldsymbol{E}\boldsymbol{n}=E_{ij}n_in_j$$

上式写成矩阵乘积形式，为

$$E(\boldsymbol{n})=\boldsymbol{n}\cdot\boldsymbol{E}\boldsymbol{n}=\left[n_1,n_2,n_3\right]\begin{bmatrix}E_{11}&E_{12}&E_{13}\\E_{21}&E_{22}&E_{23}\\E_{31}&E_{32}&E_{33}\end{bmatrix}\begin{bmatrix}n_1\\n_2\\n_3\end{bmatrix} \tag{3.22}$$

同时，任意两个方向夹角的改变也可由以下分析求得. 设参考构形中过 P 点有任意两个单位方向矢量 $\boldsymbol{n}_1$ 和 $\boldsymbol{n}_2$，变形后分别为 $\boldsymbol{F}\boldsymbol{n}_1$ 和 $\boldsymbol{F}\boldsymbol{n}_2$，变形后两矢量的夹角为

$$\cos\theta=\frac{\boldsymbol{F}\boldsymbol{n}_1\cdot\boldsymbol{F}\boldsymbol{n}_2}{|\boldsymbol{F}\boldsymbol{n}_1||\boldsymbol{F}\boldsymbol{n}_2|}=\frac{\boldsymbol{n}_2\cdot\boldsymbol{C}\boldsymbol{n}_1}{\lambda(\boldsymbol{n}_1)\lambda(\boldsymbol{n}_2)}=\frac{\boldsymbol{n}_2\cdot(2\boldsymbol{E}+\boldsymbol{I})\boldsymbol{n}_1}{(1+E_1)(1+E_2)} \tag{3.23}$$

式中，E_1 和 E_2 分别为 $\boldsymbol{n}_1$ 和 $\boldsymbol{n}_2$ 方向的线应变，可由式(3.22)求得. 因此，只要拉格

朗日应变张量 $\boldsymbol{E}$ 已知，任意两个方向夹角的改变可由式(3.23)求得.

在小变形以及 $\boldsymbol{n}_1$ 和 $\boldsymbol{n}_2$ 相互垂直的情况下，式(3.23)还可进一步简化. 此时式(3.23)的分子是与零接近的小量，而分母与1接近，因此式(3.23)可简化为

$$\cos\theta = \boldsymbol{F}\boldsymbol{n}_1 \cdot \boldsymbol{F}\boldsymbol{n}_2 = \cos\left(\frac{\pi}{2} - \gamma\right) = \sin\gamma \approx \gamma$$

从而

$$\gamma = \boldsymbol{n}_1 \cdot \boldsymbol{C}\boldsymbol{n}_2 \tag{3.24}$$

上式就是任意两个相互垂直方向的切应变表达式.

例 3.1　图 3-3(a)所示边长为 $\mathrm{d}L$ 的小立方体，其发生剪切变形的运动方程为 $x_1 = X_1$，$x_2 = X_2 + kX_3$，$x_3 = X_3 + kX_2$，k 为常数. 试确定变形后该立方体的一个面 $ABCD$ 的形状，并计算对角线 AC 方向的线应变.

解　根据运动方程，点 A、B、C、D 变形后用 a、b、c、d 表示，其坐标分别为

$$(\mathrm{d}L,0,0),\quad (\mathrm{d}L,\mathrm{d}L,k\mathrm{d}L),\quad (\mathrm{d}L,(1+k)\mathrm{d}L,(1+k)\mathrm{d}L),\quad (\mathrm{d}L,k\mathrm{d}L,\mathrm{d}L)$$

因此，平面 $ABCD$ 上各点变形后仍在同一平面上，其变形后的形状为一菱形，如图 3-3(b)所示.

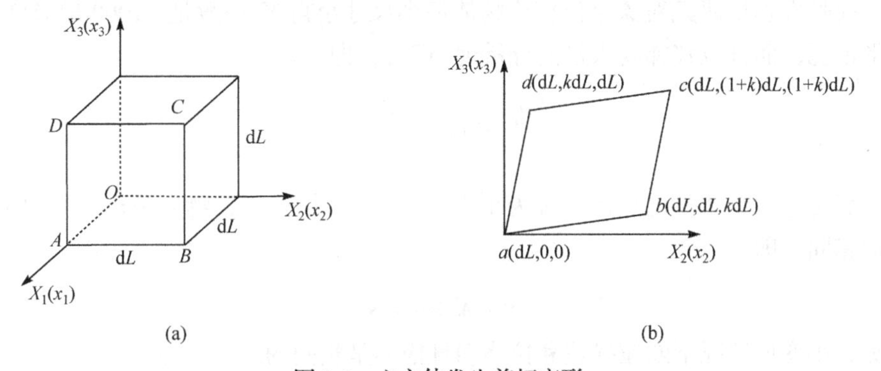

图 3-3　立方体发生剪切变形

由式(3.11)，变形梯度张量为

$$\left[F_{ij}\right] = \begin{bmatrix} \dfrac{\partial x_1}{\partial X_1} & \dfrac{\partial x_1}{\partial X_2} & \dfrac{\partial x_1}{\partial X_3} \\ \dfrac{\partial x_2}{\partial X_1} & \dfrac{\partial x_2}{\partial X_2} & \dfrac{\partial x_2}{\partial X_3} \\ \dfrac{\partial x_3}{\partial X_1} & \dfrac{\partial x_3}{\partial X_2} & \dfrac{\partial x_3}{\partial X_3} \end{bmatrix} = \begin{bmatrix} 1 & 0 & 0 \\ 0 & 1 & k \\ 0 & k & 1 \end{bmatrix}$$

格林变形张量$\boldsymbol{C}=\boldsymbol{F}^{\mathrm{T}}\boldsymbol{F}$，其分量为

$$\left[C_{ij}\right]=\left[F_{mi}F_{mj}\right]=\begin{bmatrix}1 & 0 & 0\\ 0 & 1+k^2 & 2k\\ 0 & 2k & 1+k^2\end{bmatrix}$$

拉格朗日应变张量$\boldsymbol{E}=\dfrac{1}{2}(\boldsymbol{C}-\boldsymbol{I})$，其分量为

$$\left[E_{ij}\right]=\frac{1}{2}\begin{bmatrix}C_{11}-1 & C_{12} & C_{13}\\ C_{21} & C_{22}-1 & C_{23}\\ C_{31} & C_{32} & C_{33}-1\end{bmatrix}=\begin{bmatrix}0 & 0 & 0\\ 0 & k^2/2 & k\\ 0 & k & k^2/2\end{bmatrix}$$

对角线AC方向的单位矢量$\boldsymbol{n}=(0,\sqrt{2}/2,\sqrt{2}/2)$，则由式(3.22)得线应变为

$$E(\boldsymbol{n})=\boldsymbol{n}\cdot\boldsymbol{E}\boldsymbol{n}=\left[0,\sqrt{2}/2,\sqrt{2}/2\right]\begin{bmatrix}0 & 0 & 0\\ 0 & k^2/2 & k\\ 0 & k & k^2/2\end{bmatrix}\begin{bmatrix}0\\ \sqrt{2}/2\\ \sqrt{2}/2\end{bmatrix}=k+\frac{1}{2}k^2$$

3.1.2 柯西小应变张量

线弹性理论研究对象是位移比物体最小尺寸小得多(一般是1/1000量级)的小变形情况，而且位移梯度张量的分量远小于1，即

$$\frac{\partial u_i}{\partial X_j}\ll 1,\quad \frac{\partial u_j}{\partial X_i}\gg 1$$

满足这两个条件的变形场称为小变形. 小变形情况下，物质坐标与空间坐标近似相同，即

$$\boldsymbol{x}=\boldsymbol{X}+\boldsymbol{u}\approx\boldsymbol{X}$$

可见，小变形情况下欧拉描述和拉格朗日描述是相同的.

小变形情况下，可略去式(3.20)中的高阶微量，同时把物质坐标$\boldsymbol{X}$改用常用的空间坐标$\boldsymbol{x}$表示，得

$$E_{ij}\approx\varepsilon_{ij}=\frac{1}{2}\left(\frac{\partial u_i}{\partial x_j}+\frac{\partial u_j}{\partial x_i}\right)=\frac{1}{2}\left(u_{i,j}+u_{j,i}\right)\tag{3.25}$$

式中，ε_{ij}称为柯西小应变张量$\boldsymbol{\varepsilon}$(简称小应变张量)的分量，小应变张量也是一个对称张量.

在直角坐标系中，小应变张量展开后的形式为

$$
\begin{cases}
\varepsilon_{11} = \dfrac{\partial u_1}{\partial x_1} \\
\varepsilon_{22} = \dfrac{\partial u_2}{\partial x_2} \\
\varepsilon_{33} = \dfrac{\partial u_3}{\partial x_3} \\
\varepsilon_{12} = \varepsilon_{21} = \dfrac{1}{2}\left(\dfrac{\partial u_1}{\partial x_2} + \dfrac{\partial u_2}{\partial x_1}\right) \\
\varepsilon_{23} = \varepsilon_{32} = \dfrac{1}{2}\left(\dfrac{\partial u_2}{\partial x_3} + \dfrac{\partial u_3}{\partial x_2}\right) \\
\varepsilon_{31} = \varepsilon_{13} = \dfrac{1}{2}\left(\dfrac{\partial u_1}{\partial x_3} + \dfrac{\partial u_3}{\partial x_1}\right)
\end{cases}
\tag{3.26}
$$

这是一组线性微分方程，称为应变位移公式或几何方程，又称柯西方程. 几何方程给出了位移分量和应变分量之间的关系. 根据几何方程，可以由位移分量求得应变分量，或由应变分量积分得到位移分量. 下面讨论小应变张量 $\boldsymbol{\varepsilon}$ 的物理意义. 在式(3.22)中令 $\boldsymbol{E} = \boldsymbol{\varepsilon}$ ，可得 $\boldsymbol{n}$ 方向的线应变为

$$
\varepsilon(\boldsymbol{n}) = \boldsymbol{n} \cdot \boldsymbol{\varepsilon n} = \varepsilon_{ij} n_i n_j = [n_1, n_2, n_3] \begin{bmatrix} \varepsilon_{11} & \varepsilon_{12} & \varepsilon_{13} \\ \varepsilon_{21} & \varepsilon_{22} & \varepsilon_{23} \\ \varepsilon_{31} & \varepsilon_{32} & \varepsilon_{33} \end{bmatrix} \begin{bmatrix} n_1 \\ n_2 \\ n_3 \end{bmatrix}
\tag{3.27}
$$

取 $\boldsymbol{n}$ 方向为坐标轴 x_1 方向，有 $n_1 = 1$ 、 $n_2 = 0$ 、 $n_3 = 0$ ，代入式(3.27)，有

$$
\varepsilon(\boldsymbol{n}) = [1, 0, 0] \begin{bmatrix} \varepsilon_{11} & \varepsilon_{12} & \varepsilon_{13} \\ \varepsilon_{21} & \varepsilon_{22} & \varepsilon_{23} \\ \varepsilon_{31} & \varepsilon_{32} & \varepsilon_{33} \end{bmatrix} \begin{bmatrix} 1 \\ 0 \\ 0 \end{bmatrix} = \varepsilon_{11}
$$

即 ε_{11} 表示 x_1 方向线应变，同理可证 ε_{22} 表示 x_2 方向线应变，ε_{33} 表示 x_3 方向线应变.

取 $\boldsymbol{n}_1$ 和 $\boldsymbol{n}_2$ 方向分别为指定坐标轴的基矢量 $\boldsymbol{e}_i$ 和 $\boldsymbol{e}_j$ ，代入式(3.24)，有

$$
\gamma_{ij} = \boldsymbol{e}_i \cdot \boldsymbol{C} \boldsymbol{e}_j = C_{ij}
$$

因此，格林变形张量的分量 C_{ij} ($i \neq j$)表示坐标轴 i 方向与坐标轴 j 方向夹角(直角)的改变量，即切应变. 在 $i \neq j$ 时，由式(3.17)有

$$
E_{ij} = \varepsilon_{ij} = \frac{1}{2} C_{ij}
$$

因此，小应变张量 $\boldsymbol{\varepsilon}$ 的分量 ε_{ij} ($i \neq j$)表示切应变的一半. 从而用工程应变表示的小应变张量为

$$
\left[\varepsilon_{ij}\right]=\begin{bmatrix}\varepsilon_{11} & \frac{1}{2}\gamma_{12} & \frac{1}{2}\gamma_{13}\\ \frac{1}{2}\gamma_{21} & \varepsilon_{22} & \frac{1}{2}\gamma_{23}\\ \frac{1}{2}\gamma_{31} & \frac{1}{2}\gamma_{32} & \varepsilon_{33}\end{bmatrix} \tag{3.28}
$$

上式表明，一点的应变包含了微分平行六面体单元三条棱边长度的改变ε_{11}、ε_{22}、ε_{33}和三条棱边之间夹角(直角)的改变$\gamma_{12}=\gamma_{21}$、$\gamma_{23}=\gamma_{32}$、$\gamma_{31}=\gamma_{13}$. 应变张量$\boldsymbol{\varepsilon}$反映了一点的变形.

例 3.2 已知某物体的位移场为

$$
u=(6x^2+15)\times10^{-2}，\ v=(8zy)\times10^{-2}，\ w=(3z^2-2xy)\times10^{-2}
$$

试求点$P(1,3,4)$的应变分量.

解 由几何方程(3.26)，可得

$$
\varepsilon_x=\frac{\partial u}{\partial x}=12x\times10^{-2}，\ \varepsilon_y=\frac{\partial v}{\partial y}=8z\times10^{-2}，\ \varepsilon_z=\frac{\partial w}{\partial z}=6z\times10^{-2}
$$

$$
\gamma_{xy}=\frac{\partial u}{\partial y}+\frac{\partial v}{\partial x}=0，\ \gamma_{yz}=\frac{\partial v}{\partial z}+\frac{\partial w}{\partial y}=(8y-2x)\times10^{-2}，\ \gamma_{zx}=\frac{\partial w}{\partial x}+\frac{\partial u}{\partial z}=-2y\times10^{-2}
$$

将$P(1,3,4)$代入上式，可得

$$
\varepsilon_x=12\times10^{-2}，\ \varepsilon_y=32\times10^{-2}，\ \varepsilon_z=24\times10^{-2}
$$

$$
\gamma_{xy}=0，\ \gamma_{yz}=22\times10^{-2}，\ \gamma_{zx}=-6\times10^{-2}
$$

故该点的应变分量为

$$
\varepsilon_{ij}=\begin{bmatrix}\varepsilon_x & \frac{1}{2}\gamma_{xy} & \frac{1}{2}\gamma_{xz}\\ \frac{1}{2}\gamma_{yx} & \varepsilon_y & \frac{1}{2}\gamma_{yz}\\ \frac{1}{2}\gamma_{zx} & \frac{1}{2}\gamma_{zy} & \varepsilon_z\end{bmatrix}=\begin{bmatrix}12 & 0 & -3\\ 0 & 32 & 11\\ -3 & 11 & 24\end{bmatrix}\times10^{-2}
$$

3.2 纯变形位移与刚体转动位移

应变可以描述一点的变形，即由微分平行六面体单元棱边的长度以及棱边之间夹角的改变来定义. 但是这还不足以完全描述物体的变形，原因是应变分析仅仅讨论了棱边长度和夹角的变化，而没有考虑微分单元体位置的改变，即单元体

的刚性转动.

通过分析物体内无限邻近两点的位置变化，可得到刚性转动位移与纯变形位移之间的关系. 设 P 点为与 O 点无限邻近的点，P 点及其附近区域绕 O 点作刚性转动，转过微小角度. 设转动角速度矢量为 $\boldsymbol{\omega}$，OP 之间的距离矢量为 $\boldsymbol{\rho}$，如图 3-4 所示.

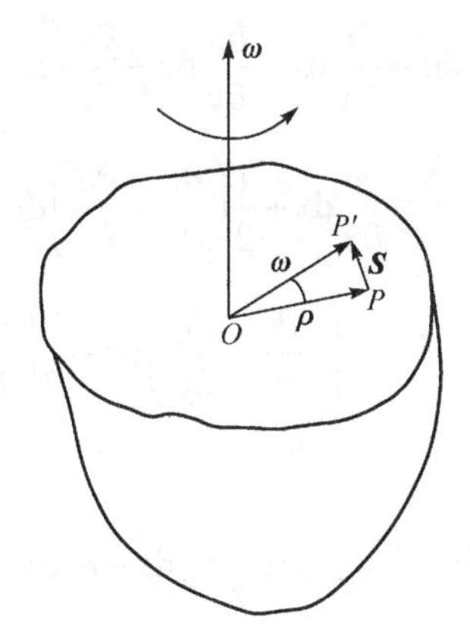

图 3-4　物体的刚性转动

在 O 点建立一直角坐标系，则

$$\boldsymbol{\omega}=\omega_x\boldsymbol{i}+\omega_y\boldsymbol{j}+\omega_z\boldsymbol{k} \tag{3.29}$$

$$\boldsymbol{\rho}=x\boldsymbol{i}+y\boldsymbol{j}+z\boldsymbol{k} \tag{3.30}$$

P 点由于转动而产生的位移分量为 u 、v 、w ，则位移矢量 $\boldsymbol{S}$ 可写为

$$\boldsymbol{S}=u\boldsymbol{i}+v\boldsymbol{j}+w\boldsymbol{k} \tag{3.31}$$

由于位移矢量可表示为 $\boldsymbol{S}=\boldsymbol{\omega}\times\boldsymbol{\rho}$ ，所以

$$\nabla\times\boldsymbol{S}=\nabla\times(\boldsymbol{\omega}\times\boldsymbol{\rho})=(\nabla\cdot\boldsymbol{\rho})\boldsymbol{\omega}-(\boldsymbol{\omega}\cdot\nabla)\boldsymbol{\rho}=2\boldsymbol{\omega}$$

即

$$\boldsymbol{\omega}=\frac{1}{2}(\nabla\times\boldsymbol{S})=\frac{1}{2}\begin{vmatrix}\boldsymbol{i} & \boldsymbol{j} & \boldsymbol{k}\\ \dfrac{\partial}{\partial x} & \dfrac{\partial}{\partial y} & \dfrac{\partial}{\partial z}\\ u & v & w\end{vmatrix} \tag{3.32}$$

结合式(3.29)和式(3.32)，可得

$$\omega_x=\frac{1}{2}\left(\frac{\partial w}{\partial y}-\frac{\partial v}{\partial z}\right),\quad \omega_y=\frac{1}{2}\left(\frac{\partial u}{\partial z}-\frac{\partial w}{\partial x}\right),\quad \omega_z=\frac{1}{2}\left(\frac{\partial v}{\partial x}-\frac{\partial u}{\partial y}\right) \tag{3.33}$$

式中，ω_x、ω_y、ω_z为转动分量，是坐标的函数，表示变形体内微分单元体的刚性转动.

设M点的坐标为(x,y,z)，位移为(u,v,w)，与M点邻近的N点坐标为$(x+\mathrm{d}x,y+\mathrm{d}y,z+\mathrm{d}z)$，位移为$(u+\mathrm{d}u,v+\mathrm{d}v,w+\mathrm{d}w)$，则两点的相对位移为$(\mathrm{d}u,\mathrm{d}v,\mathrm{d}w)$，因为位移是坐标的函数，所以

$$\begin{aligned}\mathrm{d}u&=\frac{\partial u}{\partial x}\mathrm{d}x+\frac{\partial u}{\partial y}\mathrm{d}y+\frac{\partial u}{\partial z}\mathrm{d}z\\&=\frac{\partial u}{\partial x}\mathrm{d}x+\frac{1}{2}\left(\frac{\partial v}{\partial x}+\frac{\partial u}{\partial y}\right)\mathrm{d}y+\frac{1}{2}\left(\frac{\partial w}{\partial x}+\frac{\partial u}{\partial z}\right)\mathrm{d}z\\&\quad-\frac{1}{2}\left(\frac{\partial v}{\partial x}-\frac{\partial u}{\partial y}\right)\mathrm{d}y-\frac{1}{2}\left(\frac{\partial w}{\partial x}-\frac{\partial u}{\partial z}\right)\mathrm{d}z\end{aligned}$$

即

$$\mathrm{d}u=\varepsilon_x\mathrm{d}x+\frac{1}{2}\gamma_{xy}\mathrm{d}y+\frac{1}{2}\gamma_{xz}\mathrm{d}z-\omega_z\mathrm{d}y+\omega_y\mathrm{d}z$$

同理可得

$$\mathrm{d}v=\varepsilon_y\mathrm{d}y+\frac{1}{2}\gamma_{yz}\mathrm{d}z+\frac{1}{2}\gamma_{yx}\mathrm{d}x-\omega_x\mathrm{d}z+\omega_z\mathrm{d}x$$

$$\mathrm{d}w=\varepsilon_z\mathrm{d}z+\frac{1}{2}\gamma_{zx}\mathrm{d}x+\frac{1}{2}\gamma_{zy}\mathrm{d}y-\omega_y\mathrm{d}x+\omega_x\mathrm{d}y$$

以上位移增量公式中，前三项为产生变形的纯变形位移，后两项是某点邻近区域材料绕该点像刚体一样转动的刚性转动位移. 刚性转动位移的物理意义为，如果物体中某点及邻近区域没有变形，则无限邻近它的任一点的位移是由两部分组成的，即随这点的平动位移和绕这点的转动位移. 物体中某点及邻近区域一般还要发生变形，因此位移还包括纯变形位移. 例如，与M点无限邻近的N点的位移由三部分组成：一是随同M点作平动的位移，二是绕M点作刚性转动的位移，三是由于M点及邻近区域的变形在N点产生的位移.

对于微分单元体，转动分量ω_x、ω_y、ω_z描述的是刚性转动，但对于整个弹性体来说，它们仍属于变形的一部分. 3 个转动分量和 6 个应变分量合在一起，不仅确定了微分单元体的大小和形状变化，而且确定了方位的变化.

位移增量公式如果使用矩阵形式表示，可得

$$\begin{Bmatrix}\mathrm{d}u\\\mathrm{d}v\\\mathrm{d}w\end{Bmatrix}=\begin{bmatrix}0&-\omega_z&\omega_y\\\omega_z&0&-\omega_x\\-\omega_y&\omega_x&0\end{bmatrix}\begin{Bmatrix}\mathrm{d}x\\\mathrm{d}y\\\mathrm{d}z\end{Bmatrix}+\begin{bmatrix}\varepsilon_x&\gamma_{xy}/2&\gamma_{xz}/2\\\gamma_{yx}/2&\varepsilon_y&\gamma_{yz}/2\\\gamma_{zx}/2&\gamma_{zy}/2&\varepsilon_z\end{bmatrix}\begin{Bmatrix}\mathrm{d}x\\\mathrm{d}y\\\mathrm{d}z\end{Bmatrix}\tag{3.34}$$

显然，位移的增量是由两部分组成的，一部分是转动分量引起的刚性转动位移，另一部分是应变分量引起的变形位移.

3.3 一点的应变状态的应变分量转换关系

变形体内任一点应变状态可用应变张量表示. 与应力张量的坐标变换规律相类似，应变张量随着坐标轴的旋转而改变. 可以证明，在坐标系统发生旋转变换时，同一点的应变张量分量服从如下坐标变换规律：

$$\begin{cases}\varepsilon_x' = l_{11}^2\varepsilon_x + l_{12}^2\varepsilon_y + l_{13}^2\varepsilon_z + 2l_{11}l_{12}\varepsilon_{xy} + 2l_{12}l_{13}\varepsilon_{yz} + 2l_{13}l_{11}\varepsilon_{zx} \\ \varepsilon_y' = l_{21}^2\varepsilon_x + l_{22}^2\varepsilon_y + l_{23}^2\varepsilon_z + 2l_{21}l_{22}\varepsilon_{xy} + 2l_{22}l_{23}\varepsilon_{yz} + 2l_{23}l_{21}\varepsilon_{zx} \\ \varepsilon_z' = l_{31}^2\varepsilon_x + l_{32}^2\varepsilon_y + l_{33}^2\varepsilon_z + 2l_{31}l_{32}\varepsilon_{xy} + 2l_{32}l_{33}\varepsilon_{yz} + 2l_{33}l_{31}\varepsilon_{zx} \\ \varepsilon_{xy}' = l_{11}l_{21}\varepsilon_x + l_{12}l_{22}\varepsilon_y + l_{13}l_{23}\varepsilon_z + (l_{11}l_{22} + l_{12}l_{21})\varepsilon_{xy} + (l_{12}l_{23} + l_{13}l_{22})\varepsilon_{yz} + (l_{13}l_{21} + l_{11}l_{23})\varepsilon_{zx} \\ \varepsilon_{yz}' = l_{21}l_{31}\varepsilon_x + l_{22}l_{32}\varepsilon_y + l_{23}l_{33}\varepsilon_z + (l_{21}l_{32} + l_{22}l_{31})\varepsilon_{xy} + (l_{22}l_{33} + l_{23}l_{32})\varepsilon_{yz} + (l_{23}l_{31} + l_{21}l_{33})\varepsilon_{zx} \\ \varepsilon_{zx}' = l_{31}l_{11}\varepsilon_x + l_{32}l_{12}\varepsilon_y + l_{33}l_{13}\varepsilon_z + (l_{31}l_{12} + l_{32}l_{11})\varepsilon_{xy} + (l_{32}l_{13} + l_{33}l_{12})\varepsilon_{yz} + (l_{33}l_{11} + l_{31}l_{13})\varepsilon_{zx} \end{cases} \tag{3.35}$$

或简写为

$$\varepsilon_{i'j'} = l_{i'i}l_{j'j}\varepsilon_{ij} \tag{3.36}$$

可见，应变张量的各个分量在坐标变换时，服从二阶张量的坐标变换规律. 因此，它们组成一个对称的二阶张量，我们称为**应变张量**. 不难理解，虽然经转轴后各应变张量分量改变了，但它们作为一个“整体”所描述的一点的变形状态是不变的. 物体内每一点都存在应变状态，任一点的应变状态完全可以用该点的应变张量描述.

3.4 主应变和应变主方向

3.4.1 主应变和应变主方向的计算

变形体内任一点的 6 个应变分量，即应变张量随着坐标轴的旋转而改变. 因此，是否可以像应力张量一样，对于某一个确定点，在某个坐标系下所有的切应变分量都为零，仅有正应变分量不等于零？可以证明，在任何应变状态下，至少可以找到 3 个相互垂直的方向，在该方向仅有正应变而切应变为零. 具有该性质的方向，称为**应变主轴**或**应变主方向**，其上的正应变称为**主应变**. 事实上，变形体内一点有无数个方向，每个方向都有一个线应变，主应变其实是这些线应变的最大值和最小值. 问题变成在 $\boldsymbol{n}$ 为单位矢量(即 $\boldsymbol{n}\cdot\boldsymbol{n}=1$)的情况下，求 $\varepsilon(\boldsymbol{n})=\boldsymbol{n}\cdot\boldsymbol{\varepsilon}\boldsymbol{n}$ 的极值. 引入拉格朗日乘子 ε，得泛函

$$L(\boldsymbol{n},\varepsilon)=\boldsymbol{n}\cdot\boldsymbol{\varepsilon}\boldsymbol{n}-\varepsilon(\boldsymbol{n}\cdot\boldsymbol{n}-1)$$

对 $\boldsymbol{n}$ 求偏导数并令其等于零，得

$$\boldsymbol{\varepsilon}\boldsymbol{n}=\varepsilon\boldsymbol{n} \tag{3.37}$$

把这个方程具体写出就是

$$\begin{cases}\varepsilon_x n_1+\varepsilon_{xy}n_2+\varepsilon_{xz}n_3=\varepsilon n_1\\ \varepsilon_{yx}n_1+\varepsilon_y n_2+\varepsilon_{yz}n_3=\varepsilon n_2\\ \varepsilon_{zx}n_1+\varepsilon_{zy}n_2+\varepsilon_z n_3=\varepsilon n_3\end{cases} \tag{3.38}$$

这是一个典型的求特征值问题，该方程组有非零解的条件是下列行列式为零:

$$\begin{vmatrix}\varepsilon_x-\varepsilon & \varepsilon_{xy} & \varepsilon_{xz}\\ \varepsilon_{yx} & \varepsilon_y-\varepsilon & \varepsilon_{yz}\\ \varepsilon_{zx} & \varepsilon_{zy} & \varepsilon_z-\varepsilon\end{vmatrix}=0$$

展开上式，即得应变状态的特征方程为

$$\varepsilon^3-I_1'\varepsilon^2+I_2'\varepsilon-I_3'=0 \tag{3.39}$$

式中

$$\begin{cases}I_1'=\varepsilon_x+\varepsilon_y+\varepsilon_z\\ I_2'=\varepsilon_x\varepsilon_y+\varepsilon_y\varepsilon_z+\varepsilon_z\varepsilon_x-(\varepsilon_{xy}^2+\varepsilon_{yz}^2+\varepsilon_{zx}^2)\\ I_3'=\varepsilon_x\varepsilon_y\varepsilon_z+2\varepsilon_{xy}\varepsilon_{yz}\varepsilon_{zx}-\varepsilon_x\varepsilon_{yz}^2-\varepsilon_y\varepsilon_{zx}^2-\varepsilon_z\varepsilon_{xy}^2\end{cases} \tag{3.40}$$

可以证明 I_1'、I_2'、I_3' 是三个与坐标无关的标量，它们分别称为应变张量的第一、第二和第三不变量. 它们分别是应变分量的一次、二次和三次齐次式，因而是相互独立(线性无关)的.

方程(3.39)的三个特征根称为主应变，用 ε_1、ε_2 和 ε_3 表示. 进一步可以求得与主应变对应的三个主方向，称为应变主方向. 分别将 ε_1、ε_2 和 ε_3 代入式(3.38)并结合 $l_1^2+l_2^2+l_3^2=1$ 这个条件，可求出三个特征矢量 $\boldsymbol{n}_1$、$\boldsymbol{n}_2$ 和 $\boldsymbol{n}_3$. 这三个特征矢量实际上就是三个线应变取驻值的方向，称为应变主方向. 主应变和应变主方向的物理意义可以这样理解：由于物体内任一点的应变张量分量都将随着坐标系的旋转而改变，因此对任一确定的点，总是存在这样的一个坐标系，在该坐标系下，只有正应变分量，而所有的剪应变分量为零. 也就是说，通过物体内任一点总存在三个互相垂直的方向，沿这三个方向的微分线段在物体发生形状变化后，只是

各自改变了长度，而其相互之间的夹角始终保持为直角. 这样的方向即应变主方向，沿应变主方向的正应变分量即主应变.

若以通过物体内任一点三个互相垂直的应变主方向作为直角坐标系的三个坐标轴，这样建立起来的坐标空间称为**应变主空间**. 在应变主空间中，该点的应变张量 ε_{ij} 可表示为

$$\varepsilon_{ij}=\begin{bmatrix}\varepsilon_1 & 0 & 0\\ 0 & \varepsilon_2 & 0\\ 0 & 0 & \varepsilon_3\end{bmatrix} \tag{3.41}$$

于是，在应变主空间中，应变张量的三个不变量分别为

$$\begin{cases}I_1'=\varepsilon_1+\varepsilon_2+\varepsilon_3\\ I_2'=-(\varepsilon_1\varepsilon_2+\varepsilon_2\varepsilon_3+\varepsilon_3\varepsilon_1)\\ I_3'=\varepsilon_1\varepsilon_2\varepsilon_3\end{cases} \tag{3.42}$$

应变张量的第一不变量 I_1' 具有十分直观的几何意义. 现考察微元体的体积变化，为方便起见，把主方向取为坐标轴方向. 设微元体边长分别为 $\mathrm{d}x$ 、$\mathrm{d}y$ 、$\mathrm{d}z$ ，则微元体变形前的体积 $\mathrm{d}V=\mathrm{d}x\mathrm{d}y\mathrm{d}z$ ，微元体变形后的体积为

$$\mathrm{d}V'=(1+\varepsilon_1)\mathrm{d}x\cdot(1+\varepsilon_2)\mathrm{d}y\cdot(1+\varepsilon_3)\mathrm{d}z$$

故体积应变为

$$\theta=\frac{\mathrm{d}V'-\mathrm{d}V}{\mathrm{d}V}=\frac{(1+\varepsilon_1)\mathrm{d}x\cdot(1+\varepsilon_2)\mathrm{d}y\cdot(1+\varepsilon_3)\mathrm{d}z-\mathrm{d}x\mathrm{d}y\mathrm{d}z}{\mathrm{d}x\mathrm{d}y\mathrm{d}z}=\varepsilon_1+\varepsilon_2+\varepsilon_3=I_1'$$

式中忽略了高阶微量. 体积应变等于应变张量的第一不变量.

3.4.2 应变主方向的性质

应变主方向具有如下性质：

(1) 在应变主方向 $\boldsymbol{n}_i$ 的应变值 ε_i ，就是式(3.39)的特征根.

由式(3.27)， $\boldsymbol{n}_i$ 方向线应变为

$$\varepsilon(\boldsymbol{n}_i)=\boldsymbol{n}_i\cdot\boldsymbol{\varepsilon}\boldsymbol{n}_i$$

将式(3.37)代入上式，可得

$$\varepsilon(\boldsymbol{n}_i)=\boldsymbol{n}_i\cdot\varepsilon_i\boldsymbol{n}_i=\varepsilon_i$$

这就说明在 $\boldsymbol{n}_i$ 方向的应变值 ε_i 就是式(3.39)的特征根， ε_i 称为主应变.

(2) 任两个不同主应变所对应的应变主方向互相正交.

不妨设 $\varepsilon_1\neq\varepsilon_2$ ，在式(3.39)中以 ε_1 与 $\boldsymbol{n}_1$ 代入，并与 $\boldsymbol{n}_2$ 点乘，得

$$\boldsymbol{n}_2\cdot\boldsymbol{\varepsilon}\boldsymbol{n}_1=\varepsilon_1\boldsymbol{n}_2\cdot\boldsymbol{n}_1$$

同样，在式(3.39)中以ε_2与$\boldsymbol{n}_2$代入，并与$\boldsymbol{n}_1$点乘，得

$$\boldsymbol{n}_1\cdot\boldsymbol{\varepsilon}\boldsymbol{n}_2=\varepsilon_2\boldsymbol{n}_1\cdot\boldsymbol{n}_2$$

由于$\boldsymbol{\varepsilon}$是对称张量，以上两式左边相等，于是有

$$(\varepsilon_1-\varepsilon_2)\boldsymbol{n}_1\cdot\boldsymbol{n}_2=0 \tag{a}$$

由于已假设$\varepsilon_1\neq\varepsilon_2$，有$\boldsymbol{n}_1\cdot\boldsymbol{n}_2=0$，即$\boldsymbol{n}_1$与$\boldsymbol{n}_2$正交.

(3) 任两个应变主方向间切应变为零.

设$\boldsymbol{n}_1$与$\boldsymbol{n}_2$为两个应变主方向，由式(3.24)得切应变为

$$\gamma=\boldsymbol{n}_1\cdot\boldsymbol{C}\boldsymbol{n}_2=\boldsymbol{n}_1\cdot(2\boldsymbol{\varepsilon}+\boldsymbol{I})\boldsymbol{n}_2=2\boldsymbol{n}_1\cdot\boldsymbol{\varepsilon}\boldsymbol{n}_2=2\boldsymbol{n}_1\cdot\varepsilon_2\boldsymbol{n}_2=2\varepsilon_2\boldsymbol{n}_1\cdot\boldsymbol{n}_2$$

由于两个应变主方向正交，所以上式为零，这说明主方向间的切应变为零.

(4) 三个特征根有以下情形：

① 三个根各不相同，则由(2)的讨论得到三个互相垂直的主方向.

② 有两个根相同，设为$\varepsilon_1=\varepsilon_2\neq\varepsilon_3$. 这时从式(a)可得$\boldsymbol{n}_1\cdot\boldsymbol{n}_2\neq0$，即这两个特征矢量可以成任意角度，但它们又必须与$\boldsymbol{n}_3$垂直. 因此，与$\boldsymbol{n}_3$垂直的平面内的任何矢量对应于$\varepsilon_1$、$\varepsilon_2$的特征矢量.

③ 三个根相同，即$\varepsilon_1=\varepsilon_2=\varepsilon_3$，则任何矢量都是特征矢量，这时任何方向的线应变都相等.

(5) 由于主应变只与应变张量的性质有关，而与坐标系选择无关，所以式(3.39)的系数不随坐标系的改变而变化. I_1'、I_2'、I_3'为应变张量的三个不变量.

例 3.3 连续体的位移场为

$$\boldsymbol{u}=(x_1-x_3)^2\times10^{-3}\boldsymbol{e}_1+(x_2+x_3)^2\times10^{-3}\boldsymbol{e}_2-x_1x_2\times10^{-3}\boldsymbol{e}_3$$

求：(1) 点$P(0,2,-1)$的应变张量$\boldsymbol{\varepsilon}$和格林变形张量$\boldsymbol{C}$；

(2) 过该点的方向为$(\sqrt{2}/2,\sqrt{2}/2,0)$的线应变；

(3) 过该点的方向为$(\sqrt{2}/2,\sqrt{2}/2,0)$与$(1,0,0)$夹角的改变；

(4) 该点的主应变.

解 (1) 由几何方程$\varepsilon_{ij}=\dfrac{1}{2}\left(\dfrac{\partial u_i}{\partial x_j}+\dfrac{\partial u_j}{\partial x_i}\right)$得

$$\varepsilon_{ij}=\begin{bmatrix}2(x_1-x_3) & 0 & -x_1-\dfrac{1}{2}x_2+x_3\\ 0 & 2(x_2+x_3) & -\dfrac{1}{2}x_1+x_2+x_3\\ -x_1-\dfrac{1}{2}x_2+x_3 & -\dfrac{1}{2}x_1+x_2+x_3 & 0\end{bmatrix}\times10^{-3}$$

将 $P(0,2,-1)$ 点坐标代入得

$$\varepsilon_{ij}=\begin{bmatrix}2 & 0 & -2\\ 0 & 2 & 1\\ -2 & 1 & 0\end{bmatrix}\times10^{-3}$$

格林变形张量 $\boldsymbol{C}=2\boldsymbol{\varepsilon}+\boldsymbol{I}$，故有

$$C_{ij}=\begin{bmatrix}1+4\times10^{-3} & 0 & -4\times10^{-3}\\ 0 & 1+4\times10^{-3} & 2\times10^{-3}\\ -4\times10^{-3} & 2\times10^{-3} & 1\end{bmatrix}$$

(2) 由 $\varepsilon(\boldsymbol{n}_i)=\boldsymbol{n}_i\cdot\boldsymbol{\varepsilon}\boldsymbol{n}_i$ 计算过该点的方向为 $(\sqrt{2}/2,\sqrt{2}/2,0)$ 的线应变，即

$$\varepsilon_n=(\sqrt{2}/2\quad \sqrt{2}/2\quad 0)\begin{bmatrix}2 & 0 & -2\\ 0 & 2 & 1\\ -2 & 1 & 0\end{bmatrix}\begin{bmatrix}\sqrt{2}/2\\ \sqrt{2}/2\\ 0\end{bmatrix}\times10^{-3}=2\times10^{-3}$$

(3) 由于 $(\sqrt{2}/2,\sqrt{2}/2,0)$ 方向的线应变 $\varepsilon_n=2\times10^{-3}$，$(1,0,0)$ 方向的线应变 $\varepsilon_x=2\times10^{-3}$. 将已知数值代入式(3.23)，可得

$$\cos\theta=\frac{\boldsymbol{n}_2\cdot\boldsymbol{C}\boldsymbol{n}_1}{(1+E_1)(1+E_2)}=\frac{\boldsymbol{n}_2\cdot\boldsymbol{C}\boldsymbol{n}_1}{(1+\varepsilon_n)(1+\varepsilon_x)}$$

式中分子为

$$\boldsymbol{n}_2\cdot\boldsymbol{C}\boldsymbol{n}_1=(1\quad 0\quad 0)\begin{bmatrix}1+4\times10^{-3} & 0 & -4\times10^{-3}\\ 0 & 1+4\times10^{-3} & 2\times10^{-3}\\ -4\times10^{-3} & 2\times10^{-3} & 1\end{bmatrix}\begin{bmatrix}\sqrt{2}/2\\ \sqrt{2}/2\\ 0\end{bmatrix}=\frac{\sqrt{2}}{2}\times(1+4\times10^{-3})$$

所以

$$\cos\theta=\frac{\sqrt{2}}{2}，\quad \theta=45°$$

因此，这两个方向夹角保持不变.

(4) 主应变的系数行列式等于零，即

$$\begin{vmatrix}2\times10^{-3}-\varepsilon & 0 & -2\times10^{-3}\\ 0 & 2\times10^{-3}-\varepsilon & 1\times10^{-3}\\ -2\times10^{-3} & 1\times10^{-3} & -\varepsilon\end{vmatrix}=0$$

展开后得

$$(2\times10^{-3}-\varepsilon)(\varepsilon^2-2\times10^{-3}\varepsilon-5\times10^{-6})=0$$

三个根分别为$(1+\sqrt{6})\times10^{-3}$、$2\times10^{-3}$、$(1-\sqrt{6})\times10^{-3}$，故三个主应变为

$$\varepsilon_1=(1+\sqrt{6})\times10^{-3},\quad \varepsilon_2=2\times10^{-3},\quad \varepsilon_3=(1-\sqrt{6})\times10^{-3}$$

3.5 应变张量的分解

3.5.1 应变球张量和应变偏张量

一点的应变张量可分解为应变球张量和应变偏张量之和，即

$$\varepsilon_{ij}=\varepsilon_{\mathrm{m}}\delta_{ij}+e_{ij} \tag{3.43}$$

应变球张量和应变偏张量分别定义为

$$\varepsilon_{\mathrm{m}}\boldsymbol{I}=\varepsilon_{\mathrm{m}}\delta_{ij}=\begin{pmatrix}\varepsilon_{\mathrm{m}} & 0 & 0\\ 0 & \varepsilon_{\mathrm{m}} & 0\\ 0 & 0 & \varepsilon_{\mathrm{m}}\end{pmatrix} \tag{3.44}$$

及

$$e_{ij}=\begin{bmatrix}e_x & e_{xy} & e_{xz}\\ e_{yx} & e_y & e_{yz}\\ e_{zx} & e_{zy} & e_z\end{bmatrix}=\begin{bmatrix}\varepsilon_x-\varepsilon_{\mathrm{m}} & \varepsilon_{xy} & \varepsilon_{xz}\\ \varepsilon_{yx} & \varepsilon_y-\varepsilon_{\mathrm{m}} & \varepsilon_{yz}\\ \varepsilon_{zx} & \varepsilon_{zy} & \varepsilon_z-\varepsilon_{\mathrm{m}}\end{bmatrix} \tag{3.45}$$

式中，$\varepsilon_{\mathrm{m}}=\dfrac{1}{3}I_1'=\dfrac{1}{3}(\varepsilon_x+\varepsilon_y+\varepsilon_z)$，称为平均正应变.

3.5.2 应变偏张量的主值及不变量

由应变偏张量的定义式(3.45)可见，它也是一个对称的二阶张量. 因此，存在三个主值及其相应的主方向. 可以证明，应变偏张量的主方向与应变张量的主方向一致，而且它的主值e_1、e_2和e_3与应变张量的主应变ε_1、ε_2和ε_3之间存在如下关系：

$$\begin{cases}e_1=\varepsilon_1-\varepsilon_{\mathrm{m}}\\ e_2=\varepsilon_2-\varepsilon_{\mathrm{m}}\\ e_3=\varepsilon_3-\varepsilon_{\mathrm{m}}\end{cases} \tag{3.46}$$

同样，应变偏张量也存在三个不变量，它们分别表示为

$$
\begin{cases}
J_1' = e_x + e_y + e_z = e_1 + e_2 + e_3 = 0 \\
J_2' = \dfrac{1}{2}e_{ij}e_{ij} = \dfrac{1}{6}[(\varepsilon_x - \varepsilon_y)^2 + (\varepsilon_y - \varepsilon_z)^2 + (\varepsilon_z - \varepsilon_x)^2] + (\varepsilon_{xy}^2 + \varepsilon_{yz}^2 + \varepsilon_{zx}^2) \\
\quad = \dfrac{1}{6}[(\varepsilon_1 - \varepsilon_2)^2 + (\varepsilon_2 - \varepsilon_3)^2 + (\varepsilon_3 - \varepsilon_1)^2] \\
J_3' = e_x e_y e_z + 2e_{xy}e_{yz}e_{zx} - e_x e_{yz}^2 - e_y e_{zx}^2 - e_z e_{xy}^2 = e_1 e_2 e_3
\end{cases}
\tag{3.47}
$$

应变偏张量不反映体积变化，仅反映形状畸变.

对于与3个应变主轴方向具有相同倾角的等倾面八面体单元，采用求八面体上的正应力和剪应力类似的过程. 事实上，只需在式(2.40)中，分别用ε_8、$\dfrac{\gamma_8}{2}$代替σ_8、τ_8，用$\varepsilon_i (i=1,2,3)$代替$\sigma_i (i=1,2,3)$，便可很方便求得八面体的线应变ε_8及剪应变γ_8，即

$$
\varepsilon_8 = \frac{1}{3}(\varepsilon_1 + \varepsilon_2 + \varepsilon_3) = \varepsilon_{\mathrm{m}} \tag{3.48}
$$

$$
\gamma_8 = \frac{2}{3}\sqrt{(\varepsilon_1 - \varepsilon_2)^2 + (\varepsilon_2 - \varepsilon_3)^2 + (\varepsilon_3 - \varepsilon_1)^2} = \sqrt{\frac{8}{3}J_2'} \tag{3.49}
$$

在塑性理论中使用的等效应变或应变强度$\varepsilon_{\mathrm{eq}}$定义为

$$
\begin{aligned}
\varepsilon_{\mathrm{eq}} &= \frac{\sqrt{2}}{2}\gamma_8 = \sqrt{\frac{4}{3}J_2'} = \frac{\sqrt{2}}{3}[(\varepsilon_x - \varepsilon_y)^2 + (\varepsilon_y - \varepsilon_z)^2 + (\varepsilon_z - \varepsilon_x)^2 + 6(\varepsilon_{xy}^2 + \varepsilon_{yz}^2 + \varepsilon_{zx}^2)]^{\frac{1}{2}} \\
&= \frac{\sqrt{2}}{3}[(\varepsilon_1 - \varepsilon_2)^2 + (\varepsilon_2 - \varepsilon_3)^2 + (\varepsilon_3 - \varepsilon_1)^2]^{\frac{1}{2}}
\end{aligned}
\tag{3.50}
$$

在单向拉伸情况下，设材料是不可压缩的，取泊松比$\nu = 0.5$，有$\varepsilon_y = \varepsilon_z = -\dfrac{1}{2}\varepsilon_x$，$\varepsilon_{xy} = \varepsilon_{yz} = \varepsilon_{zx} = 0$，代入上式得$\varepsilon_{\mathrm{eq}} = \varepsilon_x$. 这就是把$\varepsilon_{\mathrm{eq}}$称为等效应变的原因.

如果采用应变偏量来表示，即

$$
\varepsilon_{\mathrm{eq}} = \sqrt{\frac{2}{3}}[e_x^2 + e_y^2 + e_z^2 + 2(\varepsilon_{xy}^2 + \varepsilon_{yz}^2 + \varepsilon_{zx}^2)]^{\frac{1}{2}} = \sqrt{\frac{2}{3}e_{ij}e_{ij}} \tag{3.51}
$$

同样地，可以定义剪应变强度(或称等效剪应变)为

$$
\gamma_{\mathrm{eq}} = 2\sqrt{J_2'} = \sqrt{3}\varepsilon_{\mathrm{eq}} \tag{3.52}
$$

不难验证，在纯剪切情况下，有$\varepsilon_1 = -\varepsilon_3 = \dfrac{\gamma}{2}$，$\varepsilon_2 = 0$，因此$\gamma_{\mathrm{eq}} = \gamma = 2\sqrt{J_2'}$.

当已知应变强度$\varepsilon_{\mathrm{eq}}$的值后，便可求出$\varepsilon_{\mathrm{eq}}$与第一应变偏量$e_1$轴之间的夹角

ω_ε，即

$$\cos\omega_\varepsilon = \frac{\varepsilon_1 - \frac{1}{2}(\varepsilon_2 + \varepsilon_3)}{\varepsilon_i} = \frac{2\varepsilon_1 - (\varepsilon_2 + \varepsilon_3)}{2\varepsilon_i} \tag{3.53}$$

式中，ω_ε 称为**应变状态特征角**. 与应力类似，也有应变洛德参数，其表达式为

$$\mu_\varepsilon = \sqrt{3}\cos(\omega_\varepsilon - 30°) = \frac{2\varepsilon_2 - (\varepsilon_1 + \varepsilon_3)}{\varepsilon_1 - \varepsilon_3} \tag{3.54}$$

应变洛德参数也是表征应变状态的一个重要参数.

例 3.4 已知应变分量为 $\varepsilon_x = 0.20\times10^{-3}$，$\varepsilon_y = -0.06\times10^{-3}$，$\varepsilon_z = 0.10\times10^{-3}$，$\gamma_{xy} = 0.06\times10^{-3}$，$\gamma_{yz} = 0$，$\gamma_{zx} = -0.06\times10^{-3}$. 试写成应变张量的形式，并分解成应变球张量和应变偏张量.

解 应变张量的分量 $\varepsilon_{ij}(i \neq j)$ 表示工程切应变的一半，应变张量写为

$$\varepsilon_{ij} = \begin{bmatrix} \varepsilon_x & \gamma_{xy}/2 & \gamma_{xz}/2 \\ \gamma_{yx}/2 & \varepsilon_y & \gamma_{yz}/2 \\ \gamma_{zx}/2 & \gamma_{zy}/2 & \varepsilon_z \end{bmatrix} = \begin{bmatrix} 0.20 & 0.03 & -0.03 \\ 0.03 & -0.06 & 0 \\ -0.03 & 0 & 0.10 \end{bmatrix} \times 10^{-3}$$

由于平均正应变 $\varepsilon_\mathrm{m} = \frac{1}{3}(\varepsilon_x + \varepsilon_y + \varepsilon_z) = 0.08\times10^{-3}$，故应变球张量可写为

$$\varepsilon_\mathrm{m}\boldsymbol{I} = \varepsilon_\mathrm{m}\delta_{ij} = \begin{bmatrix} 0.08 & 0 & 0 \\ 0 & 0.08 & 0 \\ 0 & 0 & 0.08 \end{bmatrix} \times 10^{-3}$$

应变偏张量写为

$$e_{ij} = \begin{bmatrix} \varepsilon_x - \varepsilon_\mathrm{m} & \varepsilon_{xy} & \varepsilon_{xz} \\ \varepsilon_{yx} & \varepsilon_y - \varepsilon_\mathrm{m} & \varepsilon_{yz} \\ \varepsilon_{zx} & \varepsilon_{zy} & \varepsilon_z - \varepsilon_\mathrm{m} \end{bmatrix} = \begin{bmatrix} 0.12 & 0.03 & -0.03 \\ 0.03 & -0.14 & 0 \\ -0.03 & 0 & 0.02 \end{bmatrix} \times 10^{-3}$$

例 3.5 给定一点的应变张量 ε_{ij}

$$\varepsilon_{ij} = \begin{bmatrix} -0.00100 & 0 & 0 \\ 0 & -0.00100 & 0.000785 \\ 0 & 0.000785 & 0.00200 \end{bmatrix}$$

试计算：(1)主应变 ε_1、ε_2、ε_3；(2)最大剪应变 $\gamma_{\max}$；(3)八面体应变 ε_8 和 γ_8.

解 (1) 计算应变不变量，求主应变.

$$I_1' = (-0.00100) + (-0.00100) + (0.00200) = 0$$

$$I_2' = (-0.00100)\times(-0.00100) + (-0.00100)\times(0.00200) + (0.00200)\times(-0.00100) - (0.000785)^2 = -3.62\times10^{-6}$$

$$I_3' = \begin{vmatrix} -0.00100 & 0 & 0 \\ 0 & -0.00100 & 0.000785 \\ 0 & 0.000785 & 0.00200 \end{vmatrix} = 2.62\times10^{-9}$$

特征方程为

$$\varepsilon^3 - 3.62\times10^{-6}\varepsilon - 2.62\times10^{-9} = 0$$

或

$$\left(\varepsilon + 10^{-3}\right)\left(\varepsilon^2 - 10^{-3}\varepsilon - 2.62\times10^{-6}\right) = 0$$

求得三个主应变为(按$\varepsilon_1 > \varepsilon_2 > \varepsilon_3$)

$$\varepsilon_1 = 0.002194\,,\quad \varepsilon_1 = -0.00100\,,\quad \varepsilon_3 = -0.001194$$

校核：将ε_1、ε_2、ε_3的值代入三个应变不变量的表达式，以校核所得结果.

$$I_1' = \varepsilon_1 + \varepsilon_2 + \varepsilon_3 = 0$$

$$I_2' = \varepsilon_1\varepsilon_2 + \varepsilon_2\varepsilon_3 + \varepsilon_3\varepsilon_1 = -3.62\times10^{-6}$$

$$I_3' = \varepsilon_1\varepsilon_2\varepsilon_3 = 2.62\times10^{-9}$$

(2) 计算最大剪应变

$$\gamma_{\max} = |\varepsilon_1 - \varepsilon_3| = |0.002194 + 0.001194| = 0.003388$$

(3) 八面体的正应变和剪应变为

$$\varepsilon_8 = \frac{1}{3}(\varepsilon_1 + \varepsilon_2 + \varepsilon_3) = \frac{1}{3}I_1' = 0$$

$$\gamma_8 = \frac{2}{3}\sqrt{(\varepsilon_1 - \varepsilon_2)^2 + (\varepsilon_2 - \varepsilon_3)^2 + (\varepsilon_3 - \varepsilon_1)^2}$$

$$= \frac{2}{3}\times\left[\left(3.194\times10^{-3}\right)^2 + \left(0.194\times10^{-3}\right)^2 + \left(3.388\times10^{-3}\right)^2\right]^{\frac{1}{2}} = 0.003107$$

3.6 应变协调方程

应变张量$\boldsymbol{\varepsilon}$是对称张量，有六个独立分量，它们与位移分量u_i的关系由几何方程给出. 几何方程(3.26)表明，六个应变分量是通过三个位移分量表示的，因此这六个应变分量不是互不相关的，它们之间必然存在一定的联系. 这个事实对我们很重要. 因为如果我们知道了位移分量，则容易通过式(3.26)获得应变分量. 但反过来，如果纯粹从数学角度任意给定一组“应变分量”，则几何方程给出了包括六个方程而只有三个未知函数的偏微分方程组，由于方程的个数超过了未知函数的个数，方程组可能是矛盾的. 要使这个方程组不矛盾，则六个应变分量必须满足一定的条件. 由于物体变形后必须保持其整体性和连续性，即变形的协调性，也即位移分量u_i在其定义域内为单值连续函数，六个应变分量之间必须要有一定的关系. 下面，我们就着手来建立这个关系. 为此，我们要设法从方程组(3.26)中消去位移分量.

首先，将ε_x对y求二阶偏导数并与ε_y对x求二阶偏导数相加，则有

$$\frac{\partial^2 \varepsilon_x}{\partial y^2}+\frac{\partial^2 \varepsilon_y}{\partial x^2}=\frac{\partial^2}{\partial x \partial y}\left(\frac{\partial v}{\partial x}+\frac{\partial u}{\partial y}\right)=\frac{\partial^2 \gamma_{xy}}{\partial x \partial y}$$

这里，我们利用了位移分量具有三阶连续偏导数的性质. 同理，有

$$\begin{cases}\dfrac{\partial^2 \varepsilon_y}{\partial z^2}+\dfrac{\partial^2 \varepsilon_z}{\partial y^2}=\dfrac{\partial^2 \gamma_{yz}}{\partial y \partial z} \\[2ex] \dfrac{\partial^2 \varepsilon_z}{\partial x^2}+\dfrac{\partial^2 \varepsilon_x}{\partial z^2}=\dfrac{\partial^2 \gamma_{zx}}{\partial z \partial x}\end{cases}$$

然后，分别将γ_{xy}对z求一阶偏导数、γ_{zx}对y求一阶偏导数及γ_{yz}对x求一阶偏导数，再把它们的前两式相加并减去它们的后一式，则有

$$2\frac{\partial^2 u}{\partial y \partial z}=-\frac{\partial \gamma_{yz}}{\partial x}+\frac{\partial \gamma_{zx}}{\partial y}+\frac{\partial \gamma_{xy}}{\partial z}$$

将上式等号两边对x求一阶偏导数，则有

$$2\frac{\partial^2 \varepsilon_x}{\partial y \partial z}=\frac{\partial}{\partial x}\left(-\frac{\partial \gamma_{yz}}{\partial x}+\frac{\partial \gamma_{zx}}{\partial y}+\frac{\partial \gamma_{xy}}{\partial z}\right)$$

同理，有

$$2\frac{\partial^2 \varepsilon_y}{\partial z \partial x}=\frac{\partial}{\partial y}\left(\frac{\partial \gamma_{yz}}{\partial x}-\frac{\partial \gamma_{zx}}{\partial y}+\frac{\partial \gamma_{xy}}{\partial z}\right)$$

$$2\frac{\partial^2 \varepsilon_z}{\partial x \partial y}=\frac{\partial}{\partial z}\left(\frac{\partial \gamma_{yz}}{\partial x}+\frac{\partial \gamma_{zx}}{\partial y}-\frac{\partial \gamma_{xy}}{\partial z}\right)$$

综合以上各式，最终得到

$$
\begin{cases}
\dfrac{\partial^2 \varepsilon_x}{\partial y^2}+\dfrac{\partial^2 \varepsilon_y}{\partial x^2}=\dfrac{\partial^2 \gamma_{xy}}{\partial x \partial y} \\
\dfrac{\partial^2 \varepsilon_y}{\partial z^2}+\dfrac{\partial^2 \varepsilon_z}{\partial y^2}=\dfrac{\partial^2 \gamma_{yz}}{\partial y \partial z} \\
\dfrac{\partial^2 \varepsilon_z}{\partial x^2}+\dfrac{\partial^2 \varepsilon_x}{\partial z^2}=\dfrac{\partial^2 \gamma_{zx}}{\partial z \partial x} \\
2\dfrac{\partial^2 \varepsilon_x}{\partial y \partial z}=\dfrac{\partial}{\partial x}\left(-\dfrac{\partial \gamma_{yz}}{\partial x}+\dfrac{\partial \gamma_{zx}}{\partial y}+\dfrac{\partial \gamma_{xy}}{\partial z}\right) \\
2\dfrac{\partial^2 \varepsilon_y}{\partial z \partial x}=\dfrac{\partial}{\partial y}\left(\dfrac{\partial \gamma_{yz}}{\partial x}-\dfrac{\partial \gamma_{zx}}{\partial y}+\dfrac{\partial \gamma_{xy}}{\partial z}\right) \\
2\dfrac{\partial^2 \varepsilon_z}{\partial x \partial y}=\dfrac{\partial}{\partial z}\left(\dfrac{\partial \gamma_{yz}}{\partial x}+\dfrac{\partial \gamma_{zx}}{\partial y}-\dfrac{\partial \gamma_{xy}}{\partial z}\right)
\end{cases}
\tag{3.55}
$$

方程组(3.55)称为**应变协调方程**，又称为**圣维南方程**. 它表示要使以位移分量为未知函数的六个几何方程不相矛盾，则六个应变分量必须满足应变协调方程.

可以证明，当六个应变分量满足应变协调方程(3.55)时，就能保证由六个几何方程(3.26)积分得到位移分量. 如果物体是单连通体(即在物体所占据的区域中任何闭合曲线都可以借助不断变形而收缩到一点)，则满足应变协调方程还能保证物体连续. 从数学的观点来看，也就是说，如果应变分量满足应变协调方程，则对于单连通体，就一定能通过几何方程的积分求得单值连续的位移分量；而对于多连通体(即在物体所占据的区域中能够找到某个不能够收缩到一点的闭合曲线)，要保证变形后的物体仍然连续，还要求满足位移单值条件.

需要指出的是，由于应变协调方程是从几何方程推导出来的，因而它不是弹性力学基本方程. 当采用位移法求解弹性力学问题时，已经假定位移是单值连续可微函数，由几何方程得到的应变分量自然满足应变协调方程. 反之，采用应力法求解弹性力学问题时，先求出应力分量，再由物理方程得到应变分量，然后由几何方程积分得到位移分量. 在这种情况下，必须要考虑应变协调方程.

例 3.6 已知下列应变分量是物体变形时产生的，试求系数之间应满足的关系.

$$
\begin{cases}
\varepsilon_x = A_0 + A_1(x^2+y^2)+x^4+y^4 \\
\varepsilon_y = B_0 + B_1(x^2+y^2)+x^4+y^4 \\
\gamma_{xy} = C_0 + C_1 xy(x^2+y^2+C_2) \\
\varepsilon_z = \gamma_{zx} = \gamma_{zy} = 0
\end{cases}
$$

解 该应变分量属于平面应变状态，这些应变分量应满足变形协调方程，即

$$\frac{\partial^2 \varepsilon_x}{\partial y^2}+\frac{\partial^2 \varepsilon_y}{\partial x^2}=\frac{\partial^2 \gamma_{xy}}{\partial x \partial y}$$

由应变分量可得

$$\frac{\partial^2 \varepsilon_x}{\partial y^2}=2A_1+12y^2,\quad \frac{\partial^2 \varepsilon_y}{\partial x^2}=2B_1+12x^2,\quad \frac{\partial^2 \gamma_{xy}}{\partial x \partial y}=C_1C_2+3C_1(x^2+y^2)$$

将以上各式代入应变协调方程，可得

$$2A_1+2B_1+12(x^2+y^2)=C_1C_2+3C_1(x^2+y^2)$$

在物体内任一点上，即x、y为任意值时，上式皆应成立，因此得

$$\begin{cases} C_1=4 \\ A_1+B_1-2C_2=0 \end{cases}$$

上式即为系数应满足的条件，而系数A_0、B_0、C_0可为任意常数.

习　题

3-1　设连续体的运动方程为

$$x_1=X_1\mathrm{e}^t-X_3(\mathrm{e}^t-1),\quad x_2=X_2\mathrm{e}^{-t}+X_3(1-\mathrm{e}^{-t}),\quad x_3=X_3$$

试用物质坐标和空间坐标分别写出位移场.

3-2　连续体变形方程为

$$x_1=\alpha X_1+\beta X_2,\quad x_2=-\beta X_1+\alpha X_2,\quad x_3=\mu X_3$$

式中，α、β为常数，μ=1. 求：(1)拉格朗日应变张量$\boldsymbol{E}$；(2)证明若$\alpha=\cos\theta$，$\beta=\sin\theta$，μ=1，则应变为零，且上述变形方程代表刚体绕X_3轴转动了一个角度θ.

3-3　连续体变形方程为

$$x_1=X_1+AX_2^2,\quad x_2=X_2,\quad x_3=X_3-AX_2^2$$

式中，A为常数. 求拉格朗日应变张量$\boldsymbol{E}$和小应变张量$\boldsymbol{\varepsilon}$.

3-4　已知连续体的位移场为

$$u_1=AX_2X_3,\quad u_2=AX_3^2,\quad u_3=AX_1^2$$

式中，A为微小常数. 求：(1)小应变张量$\boldsymbol{\varepsilon}$；(2)点(1,0,0)的主应变；(3)转动张量$\boldsymbol{\Omega}$.

3-5 如习题3-5图所示立方体变形方程为

$$x_1 = a_1(X_1 + 2X_2)\text{，}\ x_2 = a_2X_2\text{，}\ x_3 = a_3X_3$$

式中，a_1、a_2、a_3为常数. 求：(1)对角线OC变形后的长度；(2)OA和OG变形后的夹角；(3)要使材料是不可压缩的，以及OC和OB的夹角保持不变，则a_1、a_2、a_3需满足什么条件？

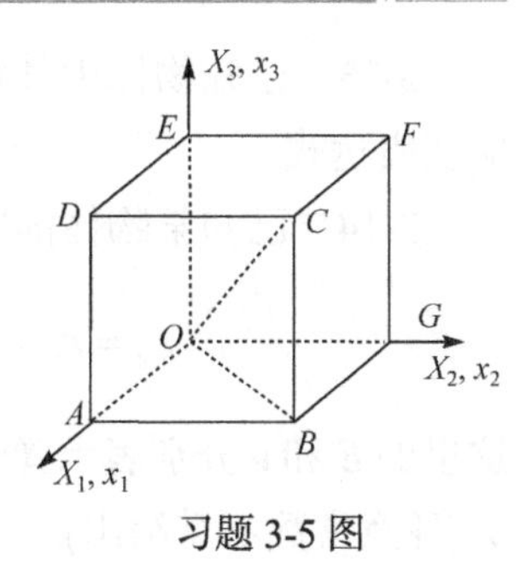

习题3-5图

3-6 已知连续体位移场为

$$u = (6x^2 + 15)\times 10^{-2}\text{，}\ v = (8yz)\times 10^{-2}\text{，}\ w = (3z^2 - 2xy)\times 10^{-2}$$

试求点$P(1,3,4)$的小应变张量.

3-7 试确定下列应变场是否可能存在：

$$\varepsilon_x = axy^2\text{，}\ \varepsilon_y = ax^2y\text{，}\ \varepsilon_z = axy$$

$$\gamma_{xy} = 0\text{，}\ \gamma_{yz} = az^2 + by^2\text{，}\ \gamma_{zx} = ax^2 + by^2$$

3-8 在平面应变状态下，利用直角坐标中应变分量与位移分量之间的关系，并利用坐标转换公式，试导出以极坐标表示的应变分量与位移分量之间的关系式.

3-9 已知物体中任意一点的位移分量为

$$\begin{cases} u = 10\times 10^{-3} + 0.1\times 10^{-3}xy + 0.05\times 10^{-3}z \\ v = 5\times 10^{-3} - 0.05\times 10^{-3}x + 0.1\times 10^{-3}yz \\ w = 10\times 10^{-3} - 0.1\times 10^{-3}xyz \end{cases}$$

试比较点$A(1,1,1)$与点$B(0.5,-1,0)$的最大伸长值(绝对值).

3-10 已知物体中某点的应变分量为$\varepsilon_x = 0.15\times 10^{-3}$，$\varepsilon_y = -0.04\times 10^{-3}$，$\varepsilon_z = 0$，$\gamma_{xy} = 0$，$\gamma_{yz} = 0.12\times 10^{-3}$，$\gamma_{zx} = 0$. 试求该点的主应变方向.

3-11 已知物体中某点的应变分量为$\varepsilon_x = 0.001$，$\varepsilon_y = 0.0005$，$\varepsilon_z = -0.0001$，$\gamma_{xy} = 0.0008$，$\gamma_{yz} = 0.0006$，$\gamma_{zx} = -0.0004$. 试求该点的主应变及最大主应变的方向.

3-12 试证明下式为不变量：

$$\varepsilon_\mathrm{i} = \alpha\left[(\varepsilon_1 - \varepsilon_2)^2 + (\varepsilon_2 - \varepsilon_3)^2 + (\varepsilon_3 - \varepsilon_1)^2\right]^{\frac{1}{2}}$$

式中，α为常数. 为使与不可压缩物体($\varepsilon_1 + \varepsilon_2 + \varepsilon_3 = 0$)在轴向拉伸状态下的正应变相等，即$\varepsilon_\mathrm{i} = \varepsilon_1$($\varepsilon_1$为拉伸方向的应变)，试求$\alpha$的数值.

3-13 已知物体中某点的主应变为ε_1、ε_2、ε_3，试导出该点正八面体上的剪应变表达式.

3-14 已知某物体的应变分量为

$$\varepsilon_x=\varepsilon_y=-\nu\frac{\rho gz}{E},\ \varepsilon_z=\frac{\rho gz}{E},\ \gamma_{yz}=\gamma_{zx}=\gamma_{xy}=0$$

这里的E和ν分别表示弹性模量和泊松比，ρ为重力加速度. 试求位移分量u、v、w(任意常数不需给出).

第4章 弹性材料的本构关系

前两章分别从静力平衡和几何学的角度出发，建立了各应力分量之间关系的平衡方程和变形体任意一点的应变分量与位移分量之间关系的几何方程. 这些方程都与材料的性质无关，适用于任意连续介质. 但只有这些方程还不足以解决变形固体的平衡(或运动)问题，因为方程中出现的未知量的个数多于可利用的方程个数. 要得到变形体在一定外力和边界条件下的应力、应变和位移解答，还必须了解变形体任意一点的应力分量与应变分量之间的关系. 力学参数(应力、应力速率等)和运动参数(应变、应变速率等)之间的关系式称为本构关系或本构方程. 本章主要建构与时间无关的理想线弹性材料本构关系或本构方程，而塑性材料本构关系将在第 11 章中讨论. 主要掌握本构理论研究的基本思路，了解各向同性材料的广义胡克定律和弹性应变能函数. 掌握各向异性弹性材料的本构关系及广义胡克定律，具有弹性对称面的弹性材料的本构关系，各向同性弹性材料的弹性常数与各向同性材料的应变能密度.

4.1 各向同性材料的广义胡克定律

4.1.1 单向应力状态和纯剪切时的胡克定律

在材料力学中研究了单向应力与纯剪切应力状态下的胡克定律，即在线弹性范围内，应力和应变呈线性关系.

在单向拉伸或压缩时，胡克定律的形式为

$$\varepsilon_x = \frac{\sigma_x}{E} \quad 或 \quad \sigma_x = E\varepsilon_x \tag{4.1}$$

式中，E 是与材料有关的常数，称为**弹性模量或杨氏模量(Young modulus)**，由实验测定. 此外，轴向变形还将引起横向尺寸的变化，横向线应变 ε_y 可表示为

$$\varepsilon_y = -\nu\varepsilon_x = -\nu\frac{\sigma_x}{E} \tag{4.2}$$

式中，ν 为材料的横向变形系数，称为泊松(Poisson)比.

在纯剪切情况下，胡克定律的形式为

$$\varepsilon = G\gamma \quad 或 \quad \gamma = \frac{\tau}{G} \tag{4.3}$$

式中，G 是与材料有关的常数，称为**切变模量或剪切模量**，且有 $G = \dfrac{E}{2(1+\nu)}$.

4.1.2 材料在各向同性条件下的广义胡克定律

对于复杂受力情况，描述一点的应力状态通常需要九个应力分量. 根据剪应力互等定理，$\tau_{xy} = \tau_{yx}$、$\tau_{yz} = \tau_{zy}$、$\tau_{zx} = \tau_{xz}$，因而这九个应力分量只有六个是独立的. 这种情况可以看成三组单向应力和三组纯剪切的组合. 对于各向同性材料，在线弹性范围内，处于小变形时，线应变只与正应力有关，与切应力无关；而切应变只与切应力有关，与正应力无关，并且切应力只引起与其相应的切应变分量的改变，而不会影响其他方向上的切应变. 于是，只要利用式(4.1)～式(4.3)求出与各应力分量对应的应变分量，然后进行叠加即可.

例如，在正应力 σ_x 单独作用时，单元体在 x 方向的线应变为 $\varepsilon_{x1} = \dfrac{\sigma_x}{E}$；在正应力 σ_y 单独作用时，单元体在 x 方向的线应变为 $\varepsilon_{x2} = -\nu\dfrac{\sigma_y}{E}$；在正应力 σ_z 单独作用时，单元体在 x 方向的线应变为 $\varepsilon_{x3} = -\nu\dfrac{\sigma_z}{E}$；在 σ_x、σ_y、σ_z 共同作用下，单元体在 x 方向的线应变为

$$\varepsilon_x = \varepsilon_{x1} + \varepsilon_{x2} + \varepsilon_{x3} = \frac{1}{E}\left[\sigma_x - \nu\left(\sigma_y + \sigma_z\right)\right]$$

同理，可求单元体在 y 和 z 方向的线应变 ε_y 和 ε_z，即

$$\varepsilon_y = \frac{1}{E}\left[\sigma_y - \nu\left(\sigma_z + \sigma_x\right)\right], \quad \varepsilon_z = \frac{1}{E}\left[\sigma_z - \nu\left(\sigma_x + \sigma_y\right)\right]$$

对于切应变与切应力之间的关系，由于切应变只与切应力有关，并且切应力只引起与其相应的切应变分量的改变，而不会影响其他方向上的切应变. 因而由式(4.3)，有

$$\gamma_{xy} = \frac{\tau_{xy}}{G}, \quad \gamma_{yz} = \frac{\tau_{yz}}{G}, \quad \gamma_{zx} = \frac{\tau_{zx}}{G} \tag{4.4}$$

综合以上各式，可直接得到各向同性材料的广义胡克定律为

$$\begin{cases} \varepsilon_x = \dfrac{1}{E}\left[\sigma_x - \nu\left(\sigma_y + \sigma_z\right)\right], & \gamma_{xy} = \dfrac{\tau_{xy}}{G} \\ \varepsilon_y = \dfrac{1}{E}\left[\sigma_y - \nu\left(\sigma_z + \sigma_x\right)\right], & \gamma_{yz} = \dfrac{\tau_{yz}}{G} \\ \varepsilon_z = \dfrac{1}{E}\left[\sigma_z - \nu\left(\sigma_x + \sigma_y\right)\right], & \gamma_{zx} = \dfrac{\tau_{zx}}{G} \end{cases} \tag{4.5}$$

或

$$\varepsilon_{ij} = \frac{1+\nu}{E}\sigma_{ij} - \frac{\nu}{E}\Theta\delta_{ij} \quad (i, j = x, y, z) \tag{4.6}$$

式中，$\Theta = \sigma_x + \sigma_y + \sigma_z$ 为应力张量的第一不变量 I_1 (也称为体积应力).

从式(4.5)中解出应力分量，可得

$$\sigma_{ij} = \lambda\theta\delta_{ij} + 2\mu\varepsilon_{ij} \quad (i, j = x, y, z) \tag{4.7}$$

式中，$\lambda = \dfrac{\nu E}{(1+\nu)(1-2\nu)}$；$\mu = G$，称为拉梅系数；$\theta = \varepsilon_x + \varepsilon_y + \varepsilon_z$，为应变张量的第一不变量 I_1' (也称为体积应变).

将式(4.5)中各正应变的表达式代入体积应变，可得

$$\theta = \frac{1-2\nu}{E}\left(\sigma_x + \sigma_y + \sigma_z\right) = \frac{1-2\nu}{E}\Theta$$

再引入平均正应力 $\sigma_{\mathrm{m}} = \dfrac{1}{3}\left(\sigma_x + \sigma_y + \sigma_z\right) = \dfrac{1}{3}\Theta$，则上式可写为

$$\theta = \frac{1-2\nu}{E}\Theta = \frac{3(1-2\nu)}{E}\sigma_{\mathrm{m}} = \frac{\sigma_{\mathrm{m}}}{K} \tag{4.8}$$

式中，K 为材料参数，显然，$K = \dfrac{E}{3(1-2\nu)}$ 称为体积弹性模量. 由式(4.8)可见，体积应变 θ 与平均正应力 σ_{m} 成正比，此式即体积胡克定律. 显然，体积应变只与体积应力(三个正应力之和)有关，而与三个正应力之间的比例关系无关. 同时得到平均正应力与平均正应变之间的关系

$$\varepsilon_{\mathrm{m}} = \frac{\sigma_{\mathrm{m}}}{3K} \quad \text{或} \quad \sigma_{\mathrm{m}} = \frac{E}{1-2\nu}\varepsilon_{\mathrm{m}} \tag{4.9}$$

若将图 4-1(a)所示主单元体的应力分解为图 4-1(b)和图 4-1(c)两种情况的叠加，在图 4-1(b)中，由于各面上的主应力为平均正应力，该单元体各边长按相同比例伸长或缩短，所以单元体只发生体积大小改变而不发生形状改变. 在图 4-1(c)中，三个主应力之和为零，由式(4.8)可得其体积应变等于零，表明该单元体只发

生形状改变而不发生体积改变. 由此可知， 图 4-1(a)所示的单元体的变形将同时包括体积改变和形状改变.

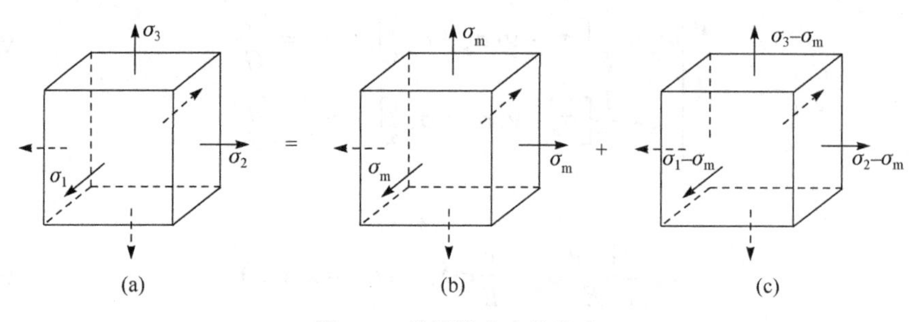

图 4-1 单元体应力的组合

例 4.1 如图 4-2(a)所示橡皮立方块放在同样大小的铁盒内，其上用铁盖封闭，铁盖上受压力 q 的作用. 设铁盖与铁盒可以作为刚体看待，假设橡皮与铁盒之间无摩擦阻力. 试求铁盒内侧面受的压力和橡皮的体积应变.

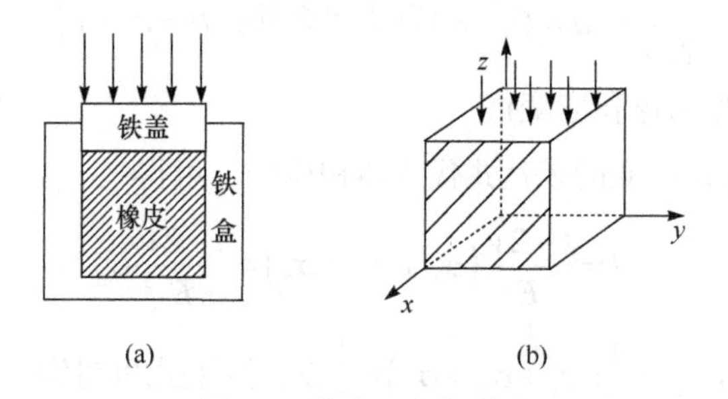

图 4-2 橡皮立方块受力

解 (1) 因设橡皮与铁盒之间无摩擦阻力，故压力垂直内侧面，坐标如图 4-2(b)所示，由于铁盒视为刚体，故

$$\varepsilon_x = 0，\ \varepsilon_y = 0$$

因铁盖上受压力 q 作用，所以

$$\sigma_z = -q$$

将以上关系式代入式(4.5)，得

$$\begin{cases} 0 = \dfrac{1}{E}\left[\sigma_x - \nu\left(\sigma_y - q\right)\right] \\ 0 = \dfrac{1}{E}\left[\sigma_y - \nu\left(-q + \sigma_x\right)\right] \\ \varepsilon_z = \dfrac{1}{E}\left[-q - \nu\left(\sigma_x + \sigma_y\right)\right] \end{cases} \tag{a}$$

将式(a)的第一式减去第二式，得

$$\left(\sigma_x-\sigma_y\right)\left(1+\nu\right)=0$$

即

$$\sigma_x=\sigma_y$$

代入式(a)的第一式，得

$$\sigma_x=\sigma_y=-\frac{\nu}{1-\nu}q$$

可见铁盒内侧面受的压力为$\dfrac{\nu}{1-\nu}q$.

(2) 将$\sigma_x=\sigma_y=-\dfrac{\nu}{1-\nu}q$代入式(a)的第三式，得

$$\varepsilon_z=\frac{1}{E}\left(-q+\nu\frac{2\nu}{1-\nu}q\right)=-\frac{\left(1-2\nu\right)\left(1+\nu\right)}{E(1-\nu)}q$$

体积应变为

$$\theta=\varepsilon_x+\varepsilon_y+\varepsilon_z=-\frac{\left(1-2\nu\right)\left(1+\nu\right)}{E(1-\nu)}q$$

4.2　弹性应变能函数

弹性体在外力作用下产生变形，外力在变形过程中要做功. 同时，弹性体内部的能量也要相应地发生变化. 如果加载过程足够缓慢，则物体的动能以及弹性变形引起的热效应可以忽略不计，外力在变形过程中所做的功将全部转换为应变能而储存在弹性体内. 可认为弹性变形是一个没有能量耗散的可逆过程，外力撤除后物体恢复到未变形的初始状态，应变能将全部释放出来. 因此，应变能可以通过计算外力做功求得.

从物体内取出一个微元体，对微元体来说，应力是作用在其表面上的外力. 先考虑微元体仅受单向应力σ_x作用，如图 4-3 所示. 考虑材料的应力应变关系为非线性的一般情况，如图 4-4 所示. 显然，微元体上外力$\sigma_x \mathrm{d}y\mathrm{d}z$在位移增量$\mathrm{d}\varepsilon_x \mathrm{d}x$上做的功为$\sigma_x \mathrm{d}\varepsilon_x \mathrm{d}x\mathrm{d}y\mathrm{d}z$，而在应变$\varepsilon_x$相应的位移上所做的功为

$$\mathrm{d}W=\int_0^{\varepsilon_x}\sigma_x\mathrm{d}\varepsilon_x\mathrm{d}x\mathrm{d}y\mathrm{d}z=\int_0^{\varepsilon_x}\sigma_x\mathrm{d}\varepsilon_x\mathrm{d}V \tag{4.10}$$

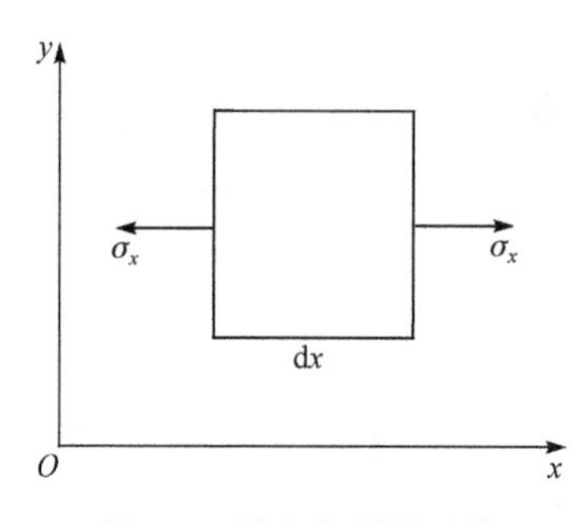

图 4-3 单向拉伸单元体

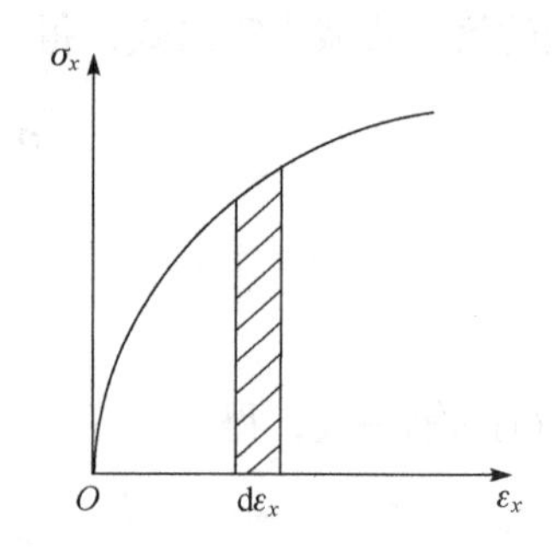

图 4-4 外力对微元体做功示意图

同样，其他应力分量 σ_{ij} 也都只在指标与它相同的应变分量所引起的微元体变形上做功. 把这些功叠加起来，并除以微元体积 $\mathrm{d}V$ 后得到单位体积的外力功，即

$$\frac{\mathrm{d}W}{\mathrm{d}V}=\int_0^{\varepsilon_{ij}}\sigma_{ij}\mathrm{d}\varepsilon_{ij} \tag{4.11}$$

定义单位体积的应变能为应变能密度 $v_\varepsilon(\varepsilon_{ij})$ ，且使

$$\frac{\partial v_\varepsilon(\varepsilon_{ij})}{\partial\varepsilon_{ij}}=\sigma_{ij} \tag{4.12}$$

则式(4.11)右端的被积函数可写为

$$\sigma_{ij}\mathrm{d}\varepsilon_{ij}=\frac{\partial v_\varepsilon(\varepsilon_{ij})}{\partial\varepsilon_{ij}}\mathrm{d}\varepsilon_{ij}=\mathrm{d}v_\varepsilon \tag{4.13}$$

式(4.11)成为

$$\frac{\mathrm{d}W}{\mathrm{d}V}=\int_0^{\varepsilon_{ij}}\mathrm{d}v_\varepsilon=v_\varepsilon(\varepsilon_{ij})-v_\varepsilon(0) \tag{4.14}$$

式中，$v_\varepsilon(0)$ 和 $v_\varepsilon(\varepsilon_{ij})$ 分别为物体变形前后的应变能密度. 一般取变形前的初始状态为参考状态，通常，取 $v_\varepsilon(0)=0$. 于是有

$$v_\varepsilon(\varepsilon_{ij})=\frac{\mathrm{d}W}{\mathrm{d}V}=\int_0^{\varepsilon_{ij}}\sigma_{ij}\mathrm{d}\varepsilon_{ij} \tag{4.15}$$

式(4.15)表明：①变形过程中物体内部储存的应变能密度等于单位体积的外力功；②变形后物体内的应变能密度只与物体最终变形状态有关，而与物体达到最终变形状态前的变形历史无关. 这种只取决于状态而与历史无关的函数在热力学中称为**状态函数**. 由于弹性应变能密度函数表示弹性体的内能概念，因此它必然是一个势函数，也称为**弹性势函数**.

式(4.12)称为**格林公式**. 它说明，应变能密度是弹性材料本构关系的另一种表达形式，当应变能密度 $v_{\varepsilon}(\varepsilon_{ij})$ 的具体函数形式给定后，弹性体应力应变之间的关系将由式(4.12)完全确定. 满足式(4.12)的弹性材料称为**超弹性材料**或**格林弹性材料**. 格林弹性材料认为存在一个应变能密度函数，应力与应变的关系由式(4.12)表示.

若假设应变能密度函数 $v_{\varepsilon}(\varepsilon_{ij})$ 对 ε_{ij} 有二阶以上的连续偏导数，则由格林公式(4.12)，可进一步推得

$$\frac{\partial \sigma_{ij}}{\partial \varepsilon_{kl}}=\frac{\partial \sigma_{kl}}{\partial \varepsilon_{ij}} \tag{4.16}$$

式(4.16)称为**广义格林公式**.

4.3 各向异性弹性材料本构关系与广义胡克定律

对于各向异性材料，应力与应变最一般的关系为

$$\begin{cases}\sigma_x = f_1(\varepsilon_x,\varepsilon_y,\varepsilon_z,\gamma_{yz},\gamma_{zx},\gamma_{xy})\\ \sigma_y = f_2(\varepsilon_x,\varepsilon_y,\varepsilon_z,\gamma_{yz},\gamma_{zx},\gamma_{xy})\\ \sigma_z = f_3(\varepsilon_x,\varepsilon_y,\varepsilon_z,\gamma_{yz},\gamma_{zx},\gamma_{xy})\\ \tau_{yz} = f_4(\varepsilon_x,\varepsilon_y,\varepsilon_z,\gamma_{yz},\gamma_{zx},\gamma_{xy})\\ \tau_{zx} = f_5(\varepsilon_x,\varepsilon_y,\varepsilon_z,\gamma_{yz},\gamma_{zx},\gamma_{xy})\\ \tau_{xy} = f_6(\varepsilon_x,\varepsilon_y,\varepsilon_z,\gamma_{yz},\gamma_{zx},\gamma_{xy})\end{cases} \tag{4.17}$$

这里，函数 $f_i(i=1,2,\cdots,6)$取决于材料本身的物理特性. 对于复杂应力状态，要想通过实验确定上面的函数关系是十分困难的. 这里，我们不去研究如何确立最一般情况下的应力与应变关系，我们要考虑的仅限于弹性小变形情况.

在小变形情况下，式(4.17)可展开成泰勒级数，并可略去二阶以上的小量. 例如，将式(4.17)的第一式展开，得到

$$\sigma_x=(f_1)_0+\left(\frac{\partial f_1}{\partial \varepsilon_x}\right)_0\varepsilon_x+\left(\frac{\partial f_1}{\partial \varepsilon_y}\right)_0\varepsilon_y+\left(\frac{\partial f_1}{\partial \varepsilon_z}\right)_0\varepsilon_z+\left(\frac{\partial f_1}{\partial \gamma_{yz}}\right)_0\gamma_{yz}$$
$$+\left(\frac{\partial f_1}{\partial \gamma_{zx}}\right)_0\gamma_{zx}+\left(\frac{\partial f_1}{\partial \gamma_{xy}}\right)_0\gamma_{xy}$$

这里，$\left(\frac{\partial f_1}{\partial \varepsilon_x}\right)_0$ 等表示函数 f_1 对应变分量的一阶偏导数在应变分量为零时的值；$(f_1)_0$ 表示函数 f_1 在应变分量为零时的值. 由式(4.17)可看出，$(f_1)_0$ 实际上代表了

初始应力，由无初始应力的假设可知$(f_1)_0$应为零. 经上面的处理以后，式（4.17)在小变形情况下可简化为

$$\sigma_{ij}=C_{ijkl}\varepsilon_{kl} \quad 或 \quad \boldsymbol{\sigma}=\boldsymbol{C}:\boldsymbol{\varepsilon} \tag{4.18}$$

式中，$\boldsymbol{C}$为弹性张量，其分量C_{ijkl}有$3^4=81$个分量. 由于应力、应变都是二阶对称张量，且式(4.18)对任意的ε_{kl}都成立，所以根据张量商法则，可知C_{ijkl}是一个四阶张量. 根据应力张量的对称性，可看出弹性张量对自由指标i和j是对称的，有$C_{ijkl}=C_{jikl}$，再根据应变张量的对称性，可看出弹性张量对哑标k和l也是对称的，有$C_{ijkl}=C_{ijlk}$，所以独立的弹性张量的分量只有36个，通常将式(4.18)写为

$$\begin{cases}\sigma_x=c_{11}\varepsilon_x+c_{12}\varepsilon_y+c_{13}\varepsilon_z+c_{14}\gamma_{yz}+c_{15}\gamma_{zx}+c_{16}\gamma_{xy}\\ \sigma_y=c_{21}\varepsilon_x+c_{22}\varepsilon_y+c_{23}\varepsilon_z+c_{24}\gamma_{yz}+c_{25}\gamma_{zx}+c_{26}\gamma_{xy}\\ \sigma_z=c_{31}\varepsilon_x+c_{32}\varepsilon_y+c_{33}\varepsilon_z+c_{34}\gamma_{yz}+c_{35}\gamma_{zx}+c_{36}\gamma_{xy}\\ \tau_{yz}=c_{41}\varepsilon_x+c_{42}\varepsilon_y+c_{43}\varepsilon_z+c_{44}\gamma_{yz}+c_{45}\gamma_{zx}+c_{46}\gamma_{xy}\\ \tau_{zx}=c_{51}\varepsilon_x+c_{52}\varepsilon_y+c_{53}\varepsilon_z+c_{54}\gamma_{yz}+c_{55}\gamma_{zx}+c_{56}\gamma_{xy}\\ \tau_{xy}=c_{61}\varepsilon_x+c_{62}\varepsilon_y+c_{63}\varepsilon_z+c_{64}\gamma_{yz}+c_{65}\gamma_{zx}+c_{66}\gamma_{xy}\end{cases} \tag{4.19}$$

式中，$c_{11}=C_{1111}$，$c_{12}=C_{1122}$，$c_{13}=C_{1133}$，$c_{14}=C_{1123}$，$c_{15}=C_{1131}$，$c_{16}=C_{1112}$，…，即c的下角标1、2、3、4、5、6分别对应于C的双下标11、22、33、23、31、12. 应该指出，改变后的c_{mn}($m,n=1,2,\cdots,6$)并不是张量.

式(4.19)是各向异性线弹性材料应力和应变最一般的关系. 在微小变形的情况下，应力应变之间选择这样的线性关系显然是合理的. 我们可以把它作为胡克定律在复杂应力状态下的推广，因此称为各向异性材料的广义胡克定律，实质是各向异性线弹性材料的本构方程. 如果线弹性体是由均匀材料组成的，则弹性系数c_{mn}($m,n=1,2,\cdots,6$)与坐标无关，为取决于材料特性的常数.

对于超弹性材料，从应变能密度的角度可进一步得到弹性张量$\boldsymbol{C}$对双指标ij和kl也是对称的，即$C_{ijkl}=C_{klij}$. 事实上，将式(4.18)代入广义格林公式(4.16)，可得

$$\frac{\partial\sigma_{ij}}{\partial\varepsilon_{kl}}=C_{ijkl}=\frac{\partial\sigma_{kl}}{\partial\varepsilon_{ij}}=C_{klij}$$

因而，式(4.19)中的弹性常数c_{mn}也具有对称性，即

$$c_{mn}=c_{nm} \tag{4.20}$$

于是，对于超弹性材料，独立的弹性常数只有21个.

4.4　具有弹性对称面的各向异性弹性材料的本构关系

4.4.1　具有一个弹性对称面的各向异性弹性材料的本构关系

如果物体内的每一点都存在这样一个平面，和该平面对称的两个方向具有相同的弹性，则该平面称为物体的弹性对称面，而垂直于弹性对称面的方向称为物体的弹性主方向. 我们设 Oyz 平面为弹性对称面，即 x 轴沿弹性主方向. 于是，作图 4-5 所示的坐标变换后，应力应变关系应保持不变.

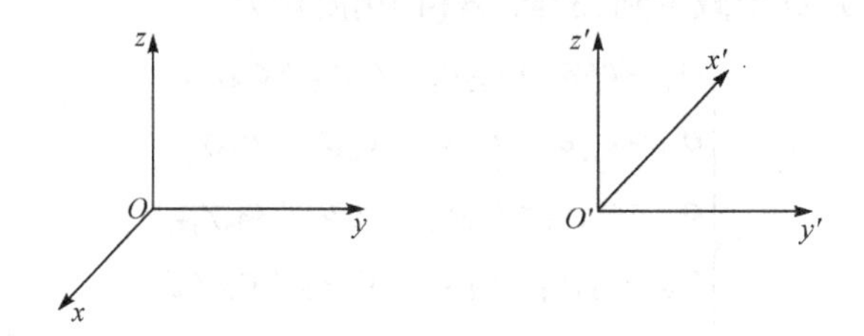

图 4-5　具有 Oyz 弹性对称面的新老坐标系

具有 Oyz 弹性对称面的新老坐标之间的关系如表 4-1 所示.

表 4-1　具有 Oyz 弹性对称面的新老坐标之间的关系

	x	y	z
x'	$l_{11}=-1$	$l_{12}=0$	$l_{13}=0$
y'	$l_{21}=0$	$l_{22}=1$	$l_{23}=0$
z'	$l_{31}=0$	$l_{32}=0$	$l_{33}=1$

由式(2.10)和式(3.35)，得到下列新坐标系下的应力分量和应变分量：

$$\begin{cases}\sigma'_x=\sigma_x,\quad \sigma'_y=\sigma_y,\quad \sigma'_z=\sigma_z\\ \tau'_{yz}=\tau_{yz},\quad \tau'_{zx}=-\tau_{zx},\quad \tau'_{xy}=-\tau_{xy}\end{cases}$$

$$\begin{cases}\varepsilon'_x=\varepsilon_x,\quad \varepsilon'_y=\varepsilon_y,\quad \varepsilon'_z=\varepsilon_z\\ \gamma'_{yz}=\gamma_{yz},\quad \gamma'_{zx}=-\gamma_{zx},\quad \gamma'_{xy}=-\gamma_{xy}\end{cases}$$

把它们代入式(4.19)，得到

$$
\begin{cases}
\sigma'_x = c_{11}\varepsilon'_x + c_{12}\varepsilon'_y + c_{13}\varepsilon'_z + c_{14}\gamma'_{yz} - c_{15}\gamma'_{zx} - c_{16}\gamma'_{xy} \\
\sigma'_y = c_{21}\varepsilon'_x + c_{22}\varepsilon'_y + c_{23}\varepsilon'_z + c_{24}\gamma'_{yz} - c_{25}\gamma'_{zx} - c_{26}\gamma'_{xy} \\
\sigma'_z = c_{31}\varepsilon'_x + c_{32}\varepsilon'_y + c_{33}\varepsilon'_z + c_{34}\gamma'_{yz} - c_{35}\gamma'_{zx} - c_{36}\gamma'_{xy} \\
\tau'_{yz} = c_{41}\varepsilon'_x + c_{42}\varepsilon'_y + c_{43}\varepsilon'_z + c_{44}\gamma'_{yz} - c_{45}\gamma'_{zx} - c_{46}\gamma'_{xy} \\
-\tau'_{zx} = c_{51}\varepsilon'_x + c_{52}\varepsilon'_y + c_{53}\varepsilon'_z + c_{54}\gamma'_{yz} - c_{55}\gamma'_{zx} - c_{56}\gamma'_{xy} \\
-\tau'_{xy} = c_{61}\varepsilon'_x + c_{62}\varepsilon'_y + c_{63}\varepsilon'_z + c_{64}\gamma'_{yz} - c_{65}\gamma'_{zx} - c_{66}\gamma'_{xy}
\end{cases}
\tag{4.21}
$$

将式(4.21)和式(4.19)进行比较，要使经过上述变换后的应力应变关系不变，则必须有

$$
c_{15} = c_{16} = c_{25} = c_{26} = c_{35} = c_{36} = c_{45} = c_{46} = 0
$$

这样，弹性常数从 21 个减少到13 个. 式(4.19)简化为

$$
\begin{cases}
\sigma_x = c_{11}\varepsilon_x + c_{12}\varepsilon_y + c_{13}\varepsilon_z + c_{14}\gamma_{yz} \\
\sigma_y = c_{12}\varepsilon_x + c_{22}\varepsilon_y + c_{23}\varepsilon_z + c_{24}\gamma_{yz} \\
\sigma_z = c_{13}\varepsilon_x + c_{23}\varepsilon_y + c_{33}\varepsilon_z + c_{34}\gamma_{yz} \\
\tau_{yz} = c_{14}\varepsilon_x + c_{24}\varepsilon_y + c_{34}\varepsilon_z + c_{44}\gamma_{yz} \\
\tau_{zx} = c_{55}\gamma_{zx} + c_{56}\gamma_{xy} \\
\tau_{xy} = c_{56}\gamma_{zx} + c_{66}\gamma_{xy}
\end{cases}
\tag{4.22}
$$

4.4.2 正交各向异性弹性材料的本构关系

进一步假定 Ozx 平面也为弹性对称面，即 y 轴沿弹性主方向. 于是，作图 4-6 所示的坐标变换后，应力应变关系应保持不变.

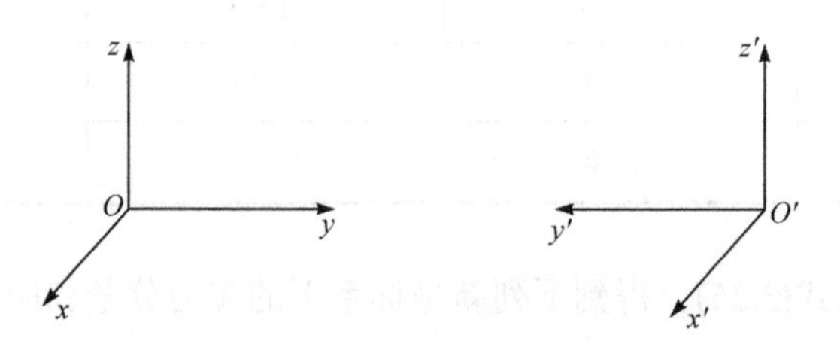

图 4-6 具有 Ozx 弹性对称面的新老坐标系

具有 Ozx 弹性对称面的新老坐标之间的关系如表 4-2 所示.

表 4-2 具有 Ozx 弹性对称面的新老坐标之间的关系

	x	y	z
x'	$l_{11}=1$	$l_{12}=0$	$l_{13}=0$
y'	$l_{21}=0$	$l_{22}=-1$	$l_{23}=0$
z'	$l_{31}=0$	$l_{32}=0$	$l_{33}=1$

由式(2.10)和式(3.35)，得到下列新坐标系下的应力分量和应变分量：

$$\begin{cases}\sigma'_x=\sigma_x, & \sigma'_y=\sigma_y, & \sigma'_z=\sigma_z\\ \tau'_{yz}=-\tau_{yz}, & \tau'_{zx}=\tau_{zx}, & \tau'_{xy}=-\tau_{xy}\end{cases}$$

$$\begin{cases}\varepsilon'_x=\varepsilon_x, & \varepsilon'_y=\varepsilon_y, & \varepsilon'_z=\varepsilon_z\\ \gamma'_{yz}=-\gamma_{yz}, & \gamma'_{zx}=\gamma_{zx}, & \gamma'_{xy}=-\gamma_{xy}\end{cases}$$

把它们代入式(4.22)，得到

$$\begin{cases}\sigma'_x=c_{11}\varepsilon'_x+c_{12}\varepsilon'_y+c_{13}\varepsilon'_z-c_{14}\gamma'_{yz}\\ \sigma'_y=c_{12}\varepsilon'_x+c_{22}\varepsilon'_y+c_{23}\varepsilon'_z-c_{24}\gamma'_{yz}\\ \sigma'_z=c_{13}\varepsilon'_x+c_{23}\varepsilon'_y+c_{33}\varepsilon'_z-c_{34}\gamma'_{yz}\\ -\tau'_{yz}=c_{14}\varepsilon'_x+c_{24}\varepsilon'_y+c_{34}\varepsilon'_z-c_{44}\gamma'_{yz}\\ \tau'_{zx}=c_{55}\gamma'_{zx}-c_{56}\gamma'_{xy}\\ -\tau'_{xy}=c_{56}\gamma'_{zx}-c_{66}\gamma'_{xy}\end{cases} \tag{4.23}$$

将式(4.23)和式(4.22)进行比较，要使经过上述变换后的应力应变关系不变，则必须有

$$c_{14}=c_{24}=c_{34}=c_{56}=0$$

这样，弹性常数从13个减少到9个. 式(4.22)简化为

$$\begin{cases}\sigma_x=c_{11}\varepsilon_x+c_{12}\varepsilon_y+c_{13}\varepsilon_z\\ \sigma_y=c_{12}\varepsilon_x+c_{22}\varepsilon_y+c_{23}\varepsilon_z\\ \sigma_z=c_{13}\varepsilon_x+c_{23}\varepsilon_y+c_{33}\varepsilon_z\\ \tau_{yz}=c_{44}\gamma_{yz}\\ \tau_{zx}=c_{55}\gamma_{zx}\\ \tau_{xy}=c_{66}\gamma_{xy}\end{cases} \tag{4.24}$$

如果再假定 Oxy 平面为弹性对称面，即 z 轴沿弹性主方向，经过与上面相同的推演，发现不会得到新的结果. 这表明，如果互相垂直的三个平面中有两个是弹性对称面，则第三个平面必然也是弹性对称面. 至此，弹性常数只有 9 个. 这种有三个互相垂直的弹性对称面的弹性体，称为正交各向异性弹性体. 式(4.24)表明，当坐标轴方向与弹性主方向一致时，正应力只与正应变有关，切应力只与对应的切应变有关. 各种增强纤维复合材料和木材等属于这种弹性材料.

对于正交各向异性材料，使用工程弹性常数，式(4.24)可改写为更常用的形式，即

$$
\begin{cases}
\varepsilon_x = \dfrac{1}{E_x}\sigma_x - \dfrac{\nu_{yx}}{E_y}\sigma_y - \dfrac{\nu_{zx}}{E_z}\varepsilon_z \\
\varepsilon_y = -\dfrac{\nu_{xy}}{E_x}\sigma_x + \dfrac{1}{E_y}\sigma_y - \dfrac{\nu_{zy}}{E_z}\sigma_z \\
\varepsilon_z = -\dfrac{\nu_{xz}}{E_x}\sigma_x - \dfrac{\nu_{yz}}{E_y}\sigma_y + \dfrac{1}{E_z}\sigma_z \\
\gamma_{yz} = \dfrac{\tau_{yz}}{G_{yz}},\quad \gamma_{zx} = \dfrac{\tau_{zx}}{G_{zx}},\quad \gamma_{xy} = \dfrac{\tau_{xy}}{G_{xy}}
\end{cases}
\tag{4.25}
$$

式中，E_x、E_y、E_z分别为x、y、z轴方向的杨氏模量；G_{xy}、G_{yz}、G_{zx}分别为平行于坐标面x-y、y-z，z-x的剪切模量；泊松比$\nu_{ij}\,(i,j=x,y,z)$表示i方向拉应力引起的j方向压应变与i方向拉应变的比值.

式(4.25)共有12个弹性常数，这些常数受以下对称性所要求的限制：$E_x\nu_{yx} = E_y\nu_{xy}$，$E_y\nu_{zy} = E_z\nu_{yz}$，$E_z\nu_{xz} = E_x\nu_{zx}$. 这里独立的弹性常数也只有9个.

4.4.3 横观各向同性弹性材料的本构关系

在正交各向异性的基础上，如果物体内每一点都有一个弹性对称轴，也就是说，每一点都有一个弹性对称平面，在这个对称平面内，沿各个方向有相同的弹性，这种弹性材料，称为横观各向同性弹性材料.

我们不妨假设Oxy平面为各向同性平面，即z轴为弹性对称轴. 先让坐标系绕z轴旋转90°，作如图4-7所示的坐标变换后，应力应变关系应保持不变.

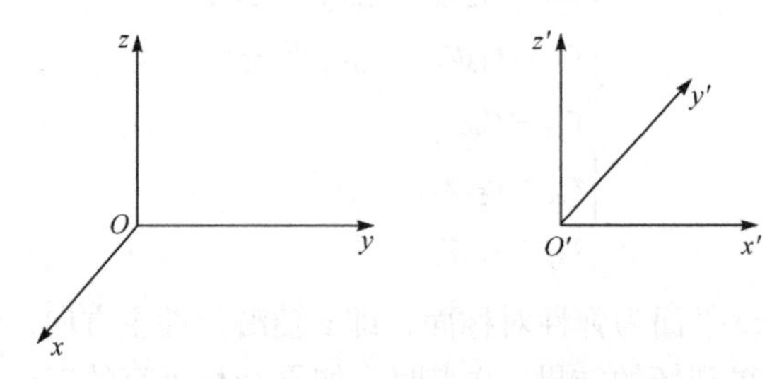

图4-7 绕z轴旋转90°的新老坐标系

绕z轴旋转90°的新老坐标之间的关系如表4-3所示.

表4-3 绕z轴旋转90°的新老坐标之间的关系

	x	y	z
x'	$l_{11}=0$	$l_{12}=1$	$l_{13}=0$
y'	$l_{21}=-1$	$l_{22}=0$	$l_{23}=0$
z'	$l_{31}=0$	$l_{32}=0$	$l_{33}=1$

由式(2.10)和式(3.35)，得到下列新坐标系下的应力分量和应变分量：

$$\begin{cases}\sigma_x' = \sigma_y, & \sigma_y' = \sigma_x, & \sigma_z' = \sigma_z \\ \tau_{yz}' = -\tau_{zx}, & \tau_{zx}' = \tau_{yz}, & \tau_{xy}' = -\tau_{xy}\end{cases}$$

$$\begin{cases}\varepsilon_x' = \varepsilon_y, & \varepsilon_y' = \varepsilon_x, & \varepsilon_z' = \varepsilon_z \\ \gamma_{yz}' = -\gamma_{zx}, & \gamma_{zx}' = \gamma_{yz}, & \gamma_{xy}' = -\gamma_{xy}\end{cases}$$

把它们代入式(4.24)，得到

$$\begin{cases}\sigma_y' = c_{11}\varepsilon_y' + c_{12}\varepsilon_x' + c_{13}\varepsilon_z' \\ \sigma_x' = c_{12}\varepsilon_y' + c_{22}\varepsilon_x' + c_{23}\varepsilon_z' \\ \sigma_z' = c_{13}\varepsilon_y' + c_{23}\varepsilon_x' + c_{33}\varepsilon_z' \\ \tau_{zx}' = c_{44}\gamma_{zx}' \\ -\tau_{yz}' = -c_{55}\gamma_{yz}' \\ -\tau_{xy}' = -c_{66}\gamma_{xy}'\end{cases} \tag{4.26}$$

将式(4.26)和式(4.24)进行比较，要使经过上述变换后的应力应变关系不变，则必须有

$$c_{11} = c_{22}\,,\quad c_{13} = c_{23}\,,\quad c_{44} = c_{55}$$

这样，弹性常数从 9 个减少到 6 个. 式(4.24)简化为

$$\begin{cases}\sigma_x = c_{11}\varepsilon_x + c_{12}\varepsilon_y + c_{13}\varepsilon_z \\ \sigma_y = c_{12}\varepsilon_x + c_{11}\varepsilon_y + c_{13}\varepsilon_z \\ \sigma_z = c_{13}\varepsilon_x + c_{13}\varepsilon_y + c_{33}\varepsilon_z \\ \tau_{yz} = c_{44}\gamma_{yz} \\ \tau_{zx} = c_{44}\gamma_{zx} \\ \tau_{xy} = c_{66}\gamma_{xy}\end{cases} \tag{4.27}$$

现在，再将坐标系绕 z 轴旋转一任意角 φ，作如图 4-8 所示的坐标变换后，应力应变关系应保持不变.

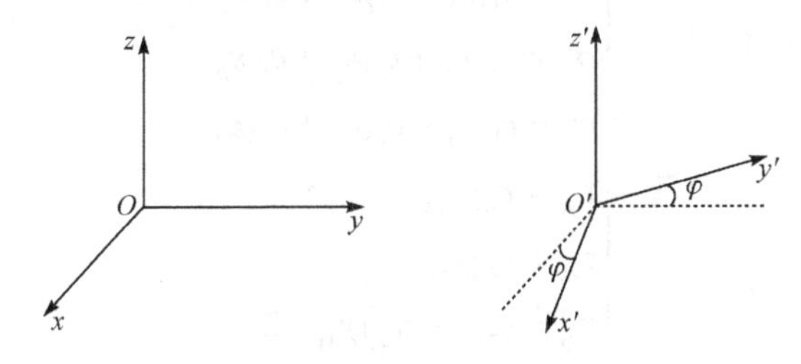

图 4-8　绕 z 轴旋转 φ 的新老坐标系

绕 z 轴旋转 φ 的新老坐标之间的关系如表 4-4 所示.

表 4-4 绕 z 轴旋转 φ 的新老坐标之间的关系

	x	y	z
x'	$l_{11}=\cos\varphi$	$l_{12}=\sin\varphi$	$l_{13}=0$
y'	$l_{21}=-\sin\varphi$	$l_{22}=\cos\varphi$	$l_{23}=0$
z'	$l_{31}=0$	$l_{32}=0$	$l_{33}=1$

由式(2.10)和式(3.35)，得

$$\tau'_{xy}=\frac{1}{2}(\sigma_y-\sigma_x)\sin(2\varphi)+\tau_{xy}\cos(2\varphi)$$

$$\gamma'_{xy}=(\varepsilon_y-\varepsilon_x)\sin(2\varphi)+\gamma_{xy}\cos(2\varphi)$$

经过上述变换后，在新坐标系下的应力分量和应变分量仍然有式(4.24)的关系. 将上式代入式(4.26)的第六式，有

$$\frac{1}{2}(\sigma_y-\sigma_x)\sin(2\varphi)+\tau_{xy}\cos(2\varphi)=c_{66}\left[(\varepsilon_y-\varepsilon_x)\sin(2\varphi)+\gamma_{xy}\cos(2\varphi)\right]$$

利用 $\tau_{xy}=c_{66}\gamma_{xy}$，上式可简化为

$$\sigma_y-\sigma_x=2c_{66}(\varepsilon_y-\varepsilon_x)$$

将式(4.27)的第二式减去其第一式，得

$$\sigma_y-\sigma_x=(c_{11}-c_{12})(\varepsilon_y-\varepsilon_x)$$

比较上面两式，可得

$$c_{66}=\left(c_{11}-c_{12}\right)/2$$

可见横观各向同性弹性材料有 5 个独立的弹性常数. 将 $c_{66}=\left(c_{11}-c_{12}\right)/2$ 代入式(4.27)，得横观各向同性的应力应变关系为

$$\begin{cases}\sigma_x=c_{11}\varepsilon_x+c_{12}\varepsilon_y+c_{13}\varepsilon_z\\ \sigma_y=c_{12}\varepsilon_x+c_{11}\varepsilon_y+c_{13}\varepsilon_z\\ \sigma_z=c_{13}\varepsilon_x+c_{13}\varepsilon_y+c_{33}\varepsilon_z\\ \tau_{yz}=c_{44}\gamma_{yz}\\ \tau_{zx}=c_{44}\gamma_{zx}\\ \tau_{xy}=\left(c_{11}-c_{12}\right)\gamma_{xy}/2\end{cases}\tag{4.28}$$

使用工程弹性常数，上式可改写为更常用的形式

$$
\begin{cases}
\varepsilon_x = \dfrac{1}{E}\sigma_x - \dfrac{\nu}{E}\sigma_y - \dfrac{\nu'}{E'}\sigma_z \\
\varepsilon_y = -\dfrac{\nu}{E}\sigma_x + \dfrac{1}{E}\sigma_y - \dfrac{\nu'}{E'}\sigma_z \\
\varepsilon_z = -\dfrac{\nu'}{E'}\sigma_x - \dfrac{\nu'}{E'}\sigma_y + \dfrac{1}{E'}\sigma_z \\
\gamma_{yz} = \dfrac{1}{G'}\tau_{yz} \\
\gamma_{zx} = \dfrac{1}{G'}\tau_{zx} \\
\gamma_{xy} = \dfrac{1}{G}\tau_{xy}
\end{cases}
\tag{4.29}
$$

式中，E 和 E' 分别为各向同性平面和垂直该平面方向的杨氏模量；ν 为各向同性平面内两个相互垂直方向的泊松比；ν' 为垂直于各向同性平面方向与各向同性平面内任意方向之间的泊松比；G 为各向同性平面内剪切模量；G' 为垂直于各向同性平面的剪切模量.

4.5　各向同性弹性材料的弹性常数

所谓各向同性弹性材料，从物理意义上说，就是沿一点的各个方向看，弹性性质是完全相同的. 这一物理上完全对称的特性，反映在数学上，就是应力应变关系在所有不同方位的坐标系中都一样. 下面，我们从式(4.28)进一步简化，建立各向同性弹性体的应力与应变关系.

式(4.28)反映的是这样一个横观各向同性材料的本构关系. Oxy 平面既是它的各向同性面，又是它的弹性对称面. 这样，既保证了沿 Oxy 平面内任一方向有相同的弹性性质，又保证了沿 z 轴的正负两个方向也具有相同的弹性性质. 但需注意，Oxy 平面内任一方向的弹性性质和 z 轴方向的弹性性质对横观各向同性材料来说是不相同的，但对于各向同性材料来说，它们应该相同. 为此，我们以式(4.28)为基础，再作如图 4-9 所示的坐标变换，如果在这样的变换下应力应变

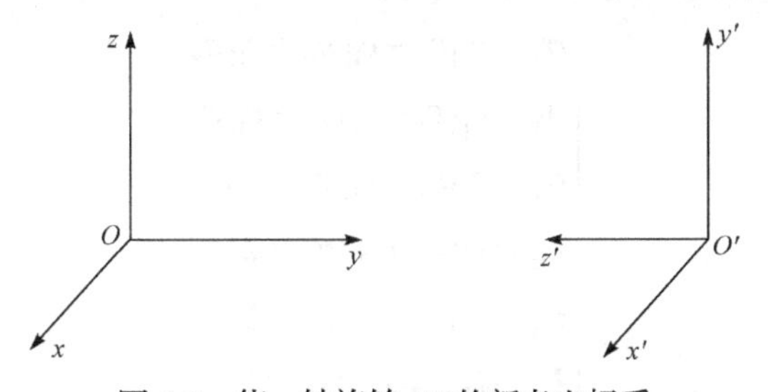

图 4-9　绕 x 轴旋转 90°的新老坐标系

关系保持不变，则就可以保证材料是各向同性的.

绕 x 轴旋转 90° 的新老坐标之间的关系如表 4-5 所示.

表 4-5　绕 x 轴旋转 90° 的新老坐标之间的关系

	x	y	z
x'	$l_{11}=1$	$l_{12}=0$	$l_{13}=0$
y'	$l_{21}=0$	$l_{22}=0$	$l_{23}=1$
z'	$l_{31}=0$	$l_{32}=-1$	$l_{33}=0$

由式(2.10)和式(3.35)，得到下列新坐标系下的应力分量和应变分量：

$$\begin{cases}\sigma_x'=\sigma_x, & \sigma_y'=\sigma_z, & \sigma_z'=\sigma_y \\ \tau_{yz}'=-\tau_{yz}, & \tau_{zx}'=-\tau_{xy}, & \tau_{xy}'=\tau_{zx}\end{cases}$$

$$\begin{cases}\varepsilon_x'=\varepsilon_x, & \varepsilon_y'=\varepsilon_z, & \varepsilon_z'=\varepsilon_y \\ \gamma_{yz}'=-\gamma_{yz}, & \gamma_{zx}'=-\gamma_{xy}, & \gamma_{xy}'=\gamma_{zx}\end{cases}$$

将上式代入式(4.28)，可得

$$\begin{cases}\sigma_x'=c_{11}\varepsilon_x'+c_{12}\varepsilon_z'+c_{13}\varepsilon_y' \\ \sigma_z'=c_{12}\varepsilon_x'+c_{11}\varepsilon_z'+c_{13}\varepsilon_y' \\ \sigma_y'=c_{13}\varepsilon_x'+c_{13}\varepsilon_z'+c_{33}\varepsilon_y' \\ -\tau_{yz}'=-c_{44}\gamma_{yz}' \\ \tau_{xy}'=c_{44}\gamma_{xy}' \\ -\tau_{zx}'=-(c_{11}-c_{12})\gamma_{zx}'/2\end{cases} \tag{4.30}$$

将式(4.30)与式(4.28)进行比较，要求经上述变换后应力应变关系不变，则得到

$$c_{13}=c_{12}, \quad c_{33}=c_{11}, \quad c_{44}=(c_{11}-c_{12})/2$$

可见对于各向同性的弹性材料，只有 2 个独立的弹性常数. 将上式代入式(4.28)，可得各向同性弹性材料的本构关系为

$$\begin{cases}\sigma_x=c_{11}\varepsilon_x+c_{12}\varepsilon_y+c_{12}\varepsilon_z \\ \sigma_y=c_{12}\varepsilon_x+c_{11}\varepsilon_y+c_{12}\varepsilon_z \\ \sigma_z=c_{12}\varepsilon_x+c_{12}\varepsilon_y+c_{11}\varepsilon_z \\ \tau_{yz}=(c_{11}-c_{12})\gamma_{yz}/2 \\ \tau_{zx}=(c_{11}-c_{12})\gamma_{zx}/2 \\ \tau_{xy}=(c_{11}-c_{12})\gamma_{xy}/2\end{cases} \tag{4.31}$$

上式也可以稍加整理，写成

$$\begin{cases}\sigma_x = c_{12}\theta + (c_{11}-c_{12})\varepsilon_x \\ \sigma_y = c_{12}\theta + (c_{11}-c_{12})\varepsilon_y \\ \sigma_z = c_{12}\theta + (c_{11}-c_{12})\varepsilon_z \\ \tau_{yz} = (c_{11}-c_{12})\gamma_{yz}/2 \\ \tau_{zx} = (c_{11}-c_{12})\gamma_{zx}/2 \\ \tau_{xy} = (c_{11}-c_{12})\gamma_{xy}/2 \end{cases} \tag{4.32}$$

这里$\theta=\varepsilon_x+\varepsilon_y+\varepsilon_z$为体积应变. 为简便起见，令

$$c_{12}=\lambda\text{，}\quad c_{11}-c_{12}=2\mu$$

则式(4.32)可改写为

$$\begin{cases}\sigma_x = \lambda\theta + 2\mu\varepsilon_x \\ \sigma_y = \lambda\theta + 2\mu\varepsilon_y \\ \sigma_z = \lambda\theta + 2\mu\varepsilon_z \\ \tau_{yz} = \mu\gamma_{yz} \\ \tau_{zx} = \mu\gamma_{zx} \\ \tau_{xy} = \mu\gamma_{xy} \end{cases} \tag{4.33}$$

上式也可写为张量形式

$$\sigma_{ij} = \lambda\varepsilon_{kk}\delta_{ij} + 2\mu\varepsilon_{ij} \tag{4.34}$$

式(4.34)即各向同性弹性材料的本构方程，λ和μ称为拉梅常数.

从式(4.33)容易看出，在各向同性材料的各点，应力主方向和应变主方向是一致的. 事实上，如果将坐标轴取得与物体内某点的应变主方向重合，此时所有的切应变分量为零. 由式(4.33)可知，此时切应力分量也为零，因此这三个坐标轴方向也是应力主方向，即应力主方向和应变主方向是一致的.

将式(4.33)的前三式相加，得

$$\Theta=\sigma_x+\sigma_y+\sigma_z=(3\lambda+2\mu)\theta \tag{4.35}$$

称为体应变胡克定律. 由于$\theta=\sigma_{\mathrm{m}}/K$，$\Theta=3\sigma_{\mathrm{m}}$，由式(4.35)可知体积弹性模量也可写为

$$K=(3\lambda+2\mu)/3 \tag{4.36}$$

利用式(4.35)，式(4.33)可改写为

$$
\begin{cases}
\varepsilon_x = \dfrac{\sigma_x}{2\mu} - \dfrac{\lambda}{2\mu(3\lambda+2\mu)}\Theta \\
\varepsilon_y = \dfrac{\sigma_y}{2\mu} - \dfrac{\lambda}{2\mu(3\lambda+2\mu)}\Theta \\
\varepsilon_z = \dfrac{\sigma_z}{2\mu} - \dfrac{\lambda}{2\mu(3\lambda+2\mu)}\Theta \\
\gamma_{yz} = \dfrac{\tau_{yz}}{\mu} \\
\gamma_{zx} = \dfrac{\tau_{zx}}{\mu} \\
\gamma_{xy} = \dfrac{\tau_{xy}}{\mu}
\end{cases}
\tag{4.37}
$$

上式也可写成张量形式，即

$$
\varepsilon_{ij} = \frac{\sigma_{ij}}{2\mu} - \frac{\lambda}{2\mu(3\lambda+2\mu)}\sigma_{kk}\delta_{ij} \tag{4.38}
$$

4.6 弹性常数的测定　各向同性弹性材料的应变能密度

4.6.1 弹性常数的测定

对于各向同性材料的弹性常数，我们可以借助于同一材料的简单拉伸与纯剪切试验来测定材料的拉压弹性模量和剪切弹性模量，进而可确定各向同性弹性材料本构方程中的两个弹性常数.

首先，在简单拉伸的情况下，如果将 x 轴作为试件拉伸的方向，则有

$$
\sigma_y = \sigma_z = \tau_{yz} = \tau_{zx} = \tau_{xy} = 0
$$

将它们代入式(4.37)，有

$$
\begin{cases}
\varepsilon_x = \dfrac{\lambda+\mu}{\mu(3\lambda+2\mu)}\sigma_x \\
\varepsilon_y = \varepsilon_z = -\dfrac{\lambda}{2\mu(3\lambda+2\mu)}\sigma_x \\
\gamma_{yz} = \gamma_{zx} = \gamma_{xy} = 0
\end{cases}
$$

另一方向，根据简单拉伸试验结果，有如下关系：

$$\begin{cases} \varepsilon_x = \dfrac{\sigma_x}{E} \\ \varepsilon_y = \varepsilon_z = -\dfrac{\nu}{E}\sigma_x \\ \gamma_{yz} = \gamma_{zx} = \gamma_{xy} = 0 \end{cases}$$

这里，E 是拉压弹性模量，也称为杨氏模量；ν 是泊松比.

比较上面两式，有

$$E = \frac{\mu(3\lambda + 2\mu)}{\lambda + \mu}, \quad \nu = \frac{\lambda}{2(\lambda + \mu)} \tag{4.39}$$

或

$$\lambda = \frac{E\nu}{(1+\nu)(1-2\nu)}, \quad \mu = \frac{E}{2(1+\nu)} \tag{4.40}$$

再考虑纯剪切，假定切应力作用在 Oxy 平面内，于是有

$$\sigma_x = \sigma_y = \sigma_z = \tau_{yz} = \tau_{zx} = 0$$

代入式(4.37)，得

$$\begin{cases} \varepsilon_x = \varepsilon_y = \varepsilon_z = \gamma_{yz} = \gamma_{zx} = 0 \\ \gamma_{xy} = \dfrac{\tau_{xy}}{\mu} \end{cases}$$

另一方面，由纯剪切试验得

$$\begin{cases} \varepsilon_x = \varepsilon_y = \varepsilon_z = \gamma_{yz} = \gamma_{zx} = 0 \\ \gamma_{xy} = \dfrac{\tau_{xy}}{G} \end{cases}$$

式中，G 为材料的剪切弹性模量.

比较上面两式，得到

$$\mu = G \tag{4.41}$$

由简单拉伸试验和纯剪切试验可分别测得各向同性材料的拉压弹性模量 E 和剪切弹性模量 G，然后利用 $G = \dfrac{E}{2(1+\nu)}$ 得到泊松比 ν，这样可由式(4.40)得到各向同性材料的两个弹性参数 λ 和 μ. 将式(4.40)代入式(4.37)，很容易得到各向同性材料的广义胡克定律，即前面推导的式(4.5).

4.6.2 应力偏量与应变偏量之间的关系

各向同性材料，弹性阶段应力应变关系由式(4.5)可改写为

$$\begin{cases} \varepsilon_x = \dfrac{1}{E}\left[(1+\nu)\sigma_x - \nu\Theta\right], & \varepsilon_{xy} = \dfrac{\tau_{xy}}{2G} \\ \varepsilon_y = \dfrac{1}{E}\left[(1+\nu)\sigma_y - \nu\Theta\right], & \varepsilon_{yz} = \dfrac{\tau_{yz}}{2G} \\ \varepsilon_z = \dfrac{1}{E}\left[(1+\nu)\sigma_z - \nu\Theta\right], & \varepsilon_{zx} = \dfrac{\tau_{zx}}{2G} \end{cases} \tag{4.42}$$

将式(4.42)第一式两端同时减去平均正应变，有

$$\begin{aligned} \varepsilon_x - \varepsilon_{\mathrm{m}} &= \frac{1}{E}\left[(1+\nu)\sigma_x - \nu\Theta\right] - \frac{1-2\nu}{E}\sigma_{\mathrm{m}} = \frac{1}{E}\left[(1+\nu)\sigma_x - 3\nu\sigma_{\mathrm{m}}\right] - \frac{1-2\nu}{E}\sigma_{\mathrm{m}} \\ &= \frac{1+\nu}{E}(\sigma_x - \sigma_{\mathrm{m}}) \end{aligned}$$

引入应变偏量和应力偏量，上式可写为

$$e_x = \frac{1}{2G}S_x$$

同理，可得 $e_y = \dfrac{1}{2G}S_y$ ， $e_z = \dfrac{1}{2G}S_z$.

另外，式(4.42)中剪应变和剪应力的关系可写为

$$e_{xy} = \frac{1}{2G}S_{xy}, \quad e_{yz} = \frac{1}{2G}S_{yz}, \quad e_{zx} = \frac{1}{2G}S_{zx}$$

因此，各向同性材料在弹性阶段有

$$\frac{e_x}{S_x} = \frac{e_y}{S_y} = \frac{e_z}{S_z} = \frac{e_{xy}}{S_{xy}} = \frac{e_{yz}}{S_{yz}} = \frac{e_{zx}}{S_{zx}} = \frac{1}{2G} \tag{4.43}$$

写成张量形式，有

$$\frac{e_{ij}}{S_{ij}} = \frac{1}{2G} \quad \text{或} \quad S_{ij} = 2Ge_{ij} \tag{4.44}$$

式中， $S_{ij} = \sigma_{ij} - \sigma_{\mathrm{m}}\delta_{ij}$ ， $e_{ij} = \varepsilon_{ij} - \varepsilon_{\mathrm{m}}\delta_{ij}$ ，分别为应力偏量和应变偏量. 式(4.44)也称为**形状改变定律**.

式(4.43)若用主应力偏量和主应变偏量表示，则有

$$\frac{e_1}{S_1} = \frac{e_2}{S_2} = \frac{e_3}{S_3} = \frac{1}{2G} \tag{4.45}$$

由式(4.45)可得

$$\frac{e_1-e_2}{S_1-S_2}=\frac{e_2-e_3}{S_2-S_3}=\frac{e_3-e_1}{S_3-S_1}=\frac{1}{2G}$$

上式还可以写为

$$\frac{\varepsilon_1-\varepsilon_2}{\sigma_1-\sigma_2}=\frac{\varepsilon_2-\varepsilon_3}{\sigma_2-\sigma_3}=\frac{\varepsilon_3-\varepsilon_1}{\sigma_3-\sigma_1}=\frac{1}{2G}$$

此式说明，在弹性阶段，应力莫尔圆和应变莫尔圆是成比例的. 由代数运算规则，上式也可以写为

$$\frac{\varepsilon_1+\varepsilon_3-2\varepsilon_2}{\sigma_1+\sigma_3-2\sigma_2}=\frac{\varepsilon_3-\varepsilon_1}{\sigma_3-\sigma_1}$$

或写成

$$\frac{2\sigma_2-\sigma_1-\sigma_3}{\sigma_1-\sigma_3}=\frac{2\varepsilon_2-\varepsilon_1-\varepsilon_3}{\varepsilon_1-\varepsilon_3}$$

因此，可得

$$\mu_\sigma=\mu_\varepsilon$$

由于 $\mu_\sigma=\sqrt{3}\tan(\omega_\sigma-30°)$，$\mu_\varepsilon=\sqrt{3}\tan(\omega_\varepsilon-30°)$，所以当 $\mu_\sigma=\mu_\varepsilon$ 时，有 $\omega_\sigma=\omega_\varepsilon$. 由此可见，在弹性阶段由于应力莫尔圆和应变莫尔圆相似，因而应力洛德参数和应变洛德参数相等，并且应力状态特征角和应变状态特征角相等. 这说明在弹性变形阶段，应力主轴和应变主轴是重合的，同时各应力偏量与相应的应变偏量的比值是相同的.

由以上的分析可以看出，对于各向同性材料，对应于主应力状态，当切应力分量均为零时，所有的切应变分量也为零. 因此，对于各向同性弹性材料，其应力主轴同时又是应变主轴，即应力主方向与应变主方向是重合的.

4.6.3　各向同性材料应变能密度的表达式

各向同性材料的应力应变关系是线性的，则由格林公式，各向同性材料的应变能密度必为应变分量的二次齐次函数. 因此，根据齐次函数的欧拉定理，可得

$$2v_\varepsilon=\frac{\partial v_\varepsilon}{\partial\varepsilon_{ij}}\varepsilon_{ij}=\frac{\partial v_\varepsilon}{\partial\varepsilon_x}\varepsilon_x+\frac{\partial v_\varepsilon}{\partial\varepsilon_y}\varepsilon_y+\frac{\partial v_\varepsilon}{\partial\varepsilon_z}\varepsilon_z+\frac{\partial v_\varepsilon}{\partial\gamma_{xy}}\gamma_{xy}+\frac{\partial v_\varepsilon}{\partial\gamma_{yz}}\gamma_{yz}+\frac{\partial v_\varepsilon}{\partial\gamma_{zx}}\gamma_{zx}$$

即

$$v_\varepsilon=\frac{1}{2}\left(\sigma_x\varepsilon_x+\sigma_y\varepsilon_y+\sigma_z\varepsilon_z+\tau_{xy}\gamma_{xy}+\tau_{yz}\gamma_{yz}+\tau_{zx}\gamma_{zx}\right)$$

上式也可写成张量形式，即

$$v_{\varepsilon}=\frac{1}{2}\sigma_{ij}\varepsilon_{ij} \tag{4.46}$$

利用式(4.33)或式(4.5)，可得

$$v_{\varepsilon}=\frac{\lambda+2\mu}{2}\left(\varepsilon_x^2+\varepsilon_y^2+\varepsilon_z^2\right)+\lambda\left(\varepsilon_y\varepsilon_z+\varepsilon_z\varepsilon_x+\varepsilon_x\varepsilon_y\right)+\frac{\mu}{2}\left(\gamma_{yz}^2+\gamma_{zx}^2+\gamma_{xy}^2\right) \tag{4.47}$$

或

$$v_{\varepsilon}=\frac{1}{2E}\left[\sigma_x^2+\sigma_y^2+\sigma_z^2-2\nu\left(\sigma_y\sigma_z+\sigma_z\sigma_x+\sigma_x\sigma_y\right)+2(1+\nu)\left(\tau_{yz}^2+\tau_{zx}^2+\tau_{xy}^2\right)\right] \tag{4.48}$$

由式(4.48)同样可得

$$\varepsilon_x=\frac{\partial v_{\varepsilon}}{\partial\sigma_x},\quad \varepsilon_y=\frac{\partial v_{\varepsilon}}{\partial\sigma_y},\quad \varepsilon_z=\frac{\partial v_{\varepsilon}}{\partial\sigma_z},\quad \gamma_{xy}=\frac{\partial v_{\varepsilon}}{\partial\tau_{xy}},\quad \gamma_{yz}=\frac{\partial v_{\varepsilon}}{\partial\tau_{yz}},\quad \gamma_{zx}=\frac{\partial v_{\varepsilon}}{\partial\tau_{zx}} \tag{4.49}$$

上式也可以写成张量形式，即

$$\varepsilon_{ij}=\frac{\partial v_{\varepsilon}}{\partial\sigma_{ij}} \tag{4.50}$$

式(4.50)描述为：弹性应变能对任一应力分量的偏导数等于相应的应变分量.

注：利用式(4.40)，式(4.47)可以改写为

$$v_{\varepsilon}=\frac{E}{2(1+\nu)}\left(\frac{\nu}{1-2\nu}\theta^2+\varepsilon_x^2+\varepsilon_y^2+\varepsilon_z^2+2\varepsilon_{yz}^2+2\varepsilon_{zx}^2+2\varepsilon_{xy}^2\right)$$

可见，应变能是应变分量的二次齐次函数，由于μ，$\lambda>0$，所以$v_{\varepsilon}\geqslant 0$，等号成立当且仅当$\varepsilon_{ij}=0$. 应变能密度的正定性质是十分重要的，它反映了弹性材料的一种基本特性，这个性质在弹性力学许多定理的证明中都会用到.

例 4.2 对于正交各向异性弹性材料，坐标轴方向取为弹性对称轴方向，已知某点的应力张量为

$$\sigma_{ij}=\begin{pmatrix} 8 & -1 & 0.5 \\ -1 & 0.8 & 1.2 \\ 0.5 & 1.2 & -2 \end{pmatrix}\ \text{(MPa)}$$

材料常数为$E_x=15\text{GPa}$，$E_y/E_x=0.05$，$E_z/E_x=0.1$，$G_{xy}/E_x=0.04$，$G_{yz}/E_x=0.02$，$G_{zx}/E_x=0.06$，$\nu_{xy}=0.18$，$\nu_{yz}=0.12$，$\nu_{zx}=0.13$. 求：(1) 该点的应变张量ε_{ij}；(2) 该点的应变能密度.

解 (1) 将材料常数代入式(4.25)，可得

$$
\begin{bmatrix} \varepsilon_x \\ \varepsilon_y \\ \varepsilon_z \\ \gamma_{yz} \\ \gamma_{zx} \\ \gamma_{xy} \end{bmatrix} = \begin{bmatrix} 1/E_x & -\nu_{yx}/E_y & -\nu_{zx}/E_z & 0 & 0 & 0 \\ -\nu_{xy}/E_x & 1/E_y & -\nu_{zy}/E_z & 0 & 0 & 0 \\ -\nu_{xz}/E_x & -\nu_{yz}/E_y & 1/E_z & 0 & 0 & 0 \\ 0 & 0 & 0 & 1/G_{yz} & 0 & 0 \\ 0 & 0 & 0 & 0 & 1/G_{zx} & 0 \\ 0 & 0 & 0 & 0 & 0 & 1/G_{xy} \end{bmatrix} \begin{bmatrix} \sigma_x \\ \sigma_y \\ \sigma_z \\ \tau_{yz} \\ \tau_{zx} \\ \tau_{xy} \end{bmatrix}
$$

$$
= \frac{1}{15\times 10^3} \begin{bmatrix} 1 & -0.18 & -1.3 & 0 & 0 & 0 \\ -0.18 & 20 & -2.4 & 0 & 0 & 0 \\ -1.3 & -2.4 & 10 & 0 & 0 & 0 \\ 0 & 0 & 0 & 50 & 0 & 0 \\ 0 & 0 & 0 & 0 & 16.7 & 0 \\ 0 & 0 & 0 & 0 & 0 & 25 \end{bmatrix} \begin{bmatrix} 8 \\ 0.8 \\ -2 \\ 1.2 \\ 0.5 \\ -1 \end{bmatrix}
$$

$$
= \begin{bmatrix} 0.72 & 1.29 & -2.15 & 4.0 & 0.56 & -1.67 \end{bmatrix}^{\mathrm{T}} \times 10^{-3}
$$

(2) 由式(4.46)，有

$$
\begin{aligned}
v_\varepsilon &= \frac{1}{2}\sigma_{ij}\varepsilon_{ij} = \frac{1}{2}\left(\sigma_x\varepsilon_x + \sigma_y\varepsilon_y + \sigma_z\varepsilon_z + \tau_{yz}\gamma_{yz} + \tau_{zx}\gamma_{zx} + \tau_{xy}\gamma_{xy}\right) \\
&= \frac{1}{2}\times\left(8\times 0.72 + 0.8\times 1.29 + 2\times 2.15 + 1.2\times 4.0 + 0.5\times 0.56 + 1\times 1.67\right)\times 10^6 \times 10^{-3} \\
&= 8.92\times 10^3 (\mathrm{J/m^3})
\end{aligned}
$$

4.6.4 各向同性材料体变能和畸变能密度

在介绍体变能和畸变能密度概念之前，我们首先把应力张量和应变张量都分解成球形张量和偏张量两部分，即

$$
\begin{cases} \sigma_{ij} = S_{ij} + \sigma_{\mathrm{m}}\delta_{ij} \\ \varepsilon_{ij} = e_{ij} + \varepsilon_{\mathrm{m}}\delta_{ij} \end{cases}
$$

式中，$\sigma_{\mathrm{m}} = \frac{1}{3}\sigma_{kk} = \frac{1}{3}\left(\sigma_x + \sigma_y + \sigma_z\right)$ 为平均正应力(也称静水应力)；$\varepsilon_{\mathrm{m}} = \frac{1}{3}\varepsilon_{kk} = \frac{1}{3}\left(\varepsilon_x + \varepsilon_y + \varepsilon_z\right)$ 为平均正应变.

于是，式(4.34)就可改写为

$$
S_{ij} + \sigma_{\mathrm{m}}\delta_{ij} = \lambda\theta\delta_{ij} + 2\mu\left(e_{ij} + \varepsilon_{\mathrm{m}}\delta_{ij}\right) = 2\mu e_{ij} + \left(3\lambda + 2\mu\right)\varepsilon_{\mathrm{m}}\delta_{ij}
$$

利用体积模量 $K = \frac{1}{3}\left(3\lambda + 2\mu\right)$，则上式变为

$$S_{ij}+\sigma_{\mathrm{m}}\delta_{ij}=2\mu e_{ij}+3K\varepsilon_{\mathrm{m}}\delta_{ij} \tag{4.51}$$

可得

$$\begin{cases}S_{ij}=2\mu e_{ij}=2Ge_{ij}\\ \sigma_{\mathrm{m}}=K\theta=3K\varepsilon_{\mathrm{m}}\end{cases}$$

由此可见，对于各向同性体，其变形可以分为相互独立的两个部分：一部分是由各向相等的正应力(静水应力)引起的相对体积变形(体积应变)，另一部分是由应力偏量作用引起的物体几何形状的变化(畸变). 下面考察各向同性体在两种特殊应力状态下的弹性应变能密度，一种对应于应力张量的球量，另一种对应于应力张量的偏量. 应力球张量作用下各向同性弹性体仅产生体积变化，所以称与之对应的弹性应变能为**体积应变能(或体变能)**；应力偏张量作用下各向同性弹性体仅产生几何形状的变化，所以称与之对应的弹性应变能为**形状变形能**(或**畸变能**). 根据各向同性弹性体的弹性应变能密度函数的表达式(4.46)，可推得单位体积的体积应变能密度函数 v_V 和形状变形能密度函数 v_d 分别为

$$v_V=\frac{3}{2}\sigma_{\mathrm{m}}\varepsilon_{\mathrm{m}}=\frac{\sigma_{\mathrm{m}}^2}{2K}=\frac{1}{18K}(\sigma_x+\sigma_y+\sigma_z)^2=\frac{1}{18K}I_1^2 \tag{4.52}$$

$$v_d=\frac{1}{2}S_{ij}e_{ij}=\frac{1}{12G}\left[(\sigma_1-\sigma_2)^2+(\sigma_2-\sigma_3)^2+(\sigma_3-\sigma_1)^2\right]=\frac{1}{2G}J_2=\frac{3}{4G}\tau_8^2 \tag{4.53}$$

可以证明，各向同性弹性体的弹性应变能密度函数 v_ε 等于体变能密度函数 v_V 与畸变能密度函数 v_d 之和，即

$$v_\varepsilon=v_V+v_d=\frac{1}{18K}I_1^2+\frac{1}{2G}J_2 \tag{4.54}$$

可见，在弹性变形阶段，各向同性弹性体的弹性应变能可以分解为体变能和畸变能两个部分.

习　题

4-1　对于各向同性线弹性材料，某点应力张量为

$$\sigma_{ij}=\begin{bmatrix}100 & 10 & -80\\ 10 & -60 & 60\\ -80 & 60 & 200\end{bmatrix}\ (\mathrm{MPa})$$

求：(1)该点的应变偏量 e_{ij}；(2)该点的应变能密度 U_0. 设弹性模量 $E=200\mathrm{GPa}$，泊松比 $\nu=0.3$.

4-2　已知横观各向同性材料某点的应力张量为

$$\sigma_{ij}=\begin{bmatrix}8 & 4 & 0\\ 4 & 0 & 0\\ 0 & 0 & 6\end{bmatrix}\quad \text{(MPa)}$$

并已知关于材料主轴的弹性常数如下：各向同性平面内(x-y 平面)： $E=2.0\text{GPa}$ ，$\nu=0.2$ ；垂直各向同性平面方向(z 方向)： $E'=10.0\text{GPa}$ ， $\nu'=0.15$ ， $G'=1.4\text{GPa}$.求：(1) 该点的小应变张量 $\boldsymbol{\varepsilon}$ ；(2) 该点的应变能密度 U_0 .

4-3　对于各向同性材料，试推导平均应力与平均应变、应力偏量与应变偏量之间的关系

$$\sigma_{\text{m}}=3K\varepsilon_{\text{m}}\,,\quad S_{ij}=2Ge_{ij}$$

式中， $K=\dfrac{E}{3(1-2\nu)}$ ，称为体积弹性模量； G 为材料的剪切弹性模量.

4-4　对于各向同性材料，试推导畸变能密度 v_d (即因形状改变而储存在单位体积内的弹性应变能)与 J_2 的关系式

$$v_d=\frac{1}{2G}J_2$$

4-5　将某一小的物体放入高压容器内，在静水压力 $p=0.45\text{N/mm}^2$ 作用下，测得体积应变 $\theta=-3.6\times10^{-5}$ ，若泊松比 $\nu=0.3$ ，试求该物体的弹性模量 E .

4-6　根据弹性应变能理论的应变能密度公式 $v_{\varepsilon}=\dfrac{1}{2}\sigma_{ij}\varepsilon_{ij}$ ，导出材料力学中杆件拉伸、弯曲及圆轴扭转的应变能公式分别为

$$V_{拉伸}=\frac{1}{2}\int_0^l\frac{F_N^2(x)}{EA}\text{d}x=\frac{1}{2}\int_0^l EA\left(\frac{\text{d}u}{\text{d}x}\right)^2\text{d}x$$

$$V_{弯曲}=\frac{1}{2}\int_0^l\frac{M^2(x)}{EI}\text{d}x=\frac{1}{2}\int_0^l EI\left(\frac{\text{d}^2w}{\text{d}x^2}\right)^2\text{d}x$$

$$V_{扭转}=\frac{1}{2}\int_0^l\frac{T^2(x)}{GI_{\text{p}}}\text{d}x=\frac{1}{2}\int_0^l GI_{\text{p}}\left(\frac{\text{d}\varphi}{\text{d}x}\right)^2\text{d}x$$

第5章

弹性力学问题解法

前面我们分析了弹性力学平衡微分方程、几何方程以及线弹性材料本构方程.这三组方程构成了弹性力学基本方程，共有 15 个基本方程. 基本未知量也是 15 个，要求解这些基本未知量，还需给出边界条件. 一般弹性力学问题解法有两种：一是以位移分量为基本未知函数，从方程和边界条件中消去应力分量和形变分量，导出只含位移分量的方程和相应的边界条件，并由此解出位移分量，然后再求出形变分量和应力分量，这种解法称为位移法；二是以应力分量为基本未知函数，从方程和边界条件中消去位移分量和形变分量，导出只含应力分量的方程和相应的边界条件，并由此解出应力分量，然后再求出形变分量和位移分量，这种解法称为应力法.

5.1 弹性力学基本方程

将以前阐述的弹性力学三大控制方程进行汇总，得到弹性力学基本方程. 现将这些基本方程列出.

1. 平衡微分方程

$$\begin{cases} \dfrac{\partial \sigma_x}{\partial x}+\dfrac{\partial \tau_{yx}}{\partial y}+\dfrac{\partial \tau_{zx}}{\partial z}+f_x=0 \\ \dfrac{\partial \tau_{xy}}{\partial x}+\dfrac{\partial \sigma_y}{\partial y}+\dfrac{\partial \tau_{zy}}{\partial z}+f_y=0 \\ \dfrac{\partial \tau_{xz}}{\partial x}+\dfrac{\partial \tau_{yz}}{\partial y}+\dfrac{\partial \sigma_z}{\partial z}+f_z=0 \end{cases} \tag{5.1a}$$

按张量记法，上式也可简写为

$$\sigma_{ij,j}+f_i=0 \quad (i,j=x,y,z) \tag{5.1b}$$

2. 几何方程

$$\begin{cases}\varepsilon_x=\dfrac{\partial u}{\partial x}, & \gamma_{xy}=\dfrac{\partial u}{\partial y}+\dfrac{\partial v}{\partial x}\\ \varepsilon_y=\dfrac{\partial v}{\partial y}, & \gamma_{yz}=\dfrac{\partial v}{\partial z}+\dfrac{\partial w}{\partial y}\\ \varepsilon_z=\dfrac{\partial w}{\partial z}, & \gamma_{zx}=\dfrac{\partial w}{\partial x}+\dfrac{\partial u}{\partial z}\end{cases} \tag{5.2a}$$

按张量记法，上式也可简写为

$$\varepsilon_{ij}=\frac{1}{2}(u_{i,j}+u_{j,i})\quad (i,j=x,y,z) \tag{5.2b}$$

由上面的应变位移关系，可导出下面的应变协调方程：

$$\begin{cases}\dfrac{\partial^2\varepsilon_x}{\partial y^2}+\dfrac{\partial^2\varepsilon_y}{\partial x^2}=\dfrac{\partial^2\gamma_{xy}}{\partial x\partial y}, & 2\dfrac{\partial^2\varepsilon_x}{\partial y\partial z}=\dfrac{\partial}{\partial x}\left(-\dfrac{\partial\gamma_{yz}}{\partial x}+\dfrac{\partial\gamma_{zx}}{\partial y}+\dfrac{\partial\gamma_{xy}}{\partial z}\right)\\ \dfrac{\partial^2\varepsilon_y}{\partial z^2}+\dfrac{\partial^2\varepsilon_z}{\partial y^2}=\dfrac{\partial^2\gamma_{yz}}{\partial y\partial z}, & 2\dfrac{\partial^2\varepsilon_y}{\partial z\partial x}=\dfrac{\partial}{\partial y}\left(\dfrac{\partial\gamma_{yz}}{\partial x}-\dfrac{\partial\gamma_{zx}}{\partial y}+\dfrac{\partial\gamma_{xy}}{\partial z}\right)\\ \dfrac{\partial^2\varepsilon_z}{\partial x^2}+\dfrac{\partial^2\varepsilon_x}{\partial z^2}=\dfrac{\partial^2\gamma_{zx}}{\partial z\partial x}, & 2\dfrac{\partial^2\varepsilon_z}{\partial x\partial y}=\dfrac{\partial}{\partial z}\left(\dfrac{\partial\gamma_{yz}}{\partial x}+\dfrac{\partial\gamma_{zx}}{\partial y}-\dfrac{\partial\gamma_{xy}}{\partial z}\right)\end{cases} \tag{5.3}$$

3. 本构方程

线弹性本构方程用广义胡克定律表示，即

$$\begin{cases}\varepsilon_x=\dfrac{1}{E}[\sigma_x-\nu(\sigma_y+\sigma_z)], & \gamma_{xy}=\dfrac{2(1+\nu)}{E}\tau_{xy}\\ \varepsilon_y=\dfrac{1}{E}[\sigma_y-\nu(\sigma_z+\sigma_x)], & \gamma_{yz}=\dfrac{2(1+\nu)}{E}\tau_{yz}\\ \varepsilon_z=\dfrac{1}{E}[\sigma_z-\nu(\sigma_x+\sigma_y)], & \gamma_{zx}=\dfrac{2(1+\nu)}{E}\tau_{zx}\end{cases} \tag{5.4a}$$

按张量记法，上式也可简写为

$$\varepsilon_{ij}=\frac{1}{2G}\left(\sigma_{ij}-\frac{\nu}{1+\nu}\sigma_{kk}\delta_{ij}\right)\quad (i,j=x,y,z) \tag{5.4b}$$

式(5.4)是用应力表示应变，如果用应变表示应力，则有

$$\begin{cases} \sigma_x = \dfrac{E}{1+\nu}\left(\varepsilon_x + \dfrac{\nu}{1-2\nu}\theta\right), & \tau_{xy} = \dfrac{E}{2(1+\nu)}\gamma_{xy} \\ \sigma_y = \dfrac{E}{1+\nu}\left(\varepsilon_y + \dfrac{\nu}{1-2\nu}\theta\right), & \tau_{yz} = \dfrac{E}{2(1+\nu)}\gamma_{yz} \\ \sigma_z = \dfrac{E}{1+\nu}\left(\varepsilon_z + \dfrac{\nu}{1-2\nu}\theta\right), & \tau_{zx} = \dfrac{E}{2(1+\nu)}\gamma_{zx} \end{cases} \tag{5.5a}$$

按张量记法，上式也可简写为

$$\sigma_{ij} = \lambda\delta_{ij}\varepsilon_{kk} + 2\mu\varepsilon_{ij} \quad (i,j=x,y,z) \tag{5.5b}$$

式中，$\lambda = \dfrac{E\nu}{(1+\nu)(1-2\nu)}$，$\mu = G = \dfrac{E}{2(1+\nu)}$，称为拉梅系数.

要求这些基本未知量，需给出边界条件，边界条件有以下三种情况.

第一类边值问题：在所有边界上给定表面力，求在平衡状态的应力场.

边界条件为

$$\begin{cases} \sigma_x n_1 + \tau_{xy} n_2 + \tau_{xz} n_3 = \overline{f}_x \\ \tau_{yx} n_1 + \sigma_y n_2 + \tau_{yz} n_3 = \overline{f}_y \\ \tau_{zx} n_1 + \tau_{zy} n_2 + \sigma_z n_3 = \overline{f}_z \end{cases} \quad (\text{在边界 } S_\sigma \text{ 上}) \tag{5.6a}$$

按张量记法，上式也可简写为

$$\sigma_{ij} n_j = \overline{f}_i \quad (\text{在边界 } S_\sigma \text{ 上}) \tag{5.6b}$$

式中，$\sigma_{ij}\ (i,j=x,y,z)$表示表面一点的应力分量；$\overline{f}_i\ (i=x,y,z)$为该点的表面力分量；$n_i\ (i=1,2,3)$为该点的外法线单位矢量$\boldsymbol{n}$的分量.

第二类边值问题：在所有边界上给定位移，求在平衡状态的位移场.

边界条件为

$$u_i = u_i^*(x,y,z) \quad (\text{在边界 } S_u \text{ 上}) \tag{5.7}$$

式中，$u_i^*(x,y,z)$为给定的位移分量.

第三类边值问题：在物体表面一部分边界S_σ上给定表面力，其余部分边界S_u上给定位移，求在平衡状态的应力场和位移场.

边界条件为

$$\begin{cases} \sigma_{ij} n_j = \overline{f}_i & (\text{在边界} S_\sigma \text{上}) \\ u_i = u_i^*(x,y,z) & (\text{在边界} S_u \text{上}) \end{cases} \tag{5.8}$$

式中，物体的边界$S = S_\sigma + S_u$.

弹性力学的基本方程一般控制了物体内部应力、应变和位移之间的普遍规律，而给定的边界条件具体地描述了每一个边界面上的位移、表面力或两者的限制条件. 每一个具体问题反映在各自边界条件上，边界条件不同，问题的解也不同.

5.2　弹性力学问题位移与应力解法

弹性力学问题共 15 个基本方程，待求函数也共 15 个(σ_{ij}、ε_{ij}、u_i). 如果我们同等看待每一个待求函数，想一步到位同步求解出这 15 个待求函数在满足给定边界条件下的解是不可能的. 为了有效地求解，从 15 个量中选取一部分作为基本待求函数，而其他待求函数看成由基本待求函数导出的未知函数，这样使求解方程数目减少，且化简思路明确(求基本未知量)，才能使问题的求解成为可能. 按基本未知函数选取不同，常见的求解弹性力学问题的方法有位移法和应力法两种形式.

5.2.1　位移法

位移法是将三个位移分量 u_i 作为基本未知量，在基本方程中消去应力和应变，得到仅包含三个位移分量的三个微分方程.

在本构方程(5.5)中，利用几何方程用位移表示应变，这样便可得到用位移表示的应力分量，即

$$\begin{cases} \sigma_x = \lambda\theta + 2\mu\dfrac{\partial u}{\partial x}, & \tau_{xy} = \mu\left(\dfrac{\partial u}{\partial y} + \dfrac{\partial v}{\partial x}\right) \\ \sigma_y = \lambda\theta + 2\mu\dfrac{\partial v}{\partial y}, & \tau_{yz} = \mu\left(\dfrac{\partial v}{\partial z} + \dfrac{\partial w}{\partial y}\right) \\ \sigma_z = \lambda\theta + 2\mu\dfrac{\partial w}{\partial z}, & \tau_{zx} = \mu\left(\dfrac{\partial w}{\partial x} + \dfrac{\partial u}{\partial z}\right) \end{cases} \tag{5.9}$$

将式(5.9)中的各应力分量代入平衡方程(5.1)中，最后得到三个位移表示的基本方程，即

$$\begin{cases} (\lambda+\mu)\dfrac{\partial \theta}{\partial x} + \mu\nabla^2 u + f_x = 0 \\ (\lambda+\mu)\dfrac{\partial \theta}{\partial y} + \mu\nabla^2 v + f_y = 0 \\ (\lambda+\mu)\dfrac{\partial \theta}{\partial z} + \mu\nabla^2 w + f_z = 0 \end{cases} \tag{5.10a}$$

式中，$\theta = u_{i,i} = \frac{\partial u}{\partial x} + \frac{\partial v}{\partial y} + \frac{\partial w}{\partial z}$，为体积应变.

按张量记法，上式也可简写为

$$(\lambda + \mu)u_{j,ji} + \mu u_{i,jj} + f_i = 0 \quad (i, j = x, y, z) \tag{5.10b}$$

式(5.10b)称为纳维方程.

位移法一般用于第二类边值问题，即边界为全部给定位移的边界. 如果有部分边界为给定表面力，则应转化为用位移表示的边界条件，即

$$[\lambda \delta_{ij} u_{k,k} + \mu(u_{i,j} + u_{j,i})]n_j = \overline{f}_i \tag{5.11}$$

用位移法求解弹性力学问题，实际上就是求解一组位移函数u、v、w，在物体内部满足基本方程(5.10)，在边界上直接满足位移边界条件(5.7)或满足位移表示的表面力边界条件(5.11)，将所求出的位移代入几何方程便可求得应变分量，最后利用本构方程求得应力分量. 按位移求解弹性力学问题时，未知函数只有 3 个，但必须求解三个联立的偏微分方程，要想得到位移的解析表达式是相当困难的. 实际上，位移法一般多用于数值法求解弹性力学问题，目前大多数有限元商用软件采用位移法求解.

例 5.1 设有半空间体(图 5-1)，单位体积的质量为ρ，在水平边界面上受均布压力q作用，试用位移法求位移分量和应力分量，并假设在距离水平边界面足够远h处位移$w=0$.

解 建立如图 5-1 所示的坐标系，则体积力分量为

$$f_x = 0, \quad f_y = 0, \quad f_z = \rho g \tag{a}$$

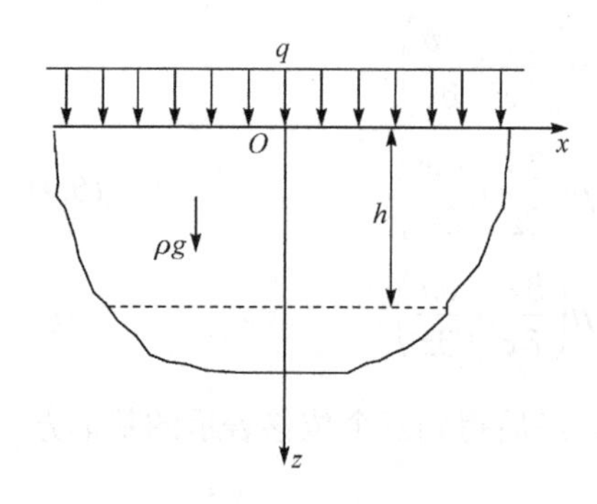

图 5-1 受均布压力作用的半空间体

由于荷载和弹性体关于z轴对称，并且是半空间体，于是可以假设$u=0$，$v=0$，$w=w(z)$，因此体积应变为

$$\theta = \frac{\partial u}{\partial x} + \frac{\partial v}{\partial y} + \frac{\partial w}{\partial z} = \frac{\mathrm{d}w}{\mathrm{d}z} \tag{b}$$

于是位移法基本方程(5.10a)的前两式自动满足，第三式为

$$(\lambda + \mu)\frac{\mathrm{d}\theta}{\mathrm{d}z} + \mu \frac{\mathrm{d}^2 w}{\mathrm{d}z^2} + \rho g = 0$$

将θ表达式代入上式，有

$$(\lambda + 2\mu)\frac{\mathrm{d}^2 w}{\mathrm{d}z^2} + \rho g = 0$$

积分两次得

$$w = -\frac{\rho g}{2(\lambda+2\mu)}z^2 + Az + B \tag{c}$$

式中，A、B 为积分常数，可由边界条件确定. 位移分量求出后，可由几何方程求出应变分量，即

$$\begin{cases} \varepsilon_x = \dfrac{\partial u}{\partial x} = 0, \quad \varepsilon_y = \dfrac{\partial v}{\partial y} = 0, \quad \varepsilon_z = \dfrac{\partial w}{\partial z} = -\dfrac{\rho g}{\lambda+2\mu}z + A \\ \gamma_{xy} = \dfrac{\partial u}{\partial y} + \dfrac{\partial v}{\partial x} = 0, \quad \gamma_{yz} = \dfrac{\partial v}{\partial z} + \dfrac{\partial w}{\partial y} = 0, \quad \gamma_{zx} = \dfrac{\partial w}{\partial x} + \dfrac{\partial u}{\partial z} = 0 \end{cases} \tag{d}$$

再根据本构方程(5.9)，可求得应力分量为

$$\begin{cases} \sigma_x = \lambda\theta + 2\mu\varepsilon_x = -\dfrac{\lambda}{\lambda+2\mu}\rho g z + A\lambda \\ \sigma_x = \lambda\theta + 2\mu\varepsilon_y = -\dfrac{\lambda}{\lambda+2\mu}\rho g z + A\lambda \\ \sigma_z = \lambda\theta + 2\mu\varepsilon_z = -\rho g z + A(\lambda+2\mu) \\ \tau_{xy} = \tau_{yz} = \tau_{zx} = 0 \end{cases} \tag{e}$$

在半空间体上表面有如下边界条件：

$$(\sigma_z)_{z=0} = -q, \quad (\tau_{zx})_{z=0} = 0, \quad (\tau_{zy})_{z=0} = 0 \tag{f}$$

将式(e)代入式(f)，可求出常数 A，即

$$A = -\frac{q}{\lambda+2\mu} \tag{g}$$

为了确定常数 B，可以将无限的边界转化为有限的边界，即假定半空间距平面边界足够远 h 处的位移已经很小，可以忽略，即假定 $(w)_{z=h} = 0$. 将这个条件代入式(c)并注意到式(g)，可求得

$$B = \frac{qh}{\lambda+2\mu} + \frac{\rho g h^2}{2(\lambda+2\mu)} \tag{h}$$

将式(g)和式(h)代入式(c)，位移分量的最终解答为

$$u = v = 0, \quad w = \frac{q}{\lambda+2\mu}(h-z) + \frac{\rho g}{2(\lambda+2\mu)}(h^2 - z^2) \tag{i}$$

将 λ、μ 转换成 E、ν，则位移分量的最终解答为

$$u = v = 0, \quad w = \frac{(1+\nu)(1-2\nu)}{(1-\nu)E}\left[q(h-z) + \frac{\rho g}{2}(h^2 - z^2)\right] \tag{j}$$

最大位移发生在水平边界面上，为

$$w_{\max} = (w)_{z=0} = \frac{(1+\nu)(1-2\nu)}{(1-\nu)E}\left(qh + \frac{1}{2}\rho g h^2\right) \tag{k}$$

应力分量的最终解答为

$$
\begin{cases}
\sigma_x = \sigma_y = -\dfrac{\nu}{1-\nu}(q+\rho g z) \\
\sigma_z = -(q+\rho g z) \\
\tau_{xy} = \tau_{yz} = \tau_{zx} = 0
\end{cases}
\tag{1}
$$

5.2.2 应力法

对于在物体边界上给定了表面力的问题，除可以按位移法求解外，还可以按应力法求解. 应力法是将六个应力分量 σ_{ij} 作为基本未知量，在基本方程中消去位移和应变，得到仅包含应力分量的六个微分方程.

首先，待求的应力分量应满足平衡微分方程，但平衡微分方程仅有三个，还需要建立有关应力的补充方程. 为此，从几何关系中消去位移，得到变形协调方程

$$
\frac{\partial^2 \varepsilon_x}{\partial y^2} + \frac{\partial^2 \varepsilon_y}{\partial x^2} = \frac{\partial^2 \gamma_{xy}}{\partial x \partial y}, \quad \frac{\partial}{\partial x}\left(\frac{\partial \gamma_{zx}}{\partial y} + \frac{\partial \gamma_{xy}}{\partial z} - \frac{\partial \gamma_{yz}}{\partial x}\right) = 2\frac{\partial^2 \varepsilon_x}{\partial y \partial z}
$$

$$
\frac{\partial^2 \varepsilon_y}{\partial z^2} + \frac{\partial^2 \varepsilon_z}{\partial y^2} = \frac{\partial^2 \gamma_{yz}}{\partial y \partial z}, \quad \frac{\partial}{\partial y}\left(\frac{\partial \gamma_{xy}}{\partial z} + \frac{\partial \gamma_{yz}}{\partial x} - \frac{\partial \gamma_{zx}}{\partial y}\right) = 2\frac{\partial^2 \varepsilon_y}{\partial z \partial x}
$$

$$
\frac{\partial^2 \varepsilon_z}{\partial x^2} + \frac{\partial^2 \varepsilon_x}{\partial z^2} = \frac{\partial^2 \gamma_{zx}}{\partial z \partial x}, \quad \frac{\partial}{\partial z}\left(\frac{\partial \gamma_{yz}}{\partial x} + \frac{\partial \gamma_{zx}}{\partial y} - \frac{\partial \gamma_{xy}}{\partial z}\right) = 2\frac{\partial^2 \varepsilon_z}{\partial x \partial y}
$$

然后，利用应力应变关系(5.4a)，可得用应力表示的变形协调方程

$$
\begin{cases}
\dfrac{\partial^2 \sigma_x}{\partial y^2} + \dfrac{\partial^2 \sigma_y}{\partial x^2} - \dfrac{\nu}{1+\nu}\left(\dfrac{\partial^2 \Theta}{\partial x^2} + \dfrac{\partial^2 \Theta}{\partial y^2}\right) = 2\dfrac{\partial^2 \tau_{xy}}{\partial x \partial y} \\
\dfrac{\partial^2 \sigma_y}{\partial z^2} + \dfrac{\partial^2 \sigma_z}{\partial y^2} - \dfrac{\nu}{1+\nu}\left(\dfrac{\partial^2 \Theta}{\partial y^2} + \dfrac{\partial^2 \Theta}{\partial z^2}\right) = 2\dfrac{\partial^2 \tau_{yz}}{\partial y \partial z} \\
\dfrac{\partial^2 \sigma_z}{\partial x^2} + \dfrac{\partial^2 \sigma_x}{\partial z^2} - \dfrac{\nu}{1+\nu}\left(\dfrac{\partial^2 \Theta}{\partial z^2} + \dfrac{\partial^2 \Theta}{\partial x^2}\right) = 2\dfrac{\partial^2 \tau_{zx}}{\partial z \partial x} \\
\dfrac{\partial^2 \sigma_x}{\partial y \partial z} - \dfrac{\nu}{1+\nu}\dfrac{\partial^2 \Theta}{\partial y \partial z} = \dfrac{\partial}{\partial x}\left(\dfrac{\partial \tau_{zx}}{\partial y} + \dfrac{\partial \tau_{xy}}{\partial z} - \dfrac{\partial \tau_{yz}}{\partial x}\right) \\
\dfrac{\partial^2 \sigma_y}{\partial z \partial x} - \dfrac{\nu}{1+\nu}\dfrac{\partial^2 \Theta}{\partial z \partial x} = \dfrac{\partial}{\partial y}\left(\dfrac{\partial \tau_{xy}}{\partial z} + \dfrac{\partial \tau_{yz}}{\partial x} - \dfrac{\partial \tau_{zx}}{\partial y}\right) \\
\dfrac{\partial^2 \sigma_z}{\partial x \partial y} - \dfrac{\nu}{1+\nu}\dfrac{\partial^2 \Theta}{\partial x \partial y} = \dfrac{\partial}{\partial z}\left(\dfrac{\partial \tau_{yz}}{\partial x} + \dfrac{\partial \tau_{zx}}{\partial y} - \dfrac{\partial \tau_{xy}}{\partial z}\right)
\end{cases}
\tag{5.12}
$$

将式(5.12)中的第一式与第三式相加，可得

$$\frac{\partial^2\sigma_x}{\partial y^2}+\frac{\partial^2\sigma_x}{\partial z^2}+\frac{\partial^2\left(\sigma_y+\sigma_z\right)}{\partial x^2}-\frac{\nu}{1+\nu}\left(2\frac{\partial^2\Theta}{\partial x^2}+\frac{\partial^2\Theta}{\partial y^2}+\frac{\partial^2\Theta}{\partial z^2}\right)=$$

$$2\frac{\partial^2\tau_{xy}}{\partial x\partial y}+2\frac{\partial^2\tau_{zx}}{\partial z\partial x}=2\frac{\partial}{\partial x}\left(\frac{\partial\tau_{xy}}{\partial y}+\frac{\partial\tau_{zx}}{\partial z}\right)=-2\frac{\partial}{\partial x}\left(\frac{\partial\sigma_x}{\partial x}+f_x\right)$$

将上式进一步化简，并对 x、y、z 进行轮换，可得

$$\begin{cases}\nabla^2\sigma_x+\dfrac{1}{1+\nu}\dfrac{\partial^2\Theta}{\partial x^2}-\dfrac{\nu}{1+\nu}\nabla^2\Theta=-2\dfrac{\partial f_x}{\partial x}\\ \nabla^2\sigma_y+\dfrac{1}{1+\nu}\dfrac{\partial^2\Theta}{\partial y^2}-\dfrac{\nu}{1+\nu}\nabla^2\Theta=-2\dfrac{\partial f_y}{\partial y}\\ \nabla^2\sigma_z+\dfrac{1}{1+\nu}\dfrac{\partial^2\Theta}{\partial z^2}-\dfrac{\nu}{1+\nu}\nabla^2\Theta=-2\dfrac{\partial f_z}{\partial z}\end{cases}\tag{5.13}$$

将上面三式相加，可得

$$\frac{2(1-\nu)}{1+\nu}\nabla^2\Theta=-2\left(\frac{\partial f_x}{\partial x}+\frac{\partial f_y}{\partial y}+\frac{\partial f_z}{\partial z}\right)\tag{5.14}$$

将式(5.14)中的 $\nabla^2\Theta$ 代入式(5.13)，可得

$$\begin{cases}\nabla^2\sigma_x+\dfrac{1}{1+\nu}\dfrac{\partial^2\Theta}{\partial x^2}=-2\dfrac{\partial f_x}{\partial x}-\dfrac{\nu}{1-\nu}\left(\dfrac{\partial f_x}{\partial x}+\dfrac{\partial f_y}{\partial y}+\dfrac{\partial f_z}{\partial z}\right)\\ \nabla^2\sigma_y+\dfrac{1}{1+\nu}\dfrac{\partial^2\Theta}{\partial y^2}=-2\dfrac{\partial f_y}{\partial y}-\dfrac{\nu}{1-\nu}\left(\dfrac{\partial f_x}{\partial x}+\dfrac{\partial f_y}{\partial y}+\dfrac{\partial f_z}{\partial z}\right)\\ \nabla^2\sigma_z+\dfrac{1}{1+\nu}\dfrac{\partial^2\Theta}{\partial z^2}=-2\dfrac{\partial f_z}{\partial z}-\dfrac{\nu}{1-\nu}\left(\dfrac{\partial f_x}{\partial x}+\dfrac{\partial f_y}{\partial y}+\dfrac{\partial f_z}{\partial z}\right)\end{cases}\tag{5.15}$$

由平衡微分方程(5.1a)，通过计算可将式(5.12)中的后三式改写为

$$\begin{cases}\nabla^2\tau_{yz}+\dfrac{1}{1+\nu}\dfrac{\partial^2\Theta}{\partial y\partial z}=-\dfrac{\partial f_y}{\partial z}-\dfrac{\partial f_z}{\partial y}\\ \nabla^2\tau_{zx}+\dfrac{1}{1+\nu}\dfrac{\partial^2\Theta}{\partial z\partial x}=-\dfrac{\partial f_z}{\partial x}-\dfrac{\partial f_x}{\partial z}\\ \nabla^2\tau_{xy}+\dfrac{1}{1+\nu}\dfrac{\partial^2\Theta}{\partial x\partial y}=-\dfrac{\partial f_x}{\partial y}-\dfrac{\partial f_y}{\partial x}\end{cases}\tag{5.16}$$

综合式(5.15)和式(5.16)，便可得到以应力表示的变形协调方程(相容方程)，即

$$
\begin{cases}
\nabla^2\sigma_x+\dfrac{1}{1+\nu}\dfrac{\partial^2\Theta}{\partial x^2}=-2\dfrac{\partial f_x}{\partial x}-\dfrac{\nu}{1-\nu}\left(\dfrac{\partial f_x}{\partial x}+\dfrac{\partial f_y}{\partial y}+\dfrac{\partial f_z}{\partial z}\right)\\
\nabla^2\sigma_y+\dfrac{1}{1+\nu}\dfrac{\partial^2\Theta}{\partial y^2}=-2\dfrac{\partial f_y}{\partial y}-\dfrac{\nu}{1-\nu}\left(\dfrac{\partial f_x}{\partial x}+\dfrac{\partial f_y}{\partial y}+\dfrac{\partial f_z}{\partial z}\right)\\
\nabla^2\sigma_z+\dfrac{1}{1+\nu}\dfrac{\partial^2\Theta}{\partial z^2}=-2\dfrac{\partial f_z}{\partial z}-\dfrac{\nu}{1-\nu}\left(\dfrac{\partial f_x}{\partial x}+\dfrac{\partial f_y}{\partial y}+\dfrac{\partial f_z}{\partial z}\right)\\
\nabla^2\tau_{xy}+\dfrac{1}{1+\nu}\dfrac{\partial^2\Theta}{\partial x\partial y}=-\left(\dfrac{\partial f_x}{\partial y}+\dfrac{\partial f_y}{\partial x}\right)\\
\nabla^2\tau_{yz}+\dfrac{1}{1+\nu}\dfrac{\partial^2\Theta}{\partial y\partial z}=-\left(\dfrac{\partial f_y}{\partial z}+\dfrac{\partial f_z}{\partial y}\right)\\
\nabla^2\tau_{zx}+\dfrac{1}{1+\nu}\dfrac{\partial^2\Theta}{\partial z\partial x}=-\left(\dfrac{\partial f_z}{\partial x}+\dfrac{\partial f_x}{\partial z}\right)
\end{cases}
\tag{5.17a}
$$

式(5.17a)称为贝尔特拉米–密歇尔(Beltrami-Michell)方程. 按张量记法，上式可简写为

$$
\nabla^2\sigma_{ij}+\frac{1}{1+\nu}\sigma_{kk,ij}=-(f_{i,j}+f_{j,i})-\frac{\nu}{1-\nu}\delta_{ij}f_{k,k}
\tag{5.17b}
$$

式中

$$
\Theta=\sigma_x+\sigma_y+\sigma_z=I_1
\tag{5.18}
$$

当不考虑体积力时，式(5.17)可简化为

$$
\begin{cases}
\nabla^2\sigma_x+\dfrac{1}{1+\nu}\dfrac{\partial^2\Theta}{\partial x^2}=0,\quad \nabla^2\tau_{xy}+\dfrac{1}{1+\nu}\dfrac{\partial^2\Theta}{\partial x\partial y}=0\\
\nabla^2\sigma_y+\dfrac{1}{1+\nu}\dfrac{\partial^2\Theta}{\partial y^2}=0,\quad \nabla^2\tau_{yz}+\dfrac{1}{1+\nu}\dfrac{\partial^2\Theta}{\partial y\partial z}=0\\
\nabla^2\sigma_z+\dfrac{1}{1+\nu}\dfrac{\partial^2\Theta}{\partial z^2}=0,\quad \nabla^2\tau_{zx}+\dfrac{1}{1+\nu}\dfrac{\partial^2\Theta}{\partial z\partial x}=0
\end{cases}
\tag{5.19a}
$$

或简写为

$$
\nabla^2\sigma_{ij}+\frac{1}{1+\nu}\sigma_{kk,ij}=0
\tag{5.19b}
$$

需要指出的是，用应力法求解弹性力学问题的基本方程包括 3 个平衡微分方程和 6 个用应力表示的变形协调方程，这 9 个基本方程仅相当于 6 个独立方程. 用应力法求解弹性力学问题归结为先求出满足用应力表示的基本方程及边界条件的 6 个未知应力分量，然后利用本构关系求出 6 个应变分量，最后利用几何方程

求出 3 个位移分量. 按应力法求解弹性力学问题时，对于多连体(即内部有孔的物体)，除了满足上述基本方程和边界条件外，还要考虑位移单值性条件(即物体内任意一点的位移必须是单值的)，这样才能完全确定应力分量.

应力法求解弹性力学问题，所求的应力分量要求在域内满足 6 个变形协调方程、3 个平衡微分方程，在边界上满足应力边界条件. 用数学语言来描述上述问题，实质上是一个在严格边界条件下求解复杂的偏微分方程组的问题. 一般来说，由于未知应力函数较多，想要直接利用这些二阶偏微分方程组而得到应力函数的解析表达式是比较困难的. 为了克服数学上求解的困难，在应力法中引进某些能自动满足平衡微分方程的函数，称为应力函数，这样就归结为求解用应力函数表示的变形协调方程问题，这种解法称为应力函数解法.

无论是位移法还是应力法，都需要在严格的边界条件下求解复杂的偏微分方程组，这对实际工程问题求解是非常困难的. 为了避开偏微分方程边值问题直接求解的困难，在弹性力学问题的求解中，经常采用的方法是逆解法和半逆解法. 逆解法就是先选取一组满足全部基本方程的位移函数或应力函数，然后根据边界条件求出边界位移和表面力. 由此确定所选取的函数可以解决的弹性力学问题. 半逆解法就是根据研究问题的性质和研究对象特点，假设部分位移分量或应力分量的函数形式，由基本方程确定其他的未知量，然后根据边界条件确定未知函数的待定系数. 逆解法和半逆解法的求解过程带有“试算”性质，显然弹性力学解的唯一性定理是逆解法和半逆解法的理论依据.

上述位移法、应力法统称为直接求解方法，但由于数学求解上的困难，对于实际的弹性力学问题，除了运用直接求解方法以外，还可运用有限差分法、变分法和有限元法等近似求解方法.

有限差分法是计算机数值模拟最早采用的方法，该方法是一种直接将微分问题变为代数问题的近似数值解法，数学概念直观，表达简单，是发展较早且比较成熟的数值方法. 变分法是求解弹性力学问题的一种方法，它以外力所做的功及弹性体的应变势能来建立弹性力学的求解方法，即能量法. 变分法把弹性体的虚位移(虚应力)作为基本未知量，建立应变势能(或应变余能)的泛函，运用数学变分方法，导出求解弹性力学问题的基本能量原理——虚位移原理和最小势能原理. 有限元原理是目前工程上应用最为广泛的结构数值分析方法，它是采用计算机处理的近似解法. 随着现代科学技术的发展，特别是计算机技术的迅速发展和广泛应用，有限元法在弹性力学应用领域发展起来. 有限元法是以弹性力学的基本理论为基础得到发展的，而且弹性力学的各种变分原理都给有限元法提供了强大的理论基础.

例 5.2　当不计体积力时，若应力分量为：$\sigma_x = \sigma_y = \tau_{xy} = 0$，$\tau_{yz} = -C(x^2 + y^2)$，

$\sigma_z = 4(1+\nu)Cyz$，$\tau_{zx} = -Cxy$，$C \neq 0$，验证此组应力分量能否作为弹性力学问题的可能解.

解 一组应力分量能否作为弹性力学问题的可能解，要验证此组应力分量能否满足平衡微分方程和用应力表示的变形协调方程.

现将给定的各应力分量和$\Theta = \sigma_x + \sigma_y + \sigma_z = 4(1+\nu)Cyz$代入相容方程(5.19a)，各式均能得到满足.

再将各应力分量代入平衡微分方程(5.1a)，前两式能满足，而第三式为

$$\frac{\partial \tau_{xz}}{\partial x} + \frac{\partial \tau_{yz}}{\partial y} + \frac{\partial \sigma_z}{\partial z} = -Cy - 2Cy + 4(1+\nu)Cy = (1+4\nu)Cy \neq 0$$

可见，题中所给的各应力分量不能满足全部的平衡微分方程，故此组应力分量不能作为弹性力学问题的可能解.

例 5.3 长度为l的直杆，其截面为$2b \times 2h$，杆端受弯矩M作用，不计体积力，如图 5-2 所示. 试求应力分量.

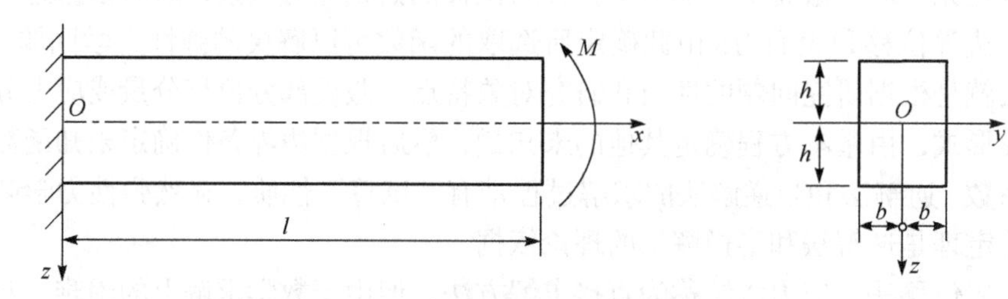

图 5-2 悬臂梁受弯矩作用

解 采用半逆解法. 建立如图 5-2 所示的坐标系，根据材料力学中关于纯弯曲时的应力分析，可设梁内任一点的应力状态为

$$\begin{cases} \sigma_x = \sigma_x(x,y,z) \\ \sigma_y = \sigma_z = \tau_{xy} = \tau_{yz} = \tau_{zx} = 0 \end{cases} \tag{a}$$

将式(a)代入平衡微分方程，得

$$\frac{\partial \sigma_x}{\partial x} = 0$$

即σ_x与x无关，它仅是坐标y和z的函数.

再将式(a)代入相容方程(5.19a)，得

$$\frac{\partial^2 \sigma_x}{\partial y^2} = 0,\quad \frac{\partial^2 \sigma_x}{\partial z^2} = 0,\quad \frac{\partial^2 \sigma_x}{\partial y \partial z} = 0 \tag{b}$$

由式(b)第一式得

$$\sigma_x = yf_1(z) + f_2(z) \tag{c}$$

将式(c)代入式(b)第三式，有 $\frac{\mathrm{d}f_1(z)}{\mathrm{d}z} = 0$，即 $f_1(z) = c_1$. 代入式(c)，有

$$\sigma_x = c_1 y + f_2(z) \tag{d}$$

将式(d)代入式(b)第二式，有 $\frac{\mathrm{d}^2 f_2(z)}{\mathrm{d}z^2} = 0$，即 $f_2(z) = c_2 z + c_3$. 代入式(d)，有

$$\sigma_x = c_1 y + c_2 z + c_3 \tag{e}$$

式(e)中待定常数 c_1、c_2、c_3 可由问题的边界条件确定. 根据圣维南原理，在梁的右端应满足

$$\begin{cases} F_x = \iint\limits_A \sigma_x \mathrm{d}A = 0 \\ M_y = \iint\limits_A \sigma_x z \mathrm{d}A = M \\ M_z = \iint\limits_A \sigma_x y \mathrm{d}A = 0 \end{cases} \tag{f}$$

将式(e)代入式(f)，可得

$$\begin{cases} \int_{-b}^{b}\int_{-h}^{h} (c_1 y + c_2 z + c_3) \mathrm{d}y\mathrm{d}z = 0 \\ \int_{-b}^{b}\int_{-h}^{h} (c_1 y + c_2 z + c_3) z\mathrm{d}y\mathrm{d}z = M \\ \int_{-b}^{b}\int_{-h}^{h} (c_1 y + c_2 z + c_3) y\mathrm{d}y\mathrm{d}z = 0 \end{cases}$$

解得 $c_1 = 0$，$c_2 = \frac{3M}{4bh^3}$，$c_3 = 0$. 将 c_1、c_2、c_3 的表达式代入式(e)，得该问题的应力分量为

$$\begin{cases} \sigma_x = \frac{M}{I_y} z \\ \sigma_y = \sigma_z = \tau_{xy} = \tau_{yz} = \tau_{zx} = 0 \end{cases} \tag{g}$$

式中，$I_y = \frac{1}{12} \times (2b) \times (2h)^3 = \frac{4}{3} bh^3$，为杆件横截面面积对 y 轴的惯性矩.

5.3 解的唯一性定理

在线弹性力学问题的求解中，解的唯一性定理具有重要的物理意义，它是逆

解法与半逆解法的理论依据. 其表述如下：假设弹性体受已知体积力作用，在物体的边界上，或者表面力已知，或者位移已知，或者一部分表面力已知，而另一部分位移已知，则在弹性体平衡时，体内各点的应力分量与应变分量是唯一的，对于后两种情况，位移分量也是唯一的.

在小变形情况下，假设在同一体积力(f_x、f_y、f_z)作用下，并在同一边界条件下有两种不同的解答：两个不同的应力分量$\sigma_{ij}^{(r)}$、应变分量$\varepsilon_{ij}^{(r)}$和位移分量$u_i^{(r)}$ ($r=1$，2). 因为它们都是给定弹性力学边值问题的解，所以它们都满足如下方程和边界条件：

$$\sigma_{ij,j}^{(r)} + f_i = 0 \tag{5.20a}$$

$$\varepsilon_{ij}^{(r)} = \frac{1}{2}\left(u_{i,j}^{(r)} + u_{j,i}^{(r)}\right) = 0 \tag{5.20b}$$

$$\varepsilon_{ij}^{(r)} = \frac{1}{2G}\left(\sigma_{ij}^{(r)} - \frac{\nu}{1+\nu}\Theta^{(r)}\delta_{ij}\right) = 0 \tag{5.20c}$$

$$\sigma_{ij}^{(r)} n_j = \overline{f}_i \quad (\text{在边界 } S_\sigma \text{ 上}) \tag{5.21a}$$

$$u_i^{(r)} = \overline{u}_i^{(r)} \quad (\text{在边界 } S_u \text{ 上}) \tag{5.21b}$$

现在，作两组解的差，即令

$$\sigma_{ij} = \sigma_{ij}^{(1)} - \sigma_{ij}^{(2)}, \quad \varepsilon_{ij} = \varepsilon_{ij}^{(1)} - \varepsilon_{ij}^{(2)}, \quad u_i = u_i^{(1)} - u_i^{(2)}$$

由解的叠加原理不难看出，它们对应于该弹性体零体积力、S_σ上零表面力以及S_u上零位移时平衡问题的解. 即

$$\sigma_{ij,j} = 0 \tag{5.22}$$

$$\sigma_{ij} n_j = 0 \quad (\text{在边界 } S_\sigma \text{ 上}) \tag{5.23a}$$

$$u_i = 0 \qquad (\text{在边界 } S_u \text{ 上}) \tag{5.23b}$$

于是外力功为零，即

$$W = \iiint_V f_i u_i \mathrm{d}V + \iint_{S_\sigma} \overline{f}_i u_i \mathrm{d}S = 0$$

将平衡微分方程(5.1)和应力边界条件(5.6)代入上式，并利用奥-高公式，有

$$\begin{aligned}
W &= -\iiint_V \sigma_{ij,j} u_i \mathrm{d}V + \iint_{S_\sigma} \sigma_{ij} n_j u_i \mathrm{d}S \\
&= \iiint_V (\sigma_{ij} u_{i,j}) \mathrm{d}V - \iiint_V (\sigma_{ij} u_i)_{,j} \mathrm{d}V + \iint_{S_\sigma} \sigma_{ij} n_j u_i \mathrm{d}S \\
&= \iiint_V \sigma_{ij} \varepsilon_{ij} \mathrm{d}V - \iint_S \sigma_{ij} n_j u_i \mathrm{d}S + \iint_{S_\sigma} \sigma_{ij} n_j u_i \mathrm{d}S \\
&= \iiint_V \sigma_{ij} \varepsilon_{ij} \mathrm{d}V - \iint_{S_u} \sigma_{ij} n_j u_i \mathrm{d}S = 0
\end{aligned}$$

注意到位移分量满足式(5.23b)，因而上式中积分的被积函数为零，因而有

$$W = \iiint_V \sigma_{ij}\varepsilon_{ij}\mathrm{d}V = 2\iiint_V v_\varepsilon \mathrm{d}V = 0$$

由第 4 章应变能密度的性质可知，$W=0$ 当且仅当应变分量为零. 从而由应力应变关系可得应力分量为零. 这样就证明了在上述边值问题中，应力分量和应变分量是唯一的.

至于位移，在第一类边值问题中，对于已完全确定的应变分量，在将柯西方程积分时，可允许相差一个形式为

$$\begin{cases} u = u_0 + q_0 z - r_0 y \\ v = v_0 + r_0 x - p_0 z \\ w = w_0 + p_0 y - q_0 x \end{cases} \tag{5.24}$$

的函数项，这里的 u_0、v_0、w_0、p_0、q_0、r_0 为常数. 式(5.24)代表物体的刚体运动. 对第二类和第三类边值问题，由于在物体全部或部分表面边界上的位移是给定的，此时位移分量就不可能有这种差别，也就是说，此时位移分量也是唯一的. 这样一来，所给的两组解完全相等，即有

$$\sigma_{ij}^{(1)} = \sigma_{ij}^{(2)}, \quad \varepsilon_{ij}^{(1)} = \varepsilon_{ij}^{(2)}, \quad u_i^{(1)} = u_i^{(2)}$$

从而证明了线性弹性力学边界问题解的唯一性定理. 解的唯一性定理又称为基尔霍夫(G. Kirchhoff)唯一性定理，是基尔霍夫在 1858 年首先证明的. 由解的唯一性定理可知，若弹性力学边界问题有解，则解就是唯一的.

这里必须指出，弹性力学解的唯一性定理的证明是以这样一个假设为依据的：当物体不受外力作用时，体内的应变能为零，应力分量和应变分量也全为零. 当涉及初应力时，这一假设不再成立，因此不能简单地套用这里的唯一性定理，而需专门加以讨论. 同时，在证明过程中，我们采用了解的叠加原理. 对于非线性问题，解的叠加原理是不成立的，此时解的唯一性定理一般也是不成立的，如在稳定性问题中常遇到一个系统的多种平衡状态(多个不同的解)的情况. 唯一性定理对单连体和多连体都是成立的，因为证明中最关键的一点是用到了位移是坐标的单值函数的假设.

5.4　圣维南原理

弹性力学解的唯一性定理说明，两组静力等效荷载分别作用于同一物体的同一局部边界区域时，因为各自构成的边界条件不同，所以两种情况下物体中的应力是不同的. 但是实践经验告诉我们，两组具有相同主矢和主矩的力系分别作用

在相同边界面上所求得的应力场，只在表面力作用点附近有显著不同，而在表面力作用点较远的区域基本相同. 这一事实可总结为圣维南原理或力的局部作用原理：如果把物体的一小部分边界上的表面力替换为分布不同但静力等效的表面力(主矢量相同，对同一点的主矩也相同)，那么，近处的应力分量将有显著的改变，但远处所受的影响可以不计. 圣维南原理表明，在小边界上进行表面力的静力等效变换后，只影响近处(局部区域)的应力，对绝大部分弹性体区域的应力没有明显影响.

根据圣维南原理，我们可以在静力等效的意义下改变局部区域内表面力的作用方式. 例如，若在图 5-3(a)、(b)所示的杆端作用不同但静力等效力系，其应力分布只在杆端附近区域内是不同的，而在离杆端较远的区域内，其应力分布几乎是相同的.

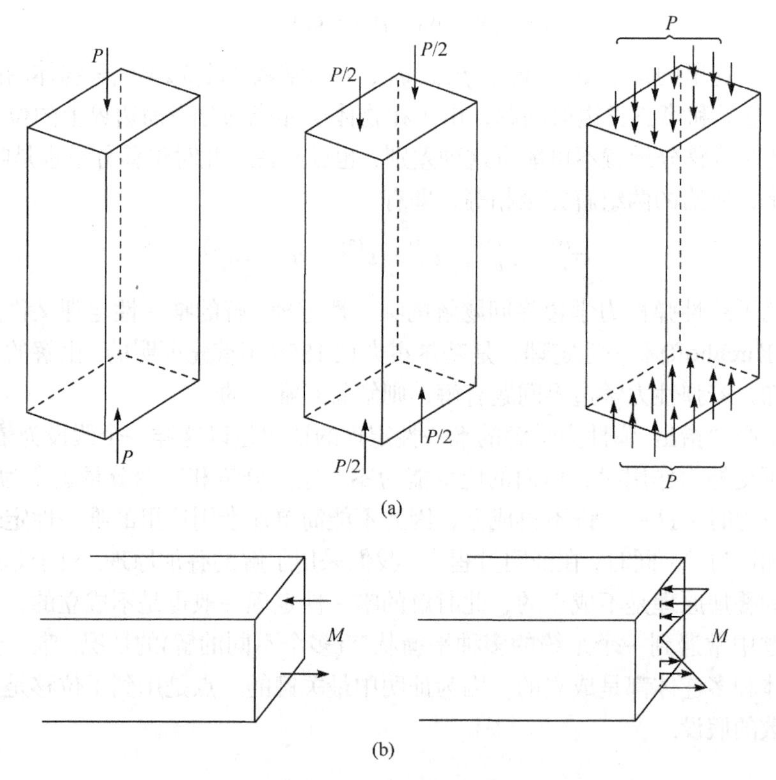

图 5-3 力的等效替换

圣维南原理中强调两点：一是力系作用范围是局部的，二是所作用的力系必须是静力等效的. 因此，圣维南原理又称力作用局部性原理. 根据这个原理，显然如果在物体的任一局部区域内作用一个平衡力系，则该平衡力系在物体内所产生的应力分布仅局限在该力系作用的附近区域，而离该区域的相当远处，这种影响便急剧减小并趋于零. 例如，图 5-4 中用一钳子夹一直杆，就等于在杆上加上一组平衡力系，试验证明，无论作用的力多大，在虚线圈着的一个小区域以外几乎不会有应力产生.

根据力作用的局部性原理，我们可以在静力等效的意义下改变局部区域内力的作用方式. 例如，图 5-3(a)所示杆的端部作用集中力 P，我们可以在杆端处增加一组平衡力系，它们由大小相等而方向相反的两个均布力系 P_1 和 P_2 组成(图 5-5)，两力系的合力大小均为 P. 由于 P 和 P_2 也构成一组平衡力系，按力作用局部性原理，同样也可以将平衡力系 $\{P, P_2\}$ 去掉，而对离杆端较远处的应力分布无显著影响. 这样一来，图 5-3(a)中受集中力作用的杆就变成端部受分布力作用的杆，这样杆内各处(包括杆端)的应力可用材料力学拉压杆横截面上的应力计算公式来计算. 同理，图 5-3(b)中将梁的端部由集中力形成的力偶改变为分布力形成的力偶，则梁内各处(包括梁端)的弯曲正应力也可用材料力学弯曲正应力计算公式来计算. 可见，利用圣维南原理可将一些较为复杂的问题转化为较简单的问题来处理. 按照力作用的局部性原理处理的弹性力学问题称为圣维南问题. 柱体的扭转和弯曲是最典型的圣维南问题. 圣维南原理正是圣维南 1855 年在处理柱体的扭转和弯曲时提出来的，以后一直被人们所应用，并已有大量实验和数值计算方法的结果证明了这个原理的正确性.

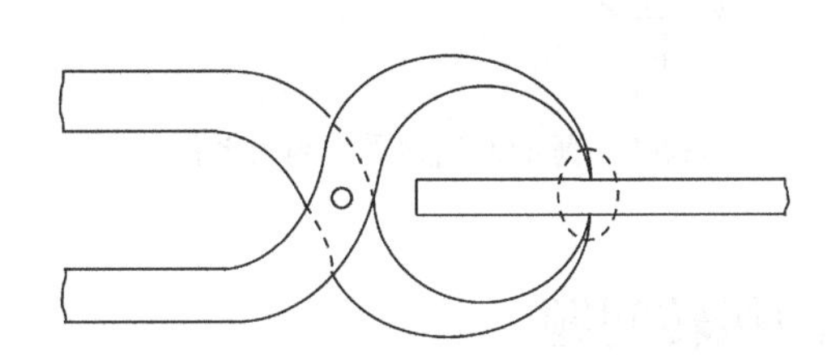

图 5-4　作用在物体局部区域内的平衡力系

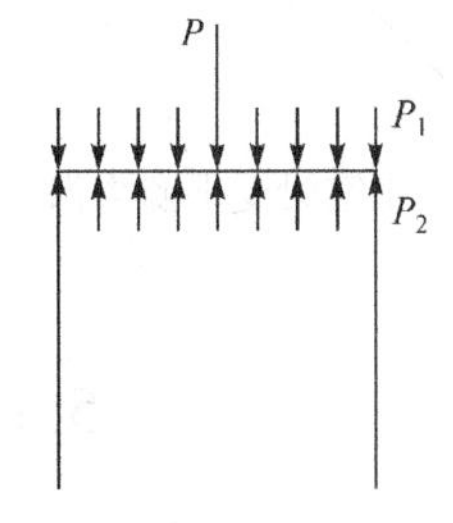

图 5-5　局部边界上力的等效替换

圣维南原理的历史源远流长，但圣维南原理的数学证明直到圣维南原理提出一百多年以后才取得了某些进展. 由斯顿贝格(E. Sternberg)、图平(R. A. Toupin)和诺尔斯(J. K. Knowles)等分别从不同途径对圣维南原理进一步简述并给出定性证明. 1965 年图平对柱体端部受载的情况给出了圣维南原理的数学形式和证明，指出应变能是按距离的指数衰减的. 伯迪切斯基(A. L. Berdicherskii)和伯格伦德(P. Berglund)将这一结果推广到一般形状的弹性体和微极弹性体，指出圣维南原理的实质是空间的距离效应. 圣维南原理的数学证明既是一个传统的老课题，又是一个充满生机的新课题，魅力无穷. 人类对科学难题的探索，将大大推进人类对自然规律的认识，从而大大提高人类征服自然的能力. 关于这些内容无疑已远远超出了本书的范围.

必须引起注意的是，当我们对薄壁构件(薄壁杆件或薄壳)引用圣维南原理时，要求力的作用区域必须与壁厚尺寸大致相当，否则将会导致严重的错误. 例如，图 5-6 所示的工字梁，在端面的两个翼缘上作用着一对大小相等、方向相反的力偶，从梁的整个横截面范围看，它是平衡力系，但实际上它构成了双力矩，将使整个杆件产生弯曲和扭转. 又例如，图 5-7 所示的薄壁槽钢悬臂梁在自由端受一对大小相等、方向相反的力作用，虽然外荷载与零荷载静力等效，但是会在杆内引起显著的应力和变形. 当荷载作用区域大于物体受力处截面组成部分的最小尺寸时，圣维南原理失效. 因此，在对薄壁杆件引用圣维南原理时，应该特别慎重.

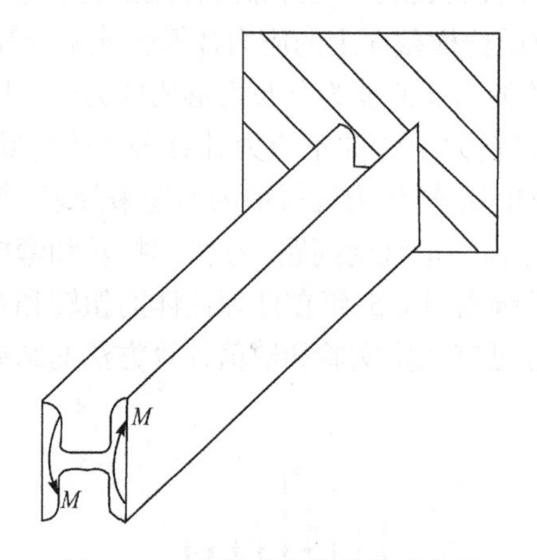

图 5-6 工字梁受平衡力偶系作用

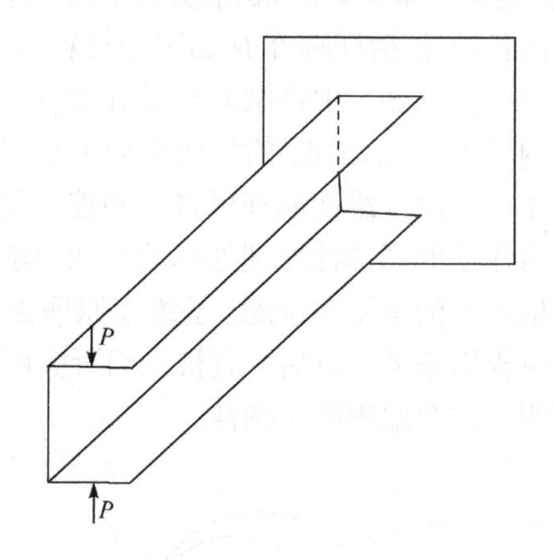

图 5-7 薄壁槽钢梁受平衡力系作用

5.5 柱体的扭转问题

5.5.1 等截面圆柱体扭转

等截面柱体扭转问题是土木、机械等工程中常见的一类问题. 柱体扭转是指圆柱体和棱柱体仅在端部受到扭转作用，而且扭矩矢量与柱体的轴线方向一致. 下面首先考察长为 l，两端承受产生扭转变形的外力偶矩 M 且不计体积力的圆柱体(图 5-8). 关于圆轴扭转，采用材料力学解答，其截面上任一点的剪应力 τ 垂直于半径，并与半径 ρ 及圆轴的每单位长度的扭转角 θ 成正比，即

$$\tau = G\rho\theta \tag{5.25}$$

式中，G 是材料的剪切弹性模量.

将这应力分解为平行于 Ox 轴和 Oy 轴的两个分量，得

$$\begin{cases}\tau_{zx}=-\tau\sin\varphi=-G\rho\theta\sin\varphi\\ \tau_{zy}=\tau\cos\varphi=G\rho\theta\cos\varphi\end{cases}\tag{5.26}$$

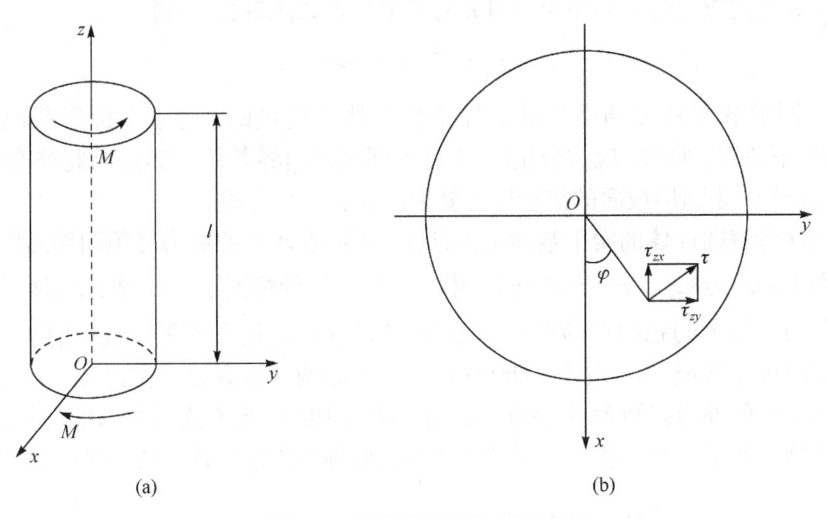

图 5-8 圆形截面柱体的扭转

由图 5-8 可以看出

$$\cos\varphi=\frac{x}{\rho},\quad \sin\varphi=\frac{y}{\rho}$$

将上式代入式(5.26)，并假设其余应力分量全为零，于是得到圆柱截面扭转时各应力分量为

$$\begin{cases}\tau_{zx}=-G\theta y,\quad \tau_{zy}=G\theta x\\ \sigma_x=\sigma_y=\sigma_z=\tau_{xy}=0\end{cases}\tag{5.27}$$

可以证明，这一解答在体积力为零条件下是精确解. 因为所有的应力分量都是坐标的线性函数或为零，所以相容方程(5.19)是满足的，只需要考虑平衡微分方程(5.1)和边界条件(5.6). 不难直接验证，在体积力为零时，上面一组应力分量是满足平衡微分方程(5.1)的，下面校核它们是否满足边界条件. 略去边界条件(5.6)中应力分量为零的各项，可得

$$\begin{cases}\overline{f}_x=\tau_{xz}n_3\\ \overline{f}_y=\tau_{yz}n_3\\ \overline{f}_z=\tau_{zx}n_1+\tau_{zy}n_2\end{cases}\tag{5.28}$$

将它应用到柱体的侧面上. 柱体侧面上任一点外法线单位矢量 $\boldsymbol{n}$ 的分量为

$$n_1 = \cos\varphi = \frac{x}{\rho}, \qquad n_2 = \sin\varphi = \frac{y}{\rho}, \qquad n_3 = 0 \tag{5.29}$$

将非零的应力分量和单位矢量 $\boldsymbol{n}$ 的分量代入式(5.28)，可得

$$\overline{f}_x = \overline{f}_y = \overline{f}_z = 0$$

所以，圆形截面柱体侧面处的边界条件显然是满足的. 对于非圆形截面，方程(5.29)不适用，此时，应力分量(5.27)就不能满足边界条件(5.28)，因此解答(5.25)就不能应用. 非圆形截面的扭转较为复杂，我们另行分析.

现在考察圆柱体的两个端面边界条件. 两端表面上的剪力必须和轴的任一中间截面上的应力 τ_{zx}、τ_{zy} 分布完全一样. 只有在这种情况下，方程(5.27)所表示的应力分布才是该问题的精确解答. 但此解答的实际应用并不限于这种情况. 由圣维南原理可以断定，在受扭转的圆柱体中，在距两端较远处，应力实际上仅与产生扭转变形的外力偶矩 M 大小有关，而与两端力的分布方式无关. 由于外力的具体分布情况并不清楚，我们只能利用圣维南原理写出它的放松边界条件，即

$$\begin{cases} \iint \tau_{zx} \mathrm{d}x\mathrm{d}y = 0 \\ \iint \tau_{zy} \mathrm{d}x\mathrm{d}y = 0 \\ \iint (x\tau_{zy} - y\tau_{zx}) \mathrm{d}x\mathrm{d}y = M \end{cases} \qquad (\text{在 } z = 0\text{，}l \text{ 处}) \tag{5.30}$$

将式(5.27)代入式(5.30)，由于坐标原点位于横截面的形心，式(5.30)的第一、二式自然满足，第三式变为

$$G\theta \iint (x^2 + y^2) \mathrm{d}x\mathrm{d}y = M$$

引入 $I_\mathrm{p} = \iint (x^2 + y^2)\mathrm{d}x\mathrm{d}y$，称为横截面对圆心 O 点的极惯性矩(截面二次极矩)，于是有

$$\theta = \frac{M}{GI_\mathrm{p}} \tag{5.31}$$

式中，GI_p 称为抗扭刚度.

将式(5.31)代入式(5.25)，可得

$$\tau = \frac{M\rho}{I_\mathrm{p}} \tag{5.32}$$

对于圆轴的扭转，用材料力学方法所求出的应力，也是弹性力学的解答.

下面求位移分量，将式(5.27)代入式(5.4)求得应变分量，再利用式(5.2)，得到

$$
\begin{cases}
\dfrac{\partial u}{\partial x}=0, \quad \dfrac{\partial v}{\partial y}=0, \quad \dfrac{\partial w}{\partial z}=0 \\
\dfrac{\partial w}{\partial y}+\dfrac{\partial v}{\partial z}=\theta x \\
\dfrac{\partial u}{\partial z}+\dfrac{\partial w}{\partial x}=-\theta y \\
\dfrac{\partial v}{\partial x}+\dfrac{\partial u}{\partial y}=0
\end{cases} \tag{5.33}
$$

由式(5.33)前三式可知

$$
u=f(y,z), \quad v=\varphi(z,x), \quad w=\psi(x,y) \tag{5.34}
$$

这里 f 、φ 、ψ 均为任意函数，不过，它们还得满足式(5.33)的后三式. 故将式(5.34)代入式(5.33)的后三式，得到

$$
\begin{cases}
\dfrac{\partial \psi}{\partial y}+\dfrac{\partial \varphi}{\partial z}=\theta x \\
\dfrac{\partial f}{\partial z}+\dfrac{\partial \psi}{\partial x}=-\theta y \\
\dfrac{\partial \varphi}{\partial x}+\dfrac{\partial f}{\partial y}=0
\end{cases} \tag{5.35}
$$

通过阶数的升高，可将方程(5.35)化为

$$
\begin{cases}
\dfrac{\partial^2 f}{\partial y^2}=0, \quad \dfrac{\partial^2 f}{\partial y \partial z}=-\theta, \quad \dfrac{\partial^2 f}{\partial z^2}=0 \\
\dfrac{\partial^2 \varphi}{\partial z^2}=0, \quad \dfrac{\partial^2 \varphi}{\partial z \partial x}=\theta, \quad \dfrac{\partial^2 \varphi}{\partial x^2}=0 \\
\dfrac{\partial^2 \psi}{\partial x^2}=0, \quad \dfrac{\partial^2 \psi}{\partial x \partial y}=\theta, \quad \dfrac{\partial^2 \psi}{\partial y^2}=0
\end{cases} \tag{5.36}
$$

由此可得

$$
\begin{cases}
f(y,z)=-\theta yz+ay+bz+c \\
\varphi(z,x)=\theta zx+dx+ez+g \\
\psi(x,y)=hx+iy+k
\end{cases} \tag{5.37}
$$

式(5.37)表示的函数是方程组(5.36)的通解. 但由于方程(5.35)变到方程(5.36)时阶数增高了一次，函数式(5.37)未必满足方程(5.35). 现把它们代入方程(5.35)，于是有

$$
i+e=0, \quad b+h=0, \quad d+a=0
$$

于是，方程(5.35)的解可写为

$$\begin{cases}u=f(y,z)=-\theta yz-dy+bz+c\\ v=\varphi(z,x)=\theta zx+dx-iz+g\\ w=\psi(x,y)=-bx+iy+k\end{cases} \tag{5.38}$$

显然，式中的一次项和常数项分别表示整个柱体的刚体转动和刚体平动. 如果限制柱体的移动和转动，如柱体下端固定，则有

$$c=g=k=0\,,\quad b=d=i=0$$

故圆柱体扭转时，位移分量可表示为

$$\begin{cases}u=-\theta yz\\ v=\theta zx\\ w=0\end{cases} \tag{5.39}$$

这里的$w=0$表示圆柱扭转时，各横截面仍保持为平面.

5.5.2 等截面非圆柱体扭转

1. 平移法求解扭转问题

对任意形状截面的棱柱体扭转问题，平面假设不再成立. 各横截面除了在自身平面内绕轴线转动外，还会发生垂直于截面的翘曲变形. 因此，必须对式(5.39)进行修正，可假设位移分量为

$$u=-\theta yz\,,\quad v=\theta zx\,,\quad w=\theta\psi(x,y) \tag{5.40}$$

式中，$\psi(x,y)$表征横截面的翘曲形状，称为翘曲函数，亦称为圣维南扭转函数.

由几何方程得应变分量为

$$\begin{cases}\varepsilon_x=0,\quad \varepsilon_y=0,\quad \varepsilon_z=0,\quad \gamma_{xy}=0\\ \gamma_{yz}=\theta\left(\dfrac{\partial\psi}{\partial x}+x\right),\quad \gamma_{zx}=\theta\left(\dfrac{\partial\psi}{\partial x}-y\right)\end{cases} \tag{5.41}$$

由应力应变关系(5.5)得到应力分量为

$$\begin{cases}\sigma_x=0,\quad \sigma_y=0,\quad \sigma_z=0,\quad \tau_{xy}=0\\ \tau_{yz}=G\theta\left(\dfrac{\partial\psi}{\partial x}+x\right),\quad \tau_{zx}=G\theta\left(\dfrac{\partial\psi}{\partial x}-y\right)\end{cases} \tag{5.42}$$

由式(5.42)可知，平衡微分方程的第一式和第二式恒成立，而第三式为

$$\frac{\partial\tau_{xz}}{\partial x}+\frac{\partial\tau_{yz}}{\partial y}=0 \tag{5.43}$$

同时，侧表面无外力的边界条件也只剩下第三式，即

$$\tau_{xz}n_1+\tau_{yz}n_2=0 \tag{5.44}$$

将式(5.42)代入式(5.43)和式(5.44)，容易得到翘曲函数 $\psi(x,y)$ 满足的边值问题，即

$$\begin{cases}\nabla^2\psi=\dfrac{\partial^2\psi}{\partial x^2}+\dfrac{\partial^2\psi}{\partial y^2}=0 \quad (\text{在}\Omega\text{内})\\ \left.\dfrac{\partial\psi}{\partial n}\right|_{\Gamma}=yn_1-xn_2\end{cases} \tag{5.45}$$

式中，Γ 为区域 Ω 的边界；$\dfrac{\partial\psi}{\partial n}$ 为沿法线 $\boldsymbol{n}$ 的偏导数. 说明假设的翘曲函数 $\psi(x,y)$ 是满足式(5.45)边界条件的调和函数. 边值问题(5.45)对单连通域 Ω 和多连通域 Ω 都成立.

位势理论中称边值问题(5.45)为诺伊曼(J. V. Neumann)问题. 诺伊曼问题的解 $\psi(x,y)$ 可以确定到相差一个常数的程度. 这相当于沿 z 方向的整体平移，因而不影响应力分布.

在柱体端部无合力作用，有

$$\begin{aligned}T_x&=\iint_\Omega\tau_{zx}\mathrm{d}x\mathrm{d}y=G\theta\iint_\Omega\left(\frac{\partial\psi}{\partial x}-y\right)\mathrm{d}x\mathrm{d}y+G\theta\iint_\Omega x\nabla^2\psi\mathrm{d}x\mathrm{d}y\\&=G\theta\iint_\Omega\left\{\frac{\partial}{\partial x}\left[x\left(\frac{\partial\psi}{\partial x}-y\right)\right]+\frac{\partial}{\partial y}\left[x\left(\frac{\partial\psi}{\partial y}+x\right)\right]\right\}\mathrm{d}x\mathrm{d}y\end{aligned}$$

利用斯托克斯(Stokes)定理，可得

$$\begin{aligned}T_x&=G\theta\oint_\Gamma\left[-x\left(\frac{\partial\psi}{\partial y}+x\right)\frac{\mathrm{d}x}{\mathrm{d}s}+x\left(\frac{\partial\psi}{\partial x}-y\right)\frac{\mathrm{d}y}{\mathrm{d}s}\right]\mathrm{d}s\\&=G\theta\oint_\Gamma x\left(\frac{\partial\psi}{\partial y}\frac{\mathrm{d}y}{\mathrm{d}n}+\frac{\partial\psi}{\partial x}\frac{\mathrm{d}x}{\mathrm{d}n}+xn_2-yn_1\right)\mathrm{d}s=0\end{aligned}$$

这里，已用到几何关系 $\dfrac{\mathrm{d}x}{\mathrm{d}s}=-\cos(\boldsymbol{n},y)=-\dfrac{\mathrm{d}y}{\mathrm{d}n}=-n_2$，$\dfrac{\mathrm{d}y}{\mathrm{d}s}=\cos(\boldsymbol{n},x)=\dfrac{\mathrm{d}x}{\mathrm{d}n}=n_1$，以及 ψ 满足的边界条件. 同理可证明

$$T_y=\iint_\Omega\tau_{zy}\mathrm{d}x\mathrm{d}y=0$$

端部扭矩 M_t 为

$$M_t=\iint_\Omega(\tau_{zy}x-\tau_{zx}y)\mathrm{d}x\mathrm{d}y=G\theta\iint_\Omega\left(x^2+y^2+x\frac{\partial\psi}{\partial y}-y\frac{\partial\psi}{\partial x}\right)\mathrm{d}x\mathrm{d}y \tag{5.46}$$

定义抗扭刚度K为

$$K = G\iint_{\Omega}\left(x^2 + y^2 + x\frac{\partial \psi}{\partial y} - y\frac{\partial \psi}{\partial x}\right)\mathrm{d}x\mathrm{d}y \tag{5.47}$$

柱体单位长度扭转角可写为

$$\theta = \frac{M_t}{K} \tag{5.48}$$

这样，用位移法求解扭转问题可归结为由调和方程和边界条件(5.45)求翘曲函数$\psi(x,y)$，由式(5.47)求抗扭刚度，由式(5.48)求出单位长度扭转角，最后由式(5.42)求横截面上的切应力.

2. 应力法求解扭转问题

下面我们来讨论柱体扭转问题的应力解法. 由式(5.42)可知，柱体自由扭转问题归结为求切应力τ_{zx}和τ_{zy}，它们只是x、y的函数，并满足如下平衡微分方程和应力形式的变形协调方程：

$$\frac{\partial \tau_{zx}}{\partial x} + \frac{\partial \tau_{zy}}{\partial y} = 0 \tag{5.49}$$

$$\nabla^2 \tau_{zx} = 0, \quad \nabla^2 \tau_{zy} = 0 \tag{5.50}$$

以及边界条件

$$\tau_{zx} n_1 + \tau_{zy} n_2 = 0 \tag{5.51}$$

和$z = l$端的端部条件

$$\begin{cases} M_t = \iint_{\Omega} (\tau_{zy} x - \tau_{zx} y)\mathrm{d}x\mathrm{d}y \\ \iint_{\Omega} \tau_{zx}\mathrm{d}x\mathrm{d}y = \iint_{\Omega} \tau_{zy}\mathrm{d}x\mathrm{d}y = 0 \end{cases} \tag{5.52}$$

由平衡微分方程，我们引进扭转应力函数$\Phi(x,y)$，使得

$$\tau_{zx} = G\theta\frac{\partial \Phi}{\partial y}, \quad \tau_{zy} = -G\theta\frac{\partial \Phi}{\partial x} \tag{5.53}$$

将式(5.53)代入式(5.50)，交换求导次序，有

$$\frac{\partial}{\partial x}\nabla^2 \Phi = 0, \quad \frac{\partial}{\partial y}\nabla^2 \Phi = 0$$

由此得$\nabla^2 \Phi = C$，式中C为积分常数. 注意到式(5.42)和式(5.53)，有

$$\frac{\partial \Phi}{\partial y}=\frac{\partial \psi}{\partial x}-y, \quad -\frac{\partial \Phi}{\partial x}=\frac{\partial \psi}{\partial x}+x \tag{5.54}$$

将式(5.54)第一式对 y，第二式对 x 求一阶偏导数，然后将前式减去后式，可得

$$\nabla^2 \Phi=-2 \tag{5.55}$$

这显然是泊松方程，它表示函数 $\Phi(x,y)$ 在柱形杆横截面所组成的区域 Ω 内所必须满足的方程. 函数 $\Phi(x,y)$ 称为**普朗特应力函数**.

现在考察边界条件. 由于柱体的侧面，$\overline{f}_x=\overline{f}_y=\overline{f}_z=0$，$n_3=0$，故边界条件(5.6a)前两式恒满足，注意到 $n_1=\frac{\mathrm{d}y}{\mathrm{d}s}$，$n_2=-\frac{\mathrm{d}x}{\mathrm{d}s}$，其第三式变为

$$\frac{\partial \Phi}{\partial y}\frac{\mathrm{d}y}{\mathrm{d}s}+\frac{\partial \Phi}{\partial x}\frac{\mathrm{d}x}{\mathrm{d}s}=\frac{\mathrm{d}\Phi}{\mathrm{d}s}=0 \quad (\text{在}\,\Gamma\,\text{上})$$

积分后得

$$\Phi=k \tag{5.56}$$

这里，k 为常数.

对于单连通域，可取 $k=0$，于是边界条件(5.56)可写为

$$\Phi=0 \quad (\text{在横截面周界}\,\Gamma\,\text{上}) \tag{5.57}$$

下面，推导用应力函数 $\Phi(x,y)$ 表示扭矩 M_t 和抗扭刚度 K 的计算公式. 先假定横截面组成的区域为单连通的. 由

$$M_t=\iint_{\Omega}(\tau_{zy}x-\tau_{zx}y)\mathrm{d}x\mathrm{d}y$$

将式(5.53)代入上式，并利用斯托克斯公式，有

$$\begin{aligned}M_t&=-G\theta\iint_{\Omega}\left(x\frac{\partial \Phi}{\partial x}+y\frac{\partial \Phi}{\partial y}\right)\mathrm{d}x\mathrm{d}y\\&=-G\theta\iint_{\Omega}\left[\frac{\partial}{\partial x}(x\Phi)+\frac{\partial}{\partial y}(y\Phi)\right]\mathrm{d}x\mathrm{d}y+2G\theta\iint_{\Omega}\Phi\mathrm{d}x\mathrm{d}y\\&=-G\theta\oint_{\Gamma}\Phi(xn_1+yn_2)\mathrm{d}s+2G\theta\iint_{\Omega}\Phi\mathrm{d}x\mathrm{d}y\end{aligned} \tag{5.58}$$

再利用式(5.57)，式(5.58)简化后为

$$M_t=2G\theta\iint_{\Omega}\Phi\mathrm{d}x\mathrm{d}y \tag{5.59}$$

由式(5.59)可见，抗扭刚度 K 为

$$K=2G\iint_{\Omega}\Phi\mathrm{d}x\mathrm{d}y \tag{5.60}$$

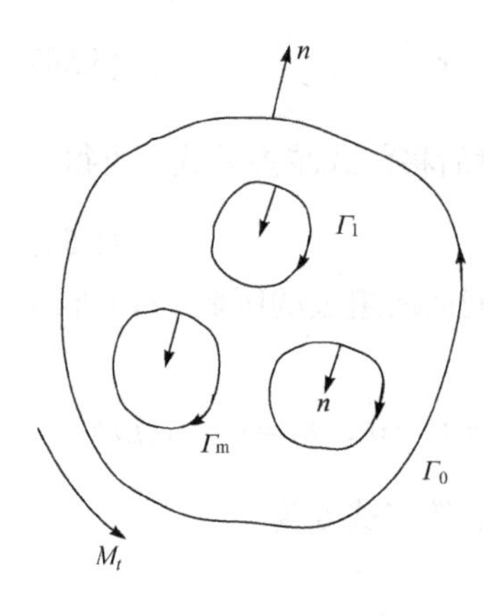

图 5-9 横截面为多连通区域

如果横截面所组成的区域为多连通的(图 5-9)，设应力函数 Φ 在 Γ_0 上的值为零，而在内边界 Γ_i 上的值为 k_i，即

$$\begin{cases}\Phi\big|_{\Gamma_0}=0\\ \Phi\big|_{\Gamma_i}=k_i\quad(i=1,2,\cdots,m)\end{cases}\tag{5.61}$$

参照式(5.58)，有

$$\begin{aligned}M_t&=-G\theta\oint_{\Gamma_1^+,\Gamma_2^+,\cdots,\Gamma_m^+}\Phi(xn_1+yn_2)\mathrm{d}s+2G\theta\iint_{\Omega}\Phi\mathrm{d}x\mathrm{d}y\\&=-G\theta\sum_{i=1}^{m}\oint_{\Gamma_i^+}k_i(xn_1+yn_2)\mathrm{d}s+2G\theta\iint_{\Omega}\Phi\mathrm{d}x\mathrm{d}y\end{aligned}\tag{5.62}$$

利用斯托克斯公式计算得

$$\oint_{\Gamma_i^+}(xn_1+yn_2)\mathrm{d}s=-\oint_{\Gamma_i^-}(xn_1+yn_2)\mathrm{d}s=-2\iint_{\Omega_i}\mathrm{d}x\mathrm{d}y=-2S_i\quad(i=1,2,\cdots,m)$$

这里，S_i 表示内边界 Γ_i 所围成的面积.

将上式代入式(5.62)，得到

$$M_t=2G\theta\iint_{\Omega}\Phi\mathrm{d}x\mathrm{d}y+2G\theta\sum_{i=1}^{m}k_iS_i\tag{5.63}$$

抗扭刚度为

$$K=\frac{M_t}{\theta}=2G\iint_{\Omega}\Phi\mathrm{d}x\mathrm{d}y+2G\sum_{i=1}^{m}k_iS_i\tag{5.64}$$

综上所述，如果采用应力解法求解扭转问题，则先在边界条件(5.57)或(5.56)下求解式(5.55)，求得应力函数 $\Phi(x,y)$，由式(5.53)求应力分量，由式(5.60)或式(5.64)求抗扭刚度，从而可确定柱体单位长度的扭转角 θ. 下面举例说明应力求解步骤.

例 5.4 有一椭圆截面等直杆，截面的长轴和短轴分别为 $2a$ 和 $2b$，如图 5-10 所示，两端作用一对大小相等、方向相反的扭转力偶矩 M_t. 求应力分量.

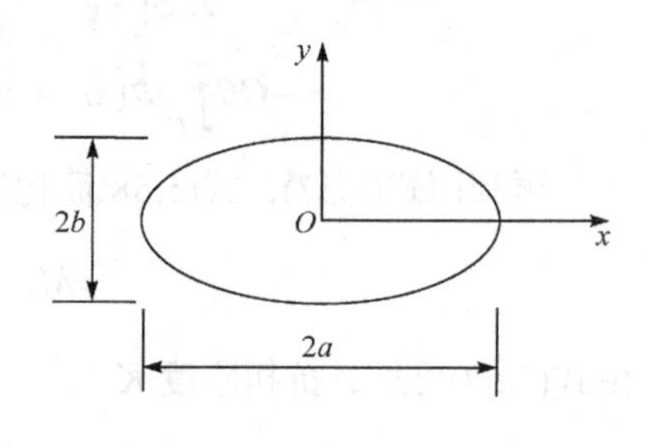

图 5-10 椭圆截面直杆扭转

解 椭圆的边界方程为

$$\frac{x^2}{a^2}+\frac{y^2}{b^2}=1\tag{a}$$

由于扭转应力函数在边界上为零，于是可假设

$$\Phi = m\left(\frac{x^2}{a^2}+\frac{y^2}{b^2}-1\right) \tag{b}$$

式中，m 为待定常数.

将式(b)代入式(5.55)，可得

$$2m\left(\frac{1}{a^2}+\frac{1}{b^2}\right)=-2$$

可求得

$$m=-\frac{a^2b^2}{a^2+b^2} \tag{c}$$

由式(5.59)，有

$$M_t=-\frac{2a^2b^2G\theta}{a^2+b^2}\iint_{\Omega}\left(\frac{x^2}{a^2}+\frac{y^2}{b^2}-1\right)\mathrm{d}x\mathrm{d}y$$

注意到

$$\iint_{\Omega}x^2\mathrm{d}x\mathrm{d}y=I_y=\frac{1}{4}\pi ba^3,\quad \iint_{\Omega}y^2\mathrm{d}x\mathrm{d}y=I_x=\frac{1}{4}\pi ab^3,\quad \iint_{\Omega}\mathrm{d}x\mathrm{d}y=A=\pi ab$$

可得

$$M_t=\frac{\pi a^3b^3G\theta}{a^2+b^2} \tag{d}$$

由此可得单位长度扭转角为

$$\theta=\frac{a^2+b^2}{\pi a^3b^3G}M_t \tag{e}$$

再由式(5.53)可求得应力分量为

$$\tau_{zx}=G\theta\frac{\partial\Phi}{\partial y}=-\frac{2M_t}{\pi ab^3}y,\quad \tau_{zy}=-G\theta\frac{\partial\Phi}{\partial x}=-\frac{2M_t}{\pi a^3b}x \tag{f}$$

最大切应力发生在椭圆短轴两端，其值为

$$\tau_{\max}=\frac{2M_t}{\pi ab^2} \tag{g}$$

抗扭刚度为

$$K=\frac{M_t}{\theta}=\frac{\pi a^3b^3G}{a^2+b^2}=\frac{GA^4}{4\pi^2I_{\mathrm{p}}} \tag{h}$$

当 $a=b$ (圆截面)时，横截面上任一点的切应力为

$$\tau_{\rho}=\sqrt{\tau_{zx}^{2}+\tau_{zy}^{2}}=\frac{M_{t}}{I_{\mathrm{p}}}\rho \tag{i}$$

结果与圆轴扭转的解答一致.

5.6 弹性力学问题的通解

在 5.2 节已给出位移法求解弹性力学问题的纳维基本方程，即

$$(\lambda+\mu)u_{j,ji}+\mu u_{i,jj}+f_{i}=0 \tag{5.65}$$

在不考虑体积力情况下，纳维基本方程变为

$$(\lambda+\mu)u_{j,ji}+\mu u_{i,jj}=0 \tag{5.66a}$$

或写为

$$(\lambda+\mu)\nabla(\nabla\cdot\boldsymbol{u})+\mu\nabla^{2}\boldsymbol{u}=0 \tag{5.66b}$$

线性非齐次方程(5.65)的通解由线性齐次方程(5.66)的通解和线性非齐次方程(5.65)的特解组成. 若线性非齐次方程的特解和齐次方程的通解都能求出，将它们叠加并使其满足给定的边界条件，那么按弹性力学问题解的唯一性定理，就得到问题的解. 本节先分析无体积力情况下齐次方程(5.66)的通解，然后再分析有体积力情况下非齐次方程的特解.

直接求解齐次方程(5.66)的通解是很困难的. 为此，可把位移矢量 $\boldsymbol{u}$ 表示成某种标量函数和矢量函数的形式，然后代入式(5.66)，可得到这些函数应满足的条件. 通常，这些函数都是调和函数或双调和函数，下面讨论三种不同的求解方法.

5.6.1 拉梅位移势函数解

基于矢量的亥姆霍兹(Helmholtz)分解定理：空间区域 V 上的任意矢量场，如果它的散度、旋度和边界条件(即限定区域 V 的闭合曲面 S 上的矢量场的分布)已知，则该矢量场可以表示为一个标量函数的梯度场(无旋场)和一个矢量函数的旋度场(等容场或称无散场)的叠加. 因此，可把位移矢量 $\boldsymbol{u}$ 表示成

$$u_{i}=\varphi_{,i}+\varepsilon_{ipq}\psi_{q,p} \tag{5.67a}$$

或写为

$$\boldsymbol{u}=\nabla\varphi+\nabla\times\boldsymbol{\psi} \tag{5.67b}$$

式(5.67)称为**位移场的势函数分解式**. 式中，$\varphi_{,i}$ 代表无旋场部分，因为其旋度为零，

即$\nabla\times\nabla\varphi=0$；$\varepsilon_{ipq}\psi_{q,p}$代表等容场部分，因为其散度为零，即$\nabla\cdot(\nabla\times\boldsymbol{\psi})=0$．这里的$\nabla$为哈密顿算子.

将式(5.67)代入式(5.66)，可得

$$\mu\varphi_{,ijj}+\mu\varepsilon_{ipq}\psi_{q,pjj}+(\lambda+\mu)\varphi_{,ijj}+(\lambda+\mu)\varepsilon_{jpq}\psi_{q,pji}=0$$

由于$\varepsilon_{jpq}\psi_{q,pji}=0$，上式可化为

$$(\lambda+2\mu)\varphi_{,ijj}+\mu\varepsilon_{ipq}\psi_{q,pjj}=0 \tag{5.68a}$$

或写为

$$(\lambda+2\mu)\nabla\nabla^2\varphi+\mu\nabla\times\nabla^2\boldsymbol{\psi}=0 \tag{5.68b}$$

任何满足式(5.68)的标量势函数φ和矢量函数$\boldsymbol{\psi}$组成的由式(5.67)确定的位移场都满足纳维基本方程. 如果取

$$\begin{cases}\nabla^2\varphi=0\\ \nabla^2\boldsymbol{\psi}=0\end{cases} \tag{5.69}$$

这组解答显然满足式(5.68). 但需要指出，这一组解并不是纳维方程的通解，只是纳维方程的一组解. 可取$\nabla^2\varphi=C$(C为常数)和$\boldsymbol{\psi}=0$，同样满足纳维方程. 这样的函数称为拉梅位移势函数. 在这种情况下，位移场是无旋的，式(5.67b)简化为

$$\boldsymbol{u}=\nabla\varphi \tag{5.70}$$

此时，体积应变为

$$\theta=u_{i,i}=\varphi_{,ii}=\nabla^2\varphi=C \tag{5.71}$$

这表明，如果标量势函数φ满足泊松方程(5.71)，则由$\boldsymbol{u}=\nabla\varphi$给出的位移就是齐次方程(5.66)的解. 如果令方程(5.71)右边的常数为零，则它变为拉普拉斯方程. 可见，任意一个调和函数都可以作为拉梅位移势函数. 由于调和函数在数学中研究得十分详尽，针对某些具体问题，去寻求调和函数φ是比较容易的. 为方便起见，式(5.70)又可写为

$$\boldsymbol{u}=\frac{1}{2G}\nabla\varphi \tag{5.72}$$

对于轴对称问题，拉梅位移势函数可写为

$$\varphi=\varphi(\rho,z)$$

而与式(5.72)对应的关系为

$$u_\rho=\frac{1}{2G}\frac{\partial\varphi}{\partial\rho},\quad w=\frac{1}{2G}\frac{\partial\varphi}{\partial z} \tag{5.73}$$

对于球对称问题，拉梅位移势函数可写为

$$\varphi=\varphi(r)$$

而与式(5.72)对应的关系为

$$u_r=\frac{1}{2G}\frac{\mathrm{d}\varphi}{\mathrm{d}r} \tag{5.74}$$

5.6.2 波西涅斯克–伽辽金通解

波西涅斯克和伽辽金提出了如下形式的通解：

$$u_i=-\frac{1}{2(1-\nu)}F_{j,ji}+F_{i,jj} \tag{5.75a}$$

或写为

$$\boldsymbol{u}=-\frac{1}{2(1-\nu)}\nabla(\nabla\cdot\boldsymbol{F})+\nabla^2\boldsymbol{F} \tag{5.75b}$$

式中，矢量势 $\boldsymbol{F}$ 称为伽辽金矢量.

将式(5.75)代入无体积力的纳维方程，并注意到 $\lambda=2\nu\mu/(1-2\nu)$，可得

$$\nabla^4\boldsymbol{F}=0 \tag{5.76}$$

可见，$\boldsymbol{F}$ 为双调和矢量函数. 可以证明，式(5.75)是无体积力情况纳维方程的通解.

比较式(5.75)和式(5.68)，可得伽辽金矢量 $\boldsymbol{F}$ 与 φ 和 $\boldsymbol{\psi}$ 有如下关系：

$$\varphi=-\frac{1}{2(1-\nu)}F_{i,i} \quad 或 \quad \varphi=-\frac{1}{2(1-\nu)}\nabla\cdot\boldsymbol{F} \tag{5.77}$$

以及

$$\varepsilon_{ijk}\psi_{k,j}=F_{i,jj} \quad 或 \quad \nabla\times\boldsymbol{\psi}=\nabla^2\boldsymbol{F} \tag{5.78}$$

若伽辽金矢量 $\boldsymbol{F}$ 在 x 和 y 方向的分量为零，只有 z 方向的分量 F_z，这时式(5.75b)简化为

$$\boldsymbol{u}=-\frac{1}{2(1-\nu)}\nabla\frac{\partial F_z}{\partial z}+\nabla^2F_z\boldsymbol{k} \tag{5.79}$$

称 F_z 为乐甫位移函数，它是伽辽金矢量的特殊情况.

5.6.3 纽勃–巴博考维奇通解

纽勃–巴博考维奇(Neuber-Папкович)提出了如下形式的通解：

$$u_i=V_i-B_{,i}-\frac{(V_kx_k)_{,i}}{4(1-\nu)} \tag{5.80a}$$

或写为

$$\boldsymbol{u}=\boldsymbol{V}-\nabla B-\frac{1}{4(1-\nu)}\nabla(\boldsymbol{V}\cdot\boldsymbol{r}) \tag{5.80b}$$

式中，B 为标量函数；$\boldsymbol{V}$ 为矢量函数；$\boldsymbol{r}=x_i\boldsymbol{e}_i$ 为位置矢量.

将式(5.75)代入无体积力纳维方程，并注意到 $\lambda=2\nu\mu/(1-2\nu)$，可得

$$\mu V_{i,jj}-(\lambda+2\mu)B_{,ijj}-\frac{1}{2}(\lambda+\mu)(V_{k,ijj}x_k+V_{i,jj})=0 \tag{5.81}$$

显然，如果 B 和 $\boldsymbol{V}$ 满足

$$\begin{cases}\nabla^2 B=0\\ \nabla^2\boldsymbol{V}=0\end{cases} \tag{5.82}$$

即 B 和 $\boldsymbol{V}$ 都是调和函数，则能满足式(5.81). 可以证明，由四个调和函数 B、V_i ($i=1,2,3$)组成的位移解(5.80)是纳维方程的通解. 由于位移函数只有三个，这四个调和函数并不完全独立，可以减少到三个. 比较式(5.75)和式(5.80)，可得它们与伽辽金矢量的关系为

$$\boldsymbol{V}=\nabla^2\boldsymbol{F}$$

$$B=-\frac{1}{4(1-\nu)}(\boldsymbol{V}\cdot\boldsymbol{r})+\frac{1}{2(1-\nu)}(\nabla\cdot\boldsymbol{F})$$

纽勃-巴博考维奇通解是利用调和函数而不是双调和函数表示位移场，这是与波西涅斯克-伽辽金通解的不同之处. 由于调和函数比双调和函数相对简单，因而纽勃-巴博考维奇通解的应用比较广泛.

5.6.4 开尔文通解

设有一无限大弹性体，体内一点受集中力 P 作用，并设集中力 P 作用于坐标原点，方向指向坐标轴 z 的正方向，如图 5-11 所示. 这问题称为开尔文(L. Kelvin)问题. 下面求该问题的解答.

取伽辽金矢量为 $\boldsymbol{F}=F_z\boldsymbol{k}$，其中 $F_z=F_z(x,y,z)$，由式(5.75)，有

$$u_x=-\frac{1}{2(1-\nu)}\frac{\partial^2 F_z}{\partial z\partial x}$$

$$u_y=-\frac{1}{2(1-\nu)}\frac{\partial^2 F_z}{\partial z\partial y}$$

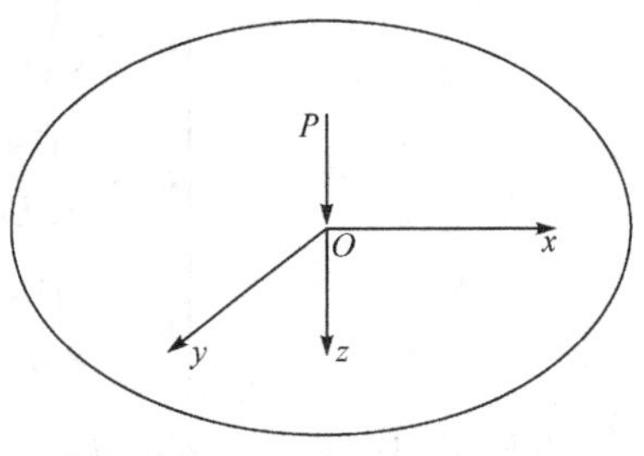

图 5-11 Kelvin 问题

$$u_z = -\frac{1}{2(1-\nu)}\frac{\partial^2 F_z}{\partial z^2} + \left(\frac{\partial^2 F_z}{\partial x^2} + \frac{\partial^2 F_z}{\partial y^2} + \frac{\partial^2 F_z}{\partial z^2}\right)$$

取 $F_z = BR$，其中 B 为常数，$R^2 = x^2 + y^2 + z^2$，于是位移分量为

$$\begin{cases} u_x = \dfrac{1}{2(1-\nu)}\dfrac{Bzx}{R^3} \\ u_y = \dfrac{1}{2(1-\nu)}\dfrac{Bzy}{R^3} \\ u_z = B\left[\dfrac{2}{R} - \dfrac{1}{2(1-\nu)}\dfrac{x^2+y^2}{R^3}\right] \end{cases} \tag{5.83}$$

位移分量求出后，由几何方程可得应变分量，然后可由应力应变关系求得应力分量. 例如，有

$$\sigma_z = -\frac{E}{2(1-\nu^2)}B\left[\frac{(1-2\nu)z}{R^3} + \frac{3z^3}{R^5}\right] \tag{5.84}$$

为了确定待定常数 B，我们计算 $z = \pm a$ 两平面上正应力的合力，由平衡条件，得

$$P = \int_0^\infty 2\pi\rho(\sigma_z)_{z=-a}\mathrm{d}\rho - \int_0^\infty 2\pi\rho(\sigma_z)_{z=a}\mathrm{d}\rho \tag{5.85}$$

将式(5.84)代入式(5.85)，并注意到给定的 z，$\rho\mathrm{d}\rho = R\mathrm{d}R$，于是有

$$P = \frac{2\pi E}{1-\nu^2}B[(1-2\nu)a\int_a^\infty \frac{R}{R^3}\mathrm{d}R + 3a^3\int_a^\infty \frac{R}{R^5}\mathrm{d}R = \frac{4\pi E}{1+\nu}B$$

于是解得

$$B = \frac{1+\nu}{4\pi E}P$$

于是开尔文问题的位移解为

$$\begin{cases} u_x = \dfrac{(1+\nu)P}{8\pi E(1-\nu)}\dfrac{zx}{R^3} \\ u_y = \dfrac{(1+\nu)P}{8\pi E(1-\nu)}\dfrac{zy}{R^3} \\ u_z = \dfrac{(1+\nu)P}{8\pi E(1-\nu)}\left[\dfrac{4(1-\nu)}{R} - \dfrac{x^2+y^2}{R^3}\right] \end{cases} \tag{5.86}$$

类似可得到集中力分别作用于 x 和 y 方向的位移解答. 一般地，当空间任一点 $\boldsymbol{\xi} = (\xi, \eta, \zeta)$ 处作用有集中力 $\boldsymbol{F} = F_x\boldsymbol{i} + F_y\boldsymbol{j} + F_z\boldsymbol{k}$，任意一点的位移矢量为

$$\boldsymbol{u}(\boldsymbol{r},\boldsymbol{\xi})=\frac{1+\nu}{8\pi E(1-\nu)}\left[(3-4\nu)\frac{\boldsymbol{F}}{\rho}+\frac{\boldsymbol{\rho}\cdot\boldsymbol{F}}{\rho^3}\boldsymbol{\rho}\right] \tag{5.87}$$

式中，$\boldsymbol{\rho}=(x-\xi)\boldsymbol{i}+(y-\eta)\boldsymbol{j}+(z-\zeta)\boldsymbol{k}$，$\rho=\sqrt{(x-\xi)^2+(y-\eta)^2+(z-\zeta)^2}$. 式(5.87)称为弹性力学问题的基本解，也称开尔文解. 利用叠加原理，当物体 V 内点 $\boldsymbol{\xi}=(\xi,\eta,\zeta)$ 处受密度为 $\boldsymbol{f}(\boldsymbol{\xi})$ 的体积力作用时，非齐次纳维方程的特解可表示为

$$\boldsymbol{u}(\boldsymbol{r})=\frac{1+\nu}{8\pi E(1-\nu)}\iiint_V\left[(3-4\nu)\frac{\boldsymbol{f}}{\rho}+\frac{\boldsymbol{\rho}\cdot\boldsymbol{f}}{\rho^3}\boldsymbol{\rho}\right]\mathrm{d}\xi\mathrm{d}\eta\mathrm{d}\zeta \tag{5.88}$$

这个特解称为开尔文特解.

习　题

5-1　习题 5-1 图表示一矩形板，一对边均匀受拉，另一对边均匀受压，求应力和位移.

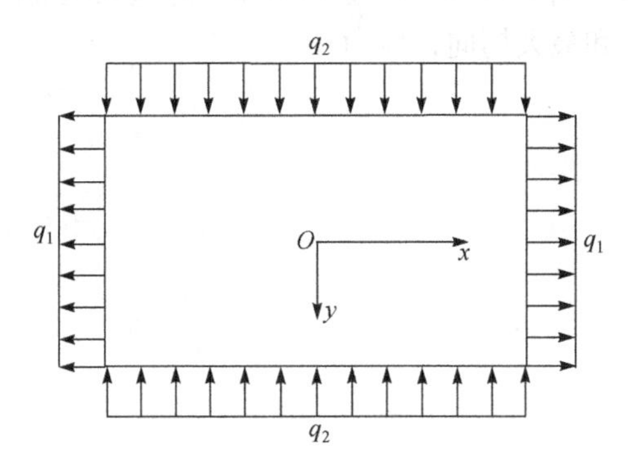

习题 5-1 图

5-2　设一等截面杆受轴向拉力 F 作用，杆的横截面面积为 A，求应力分量和位移分量. 设 z 轴与杆的轴线重合，原点取在杆长的一半处，并设在 $x=y=z=0$ 处，$u=v=w=0$，且 $\frac{\partial u}{\partial z}=\frac{\partial v}{\partial z}=\frac{\partial v}{\partial x}=0$.

5-3　当体积力为零时，应力分量为

$$\sigma_x=A[y^2+\nu(x^2-y^2)],\quad \tau_{yz}=0$$

$$\sigma_y=A[x^2+\nu(y^2-x^2)],\quad \tau_{zx}=0$$

$$\sigma_z=A\nu(x^2+y^2),\quad \tau_{xy}=-2A\nu xy$$

式中，$A\neq 0$．试检查它们是否可能发生.

5-4　习题5-4图所示的矩形截面长杆偏心受压，压力为F，偏心矩为e，求应力分量. 设杆的横截面面积为A.

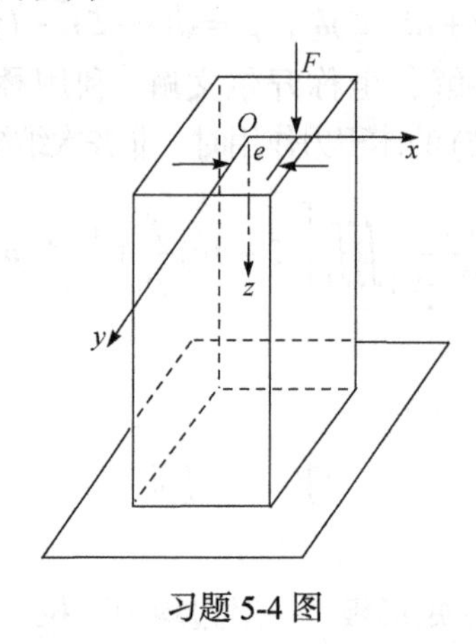

习题5-4图

5-5　内半径为a、外半径为b的空心圆球，外壁固定而内壁受均布压力q作用，求最大径向位移和最大切向正应力.

第 6 章

平面问题的直角坐标解答

严格地说，任何一个工程中的弹性力学问题都是空间问题，但如果结构在某个方向的几何尺寸远大于(或远小于)其他两个方向的尺寸(如隧道、水坝或薄板)，并且其受力情况和约束条件满足某些限制，则这类问题可以近似地当作平面问题来处理. 弹性力学平面理论给出的结果具有足够的精度，因此研究平面问题是具有实际意义的. 自弹性理论建立以来，虽然已有很长的历史，但是能够得到弹性力学解析解的空间问题是很少的. 然而相对而言，借助于应力函数以及复变函数方法等数学工具，平面弹性力学问题的求解范围要广泛得多，所获得的解析解亦较丰富. 作为弹性力学基本理论的应用和边值问题的求解方法，本章将较系统地论述平面弹性力学问题的基本概念、理论和求解方法.

6.1 平面应力问题与平面应变问题

根据结构的几何形状及受力和约束情况，求解弹性力学问题的基本方程可以大大简化. 三个坐标之一，如坐标 z，可弃之不用，位移、应力和应变只是坐标 x、y 的函数，这就是平面问题. 工程中的弹性力学平面问题近似地抽象成两大类，即平面应力问题与平面应变问题，并习惯地采用工程中应力和应变的常用符号.

6.1.1 平面应 3 力问题

平面应力问题以薄板为研究对象，其基本假设为：

(1) 设在弹性体的三个特征尺寸 a、b 和 h 中，物体沿某坐标轴(如 z 轴)的尺寸 h 远小于其他两个坐标轴的尺寸 a 和 b，即 $h \ll \min(a,b)$. 这表示我们研究的物体是薄板，并设厚度 h 是常数，平分厚度的平面为中平面. 取坐标系 Oxy 与中平面重合，Oz 轴与 Oxy 平面垂直，并使 $Oxyz$ 构成右手系，如图 6-1 所示.

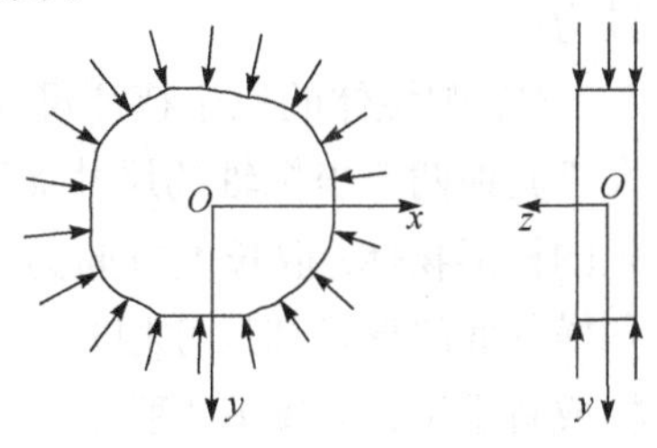

图 6-1 平面应力问题

(2) 设物体所受的力平行于板平面，并沿厚度不变，即有体积力 $(f_x, f_y, 0)$ 和侧表面力 $(\bar{f}_x, \bar{f}_y, 0)$，且这些力的分量只是 x、y 的函数.

(3) 设物体所受的几何约束条件沿厚度亦是不变的.

在这种情况下，板的两底面有边界条件

$$\sigma_z\big|_{z=\pm h/2} = \tau_{zx}\big|_{z=\pm h/2} = \tau_{zy}\big|_{z=\pm h/2} = 0 \tag{6.1}$$

式中，h 为薄板的厚度.

由于板很薄，在板的内部，应力 σ_z、τ_{zx}、τ_{zy} 显然很小，可近似认为沿薄板整个厚度都有

$$\sigma_z = \tau_{zx} = \tau_{zy} = 0 \tag{6.2}$$

同时，由于外力(包括体积力和表面力)和几何约束条件不沿厚度方向变化，且板很薄，薄板的其他三个应力分量 σ_x、$\tau_{xy} = \tau_{yx}$、σ_y 都只是 x、y 的函数，与坐标 z 无关. 即

$$\sigma_x = \sigma_x(x, y)，\quad \sigma_y = \sigma_y(x, y)，\quad \tau_{xy} = \tau_{xy}(x, y) \tag{6.3}$$

式(6.2)和式(6.3)表明，应力只发生在 Oxy 平面内，且与坐标 z 无关，应力状态具有这种性质的问题为平面应力问题.

利用式(6.2)和式(6.3)，由本构关系可知，应变分量 $\gamma_{zx} = \gamma_{zy} = 0$，$\varepsilon_x$、$\varepsilon_y$、$\gamma_{xy}$ 以及 $\varepsilon_z = -\dfrac{\nu}{E}(\sigma_x + \sigma_y)$ 都只是 x、y 的函数. 这里的 $\varepsilon_z \neq 0$，表示薄板变形时两底面将发生畸变，但由于板很薄，这种畸变也是很小的. 位移分量 u、v 亦是 x、y 的函数，$w = O(h)$ 是高阶小量.

6.1.2 平面应变问题

平面应变问题以长的柱体或严格地说以无限长的柱体为研究对象，其基本假设为：

(1) 弹性体的三个特征尺寸 a、b 和 l 中，物体沿某坐标轴(如 z 轴)的尺寸 l 远大于其他两个坐标轴的尺寸 a 和 b，即 $l \gg \max(a, b)$. 这表示我们研究的物体是很长的柱形物体. 取长度方向为 z 方向，垂直于长度方向的平面称为横截面，并设各横截面的形状和尺寸相同. 取坐标系 Oxy 与柱体的某个横截面重合，并使 $Oxyz$ 构成右手系，如图 6-2 所示.

(2) 设作用于柱体上的体积力和侧表面力也与横截面平行，并沿长度不变，即有体积力 $(f_x, f_y, 0)$ 和侧表面力 $(\bar{f}_x, \bar{f}_y, 0)$，且这些力的分量只是 x 、y 的函数.

(3) 设物体所受的几何约束沿长度不变.

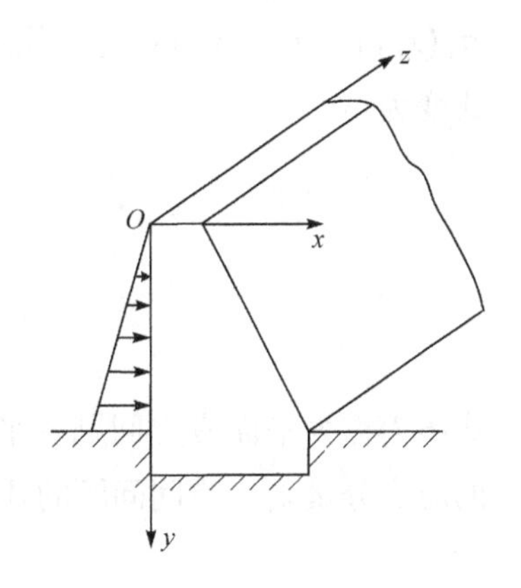

图 6-2　平面应变问题

在这种情况下，我们可认为柱体是无限长的，如果其中任意取出一个横截面，则柱形物体的形状和受载情况将对此截面是对称的. 因此，在柱形物体变形时，截面上各点只能在自身平面内移动，而沿 Oz 方向的位移为零. 另外，由于不同的横截面都同样处于对称面的位置，其上只要具有相同的 x 和 y 坐标，就具有相同的位移，于是有

$$u = u(x, y), \quad v = v(x, y), \quad w = 0 \tag{6.4}$$

由几何方程，可得平面应变问题的应变分量为

$$\varepsilon_x = \frac{\partial u}{\partial x} = \varepsilon_x(x, y), \quad \varepsilon_y = \frac{\partial v}{\partial y} = \varepsilon_y(x, y), \quad \gamma_{xy} = \frac{\partial v}{\partial x} + \frac{\partial u}{\partial y} = \gamma_{xy}(x, y) \tag{6.5}$$

而

$$\varepsilon_z = \frac{\partial w}{\partial z} = 0, \quad \gamma_{zx} = \frac{\partial w}{\partial x} + \frac{\partial u}{\partial z} = 0, \quad \gamma_{zy} = \frac{\partial w}{\partial y} + \frac{\partial v}{\partial z} = 0 \tag{6.6}$$

式(6.5)和式(6.6)表明，应变只发生在 Oxy 平面内，且与坐标 z 无关，应变状态具有这种性质的问题为平面应变问题.

利用式(6.5)和式(6.6)，由本构关系可知，应力分量 $\tau_{zx} = \tau_{zy} = 0$，$\sigma_x$、$\sigma_y$、$\tau_{xy}$ 以及 $\sigma_z = \nu(\sigma_x + \sigma_y)$ 都只是 x 、y 的函数. 这里的 $\sigma_z \neq 0$，表明如果假想将物体切成无数个与 Oxy 平面平行的薄片，虽然各薄片沿 Oz 轴方向的伸长被阻止，但正由于各薄片相互挤压的结果，薄片表面上正应力是存在的，而且它与 σ_x、σ_y 有关.

综上所述，对于平面应力情况，应力分量 $\sigma_z = 0$，而应变分量 ε_z 一般不等于零；对于平面应变情况，应变分量 $\varepsilon_z = 0$，而应力分量 σ_z 一般不等于零.

6.2　平面问题的基本方程和边界条件

6.2.1　平面应力问题的基本方程

对于平面应力问题，注意到 $\sigma_z = \tau_{zx} = \tau_{zy} = 0$，以及 $\sigma_x = \sigma_x(x, y)$，$\sigma_y =$

$\sigma_y(x, y)$，$\tau_{xy} = \tau_{xy}(x, y)$，代入空间平衡微分方程(5.1a)，第三式自动满足，前两式变为

$$\begin{cases} \dfrac{\partial \sigma_x}{\partial x} + \dfrac{\partial \tau_{yx}}{\partial y} + f_x = 0 \\ \dfrac{\partial \tau_{xy}}{\partial x} + \dfrac{\partial \sigma_y}{\partial y} + f_y = 0 \end{cases} \tag{6.7}$$

式(6.7)称为平面应力问题的平衡微分方程. 注意到$\gamma_{zx} = \gamma_{zy} = 0$且不考虑非独立的应变分量$\varepsilon_z$，空间问题的几何方程(5.2a)简化为

$$\begin{cases} \varepsilon_x = \dfrac{\partial u}{\partial x} \\ \varepsilon_y = \dfrac{\partial v}{\partial y} \\ \gamma_{xy} = \dfrac{\partial u}{\partial y} + \dfrac{\partial v}{\partial x} \end{cases} \tag{6.8}$$

式(6.8)称为平面应力问题的几何方程. 注意到$\sigma_z = \tau_{zx} = \tau_{zy} = 0$，线弹性广义胡克定律(5.4a)简化为

$$\begin{cases} \varepsilon_x = \dfrac{1}{E}(\sigma_x - \nu\sigma_y) \\ \varepsilon_y = \dfrac{1}{E}(\sigma_y - \nu\sigma_x) \\ \gamma_{xy} = \dfrac{2(1+\nu)}{E}\tau_{xy} \end{cases} \tag{6.9}$$

或

$$\begin{cases} \sigma_x = \dfrac{E}{1-\nu^2}(\varepsilon_x + \nu\varepsilon_y) \\ \sigma_y = \dfrac{E}{1-\nu^2}(\varepsilon_y + \nu\sigma_x) \\ \tau_{xy} = \dfrac{E}{2(1+\nu)}\gamma_{xy} \end{cases} \tag{6.10}$$

式(6.9)或式(6.10)称为平面应力问题的本构方程(应力与应变关系). 由于$\sigma_z = 0$，非独立的应变分量ε_z可由线弹性广义胡克定律(5.4a)第三式求出，即

$$\varepsilon_z = -\frac{\nu}{E}(\sigma_x + \sigma_y) \tag{6.11}$$

6.2.2　平面应变问题的基本方程

对于平面应变问题，注意到应力分量$\tau_{zx}=\tau_{zy}=0$，$\sigma_z=\nu(\sigma_x+\sigma_y)$为非独立的应力分量. 非零的应力分量$\sigma_x$、$\sigma_y$、$\tau_{xy}$以及$\sigma_z=\nu(\sigma_x+\sigma_y)$都只是$x$、$y$的函数. 空间平衡微分方程(5.1a)中，第三式仍自动满足，前两式变为

$$\begin{cases}\dfrac{\partial\sigma_x}{\partial x}+\dfrac{\partial\tau_{yx}}{\partial y}+f_x=0\\[2ex]\dfrac{\partial\tau_{xy}}{\partial x}+\dfrac{\partial\sigma_y}{\partial y}+f_y=0\end{cases}\tag{6.12}$$

可见，平面应变问题的平衡微分方程与平面应力问题的平衡微分方程形式相同. 注意到$\varepsilon_z=\gamma_{zx}=\gamma_{zy}=0$，空间问题的几何方程(5.2a)简化为

$$\begin{cases}\varepsilon_x=\dfrac{\partial u}{\partial x}\\[2ex]\varepsilon_y=\dfrac{\partial v}{\partial y}\\[2ex]\gamma_{xy}=\dfrac{\partial u}{\partial y}+\dfrac{\partial v}{\partial x}\end{cases}\tag{6.13}$$

可见，平面应变问题的几何方程与平面应力问题的几何方程形式也相同. 注意到应力分量$\tau_{zx}=\tau_{zy}=0$，$\sigma_z=\nu(\sigma_x+\sigma_y)$，线弹性广义胡克定律(5.4a)简化为

$$\begin{cases}\varepsilon_x=\dfrac{1-\nu^2}{E}\left(\sigma_x-\dfrac{\nu}{1-\nu}\sigma_y\right)\\[2ex]\varepsilon_y=\dfrac{1-\nu^2}{E}\left(\sigma_y-\dfrac{\nu}{1-\nu}\sigma_x\right)\\[2ex]\gamma_{xy}=\dfrac{2(1+\nu)}{E}\tau_{xy}\end{cases}\tag{6.14}$$

若令$E'=\dfrac{E}{1-\nu^2}$，$\nu'=\dfrac{\nu}{1-\nu}$，则式(6.14)可简写成

$$\begin{cases}\varepsilon_x=\dfrac{1}{E'}\left(\sigma_x-\nu'\sigma_y\right)\\[2ex]\varepsilon_y=\dfrac{1}{E'}\left(\sigma_y-\nu'\sigma_x\right)\\[2ex]\gamma_{xy}=\dfrac{2(1+\nu')}{E'}\tau_{xy}\end{cases}\tag{6.15}$$

其形式与式(6.9)完全相同，同时上式也可写为

$$\begin{cases}\sigma_x = \dfrac{E'}{1-\nu'^2}\left(\varepsilon_x + \nu'\varepsilon_y\right) \\ \sigma_y = \dfrac{E'}{1-\nu'^2}\left(\varepsilon_y + \nu'\varepsilon_x\right) \\ \tau_{xy} = \dfrac{E'}{2(1+\nu')}\gamma_{xy}\end{cases} \tag{6.16}$$

其形式与式(6.10)也完全相同. 式(6.7)～式(6.9)和式(6.12)～式(6.14)分别为平面应力问题和平面应变问题中基本物理量所满足的基本方程. 并且可见，将式(6.9)中 E 换成 $E' = \dfrac{E}{1-\nu^2}$，ν 换成 $\nu' = \dfrac{\nu}{1-\nu}$，即可得到式(6.14). 平面应力问题的基本方程和平面应变问题的基本方程在形式上是相同的，今后除特别声明外，我们不再从数学上区分这两类平面问题.

由式(6.7)～式(6.9)或式(6.12)～式(6.14)可见，平面问题的 8 个基本未知量满足 8 个基本方程. 因此，在适当的边界条件下，可以求得弹性力学平面问题的解. 下面介绍平面问题的边界条件.

6.2.3 平面问题的边界条件

平面弹性力学问题边界条件可分为两类，即应力边界条件和位移边界条件. 设在物体表面一部分边界 S_σ 上给定了表面力，其余部分边界 S_u 上给定了位移. 边界 S_σ 上的边界条件为

$$\begin{cases}\sigma_x n_1 + \tau_{yx} n_2 = \bar{f}_x \\ \tau_{xy} n_1 + \sigma_y n_2 = \bar{f}_y\end{cases} \quad (\text{在 } S_\sigma \text{ 上}) \tag{6.17}$$

式中，n_1、n_2 为边界外法线的方向余弦；$\bar{f}_x$、$\bar{f}_y$ 为边界 S_σ 上给定的表面力在 x、y 方向的分量. 式(6.17)称为平面弹性力学问题应力边界条件.

边界 S_u 上的边界条件为

$$\begin{cases}u = \bar{u} \\ v = \bar{v}\end{cases} \quad (\text{在 } S_u \text{ 上}) \tag{6.18}$$

式中，$\bar{u}$、$\bar{v}$ 为边界 S_u 上给定的位移在 x、y 方向的分量. 式(6.18)称为平面弹性力学问题位移边界条件.

需要强调指出的是，边界条件在物理上必须是合理的，以保证基本边值问题能反映一个工程结构具有物理上合理的应力和位移分布. 按照所给边界条件的不同，可把平面弹性力学问题分为如下三类基本边界问题.

(1) 应力边值问题. 即全部边界上给定表面力. 在这种情况下，平面弹性力学的基本边值问题是求基本未知量u、v、ε_x、γ_{xy}、ε_y、σ_x、τ_{xy}、σ_y，使其满足基本方程(6.7)～(6.9)或基本方程(6.12)～(6.14)，同时在全部边界上满足应力边界条件(6.17).

(2) 位移边值问题. 即全部边界上给定位移. 在这种情况下，平面弹性力学的基本边界问题是求基本未知量u、v、ε_x、γ_{xy}、ε_y、σ_x、τ_{xy}、σ_y，使其满足基本方程(6.7)～(6.9)或基本方程(6.12)～(6.14)，同时在全部边界上满足位移边界条件(6.18).

(3) 混合边值问题. 即部分边界给定表面力而其余部分边界给定位移. 在这种情况下，平面弹性力学的基本边界问题是求基本未知量u、v、ε_x、γ_{xy}、ε_y、σ_x、τ_{xy}、σ_y，使其满足基本方程(6.7)～(6.9)或基本方程(6.12)～(6.14)，同时在应力边界上满足应力边界条件(6.17)，在位移边界上满足位移边界条件(6.18).

根据弹性力学解的唯一性定理，对于给定边界表面力的基本边值问题的解，除位移相差一个刚性运动之外，应力分量和应变分量都是唯一的；而对给定边界位移的基本边值问题和混合边值问题的解，位移分量、应变分量和应力分量都是唯一的.

例 6.1　图 6-3 所示悬臂梁，左端固定，右端自由，上表面受三角形分布荷载作用，下表面受均布切向荷载q_1作用，试写出边界条件.

解　一般而言，应力边界条件由式(6.17)确定. 但对于平行于坐标轴的特殊边界，可直接根据边界的外法线方向确定应力分量的下标，且其应力分量的数值与表面力分量数值相等. 在正坐标面上，应力分量与表面力分量同号，在负坐标面上，应力分量与表面力分量异号. 梁的边界条件可写为：

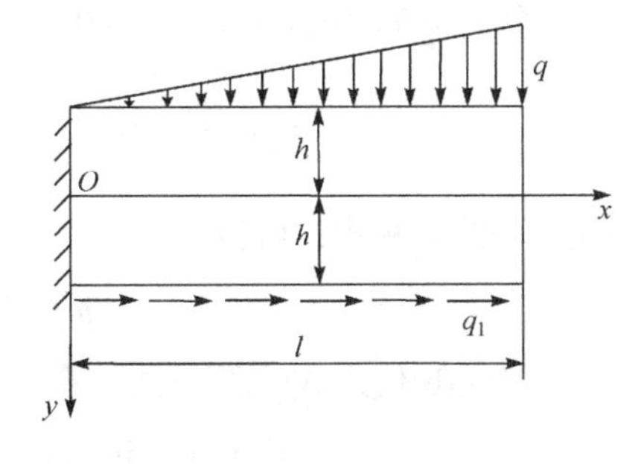

图 6-3　悬臂梁边界条件

(1) 梁的左边界$x=0$处，该边界是固定端，属于位移边界条件，即

$$(u)_{x=0}=0,\quad (v)_{x=0}=0$$

(2) 梁的右边界$x=l$处，其精确的边界条件为

$$(\sigma_x)_{x=l}=0,\quad (\tau_{xy})_{x=l}=0$$

也可把右边界看成为小边界，此时应用圣维南原理，其静力等效的边界条件为

$$\int_{-h}^{h}(\sigma_x)_{x=l}\mathrm{d}y=0,\quad \int_{-h}^{h}(\tau_{xy})_{x=l}\mathrm{d}y=0,\quad \int_{-h}^{h}(\sigma_x)_{x=l}\,y\mathrm{d}y=0$$

(3) 梁的上边界 $y=-h$，外法线方向为 y 的负向. 故正应力分量为 σ_y 而切应力分量为 τ_{yx}，边界上切向表面力为零，故切应力分量为零；边界上作用着法向方向的三角形分布压力，其表面力为正，但负面上应力分量与表面力分量异号，可知正应力为负. 边界条件为

$$\left(\sigma_y\right)_{y=-h}=-q\frac{x}{l}, \quad \left(\tau_{yx}\right)_{y=-h}=0$$

(4) 梁的下边界 $y=h$，外法线方向为 y 的正向. 故正应力分量为 σ_y 而切应力分量为 τ_{yx}，边界上法向表面力为零，故正应力分量为零；边界上作用着切向方向的均布剪力，其表面力为正，依据正面上应力分量与表面力分量同号，可知该切应力为正. 边界条件为

$$\left(\sigma_y\right)_{y=h}=0, \quad \left(\tau_{yx}\right)_{y=h}=q_1$$

读者可根据应力边界条件(6.17)检验上述上下边界条件的正确性.

例 6.2 试用几何关系证明：当物体的位移分量完全确定时，形变分量可完全确定. 反之，当物体的形变分量完全确定时，位移分量却不能完全确定.

证明 由几何关系可知，当物体的位移分量完全确定时，形变分量可以通过位移对坐标的偏微分完全确定. 当物体的形变分量完全确定时，位移分量要通过积分求得. 下面我们假定形变分量为零，来分析位移分量.

令 $\varepsilon_x=0$，$\varepsilon_y=0$，$\gamma_{xy}=0$. 由几何关系可得

$$\varepsilon_x=\frac{\partial u}{\partial x}=0, \quad \varepsilon_y=\frac{\partial v}{\partial y}=0, \quad \gamma_{xy}=\frac{\partial u}{\partial y}+\frac{\partial v}{\partial x}=0 \tag{a}$$

由式(a)的前两式，可得

$$u=f_1(y), \quad v=f_2(x) \tag{b}$$

将式(b)代入式(a)第三式，有

$$\frac{\mathrm{d}f_1(y)}{\mathrm{d}y}+\frac{\mathrm{d}f_2(x)}{\mathrm{d}x}=0 \quad 或 \quad -\frac{\mathrm{d}f_1(y)}{\mathrm{d}y}=\frac{\mathrm{d}f_2(x)}{\mathrm{d}x} \tag{c}$$

上式要对所有的 x、y 成立，必须有

$$-\frac{\mathrm{d}f_1(y)}{\mathrm{d}y}=\frac{\mathrm{d}f_2(x)}{\mathrm{d}x}=\omega \tag{d}$$

式中，ω 为常数.

对式(d)进行积分，可得

$$f_1(y)=-\omega y+u_0, \quad f_2(x)=\omega x+v_0 \tag{e}$$

式中，u_0、v_0 为积分常数.

将式(e)代入式(b)，可得

$$u=-\omega y+u_0,\quad v=\omega x+v_0 \tag{f}$$

此位移表达式的物理意义是：u_0、v_0 为物体沿 x、y 方向的刚体位移，ω 代表物体绕原点 O 的刚体转动，如图 6-4 所示. 这三个积分常数要由边界上的约束条件确定.

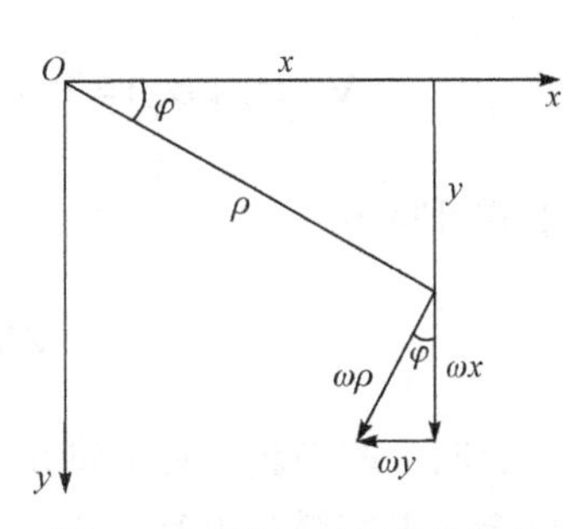

图 6-4　刚体转动引起的位移

在平面问题中，常数 u_0、v_0、ω 的任意性反映了位移的不确定性，而为了确定位移，就必须有三个适当的刚体约束条件来确定这三个常数. 事实上，形变确定了，则与形变有关的位移可以确定，而与形变无关的刚体位移 u_0、v_0、ω 未定，这三个量通过边界上的约束条件来确定.

6.3　用应力法求解平面问题

我们用应力作为基本未知量求解弹性力学的平面问题，基本未知量是三个应力分量 σ_x、σ_y 和 τ_{xy}. 对于平面问题，平衡微分方程为式(6.7). 平衡微分方程只有两个，不可能同时求解出三个未知应力分量，我们还必须增加一个用应力表示的补充方程，即用应力表示的变形协调方程. 当体积力为常数时，用应力表示的物体的变形协调方程由式(5.14)，有

$$\nabla^2(\sigma_x+\sigma_y)=0 \tag{6.19}$$

式(6.19)称为**莱维方程**. 这样，我们用应力作为基本未知量求解弹性力学的平面问题，在体积力为常量时，可归结为在给定的边界条件下，求解两个平衡微分方程和一个变形协调方程所组成的偏微分方程组，即

$$\begin{cases}\dfrac{\partial\sigma_x}{\partial x}+\dfrac{\partial\tau_{yx}}{\partial y}+f_x=0\\[2mm]\dfrac{\partial\tau_{xy}}{\partial x}+\dfrac{\partial\sigma_y}{\partial y}+f_y=0\\[2mm]\nabla^2\left(\sigma_x+\sigma_y\right)=0\end{cases} \tag{6.20}$$

如果假设

$$\sigma_x = \frac{\partial^2 \phi}{\partial y^2} - f_x x, \quad \sigma_y = \frac{\partial^2 \phi}{\partial x^2} - f_y y, \quad \tau_{xy} = -\frac{\partial^2 \phi}{\partial x \partial y} \tag{6.21}$$

则式(6.20)前两式自动满足，第三式变为

$$\nabla^2(\sigma_x + \sigma_y) = \nabla^2\left(\frac{\partial^2 \phi}{\partial y^2} + \frac{\partial^2 \phi}{\partial x^2} - f_x x - f_y y\right) = \nabla^2\left(\frac{\partial^2 \phi}{\partial y^2} + \frac{\partial^2 \phi}{\partial x^2}\right) = 0$$

上式可写为

$$\nabla^4 \phi = \frac{\partial^4 \phi}{\partial x^4} + 2\frac{\partial^4 \phi}{\partial x^2 \partial y^2} + \frac{\partial^4 \phi}{\partial y^4} = 0 \tag{6.22}$$

这表明，若函数 $\phi(x,y)$ 满足双调和方程(6.22)，则由式(6.21)所给定的应力分量不仅满足平衡微分方程，而且满足以应力表示的变形协调方程，因此就方程(6.22)的本质而言，它表示变形协调方程. 式(6.22)也称为用应力函数表示的相容方程.

综上所述，对于体积力为常量的平面问题，无论是平面应力问题还是平面应变问题，最后归结为在给定的边界条件下求解双调和方程(6.22)的问题. 函数 $\phi(x,y)$ 称为**艾里应力函数**，是艾里在 1862 年首先引进的. 借助于艾里应力函数 $\phi(x,y)$，可以大大拓广弹性力学平面问题的求解范围. 求得了应力函数 $\phi(x,y)$，便可由式(6.21)求得应力分量，然后，根据式(6.9)或式(6.15)求得应变分量，最后通过几何方程求得位移分量.

值得一提的是，根据微分方程理论的基本知识，一个方程解的形态取决于未知函数定义域的形状和问题的边界条件. 对于弹性力学平面问题，应力函数的定义域是平面区域，它在平面应力问题中代表薄板的中面，在平面应变问题中代表无限长柱形体的任何一个横截面. 由于两类问题具有完全相同的相容方程(6.22)，因此不难理解，如果应力函数的定义域是单连通的，且为第一类边值问题，则在两类问题具有相同的应力函数定义域和相同的应力边界条件时，就会求得完全相同的应力分量，它们与弹性常数无关. 对于相应的位移分量，因为求解过程中要用到物理方程，所以两类问题显然是不同的. 对于第二类和第三类边值问题，因为在求解时要用到位移边界条件，所以具有相同定义域和相同边界条件的两类问题的应力分量是不同的.

6.4 用多项式应力函数求解平面问题

6.3 节把平面问题归结为在给定的边界条件下求解双调和方程的问题. 现在，我们要把问题的核心转向讨论如何求解应力函数 $\phi(x,y)$. 通常求解应力函数的方法有逆解法和半逆解法两种. 采用逆解法时，先假定满足相容方程(6.22)的应力函

数 $\phi(x,y)$；然后利用式(6.21)求得应力分量；再根据边界条件求出表面力(或其合力)，由此判断所选应力函数可以解决什么样的问题. 逆解法没有针对性，但可以累积基本解答. 采用半逆解法时，可根据弹性体的边界形状和受力情况，假定部分或全部应力分量的函数形式，从而推导出应力函数 $\phi(x,y)$ 的形式；然后使所得到的应力函数代入相容方程，求出应力函数的具体表达式；再由应力函数导出应力分量，并考察应力分量是否满足全部应力边界条件，若满足则是正确的解答，若不满足则应重新设置应力分量，重新考察. 采用半逆解法，往往需要根据边界条件确定一些待定常数. 这时可先考察主要边界，主要边界上的边界条件必须精确满足；然后考察次要边界，次要边界上的边界条件如果不能精确满足，可采用圣维南原理，静力等效满足.

我们首先用多项式逆解法来解答一些具有矩形边界且不计体积力的平面问题(如矩形板或梁). 这一方法的基本步骤是：对不计体积力的矩形梁，在给定的坐标系下分别给出幂次不同并满足相容方程(6.22)的代数多项式应力函数，由此求得应力分量，然后考察这些应力对应于边界上什么样的表面力，从而得知该应力函数能解决什么问题.

1. 取一次多项式

取应力函数 $\phi(x,y)=ax+by+c$，显然，其满足相容方程(6.22). 对应的应力分量为

$$\sigma_x=\frac{\partial^2\phi}{\partial y^2}=0,\quad \sigma_y=\frac{\partial^2\phi}{\partial x^2}=0,\quad \tau_{xy}=-\frac{\partial^2\phi}{\partial x\partial y}=0$$

由应力边界条件可知 $\overline{f}_x=\overline{f}_y=0$. 表明一次多项式应力函数(又称为线性应力函数)对应于无体积力、无表面力、无应力状态. 因此，在任何应力函数中增减一个线性函数并不影响应力分量的值.

2. 取二次多项式

取应力函数 $\phi(x,y)=ax^2+bxy+cy^2$，显然，其满足相容方程(6.22). 对应的应力分量为

$$\sigma_x=\frac{\partial^2\phi}{\partial y^2}=2c,\quad \sigma_y=\frac{\partial^2\phi}{\partial x^2}=2a,$$

$$\tau_{xy}=-\frac{\partial^2\phi}{\partial x\partial y}=-b$$

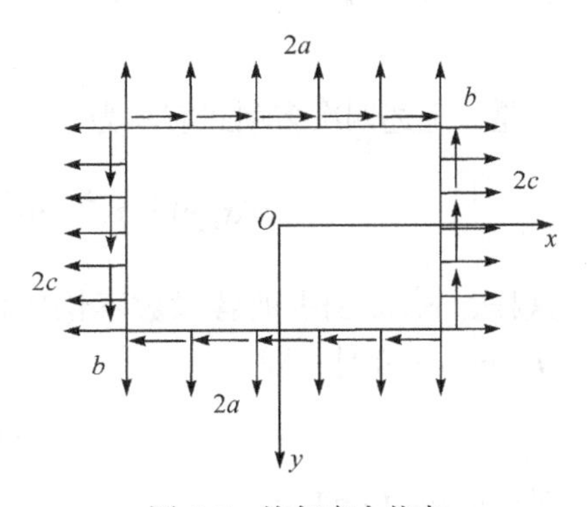

图 6-5　均匀应力状态

代表了均匀应力状态(图 6-5). 特别地，如果

$b=0$，则代表双向均匀拉伸；如果 $a=c=0$，则代表纯剪切.

3. 取三次多项式

取应力函数 $\phi(x,y)=ax^3+bx^2y+cxy^2+dy^3$，显然，其满足相容方程(6.22). 现只考虑 $\phi(x,y)=dy^3$ 的情况作为示例，对应的应力分量为

$$\sigma_x=\frac{\partial^2\phi}{\partial y^2}=6dy,\quad \sigma_y=\frac{\partial^2\phi}{\partial x^2}=0,\quad \tau_{xy}=-\frac{\partial^2\phi}{\partial x\partial y}=0$$

代表了矩形梁的纯弯曲情况(图 6-6). 如果已知作用在矩形梁两端的力偶矩 M，则由圣维南原理，两端静力等效的边界条件为

$$M=\int_{-h/2}^{h/2}y\sigma_x\mathrm{d}y=6d\int_{-h/2}^{h/2}y^2\mathrm{d}y=\frac{1}{2}dh^3$$

可得待定系数为

$$d=\frac{2M}{h^3}$$

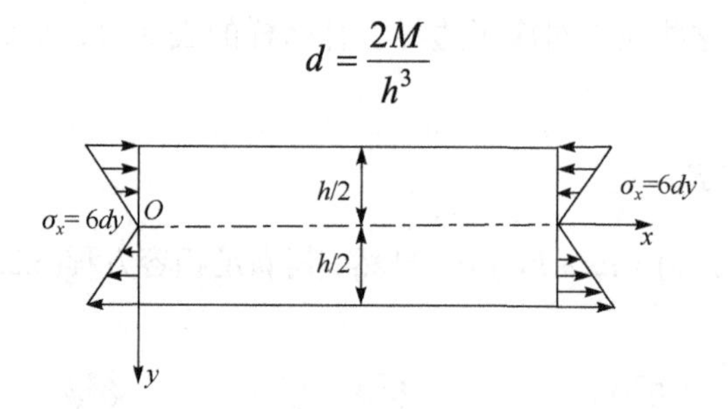

图 6-6 应力函数 $\phi(x,y)=dy^3$ 时纯弯曲梁应力分布

4. 取四次式多项式

取应力函数 $\phi(x,y)=ax^4+bx^3y+cx^2y^2+dxy^3+ey^4$，要使其满足相容方程(6.22)，各系数必须满足一定的关系. 将它代入相容方程(6.22)，得

$$3a+c+3e=0$$

于是，上述四次多项式应写为

$$\phi(x,y)=ax^4+bx^3y+cx^2y^2+dxy^3-\left(a+\frac{c}{3}\right)y^4 \tag{6.23}$$

这样，式(6.23)中的各系数不论取何值，都能满足相容方程(6.22). 特别地，取 $a=b=c=0$ 时，即

$$\phi(x,y)=dxy^3$$

对应的应力分量为

$$\sigma_x = \frac{\partial^2 \phi}{\partial y^2} = 6dxy, \quad \sigma_y = \frac{\partial^2 \phi}{\partial x^2} = 0, \quad \tau_{xy} = -\frac{\partial^2 \phi}{\partial x \partial y} = -3dy^2$$

矩形梁边界上的受力情况如图 6-7 所示.

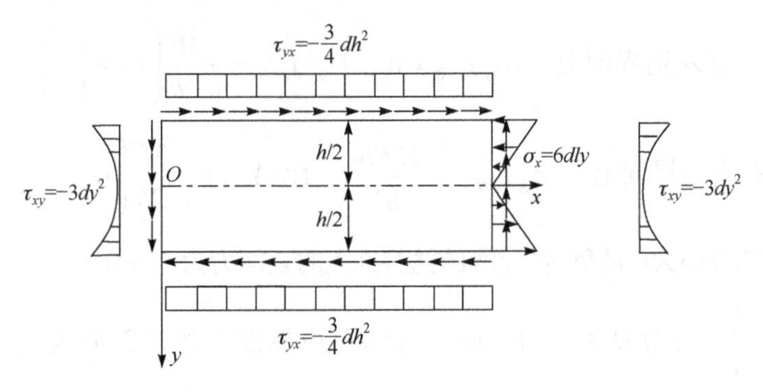

图 6-7　应力函数中 $\phi(x,y)=dxy^3$ 时纯弯曲梁应力分布

例 6.3　设图 6-8(a)所示的矩形长梁，$l \gg h$，试考察应力函数 $\phi(x, y) = \frac{F}{2h^3}xy\left(3h^2 - 4y^2\right)$ 能解决什么样的受力问题.

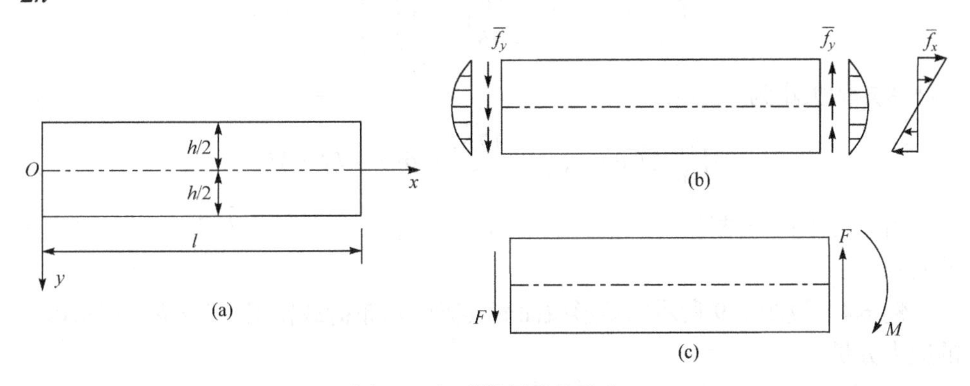

图 6-8　矩形长梁及其受力

解　将应力函数代入相容方程 $\nabla^4\phi = 0$，能满足相容方程. 在不考虑体积力时，对应的应力分量为

$$\sigma_x = \frac{\partial^2 \phi}{\partial y^2} = -\frac{12Fxy}{h^3}$$

$$\sigma_y = \frac{\partial^2 \phi}{\partial x^2} = 0$$

$$\tau_{xy} = -\frac{\partial^2 \phi}{\partial x \partial y} = -\frac{3F}{2h}\left(1 - 4\frac{y^2}{h^2}\right)$$

由应力边界条件得到边界上的表面力可描述如下.

梁的上下边界为主要边界. 在主要边界面上，由于$\sigma_y=0$，$\tau_{yx}=0$，表示上下边界无任何表面力. 梁的左右边界为次要边界，在次要边界面上，应力分别为

$$\text{在左边界面上：}(\sigma_x)_{x=0}=0\text{，}(\tau_{xy})_{x=0}=-\frac{3F}{2h}\left(1-4\frac{y^2}{h^2}\right)$$

$$\text{在右边界面上：}(\sigma_x)_{x=l}=-\frac{12Fly}{h^3}\text{，}(\tau_{xy})_{x=l}=-\frac{3F}{2h}\left(1-4\frac{y^2}{h^2}\right)$$

由于左边界面为x的负面，可知左边界面上的表面力为$\bar{f}_x=0$，$\bar{f}_y=-(\tau_{xy})_{x=0}=\frac{3F}{2h}\left(1-4\frac{y^2}{h^2}\right)$. 右边界为$x$的正面，可知右边界面上的表面力为$\bar{f}_x=(\sigma_x)_{x=l}=-\frac{12Fly}{h^3}$，$\bar{f}_y=(\tau_{xy})_{x=l}=-\frac{3F}{2h}\left(1-4\frac{y^2}{h^2}\right)$. 在小边界上的表面力如图 6-8(b)所示，其主矢和主矩如图 6-8(c)所示. 其中主矢的大小为

$$\int_{-h/2}^{h/2}\bar{f}_y\mathrm{d}y=\int_{-h/2}^{h/2}\frac{3F}{2h}\left(1-4\frac{y^2}{h^2}\right)\mathrm{d}y=F$$

主矩的大小为

$$\int_{-h/2}^{h/2}y\bar{f}_x\mathrm{d}y=\int_{-h/2}^{h/2}-\frac{12Fl}{h^3}y^2\mathrm{d}y=-Fl=M$$

由此可以得出结论：上述应力函数可解决悬臂梁在$x=0$处受集中力F作用的问题.

例 6.4 设图 6-9 所示的矩形截面简支梁受均布荷载作用，$l\gg h$，试求内部的应力分量.

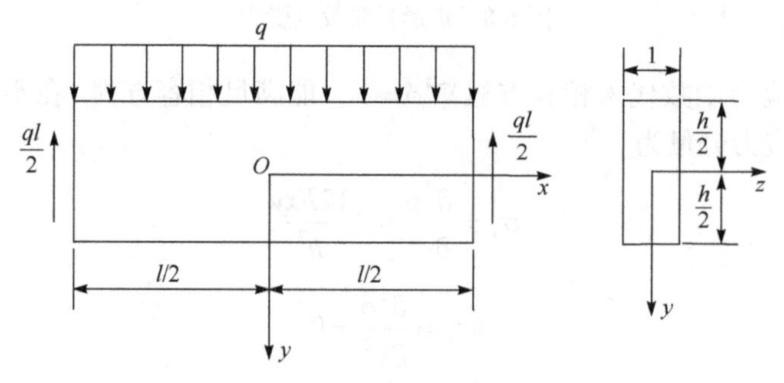

图 6-9 简支梁受均布荷载

解 采用半逆解法. 挤压应力σ_y主要由荷载q引起，q不随x变化，因而可以假设σ_y不随x变化，也就是假设σ_y只是y的函数，即

$$\sigma_y = f(y) \tag{a}$$

下面推导应力函数的形式，不计体积力情况下，由$\sigma_y = \dfrac{\partial^2\phi}{\partial x^2}$，可得

$$\sigma_y = \frac{\partial^2\phi}{\partial x^2} = f(y)$$

积分两次，可得

$$\phi(x,y) = \frac{x^2}{2}f(y) + xf_1(y) + f_2(y) \tag{b}$$

将应力函数代入相容方程，有

$$\frac{x^2}{2}\frac{\mathrm{d}^4 f(y)}{\mathrm{d}y^4} + x\frac{\mathrm{d}^4 f_1(y)}{\mathrm{d}y^4} + \frac{\mathrm{d}^4 f_2(y)}{\mathrm{d}y^4} + 2\frac{\mathrm{d}^2 f(y)}{\mathrm{d}y^2} = 0 \tag{c}$$

要使式(c)在梁内任一点都满足，有

$$\frac{\mathrm{d}^4 f(y)}{\mathrm{d}y^4} = 0, \quad \frac{\mathrm{d}^4 f_1(y)}{\mathrm{d}y^4} = 0, \quad \frac{\mathrm{d}^4 f_2(y)}{\mathrm{d}y^4} + 2\frac{\mathrm{d}^2 f(y)}{\mathrm{d}y^2} = 0 \tag{d}$$

积分式(d)前两式，有

$$\begin{cases} f(y) = Ay^3 + By^2 + Cy + D \\ f_1(y) = Ey^3 + Fy^2 + Gy \end{cases} \tag{e}$$

将式(e)第一式代入式(d)的第三式，有

$$\frac{\mathrm{d}^4 f_2(y)}{\mathrm{d}y^4} + 12Ay + 4B = 0$$

上式积分四次，可得

$$f_2(y) = -\frac{A}{10}y^5 - \frac{B}{6}y^4 + Hy^3 + Ky^2 \tag{f}$$

将式(e)和式(f)代入式(b)，应力函数可表示为

$$\phi(x,y) = \frac{x^2}{2}\left(Ay^3 + By^2 + Cy + D\right) + x\left(Ey^3 + Fy^2 + Gy\right) - \frac{A}{10}y^5 - \frac{B}{6}y^4 + Hy^3 + Ky^2 \tag{g}$$

由应力函数求应力分量，可得

$$
\begin{cases}
\sigma_x = \dfrac{\partial^2 \phi}{\partial y^2} = \dfrac{x^2}{2}(6Ay+2B) + x(6Ey+2F) - 2Ay^3 - 2By^2 + 6Hy + 2K \\
\sigma_y = \dfrac{\partial^2 \phi}{\partial x^2} = Ay^3 + By^2 + Cy + D \\
\tau_{xy} = -\dfrac{\partial^2 \phi}{\partial x \partial y} = -x\left(3Ay^2 + 2By + C\right) - \left(3Ey^2 + 2Fy + G\right)
\end{cases}
\tag{h}
$$

由于梁有对称面Ozy，σ_x、σ_y应为x的偶函数，而τ_{xy}应为x的奇函数，即

$$E = F = G = 0$$

这样，应力分量为

$$
\begin{cases}
\sigma_x = x^2(3Ay+B) - 2Ay^3 - 2By^2 + 6Hy + 2K \\
\sigma_y = Ay^3 + By^2 + Cy + D \\
\tau_{xy} = -x\left(3Ay^2 + 2By + C\right)
\end{cases}
\tag{i}
$$

最后由边界条件确定系数. 首先考虑上下边界(主要边界)，其边界条件可写为

$$\left(\sigma_y\right)_{y=\frac{h}{2}} = 0\text{，}\left(\sigma_y\right)_{y=-\frac{h}{2}} = -q\text{，}\left(\tau_{yx}\right)_{y=\pm\frac{h}{2}} = 0$$

将式(i)代入上式，得

$$
\begin{cases}
\dfrac{h^3}{8}A + \dfrac{h^2}{4}B + \dfrac{h}{2}C + D = 0 \\
-\dfrac{h^3}{8}A + \dfrac{h^2}{4}B - \dfrac{h}{2}C + D = -q \\
\dfrac{3h^2}{4}A + hB + C = 0 \\
\dfrac{3h^2}{4}A - hB + C = 0
\end{cases}
$$

联立求解，可得

$$A = \frac{2q}{h^3}\text{，}\quad B = 0\text{，}\quad C = \frac{3q}{2h}\text{，}\quad D = -\frac{q}{2}$$

将以上A、B、C、D的值代入式(i)，应力分量可写为

$$\begin{cases}\sigma_x = -\dfrac{6q}{h^3}x^2y + \dfrac{4q}{h^3}y^3 + 6Hy + 2K \\ \sigma_y = -\dfrac{2q}{h^3}y^3 + \dfrac{3q}{2h}y - \dfrac{q}{2} \\ \tau_{xy} = \dfrac{6q}{h^3}xy^2 - \dfrac{3q}{2h}x\end{cases} \tag{j}$$

其次考虑左右边界(次要边界)，其边界条件可写为

$$\int_{-h/2}^{h/2}(\sigma_x)_{x=l/2}\mathrm{d}y = 0\text{，}\quad \int_{-h/2}^{h/2}(\sigma_x)_{x=l/2}y\mathrm{d}y = 0\text{，}\quad \int_{-h/2}^{h/2}(\tau_{xy})_{x=l/2}\mathrm{d}y = -\frac{ql}{2}$$

将式(j)代入上式，得

$$\int_{-h/2}^{h/2}\left(-\frac{3ql^2}{2h^3}y + \frac{4q}{h^3}y^3 + 6Hy + 2K\right)\mathrm{d}y = 0$$

解得 $K = 0$.

$$\int_{-h/2}^{h/2}\left(-\frac{3ql^2}{2h^3}y^2 + \frac{4q}{h^3}y^4 + 6Hy^2 + 2Ky\right)\mathrm{d}y = 0$$

解得 $H = \dfrac{ql^2}{4h^3} - \dfrac{q}{10h}$. 而第三式自然满足. 所以应力分量为

$$\begin{cases}\sigma_x = \dfrac{6q}{h^3}\left(\dfrac{l^2}{4} - x^2\right)y + q\dfrac{y}{h}\left(4\dfrac{y^2}{h^2} - \dfrac{3}{5}\right) \\ \sigma_y = -\dfrac{q}{2}\left(1 + \dfrac{y}{h}\right)\left(1 - \dfrac{2y}{h}\right)^2 \\ \tau_{xy} = -\dfrac{6q}{h^3}x\left(\dfrac{h^2}{4} - y^2\right)\end{cases} \tag{k}$$

由于横截面对中性轴的惯性矩 $I_z = \dfrac{h^3}{12}$，$S_z^* = \dfrac{h^2}{8} - \dfrac{y^2}{2}$，$b = 1$，$M(x) = \dfrac{q}{2}\left(\dfrac{l^2}{4} - x^2\right)$，$F_s(x) = -qx$. 因此，应力分量还可以写为

$$\begin{cases}\sigma_x = \dfrac{M}{I_z}y + q\dfrac{y}{h}\left(4\dfrac{y^2}{h^2} - \dfrac{3}{5}\right) \\ \sigma_y = -\dfrac{q}{2}\left(1 + \dfrac{y}{h}\right)\left(1 - \dfrac{2y}{h}\right)^2 \\ \tau_{xy} = -\dfrac{F_s S_z^*}{I_z b}\end{cases} \tag{l}$$

这和材料力学相比，σ_x 的表达式多了一个修正项，σ_y 的挤压应力在材料力学中不考虑，τ_{xy} 和材料力学中完全相同.

事实上，我们可以进行量纲分析，对各应力分量的结果进行定性分析. 对于 $l \gg h$，σ_x 的第一项与 $\frac{l^2}{h^2}q$ 大小同阶，第二项与 q 大小同阶，τ_{xy} 与 $\frac{l}{h}q$ 大小同阶，σ_y 与 q 大小同阶. 因此，σ_x 的第一项为主要应力，τ_{xy} 为次要应力，而 σ_x 的第二项(修正项)和 σ_y 为更次要应力. 如果不考虑更次要应力，则上面的结果与材料力学的结果完全相同.

具体给定 l/h 的值，可得到上面弹性力学所得到的结果与材料力学结果的定量差异. 当 $l/h=2$ 时，由弹性力学得到的弯曲正应力 σ_x 的最大值为

$$(\sigma_x)_{\max}=(\sigma_x)_{x=0,y=h/2}=3q\frac{l^2}{4h^2}+\frac{1}{5}q=3q+\frac{1}{5}q$$

修正项与第一项的比值为 $1/15$，相当于材料力学不考虑修正项所引起的误差为 6.67%. 当 $l/h=4$ 时，由弹性力学得到的弯曲正应力 σ_x 的最大值为

$$(\sigma_x)_{\max}=(\sigma_x)_{x=0,y=h/2}=3q\frac{l^2}{4h^2}+\frac{1}{5}q=12q+\frac{1}{5}q$$

修正项与第一项的比值为 $1/60$，相当于材料力学不考虑修正项所引起的误差为 1.67%. 当 $l/h>4$ 时，材料力学不考虑修正项所引起的误差小于 1.67%，其结果已足够精确.

6.5 楔形体受重力和液体压力

设有一个楔形水坝，左侧面铅直，右侧面与铅垂面成 α 角，下端可认为伸向无穷. 承受坝的自重和液体压力作用，水坝和液体的比重分别为 $\rho_1 g$ 和 $\rho_2 g$，坐标选取如图 6-10(a)所示，分析水坝的应力状态.

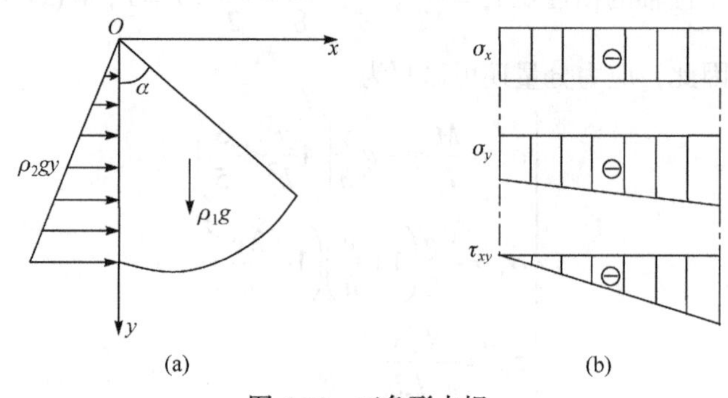

图 6-10 三角形水坝

这个问题可看作平面应变问题. 采用半逆解法，首先应用量纲分析方法来假定应力分量的函数形式. 对楔形体内的任何一点，每个应力分量都由两部分组成：一部分由自身重力引起，与 $\rho_1 g$ 成正比；另一部分由液体压力引起，与 $\rho_2 g$ 成正比；此外，每个应力分量还与楔形体的形状即 α 角及该点的位置(x, y)有关. 总之，一点的应力分量与 $\rho_1 g$ 、$\rho_2 g$ 、α 、x 、y 有关. 由于应力的量纲为 $\mathrm{ML^{-1}T^{-2}}$ ，$\rho_1 g$ 和 $\rho_2 g$ 的量纲为 $\mathrm{ML^{-2}T^{-2}}$ ，α 是量纲为 1 的量，而 x 和 y 的量纲是 L . 因此，如果应力分量具有多项式的解答，那么它们的表达式只可能是 $\rho_1 gx$ 、$\rho_1 gy$ 、$\rho_2 gx$ 、$\rho_2 gy$ 四项的线性组合，即应力分量只能是 x 和 y 的纯一次式.

其次，由应力分量与应力函数的关系式(6.21)可知，应力函数比应力分量的长度量纲高两次，应该是 x 和 y 的纯三次式，即

$$\phi(x, y) = Ax^3 + Bx^2 y + Cxy^2 + Dy^3$$

该应力函数能满足相容方程(6.22)，注意到体积力分量 $f_x = 0$ ，$f_y = \rho_1 g$ ，于是由式(6.21)，应力分量可表示为

$$\begin{cases} \sigma_x = \dfrac{\partial^2 \phi}{\partial y^2} - f_x x = 2Cx + 6Dy \\ \sigma_y = \dfrac{\partial^2 \phi}{\partial x^2} - f_y y = 6Ax + 2By - \rho_1 gy \\ \tau_{xy} = -\dfrac{\partial^2 \phi}{\partial x \partial y} = -2Bx - 2Cy \end{cases} \tag{6.24}$$

现在利用边界条件确定系数. 该问题的边界条件是

$$\begin{cases} (\sigma_x)_{x=0} = -\rho_2 gy \\ (\tau_{xy})_{x=0} = 0 \\ \overline{f}_x = l(\sigma_x)_{x=y\tan\alpha} + m(\tau_{yx})_{x=y\tan\alpha} = 0 \\ \overline{f}_y = l(\tau_{xy})_{x=y\tan\alpha} + m(\sigma_y)_{x=y\tan\alpha} = 0 \end{cases} \tag{6.25}$$

式中，l 和 m 为楔形体右侧边界外法线方向余弦，由图可见，$l = \cos\alpha$ ，$m = -\sin\alpha$. 将式(6.24)代入式(6.25)，可得

$$\begin{cases} 6Dy = -\rho_2 gy \\ -2Cy = 0 \\ \cos\alpha(2Cy\tan\alpha + 6Dy) - \sin\alpha(-2By\tan\alpha - 2Cy) = 0 \\ \cos\alpha(-2By\tan\alpha - 2Cy) - \sin\alpha(6Ay\tan\alpha + 2By - \rho_1 gy) = 0 \end{cases}$$

解得

$$A=\frac{\rho_1 g}{6}\cot\alpha-\frac{\rho_2 g}{3}\cot^3\alpha\,,\quad B=\frac{\rho_2 g}{2}\cot^2\alpha\,,\quad C=0\,,\quad D=-\frac{\rho_2 g}{6}$$

将以上 A 、B 、C 、D 的值代入式(6.24)，得莱维解答为

$$\begin{cases}\sigma_x=-\rho_2 gy\\ \sigma_y=(\rho_1 g\cot\alpha-2\rho_2 g\cot^3\alpha)x+(\rho_2 g\cot^2\alpha-\rho_1 g)y\\ \tau_{xy}=-\rho_2 g\cot^2\alpha x\end{cases} \tag{6.26}$$

各应力分量沿水平方向的变化如图 6-10(b)所示. 应力分量 σ_x 沿水平方向没有变化，这个结果是不能由材料力学公式求得的. 应力分量 σ_y 沿水平方向按直线变化，它在左面和右面上分别等于

$$(\sigma_y)_{x=0}=-(\rho_1 g-\rho_2 g\cot^2\alpha)y\,,\quad (\sigma_y)_{x=y\tan\alpha}=-\rho_2 gy\cot^2\alpha$$

与材料力学中用偏心受压公式求得的结果相同. 应力分量 τ_{xy} 也按直线变化，在左面和右面上分别为

$$(\tau_{xy})_{x=0}=0\,,\quad (\tau_{xy})_{x=y\tan\alpha}=-\rho_2 gy\cot\alpha$$

与材料力学中 τ_{xy} 按抛物线变化规律不同.

6.6 用三角级数求解平面问题

前面讨论的几个问题中，由于问题具有代数多项式形式的解，所以比较容易通过半逆解法凑取所要求的应力函数，从而求得应力分量. 显然，这种方法有很大的局限性，它要求物体主要边界上的荷载是连续的，应力函数可表示成代数多项式的形式. 对于狭长矩形截面梁，如果荷载沿梁的长度分布比较复杂或不连续，则采用三角级数形式的应力函数求解是比较有效的. 特别是当荷载连续分布于梁的上、下侧时，更为方便.

狭长矩形截面梁可作为平面应力问题，令体积力为常数，应力函数满足双调和方程

$$\frac{\partial^4\phi}{\partial x^4}+2\frac{\partial^4\phi}{\partial x^2\partial y^2}+\frac{\partial^4\phi}{\partial y^4}=0 \tag{6.27}$$

采用分离变量法，将应力函数写成如下形式：

$$\phi(x,y)=g(x)f(y) \tag{6.28}$$

将式(6.28)代入式(6.27)，得

$$\frac{g^{(4)}(x)}{g(x)}+2\frac{g''(x)}{g(x)}\frac{f''(y)}{f(y)}+\frac{f^{(4)}(y)}{f(y)}=0 \tag{6.29}$$

将式(6.29)对 y 求一阶偏导数，得

$$2\frac{g''(x)}{g(x)}\left[\frac{f''(y)}{f(y)}\right]'+\left[\frac{f^{(4)}(y)}{f(y)}\right]'=0$$

上式可写为

$$\frac{g''(x)}{g(x)}=-\frac{\left[\dfrac{f^{(4)}(y)}{f(y)}\right]'}{2\left[\dfrac{f''(y)}{f(y)}\right]'}=-\lambda^2 \tag{6.30}$$

其中，λ 为任意常数. 于是得到

$$g''(x)+\lambda^2 g(x)=0 \tag{6.31}$$

$$\left[\frac{f^{(4)}(y)}{f(y)}\right]'-2\lambda^2\left[\frac{f''(y)}{f(y)}\right]'=0 \tag{6.32}$$

方程(6.31)的通解为

$$g(x)=K_1\cos(\lambda x)+K_2\sin(\lambda x) \tag{6.33}$$

这里，K_1 和 K_2 为任意常数. 我们不打算求式(6.32)的解，因为这个方程是通过式(6.29)对 y 求一阶偏导数而得到的，它的解未必是式(6.29)的解. 下面我们将采用另一种方法简化式(6.29). 由式(6.31)，有

$$g''(x)=-\lambda^2 g(x)$$

将上式对 x 求两次导数，有

$$g^{(4)}(x)=-\lambda^2 g''(x)=\lambda^4 g(x)$$

将它代入式(6.29)，有

$$f^{(4)}(y)-2\lambda^2 f''(y)+\lambda^4 f(y)=0 \tag{6.34}$$

这个方程的通解为

$$f(y)=A\cosh(\lambda y)+B\sinh(\lambda y)+Cy\cosh(\lambda y)+Dy\sinh(\lambda y) \tag{6.35}$$

式中，A 、B 、C 、D 为任意常数.

将式(6.33)和式(6.35)代入式(6.28)，得式(6.27)的一个特解为

$$\begin{aligned}\phi(x,y)=&[K_1\cos(\lambda x)+K_2\sin(\lambda x)][A\cosh(\lambda y)\\&+B\sinh(\lambda y)+Cy\cosh(\lambda y)+Dy\sinh(\lambda y)]\end{aligned} \tag{6.36}$$

这里，K_1 、K_2 、A 、B 、C 、D 、λ 为任意常数，如果取不同的值，就可以得

到任意多个特解. 另外，由于式(6.27)是线性的，所以这些解答的和也是它的解答. 如果在这样的和内项数取得足够多，就可以适当选择这些常数，以尽可能完全满足问题的边界条件.

现在我们考虑一根长度为 l 、高度为 h 的狭长简支梁，它的上下边上受有任意分布的法向荷载和切向荷载的作用(图 6-11). 该问题边界条件可写为

$$\begin{cases}(\sigma_y)_{y=0}=-q_2(x), & (\sigma_{yx})_{y=0}=t_2(x)\\(\sigma_y)_{y=h}=-q_1(x), & (\sigma_{yx})_{y=h}=t_1(x)\\(\sigma_x)_{x=0}=0, & (\sigma_x)_{x=l}=0\\\int_0^h(\tau_{xy})_{x=0}\mathrm{d}y=F_{\mathrm{RO}}, & \int_0^h(\tau_{xy})_{x=l}\mathrm{d}y=F_{\mathrm{RL}}\end{cases} \tag{6.37}$$

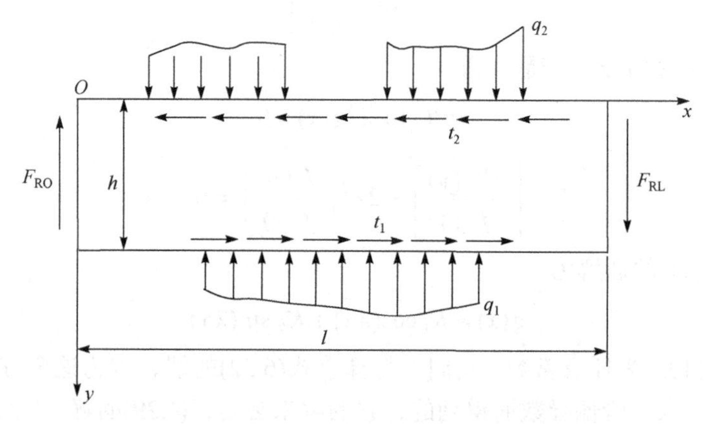

图 6-11 狭长简支梁受任意荷载作用

现在，将上述边界条件应用到函数式(6.36)上. 首先，由式(6.37)的第三式，即在 $x=0$ 和 $x=l$ 处，$\sigma_x=\dfrac{\partial^2\phi}{\partial y^2}=0$ ，得

$$K_1=0\ ,\quad \lambda_m=\frac{m\pi}{l}\quad (m=1,2,3,\cdots)$$

将它代入式(6.36)，不妨取 $K_2=1$ ，并做如下的和：

$$\phi(x,y)=\sum_{m=1}^{\infty}\sin\frac{m\pi x}{l}\left(A_m\cosh\frac{m\pi y}{l}+B_m\sinh\frac{m\pi y}{l}+C_m y\cosh\frac{m\pi y}{l}+D_m y\sinh\frac{m\pi y}{l}\right) \tag{6.38}$$

显然，这函数满足相容方程(6.27)和边界条件(6.37)的第三式. 现在适当选取系数 A_m 、B_m 、C_m 、D_m （$m=1,2,3,\cdots$)，使它满足其他边界条件.

由式(6.38)得应力分量为

$$
\left\{
\begin{aligned}
\sigma_x &= \frac{\partial^2\phi}{\partial y^2} = \sum_{m=1}^{\infty}\frac{m^2\pi^2}{l^2}\sin\frac{m\pi x}{l}\left(A_m\cosh\frac{m\pi y}{l} + B_m\sinh\frac{m\pi y}{l} + \frac{2lC_m}{m\pi}\sinh\frac{m\pi y}{l}\right.\\
&\quad \left. + \frac{2lD_m}{m\pi}\cosh\frac{m\pi y}{l} + C_m y\cosh\frac{m\pi y}{l} + D_m y\sinh\frac{m\pi y}{l}\right)\\
\sigma_y &= \frac{\partial^2\phi}{\partial x^2} = -\sum_{m=1}^{\infty}\frac{m^2\pi^2}{l^2}\sin\frac{m\pi x}{l}\left(A_m\cosh\frac{m\pi y}{l} + B_m\sinh\frac{m\pi y}{l}\right.\\
&\quad \left. + C_m y\cosh\frac{m\pi y}{l} + D_m y\sinh\frac{m\pi y}{l}\right)\\
\tau_{xy} &= -\frac{\partial^2\phi}{\partial x\partial y} = -\sum_{m=1}^{\infty}\frac{m^2\pi^2}{l^2}\cos\frac{m\pi x}{l}\left(A_m\sinh\frac{m\pi y}{l} + B_m\cosh\frac{m\pi y}{l}\right.\\
&\quad \left. + \frac{lC_m}{m\pi}\cosh\frac{m\pi y}{l} + \frac{lD_m}{m\pi}\sinh\frac{m\pi y}{l} + C_m y\sinh\frac{m\pi y}{l} + D_m y\cosh\frac{m\pi y}{l}\right)
\end{aligned}
\right.
\tag{6.39}
$$

利用上下边界条件，有

$$
\left\{
\begin{aligned}
&\sum_{m=1}^{\infty}\frac{m^2\pi^2}{l^2}A_m\sin\frac{m\pi x}{l} = q_2(x)\\
&\sum_{m=1}^{\infty}\frac{m^2\pi^2}{l^2}\cos\frac{m\pi x}{l}\left(B_m + \frac{lC_m}{m\pi}\right) = -t_2(x)\\
&\sum_{m=1}^{\infty}\frac{m^2\pi^2}{l^2}\sin\frac{m\pi x}{l}\left(A_m\cosh\frac{m\pi h}{l} + B_m\sinh\frac{m\pi h}{l}\right.\\
&\quad \left. + C_m h\cosh\frac{m\pi h}{l} + D_m h\sinh\frac{m\pi h}{l}\right) = q_1(x)\\
&\sum_{m=1}^{\infty}\frac{m^2\pi^2}{l^2}\cos\frac{m\pi x}{l}\left[\left(A_m + \frac{lD_m}{m\pi}\right)\sinh\frac{m\pi h}{l} + \left(B_m + \frac{lC_m}{m\pi}\right)\cosh\frac{m\pi h}{l}\right.\\
&\quad \left. + C_m h\sinh\frac{m\pi h}{l} + D_m h\cosh\frac{m\pi h}{l}\right] = -t_1(x)
\end{aligned}
\right.
\tag{6.40}
$$

为了求得 A_m、B_m、C_m、D_m ($m=1,2,3,\cdots$)，在式(6.40)的第一式和第三式两边乘以 $\sin\dfrac{n\pi x}{l}$，而在第二式和第四式两边乘以 $\cos\dfrac{n\pi x}{l}$，然后从 0 到 l 积分，并利用三角函数的正交性，可得

$$
\int_0^l \cos\frac{m\pi x}{l}\cos\frac{n\pi x}{l}\mathrm{d}x = \begin{cases} 0 & (m\neq n)\\ l/2 & (m=n)\end{cases}
$$

$$
\int_0^l \sin\frac{m\pi x}{l}\sin\frac{n\pi x}{l}\mathrm{d}x = \begin{cases} 0 & (m\neq n)\\ l/2 & (m=n)\end{cases}
$$

于是得 A_m、B_m、C_m、D_m 所满足的代数方程组为

$$\left\{\begin{aligned}
&A_m=\frac{2l}{m^2\pi^2}\int_0^l q_2(x)\sin\frac{m\pi x}{l}\mathrm{d}x\\
&B_m+\frac{lC_m}{m\pi}=-\frac{2l}{m^2\pi^2}\int_0^l t_2(x)\cos\frac{m\pi x}{l}\mathrm{d}x\\
&A_m\cosh\frac{m\pi h}{l}+B_m\sinh\frac{m\pi h}{l}+C_m h\cosh\frac{m\pi h}{l}+D_m h\sinh\frac{m\pi h}{l}\\
&\quad=\frac{2l}{m^2\pi^2}\int_0^l f_1(x)\sin\frac{m\pi x}{l}\mathrm{d}x\\
&A_m\sinh\frac{m\pi h}{l}+B_m\cosh\frac{m\pi h}{l}+C_m\left(\frac{l}{m\pi}\cosh\frac{m\pi h}{l}+h\sinh\frac{m\pi h}{l}\right)\\
&\qquad+D_m\left(\frac{l}{m\pi}\sinh\frac{m\pi h}{l}+h\cosh\frac{m\pi h}{l}\right)=-\frac{2l}{m^2\pi^2}\int_0^l t_1(x)\cos\frac{m\pi x}{l}\mathrm{d}x
\end{aligned}\right.\tag{6.41}$$

由此求出 A_m、B_m、C_m、D_m，代入式(6.39)，即得要求的应力分量.

不难理解，梁的两端面上的边界条件

$$\int_0^h(\tau_{xy})_{x=0}\mathrm{d}y=F_{\mathrm{RO}},\quad \int_0^h(\tau_{xy})_{x=l}\mathrm{d}y=F_{\mathrm{RL}}$$

将自然满足.

另外，还必须指出一点，如果我们将式(6.40)的第二式、第四式两边对 x 从 0 到 l 积分，则可发现等号左边的积分为零. 因此，要使这两个等式成立，必须有

$$\int_0^l t_1(x)\mathrm{d}x=0,\quad \int_0^l t_2(x)\mathrm{d}x=0 \tag{6.42}$$

这表明，要使问题有上述形式的解，作用于上下边界上的切向荷载的合力必须分别等于零.

为了消除式(6.42)所给予的限制而扩大其应用范围，我们应在应力函数(6.38)后面再叠加相容方程(6.27)的如下形式的特解：

$$\phi_0=(\alpha x+\beta)(Ay^3+By^2+Cy) \tag{6.43}$$

其相应的应力分量为

$$\left\{\begin{aligned}
&\sigma_x^0=\frac{\partial^2\phi_0}{\partial y^2}=(\alpha x+\beta)(6Ay+2B)\\
&\sigma_y^0=\frac{\partial^2\phi_0}{\partial x^2}=0\\
&\tau_{xy}^0=-\frac{\partial^2\phi_0}{\partial x\partial y}=-\alpha(3Ay^2+2By+C)
\end{aligned}\right.\tag{6.44}$$

在上下边界处，它们给出

$$\begin{cases}(\sigma_y^0)_{y=0}=0, \quad (\tau_{xy}^0)_{y=0}=-\alpha C \\ (\sigma_y^0)_{y=h}=0, \quad (\tau_{xy}^0)_{y=h}=-\alpha(3Ah^2+2Bh+C)\end{cases} \tag{6.45}$$

只要适当地选取任意常数α、β、A、B、C，我们就能在梁的上下表面处得到不变的切应力τ_{yx}^0，其值是任意的，其合力不为零，这样消除了式(6.42)所给的限制. 在梁的左右两端面得到正应力分量为

$$\begin{cases}(\sigma_x^0)_{y=0}=\beta(6Ay+2B) \\ (\sigma_x^0)_{y=h}=(\alpha l+\beta)(6Ay+2B)\end{cases}$$

它们在静力上给出两端面上的轴力和弯矩. 由此可见，我们将式(6.43)叠加到式(6.38)后，可以解决图 6-12 所示的任意约束条件下梁的弯曲问题，这问题相对于图 6-11 所示的情况更为一般.

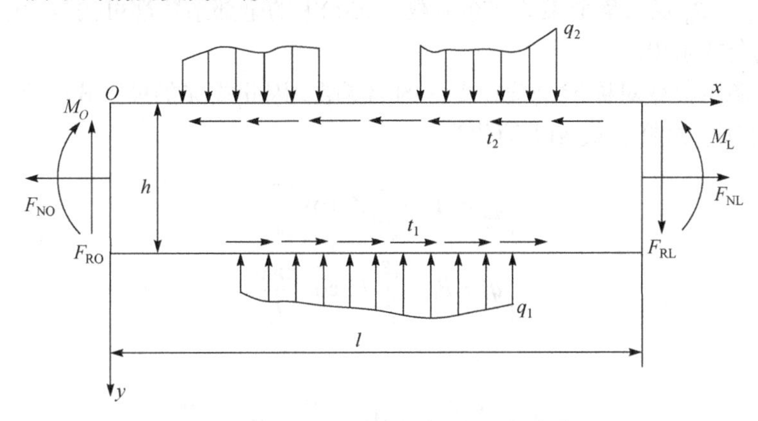

图 6-12　任意约束条件下狭长梁的弯曲

例 6.5　设图 6-13 所示的矩形截面简支梁，上下表面中部 $2a$ 范围内受均布荷载 q 作用，设梁的宽度为一个单位，不计体积力，试求内部的应力分量.

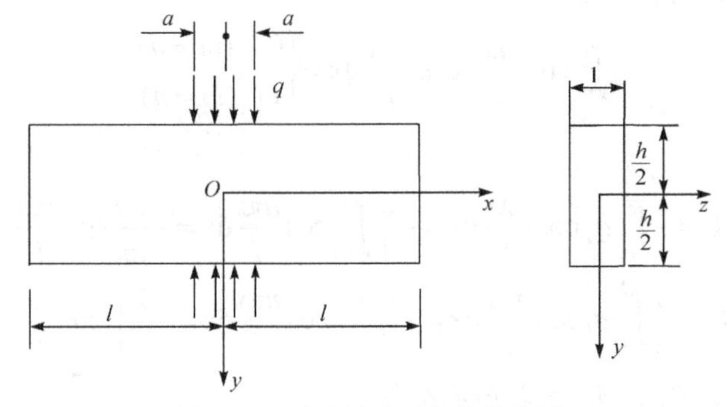

图 6-13　简支梁受局部荷载作用

解 首先将荷载展开为傅里叶(Fourier)级数. 一般情况下，上边界($y=-h/2$)和下边界($y=\dfrac{h}{2}$)的荷载分别表示为

$$\begin{cases} q_u = A_0 + \sum\limits_{n=1}^{\infty} A_n \sin\dfrac{n\pi x}{l} + \sum\limits_{n=1}^{\infty} A_n' \cos\dfrac{n\pi x}{l} \\ q_l = B_0 + \sum\limits_{n=1}^{\infty} B_n \sin\dfrac{n\pi x}{l} + \sum\limits_{n=1}^{\infty} B_n' \cos\dfrac{n\pi x}{l} \end{cases} \tag{a}$$

当$-l<x<-a$及$a<x<l$时，有

$$q_u = q_l = 0$$

当$-a \leqslant x \leqslant a$时，有

$$q_u = q_l = -q$$

式中，A_0、B_0表示整个梁的均布荷载，式(a)中的全部系数都可按数学中的傅里叶系数的公式求出.

由于图示荷载对称于Oy轴，是x的偶函数，因此式(a)的展开式中只含有A_0、B_0及余弦项，这样，式(a)可简化为

$$\begin{cases} q_u = A_0 + \sum\limits_{n=1}^{\infty} A_n' \cos\dfrac{n\pi x}{l} \\ q_l = B_0 + \sum\limits_{n=1}^{\infty} B_n' \cos\dfrac{n\pi x}{l} \end{cases} \tag{b}$$

其中

$$A_0 = B_0 = \frac{1}{2l}\int_{-l}^{l} q(x)\mathrm{d}x = \frac{-q}{2l}\int_{-a}^{a}\mathrm{d}x = \frac{-qa}{l}$$

再求系数A_n'、B_n'. 运用通常求傅里叶系数的方法，在式(b)两边乘以$\cos\dfrac{m\pi x}{l}$，并从$-l$到l积分，并利用

$$\int_{-l}^{l}\cos\frac{m\pi x}{l}\cos\frac{n\pi x}{l}\mathrm{d}x = \begin{cases} 0 & (m \neq n) \\ l & (m = n) \end{cases}$$

由此可得

$$A_n' = \frac{1}{l}\int_{-l}^{l} q_u \cos\frac{n\pi x}{l}\mathrm{d}x = -\frac{q}{l}\int_{-a}^{a}\cos\frac{n\pi x}{l}\mathrm{d}x = -\frac{2q}{n\pi}\sin\frac{n\pi a}{l}$$

$$B_n' = \frac{1}{l}\int_{-l}^{l} q_l \cos\frac{n\pi x}{l}\mathrm{d}x = -\frac{q}{l}\int_{-a}^{a}\cos\frac{n\pi x}{l}\mathrm{d}x = -\frac{2q}{n\pi}\sin\frac{n\pi a}{l}$$

于是，系数A_0、B_0、A_n'、B_n'可表示为

$$\begin{cases} A_0 = B_0 = -\dfrac{qa}{l} \\ A_n' = B_n' = -\dfrac{2q}{n\pi}\sin\dfrac{n\pi a}{l} \end{cases} \tag{c}$$

由上式可以看出，A_0、B_0、A_n'、B_n' 均不等于零. 此问题可理解为上下边界分别作用均布荷载 $A_0 = B_0 = -\dfrac{qa}{l}$，再加上后面的三角级数所表示的荷载. 于是，可以分别计算每一部分荷载所产生的应力，而后叠加.

显然，对于上下边界作用均布压缩荷载 $-\dfrac{qa}{l}$，相应的应力分量为

$$\sigma_x = 0\,,\quad \sigma_y = -\frac{qa}{l}\,,\quad \tau_{xy} = 0 \tag{d}$$

至于由 $A_n'\cos\dfrac{n\pi x}{l}$ 和 $B_n'\cos\dfrac{n\pi x}{l}$ 这些荷载所产生的应力分量，可取应力函数为

$$\phi(x,y) = \sum_{n=1}^{\infty}\cos\frac{n\pi x}{l}\left(A_n\cosh\frac{n\pi y}{l} + B_n\sinh\frac{n\pi y}{l} + C_n y\cosh\frac{n\pi y}{l} + D_n y\sinh\frac{n\pi y}{l}\right) \tag{e}$$

相应的应力分量为

$$\begin{cases} \sigma_x = \dfrac{\partial^2\phi}{\partial y^2} = \displaystyle\sum_{n=1}^{\infty}\frac{n^2\pi^2}{l^2}\cos\frac{n\pi x}{l}\left(A_n\cosh\frac{n\pi y}{l} + B_n\sinh\frac{n\pi y}{l}\right. \\ \qquad \left. + \dfrac{2lC_n}{n\pi}\sinh\dfrac{n\pi y}{l} + \dfrac{2lD_n}{n\pi}\cosh\dfrac{n\pi y}{l} + C_n y\cosh\dfrac{n\pi y}{l} + D_n y\sinh\dfrac{n\pi y}{l}\right) \\ \sigma_y = \dfrac{\partial^2\phi}{\partial x^2} = -\displaystyle\sum_{n=1}^{\infty}\frac{n^2\pi^2}{l^2}\cos\frac{n\pi x}{l}\left(A_n\cosh\frac{n\pi y}{l} + B_n\sinh\frac{n\pi y}{l}\right. \\ \qquad \left. + C_n y\cosh\dfrac{n\pi y}{l} + D_n y\sinh\dfrac{n\pi y}{l}\right) \\ \tau_{xy} = -\dfrac{\partial^2\phi}{\partial x\partial y} = \displaystyle\sum_{n=1}^{\infty}\frac{n^2\pi^2}{l^2}\sin\frac{n\pi x}{l}\left(A_n\sinh\frac{n\pi y}{l} + B_n\cosh\frac{n\pi y}{l}\right. \\ \qquad \left. + \dfrac{lC_n}{n\pi}\cosh\dfrac{n\pi y}{l} + \dfrac{lD_n}{n\pi}\sinh\dfrac{n\pi y}{l} + C_n y\sinh\dfrac{n\pi y}{l} + D_n y\cosh\dfrac{n\pi y}{l}\right) \end{cases} \tag{f}$$

式中的各个常数可由边界条件确定，即

$$\begin{cases} \tau_{xy} = 0,\quad \sigma_y = q_u = \displaystyle\sum_{n=1}^{\infty}A_n'\cos\frac{n\pi x}{l} \quad \left(当 y = -\frac{h}{2}\right) \\ \tau_{xy} = 0,\quad \sigma_y = q_l = \displaystyle\sum_{n=1}^{\infty}B_n'\cos\frac{n\pi x}{l} \quad \left(当 y = \frac{h}{2}\right) \end{cases} \tag{g}$$

将式(g)的切应力边界条件代入式(f)，得

$$
\begin{cases}
C_n=-B_n\dfrac{\dfrac{n\pi}{l}\cosh\dfrac{n\pi h}{2l}}{\cosh\dfrac{n\pi h}{2l}+\dfrac{n\pi h}{2l}\sinh\dfrac{n\pi h}{2l}}\\
D_n=-A_n\dfrac{\dfrac{n\pi}{l}\sinh\dfrac{n\pi h}{2l}}{\sinh\dfrac{n\pi h}{2l}+\dfrac{n\pi h}{2l}\cosh\dfrac{n\pi h}{2l}}
\end{cases}\tag{h}
$$

将式(g)的法向边界条件代入式(f)，并和式(h)联解，并注意到 $A_n'=B_n'$，得

$$
\begin{cases}
B_n=C_n=0\\
A_n=-\dfrac{2A_n'}{\dfrac{n^2\pi^2}{l^2}}\dfrac{\sinh\dfrac{n\pi h}{2l}+\dfrac{n\pi h}{2l}\cosh\dfrac{n\pi h}{2l}}{\sinh\dfrac{n\pi h}{l}+\dfrac{n\pi h}{l}}\\
D_n=\dfrac{2A_n'}{\dfrac{n^2\pi^2}{l^2}}\dfrac{\dfrac{n\pi}{l}\cosh\dfrac{n\pi h}{2l}}{\sinh\dfrac{n\pi h}{l}+\dfrac{n\pi h}{l}}
\end{cases}\tag{i}
$$

由于 A_n' 已经求得，所以式(f)中的常数全部求出，将式(i)代入式(f)，即得相应的应力分量，再加上式(d)中因均布荷载而产生的应力，即得梁总应力分量计算式.

$$
\begin{cases}
\sigma_x=\dfrac{4q}{\pi}\displaystyle\sum_{n=1}^{\infty}\dfrac{\sin\dfrac{n\pi a}{l}}{n\left(\sinh\dfrac{n\pi h}{l}+\dfrac{n\pi h}{l}\right)}\left[\left(\sinh\dfrac{n\pi h}{2l}+\dfrac{n\pi h}{2l}\cosh\dfrac{n\pi h}{2l}\right)\cosh\dfrac{n\pi y}{l}\right.\\
\qquad\left.-2\cosh\dfrac{n\pi h}{2l}\cosh\dfrac{n\pi y}{l}-\dfrac{n\pi}{l}\cosh\dfrac{n\pi h}{2l}y\sinh\dfrac{n\pi y}{l}\right]\cos\dfrac{n\pi x}{l}\\
\sigma_y=-\dfrac{qa}{l}-\dfrac{4q}{\pi}\displaystyle\sum_{n=1}^{\infty}\dfrac{\sin\dfrac{n\pi a}{l}}{n(\sinh\dfrac{n\pi h}{l}+\dfrac{n\pi h}{l})}\left[\left(\sinh\dfrac{n\pi h}{2l}+\dfrac{n\pi h}{2l}\cosh\dfrac{n\pi h}{2l}\right)\cosh\dfrac{n\pi y}{l}\right.\\
\qquad\left.-\dfrac{n\pi}{l}y\cosh\dfrac{n\pi h}{2l}\sinh\dfrac{n\pi y}{l}\right]\cos\dfrac{n\pi x}{l}\\
\tau_{xy}=\dfrac{4q}{\pi}\displaystyle\sum_{n=1}^{\infty}\dfrac{\sin\dfrac{n\pi a}{l}}{n(\sinh\dfrac{n\pi h}{l}+\dfrac{n\pi h}{l})}\left[\left(\sinh\dfrac{n\pi h}{2l}+\dfrac{n\pi h}{2l}\cosh\dfrac{n\pi h}{2l}\right)\sinh\dfrac{n\pi y}{l}\right.\\
\qquad\left.-\cosh\dfrac{n\pi h}{2l}\sinh\dfrac{n\pi y}{l}-\dfrac{n\pi}{l}\cosh\dfrac{n\pi h}{2l}y\cosh\dfrac{n\pi y}{l}\right]\sin\dfrac{n\pi x}{l}
\end{cases}\tag{j}
$$

下面我们可以分析简支梁受一对压力 P 作用时应力分量 σ_y 沿 Ox 轴的分布曲线. 可把集中力静力等效为单位长度上的分布力，对于中间平面($y=0$)，用上面分析得到正应力 σ_y 的精确解答如图 6-14 所示. 可清晰地看到 σ_y 迅速衰减的情况，在 $x=0$ 处，$\sigma_y \approx 1.8P/h$；当 $d \geqslant 1.4h$ 时，σ_y 可以忽略不计；当 $d > 5h$ 时，$\sigma_y = 0$. 这一计算结果，可以说明圣维南原理是正确的.

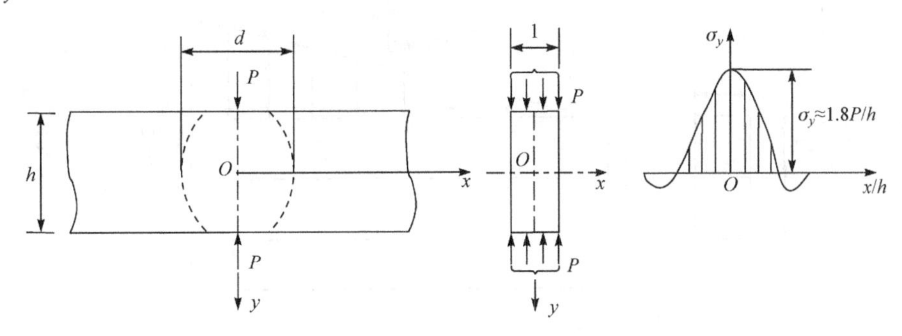

图 6-14　受集中压力 P 的梁应力分布

习　　题

6-1　平面应变问题中某点的三个应力分量为 $\sigma_x = 100\text{MPa}$，$\sigma_y = 50\text{MPa}$，$\tau_{xy} = 50\text{MPa}$，求该点的三个主应力及 ε_x. 设弹性模量 $E = 200\text{GPa}$，泊松比 $\nu = 0.2$.

6-2　如习题 6-2 图所示的三角形悬臂梁只受重力作用，梁的密度为 ρ，试求应力分量.

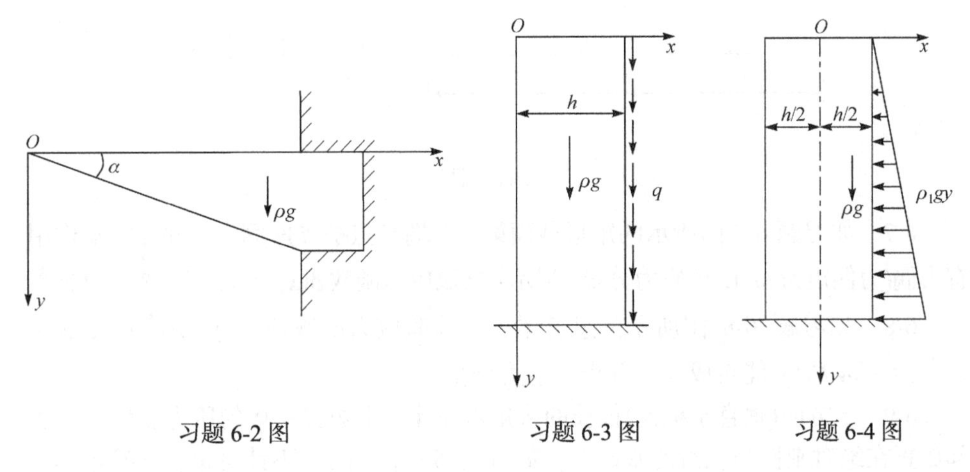

习题 6-2 图　　习题 6-3 图　　习题 6-4 图

6-3　设有矩形截面的竖柱，密度为 ρ，在其一个侧面上作用有均匀分布的剪

力 q (习题 6-3 图)，求应力分量. 提示：可假设 $\sigma_x = 0$ 或假设 $\tau_{xy} = f(x)$.

6-4 如习题 6-4 图表示一水坝的横截面,设水的密度为 ρ_1 ,坝体的密度为 ρ ，试求应力分量. 提示：可假设 $\sigma_x = yf(x)$ ，对非主要边界，可应用局部性原理.

6-5 如习题 6-5 图所示的矩形截面简支梁，受三角形分布的荷载作用，求应力分量. 提示：试取应力函数 $\phi(x,y) = Ax^3y^3 + Bxy^5 + Cx^3y + Dxy^3 + Ex^3 + Fxy$.

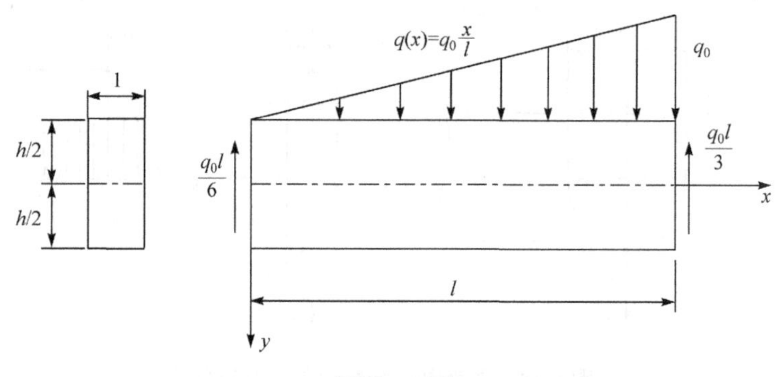

习题 6-5 图

6-6 如习题 6-6 图所示的矩形截面简支梁，只受本身的重力，单位体积的质量为 ρ ，试检验应力函数 $\phi(x,y) = Ax^2y^3 + By^5 + Cy^3 + Dx^2y$ 是否成立，并求出应力分量.

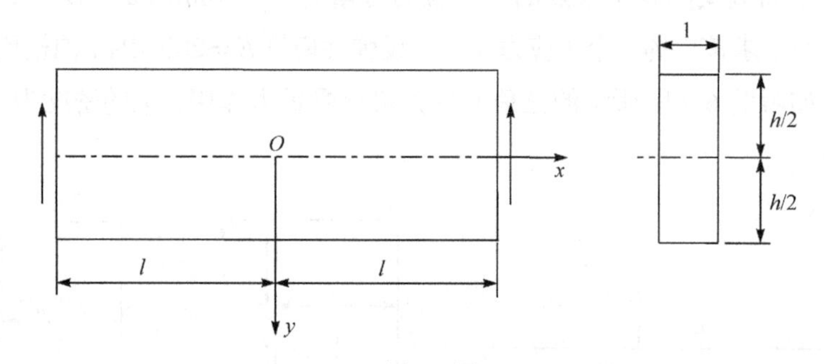

习题 6-6 图

6-7 如习题 6-7 图所示的矩形截面梁，左端 O 点被支座固定，并在左端作用有力偶(力偶矩为 M)，求应力分量. 提示：试取应力函数 $\phi(x,y) = Ay^3 + Bxy + Cxy^3$.

6-8 如习题 6-8 图所示的悬臂梁，试检验应力函数 $\phi(x,y) = Ay^5 + Bx^2y^3 + Cy^3 + Dx^2 + Ex^2y$ 能否成立，并求出应力分量.

6-9 z 方向(垂直于纸面)很长的直角六面体，上边界受均匀压力 p 作用，底部放置在绝对刚性与光滑的基础上，如习题 6-9 图所示. 不计自重，试确定其应力分量和位移分量.

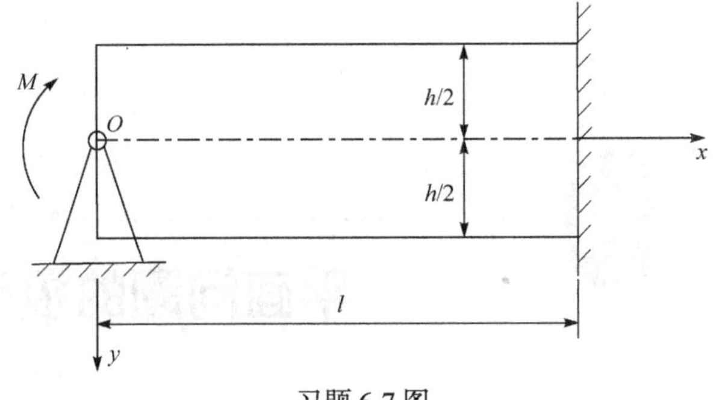

习题 6-7 图

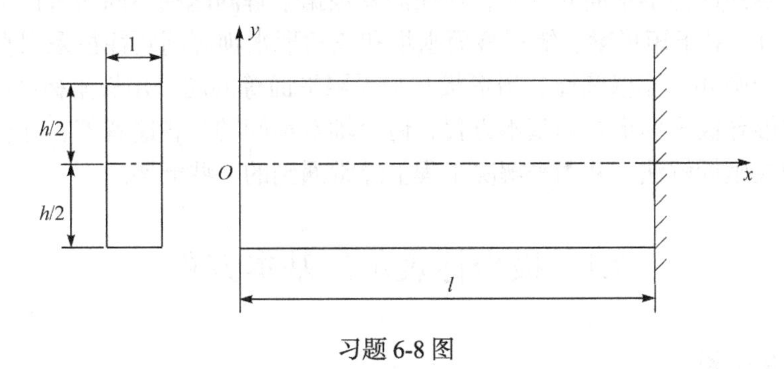

习题 6-8 图

6-10　单位厚度的薄平板，宽为 $2b$ ，长为 $2a$ ，两端受均匀分布的压力 p 作用，在 $y=\pm b$ 的边界上被两光滑的刚性平面约束，如习题 6-10 图所示. 试求其位移分量.

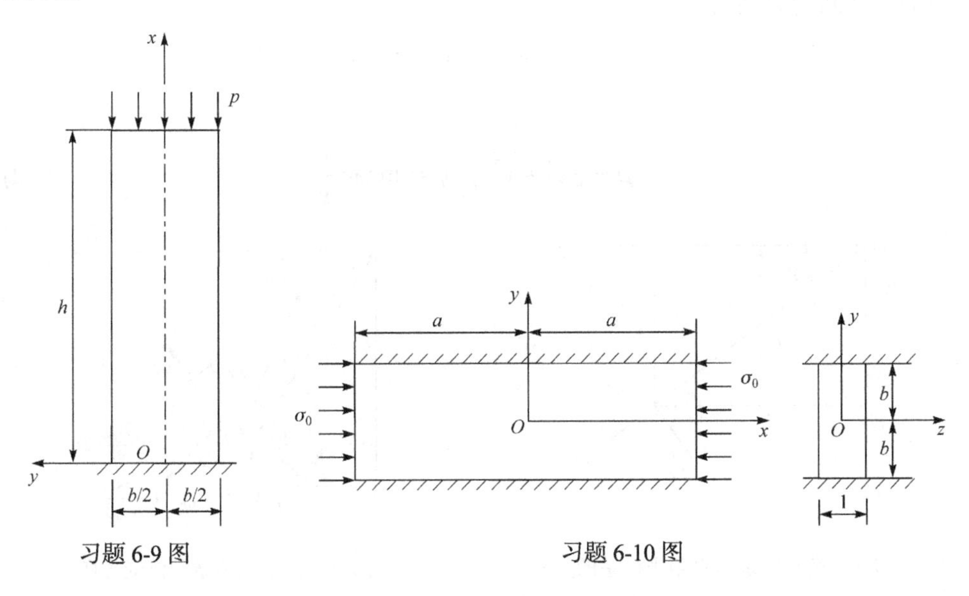

习题 6-9 图　　习题 6-10 图

第7章 平面问题的极坐标解答

在求解弹性力学平面问题时，往往需要根据求解问题的不同而选择不同的坐标系. 例如，对于矩形梁、矩形截面水坝和三角形水坝等问题往往采用直角坐标系，而对于圆环、厚壁圆筒、扇形板和半无限平面等问题采用极坐标系. 本节主要内容是推导极坐标形式的基本方程，讨论轴对称问题的普遍解答，分析某些典型问题的极坐标解法，并用来解决工程上经常遇到的一些问题.

7.1 极坐标表示的基本方程

7.1.1 极坐标系

极坐标系是由径向坐标轴 ρ 和环向坐标轴 φ(图 7-1 所示为正向)构成. 平面内任一点 P 的位置可用 ρ 坐标和 φ 坐标来表示，点 P 的极坐标 (ρ, φ) 与其直角坐标 (x, y) 间的关系为

$$x=\rho\cos\varphi\ ,\quad y=\rho\sin\varphi \tag{7.1}$$

或

$$\rho=\sqrt{x^2+y^2}\ ,\quad \varphi=\arctan\frac{y}{x} \tag{7.2}$$

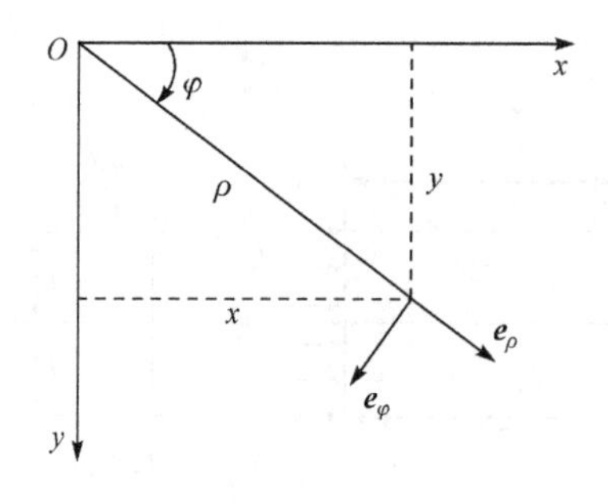

图 7-1　极坐标系和直角坐标系的关系

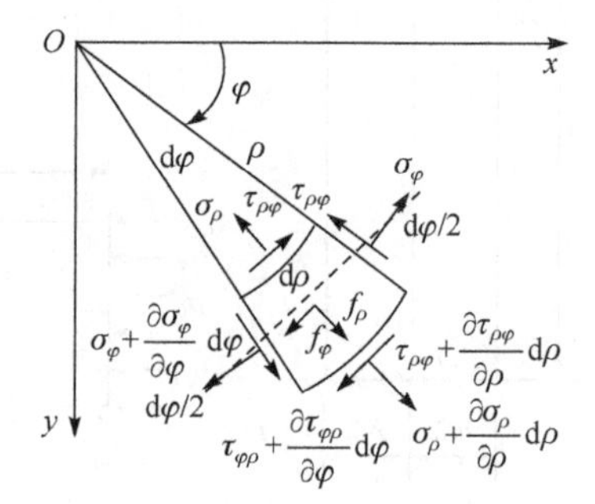

图 7-2　极坐标系微元体受力图

7.1.2　极坐标系下的平衡方程

从受力物体中取出一个相距为 $\mathrm{d}\rho$ 的两个圆柱面和夹角为 $\mathrm{d}\varphi$ 的两个径向平面围成的微分单元体(图 7-2)，并用 σ_ρ 表示径向正应力，σ_φ 表示环向或切向正应力，$\tau_{\rho\varphi}$ 和 $\tau_{\varphi\rho}$ 分别表示径向和环向平面上的剪应力，根据剪应力互等定理，应有 $\tau_{\rho\varphi}=\tau_{\varphi\rho}$. 单元体的受力状态如图 7-2 所示，其中应力方向和单位体积力方向均规定为正方向. 考虑到应力随位置的变化，图中两个径向和两个环向平面上的应力分量由于坐标面位置的变化而略有不同.

取单位厚度的单元体，建立它的平衡条件. 先将单元体所受各力向过微元体中心的径向轴上投影，可得径向平衡方程为

$$\left(\sigma_\rho+\frac{\partial\sigma_\rho}{\partial\rho}\mathrm{d}\rho\right)(\rho+\mathrm{d}\rho)\mathrm{d}\varphi-\sigma_\rho\rho\mathrm{d}\varphi-\left(\sigma_\varphi+\frac{\partial\sigma_\varphi}{\partial\varphi}\mathrm{d}\varphi\right)\mathrm{d}\rho\sin\frac{\mathrm{d}\varphi}{2}-\sigma_\varphi\mathrm{d}\rho\sin\frac{\mathrm{d}\varphi}{2}$$

$$+\left(\tau_{\varphi\rho}+\frac{\partial\tau_{\varphi\rho}}{\partial\varphi}\mathrm{d}\varphi\right)\mathrm{d}\rho\cos\frac{\mathrm{d}\varphi}{2}-\tau_{\varphi\rho}\mathrm{d}\rho\cos\frac{\mathrm{d}\varphi}{2}+f_\rho\rho\mathrm{d}\varphi\mathrm{d}\rho=0$$

由于 $\mathrm{d}\varphi$ 很小，可取 $\sin\frac{\mathrm{d}\varphi}{2}\approx\frac{\mathrm{d}\varphi}{2}$，$\cos\frac{\mathrm{d}\varphi}{2}\approx 1$. 略去三阶微量，并在等号两边同除以 $\rho\mathrm{d}\varphi\mathrm{d}\rho$，上式简化为

$$\frac{\partial\sigma_\rho}{\partial\rho}+\frac{1}{\rho}\frac{\partial\tau_{\varphi\rho}}{\partial\varphi}+\frac{\sigma_\rho-\sigma_\varphi}{\rho}+f_\rho=0 \tag{7.3}$$

同理，将微元体的所有力向过微元体中心的环向轴上投影，可得环向平衡方程为

$$\left(\sigma_\varphi+\frac{\partial\sigma_\varphi}{\partial\varphi}\mathrm{d}\varphi\right)\mathrm{d}\rho\cos\frac{\mathrm{d}\varphi}{2}-\sigma_\varphi\mathrm{d}\rho\cos\frac{\mathrm{d}\varphi}{2}+\left(\tau_{\rho\varphi}+\frac{\partial\tau_{\rho\varphi}}{\partial\rho}\mathrm{d}\rho\right)(\rho+\mathrm{d}\rho)\mathrm{d}\varphi$$

$$-\tau_{\rho\varphi}\rho\mathrm{d}\varphi+\left(\tau_{\varphi\rho}+\frac{\partial\tau_{\varphi\rho}}{\partial\varphi}\mathrm{d}\varphi\right)\mathrm{d}\rho\sin\frac{\mathrm{d}\varphi}{2}+\tau_{\varphi\rho}\mathrm{d}\rho\sin\frac{\mathrm{d}\varphi}{2}+f_\varphi\rho\mathrm{d}\varphi\mathrm{d}\rho=0$$

仍取 $\sin\frac{\mathrm{d}\varphi}{2}\approx\frac{\mathrm{d}\varphi}{2}$，$\cos\frac{\mathrm{d}\varphi}{2}\approx 1$，并略去三阶微量，并在等号两边同除以 $\rho\mathrm{d}\varphi\mathrm{d}\rho$，注意到 $\tau_{\rho\varphi}=\tau_{\varphi\rho}$，可得

$$\frac{\partial\tau_{\rho\varphi}}{\partial\rho}+\frac{1}{\rho}\frac{\partial\sigma_\varphi}{\partial\varphi}+\frac{2\tau_{\rho\varphi}}{\rho}+f_\varphi=0 \tag{7.4}$$

综合式(7.3)和式(7.4)，得到极坐标系下的平衡方程为

$$\begin{cases}\dfrac{\partial\sigma_\rho}{\partial\rho}+\dfrac{1}{\rho}\dfrac{\partial\tau_{\varphi\rho}}{\partial\varphi}+\dfrac{\sigma_\rho-\sigma_\varphi}{\rho}+f_\rho=0\\ \dfrac{\partial\tau_{\rho\varphi}}{\partial\rho}+\dfrac{1}{\rho}\dfrac{\partial\sigma_\varphi}{\partial\varphi}+\dfrac{2\tau_{\rho\varphi}}{\rho}+f_\varphi=0\end{cases}\tag{7.5}$$

其中，f_ρ 和 f_φ 分别表示径向和环向的单位体积力分量.

7.1.3 极坐标系下的几何方程

我们分别用 u_ρ 和 u_φ 表示位移矢量的径向和环向分量，用 ε_ρ 和 ε_φ 表示径向和环向的正应变分量，$\gamma_{\rho\varphi}=\gamma_{\varphi\rho}$ 表示剪应变分量. 下面采用坐标的方法，利用直角坐标系下的几何方程导出极坐标系下的几何方程. 根据第 3 章分析，对于几何方程，平面问题的直角坐标形式为

$$\begin{cases}\varepsilon_x=\dfrac{\partial u}{\partial x}\\ \varepsilon_y=\dfrac{\partial v}{\partial y}\\ \gamma_{xy}=\dfrac{\partial u}{\partial y}+\dfrac{\partial v}{\partial x}\end{cases}$$

其中，u 和 v 分别表示位移矢量的 x 和 y 方向分量；ε_x 和 ε_y 表示 x 和 y 方向的正应变分量；$\gamma_{xy}=\gamma_{yx}$ 表示剪应变分量.

根据直角坐标与极坐标之间的关系，有

$$\frac{\partial\rho}{\partial x}=\frac{x}{\rho}=\cos\varphi,\quad \frac{\partial\rho}{\partial y}=\frac{y}{\rho}=\sin\varphi,\quad \frac{\partial\varphi}{\partial x}=-\frac{\sin\varphi}{\rho},\quad \frac{\partial\varphi}{\partial y}=\frac{\cos\varphi}{\rho}$$

注意到

$$u=u_\rho\cos\varphi-u_\varphi\sin\varphi$$

可求得

$$\varepsilon_x=\frac{\partial u}{\partial x}=\frac{\partial u_\rho}{\partial\rho}\cos^2\varphi+\left(\frac{1}{\rho}\frac{\partial u_\varphi}{\partial\varphi}+\frac{u_\rho}{\rho}\right)\sin^2\varphi-\left(\frac{1}{\rho}\frac{\partial u_\rho}{\partial\varphi}+\frac{\partial u_\varphi}{\partial\rho}-\frac{u_\varphi}{\rho}\right)\sin\varphi\cos\varphi\tag{7.6}$$

根据应变张量坐标变换公式，直角坐标系下的应变分量与极坐标系下的应变分量具有如下关系：

$$\varepsilon_x=\varepsilon_\rho\cos^2\varphi+\varepsilon_\varphi\sin^2\varphi-\gamma_{\rho\varphi}\sin\varphi\cos\varphi\tag{7.7}$$

比较式(7.6)与式(7.7)，可得极坐标系下的几何方程为

$$\begin{cases} \varepsilon_\rho = \dfrac{\partial u_\rho}{\partial \rho} \\ \varepsilon_\varphi = \dfrac{1}{\rho}\dfrac{\partial u_\varphi}{\partial \varphi} + \dfrac{u_\rho}{\rho} \\ \gamma_{\rho\varphi} = \dfrac{1}{\rho}\dfrac{\partial u_\rho}{\partial \varphi} + \dfrac{\partial u_\varphi}{\partial \rho} - \dfrac{u_\varphi}{\rho} \end{cases} \tag{7.8}$$

7.1.4　极坐标系下的物理方程

极坐标系和直角坐标系一样，也是正交坐标系，对各向同性物体而言，其平面应力问题的物理(本构)方程形式相同，只需将直角坐标形式的物理方程中的 x 和 y 分别变换成 ρ 和 φ，即可得到极坐标形式的物理方程，即

$$\begin{cases} \varepsilon_\rho = \dfrac{1}{E}\left(\sigma_\rho - \nu\sigma_\varphi\right) \\ \varepsilon_\varphi = \dfrac{1}{E}\left(\sigma_\varphi - \nu\sigma_\rho\right) \\ \gamma_{\rho\varphi} = \dfrac{2(1+\nu)}{E}\tau_{\rho\varphi} \end{cases} \tag{7.9}$$

对于平面应变问题，只需将上式中的 E 和 ν 分别变换为 $\dfrac{E}{1-\nu^2}$ 和 $\dfrac{\nu}{1-\nu}$ 即可.

7.1.5　极坐标系下的相容方程

应力函数 ϕ 的导数为

$$\frac{\partial \phi}{\partial x} = \frac{\partial \phi}{\partial \rho}\frac{\partial \rho}{\partial x} + \frac{\partial \phi}{\partial \varphi}\frac{\partial \varphi}{\partial x} = \cos\varphi\frac{\partial \phi}{\partial \rho} - \frac{\sin\varphi}{\rho}\frac{\partial \phi}{\partial \varphi}$$

$$\frac{\partial \phi}{\partial y} = \frac{\partial \phi}{\partial \rho}\frac{\partial \rho}{\partial y} + \frac{\partial \phi}{\partial \varphi}\frac{\partial \varphi}{\partial y} = \sin\varphi\frac{\partial \phi}{\partial \rho} + \frac{\cos\varphi}{\rho}\frac{\partial \phi}{\partial \varphi}$$

对其再求导，可得

$$\begin{aligned} \sigma_y = \frac{\partial^2 \phi}{\partial x^2} &= \left(\cos\varphi\frac{\partial}{\partial \rho} - \frac{\sin\varphi}{\rho}\frac{\partial}{\partial \varphi}\right)\left(\cos\varphi\frac{\partial \phi}{\partial \rho} - \frac{\sin\varphi}{\rho}\frac{\partial \phi}{\partial \varphi}\right) \\ &= \cos^2\varphi\frac{\partial^2 \phi}{\partial \rho^2} + \sin^2\varphi\left(\frac{1}{\rho}\frac{\partial \phi}{\partial \rho} + \frac{1}{\rho^2}\frac{\partial^2 \phi}{\partial \varphi^2}\right) + 2\sin\varphi\cos\varphi\left(\frac{1}{\rho^2}\frac{\partial \phi}{\partial \varphi} - \frac{1}{\rho}\frac{\partial^2 \phi}{\partial \rho \partial \varphi}\right) \end{aligned}$$

$$\sigma_x = \frac{\partial^2 \phi}{\partial y^2} = \left(\sin\varphi\frac{\partial}{\partial \rho} + \frac{\cos\varphi}{\rho}\frac{\partial}{\partial \varphi}\right)\left(\sin\varphi\frac{\partial \phi}{\partial \rho} + \frac{\cos\varphi}{\rho}\frac{\partial \phi}{\partial \varphi}\right) \tag{7.10}$$

$$= \sin^2\varphi\frac{\partial^2\phi}{\partial\rho^2}+\cos^2\varphi\left(\frac{1}{\rho}\frac{\partial\phi}{\partial\rho}+\frac{1}{\rho^2}\frac{\partial^2\phi}{\partial\varphi^2}\right)-2\sin\varphi\cos\varphi\left(\frac{1}{\rho^2}\frac{\partial\phi}{\partial\varphi}-\frac{1}{\rho}\frac{\partial^2\phi}{\partial\rho\partial\varphi}\right)$$

$$-\tau_{xy}=\frac{\partial^2\phi}{\partial x\partial y}=\left(\cos\varphi\frac{\partial}{\partial\rho}-\frac{\sin\varphi}{\rho}\frac{\partial}{\partial\varphi}\right)\left(\sin\varphi\frac{\partial\phi}{\partial\rho}+\frac{\cos\varphi}{\rho}\frac{\partial\phi}{\partial\varphi}\right)$$

$$=\sin\varphi\cos\varphi\left(\frac{\partial^2\phi}{\partial\rho^2}-\frac{1}{\rho}\frac{\partial\phi}{\partial\rho}-\frac{1}{\rho^2}\frac{\partial^2\phi}{\partial\varphi^2}\right)-\left(\cos^2\varphi-\sin^2\varphi\right)\left(\frac{1}{\rho^2}\frac{\partial\phi}{\partial\varphi}-\frac{1}{\rho}\frac{\partial^2\phi}{\partial\rho\partial\varphi}\right)$$

前两式相加，得

$$\nabla^2\phi=\frac{\partial^2\phi}{\partial x^2}+\frac{\partial^2\phi}{\partial y^2}=\left(\frac{\partial^2}{\partial\rho^2}+\frac{1}{\rho}\frac{\partial}{\partial\rho}+\frac{1}{\rho^2}\frac{\partial^2}{\partial\varphi^2}\right)\phi \tag{7.11}$$

于是，在极坐标系下，体积力为常量时，对于平面问题，应力函数表示的相容方程为

$$\nabla^4\phi=\left(\frac{\partial^2}{\partial\rho^2}+\frac{1}{\rho}\frac{\partial}{\partial\rho}+\frac{1}{\rho^2}\frac{\partial^2}{\partial\varphi^2}\right)^2\phi \tag{7.12}$$

根据应力坐标变换公式，极坐标系与直角坐标系下的应力分量之间具有如下关系：

$$\begin{bmatrix}\sigma_\rho & \tau_{\rho\varphi}\\ \tau_{\varphi\rho} & \sigma_\varphi\end{bmatrix}=\begin{bmatrix}\cos\varphi & \sin\varphi\\ -\sin\varphi & \cos\varphi\end{bmatrix}\begin{bmatrix}\sigma_x & \tau_{xy}\\ \tau_{yx} & \sigma_y\end{bmatrix}\begin{bmatrix}\cos\varphi & -\sin\varphi\\ \sin\varphi & \cos\varphi\end{bmatrix}$$

经运算，可得

$$\begin{cases}\sigma_\rho=\sigma_x\cos^2\varphi+\sigma_y\sin^2\varphi+2\tau_{xy}\sin\varphi\cos\varphi\\ \sigma_\varphi=\sigma_x\sin^2\varphi+\sigma_y\cos^2\varphi-2\tau_{xy}\sin\varphi\cos\varphi\\ \tau_{\rho\varphi}=\left(\sigma_y-\sigma_x\right)\sin\varphi\cos\varphi+\tau_{xy}\left(\cos^2\varphi-\sin^2\varphi\right)\end{cases} \tag{7.13}$$

将式(7.10)代入式(7.13)，可得

$$\begin{cases}\sigma_\rho=\dfrac{1}{\rho}\dfrac{\partial\phi}{\partial\rho}+\dfrac{1}{\rho^2}\dfrac{\partial^2\phi}{\partial\varphi^2}\\ \sigma_\varphi=\dfrac{\partial^2\phi}{\partial\rho^2}\\ \tau_{\rho\varphi}=-\dfrac{\partial}{\partial\rho}\left(\dfrac{1}{\rho}\dfrac{\partial\phi}{\partial\varphi}\right)\end{cases} \tag{7.14}$$

此外，注意到方向余弦矩阵的正交性，有

$$\begin{bmatrix} \sigma_x & \tau_{xy} \\ \tau_{yx} & \sigma_y \end{bmatrix} = \begin{bmatrix} \cos\varphi & -\sin\varphi \\ \sin\varphi & \cos\varphi \end{bmatrix} \begin{bmatrix} \sigma_\rho & \tau_{\rho\varphi} \\ \tau_{\varphi\rho} & \sigma_\varphi \end{bmatrix} \begin{bmatrix} \cos\varphi & \sin\varphi \\ -\sin\varphi & \cos\varphi \end{bmatrix}$$

从而有

$$\begin{cases} \sigma_x = \sigma_\rho \cos^2\varphi + \sigma_\varphi \sin^2\varphi - 2\tau_{\rho\varphi} \sin\varphi\cos\varphi \\ \sigma_y = \sigma_\rho \sin^2\varphi + \sigma_\varphi \cos^2\varphi + 2\tau_{\rho\varphi} \sin\varphi\cos\varphi \\ \tau_{xy} = \left(\sigma_\rho - \sigma_\varphi\right)\sin\varphi\cos\varphi + \tau_{\rho\varphi}\left(\cos^2\varphi - \sin^2\varphi\right) \end{cases} \tag{7.15}$$

将式(7.10)与式(7.15)比较，同样可得式(7.14).

总之，用极坐标解弹性力学的平面问题，与直角坐标一样，也归结为在给定的边界条件下利用双调和方程求解应力函数 ϕ，然后利用式(7.14)求应力分量，再由式(7.9)和式(7.8)分别求应变分量和位移分量.

7.2 轴对称平面问题

当物体的几何形状、材料性质及边界条件等均对称于某一个轴时，称该弹性体为轴对称结构. 如果轴对称结构的应力分量与 φ 无关，称为轴对称应力问题. 如果轴对称结构的位移分量也与 φ 无关，称为轴对称位移问题. 平面轴对称应力问题和平面轴对称位移问题统称为**轴对称平面问题**.

7.2.1 平面轴对称应力问题

现考虑弹性体的应力与 φ 无关的特殊情况，即应力函数 ϕ 仅为坐标 ρ 的函数，此时，平面问题应力函数表示的相容方程为

$$\left(\frac{\mathrm{d}^2}{\mathrm{d}\rho^2} + \frac{1}{\rho}\frac{\mathrm{d}}{\mathrm{d}\rho}\right)\left(\frac{\mathrm{d}^2\phi}{\mathrm{d}\rho^2} + \frac{1}{\rho}\frac{\mathrm{d}\phi}{\mathrm{d}\rho}\right) = 0 \tag{7.16}$$

将上式等号左边展开，并在其等号两边同乘以 ρ^4，则有

$$\rho^4\frac{\mathrm{d}^4\phi}{\mathrm{d}\rho^4} + 2\rho^3\frac{\mathrm{d}^3\phi}{\mathrm{d}\rho^3} - \rho^2\frac{\mathrm{d}^2\phi}{\mathrm{d}\rho^2} + \rho\frac{\mathrm{d}\phi}{\mathrm{d}\rho} = 0 \tag{7.17}$$

这是大家熟悉的欧拉方程，对这类方程，只需引入变换 $\rho = \mathrm{e}^t$，上式这个变系数微分方程就可以变换为常系数微分方程，即

$$\frac{\mathrm{d}^4\phi}{\mathrm{d}t^4} - 4\frac{\mathrm{d}^3\phi}{\mathrm{d}t^3} + 4\frac{\mathrm{d}^2\phi}{\mathrm{d}t^2} = 0 \tag{7.18}$$

其通解为

$$\phi = At + Be^{2t}t + Ce^{2t} + D \tag{7.19}$$

其中，A、B、C和D是待定常数. 注意到$t=\ln\rho$，代入式(7.19)即得式(7.17)的解为

$$\phi = A\ln\rho + B\rho^2\ln\rho + C\rho^2 + D \tag{7.20}$$

将式(7.20)代入式(7.14)，则平面轴对称应力分量为

$$\begin{cases} \sigma_\rho = \dfrac{1}{\rho}\dfrac{\mathrm{d}\phi}{\mathrm{d}\rho} = \dfrac{A}{\rho^2} + B(1+2\ln\rho) + 2C \\ \sigma_\varphi = \dfrac{\mathrm{d}^2\phi}{\mathrm{d}\rho^2} = -\dfrac{A}{\rho^2} + B(3+2\ln\rho) + 2C \\ \tau_{\rho\varphi} = \tau_{\varphi\rho} = 0 \end{cases} \tag{7.21}$$

很容易看出，上式中各正应力分量只是ρ的函数，不随φ变化，剪应力分量又不存在，所以应力分量是对称于坐标轴z而分布的，这种应力称为**轴对称应力**.

7.2.2 平面轴对称位移问题

现在考察与轴对称应力相对应的变形和位移. 对于平面应力问题，将式(7.21)代入式(7.9)，得

$$\begin{cases} \varepsilon_\rho = \dfrac{1}{E}\left[(1+\nu)\dfrac{A}{\rho^2} + (1-3\nu)B + 2(1-\nu)B\ln\rho + 2(1-\nu)C\right] \\ \varepsilon_\varphi = \dfrac{1}{E}\left[-(1+\nu)\dfrac{A}{\rho^2} + (3-\nu)B + 2(1-\nu)B\ln\rho + 2(1-\nu)C\right] \\ \gamma_{\rho\varphi} = 0 \end{cases} \tag{7.22}$$

将上式代入几何方程(7.8)，得

$$\begin{cases} \dfrac{\partial u_\rho}{\partial\rho} = \dfrac{1}{E}\left[(1+\nu)\dfrac{A}{\rho^2} + (1-3\nu)B + 2(1-\nu)B\ln\rho + 2(1-\nu)C\right] \\ \dfrac{u_\rho}{\rho} + \dfrac{1}{\rho}\dfrac{\partial u_\varphi}{\partial\varphi} = \dfrac{1}{E}\left[-(1+\nu)\dfrac{A}{\rho^2} + (3-\nu)B + 2(1-\nu)B\ln\rho + 2(1-\nu)C\right] \\ \dfrac{1}{\rho}\dfrac{\partial u_\rho}{\partial\varphi} + \dfrac{\partial u_\varphi}{\partial\rho} - \dfrac{u_\varphi}{\rho} = 0 \end{cases} \tag{7.23}$$

由式(7.23)的第一式积分，得

$$u_\rho=\frac{1}{E}\left[-(1+\nu)\frac{A}{\rho}+(1-3\nu)B\rho+2(1-\nu)B\rho(\ln\rho-1)+2(1-\nu)C\rho\right]+f(\varphi) \tag{7.24}$$

式中，$f(\varphi)$为φ的任意函数.

将式(7.24)代入式(7.23)的第二式，移项并以ρ乘等号两边，得

$$\frac{\partial u_\varphi}{\partial\varphi}=\frac{4B\rho}{E}-f(\varphi)$$

积分后得

$$u_\varphi=\frac{4B\rho\varphi}{E}-\int f(\varphi)\mathrm{d}\varphi+g(\rho) \tag{7.25}$$

式中，$g(\rho)$为ρ的任意函数.

将式(7.24)和式(7.25)代入式(7.23)的第三式，可得

$$\frac{1}{\rho}\frac{\mathrm{d}f(\varphi)}{\mathrm{d}\varphi}+\frac{\mathrm{d}g(\rho)}{\mathrm{d}\rho}-\frac{g(\rho)}{\rho}+\frac{1}{\rho}\int f(\varphi)\mathrm{d}\varphi=0$$

或者写成

$$g(\rho)-\rho\frac{\mathrm{d}g(\rho)}{\mathrm{d}\rho}=\frac{\mathrm{d}f(\varphi)}{\mathrm{d}\varphi}+\int f(\varphi)\mathrm{d}\varphi$$

显然，要使此式对于所有的ρ和φ都成立，只有

$$g(\rho)-\rho\frac{\mathrm{d}g(\rho)}{\mathrm{d}\rho}=F \tag{7.26}$$

$$\frac{\mathrm{d}f(\varphi)}{\mathrm{d}\varphi}+\int f(\varphi)\mathrm{d}\varphi=F \tag{7.27}$$

这里，F为任意常数.

方程(7.26)的通解为

$$g(\rho)=H\rho+F \tag{7.28}$$

其中，H为任意常数.

为了求得$f(\varphi)$，将式(7.27)求一阶导数，于是有

$$\frac{\mathrm{d}^2 f(\varphi)}{\mathrm{d}\varphi^2}+f(\varphi)=0$$

它的通解为

$$f(\varphi)=I\sin\varphi+K\cos\varphi \tag{7.29}$$

另外，由式(7.27)得

$$\int f(\varphi)\mathrm{d}\varphi = F - \frac{\mathrm{d}f(\varphi)}{\mathrm{d}\varphi} = F - I\cos\varphi + K\sin\varphi \tag{7.30}$$

将式(7.28)、式(7.29)、式(7.30)分别代入式(7.24)和式(7.25)，最后得位移分量的表达式为

$$\begin{cases} u_\rho = \dfrac{1}{E}\left[-(1+\nu)\dfrac{A}{\rho} + (1-3\nu)B\rho + 2(1-\nu)B\rho(\ln\rho - 1) + 2(1-\nu)C\rho\right] + I\sin\varphi + K\cos\varphi \\ u_\varphi = \dfrac{4B\rho\varphi}{E} + H\rho + I\cos\varphi - K\sin\varphi \end{cases} \tag{7.31}$$

式中，A、B、C、H、I 和 K 由边界条件和约束条件来确定. 不验验证，I 和 K 分别代表 x 和 y 方向的刚体平移，H 代表刚体绕对称轴的转动.

式(7.31)表示，应力轴对称并不表示位移也是轴对称的. 但在轴对称应力情况下，如果物体的几何形状和所受外力，包括几何约束全部都是轴对称的，则位移也是轴对称的. 这时，物体内各点都不会有环向位移，也就是说，不论 ρ 和 φ 取什么值，都应有 $u_\varphi = 0$. 因此，由式(7.31)第二式，有

$$B = H = I = K = 0$$

这时，式(7.21)简化为

$$\begin{cases} \sigma_\rho = \dfrac{1}{\rho}\dfrac{\mathrm{d}\phi}{\mathrm{d}\rho} = \dfrac{A}{\rho^2} + 2C \\ \sigma_\varphi = \dfrac{\mathrm{d}^2\phi}{\mathrm{d}\rho^2} = -\dfrac{A}{\rho^2} + 2C \\ \tau_{\rho\varphi} = \tau_{\varphi\rho} = 0 \end{cases} \tag{7.32}$$

而式(7.31)简化为

$$\begin{cases} u_\rho = \dfrac{1}{E}\left[-(1+\nu)\dfrac{A}{\rho} + 2(1-\nu)C\rho\right] \\ u_\varphi = 0 \end{cases} \tag{7.33}$$

将式(7.31)和式(7.33)中的 E 和 ν 分别转换成 $\dfrac{E}{1-\nu^2}$ 和 $\dfrac{\nu}{1-\nu}$，便可得到平面应变情况下的位移分量.

7.3　厚壁筒受均匀压力　压力隧洞

7.3.1　厚壁筒受均匀压力

设有一个内半径为 a、外半径为 b 的圆筒(圆环问题与此相同)，内外壁分别受到均匀分布的压力 q_1 和 q_2 的作用，如图 7-3 所示. 显然，应力分布是轴对称的，故应力应具有式(7.21)所给的形式. 现根据边界条件和位移单值条件来确定待定常数.

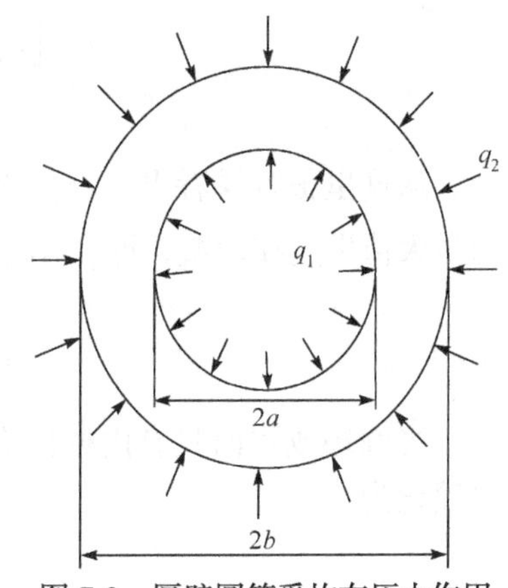

图 7-3　厚壁圆筒受均布压力作用

该问题的边界条件要求

$$\begin{cases}\left(\tau_{\rho\varphi}\right)_{\rho=a}=0, & \left(\tau_{\rho\varphi}\right)_{\rho=b}=0 \\ \left(\sigma_{\rho}\right)_{\rho=a}=-q_1, & \left(\sigma_{\rho}\right)_{\rho=b}=-q_2\end{cases} \tag{7.34}$$

由表达式(7.21)可见，前两个条件自然满足，后两个条件要求

$$\begin{cases}\dfrac{A}{a^2}+B(1+2\ln a)+2C=-q_1 \\ \dfrac{A}{b^2}+B(1+2\ln b)+2C=-q_2\end{cases} \tag{7.35}$$

现在，边界条件都已经满足，但是两个方程不能求解三个常数 A、B 和 C. 因为问题是多连体，我们可以利用位移单值条件. 由位移分量的表达式(7.31)可知，环向位移 u_φ 的表达式中，$\dfrac{4B\rho\varphi}{E}$ 项是多值的：对于同一个 ρ，如 $\rho=\rho_1$，在 $\varphi=\varphi_1$ 与 $\varphi=\varphi_1+2\pi$ 时，环向位移相差 $\dfrac{8\pi B\rho_1}{E}$. 在圆环或圆筒中，这是不可能的，因为 $(\rho_1,\ \varphi_1)$ 与 $(\rho_1,\ \varphi_1+2\pi)$ 是同一个点，不可能有不同的位移. 于是必有 B=0. 将 B=0 代入式(7.35)，可解得 A、C 分别为

$$A=\frac{a^2b^2\left(q_2-q_1\right)}{b^2-a^2},\quad C=\frac{q_1a^2-q_2b^2}{2\left(b^2-a^2\right)}$$

将 A、B 和 C 的值代入式(7.21)，稍加整理，即得拉梅解答

$$\begin{cases}\sigma_\rho=\dfrac{a^2}{b^2-a^2}\left(1-\dfrac{b^2}{\rho^2}\right)q_1-\dfrac{b^2}{b^2-a^2}\left(1-\dfrac{a^2}{\rho^2}\right)q_2 \\ \sigma_\varphi=\dfrac{a^2}{b^2-a^2}\left(1+\dfrac{b^2}{\rho^2}\right)q_1-\dfrac{b^2}{b^2-a^2}\left(1+\dfrac{a^2}{\rho^2}\right)q_2 \\ \tau_{\rho\varphi}=\tau_{\varphi\rho}=0\end{cases} \tag{7.36}$$

当外壁的压力$q_2=0$时，即圆筒只受内壁压力的作用，此时，式(7.36)可简化为

$$\begin{cases}\sigma_\rho=\dfrac{a^2}{b^2-a^2}\left(1-\dfrac{b^2}{\rho^2}\right)q_1\\\sigma_\varphi=\dfrac{a^2}{b^2-a^2}\left(1+\dfrac{b^2}{\rho^2}\right)q_1\\\tau_{\rho\varphi}=\tau_{\varphi\rho}=0\end{cases}\tag{7.37}$$

从这里很容易看出，$\sigma_\rho<0$而$\sigma_\varphi>0$，即σ_ρ为压应力而σ_φ为拉应力. 拉应力最大值发生在内壁，即$\rho=a$处，其值为

$$\left(\sigma_\varphi\right)_{\max}=\frac{a^2+b^2}{b^2-a^2}q_1\tag{7.38}$$

当圆环或圆筒只有内壁压力且为无限大弹性体即外半径$b\to\infty$时，式(7.37)可简化为

$$\begin{cases}\sigma_\rho=-\dfrac{a^2}{\rho^2}q_1\\\sigma_\varphi=\dfrac{a^2}{\rho^2}q_1\\\tau_{\rho\varphi}=\tau_{\varphi\rho}=0\end{cases}\tag{7.39}$$

可见，物体内的应力与$\dfrac{a^2}{\rho^2}$成正比. 当$\rho\gg a$时，应力很小乃至可忽略不计. 这个实例也证实了圣维南原理，因为圆孔或圆形孔道中的内压力是平衡力系.

7.3.2 压力隧洞

如果圆筒埋在无限大弹性体中，受有均布压力q，如压力隧洞或坝内水管，如图 7-4 所示，假设圆筒的弹性模量和泊松比分别为E和ν，而无限大弹性体的弹性模量和泊松比分别为E'和ν'. 根据前面的分析，圆筒和无限大弹性体的应力分量可分别取为

圆筒

$$\sigma_\rho=\frac{A}{\rho^2}+2C,\quad\sigma_\varphi=-\frac{A}{\rho^2}+2C\tag{7.40}$$

无限大弹性体

$$\sigma'_\rho = \frac{A'}{\rho^2} + 2C', \quad \sigma'_\varphi = -\frac{A'}{\rho^2} + 2C' \tag{7.41}$$

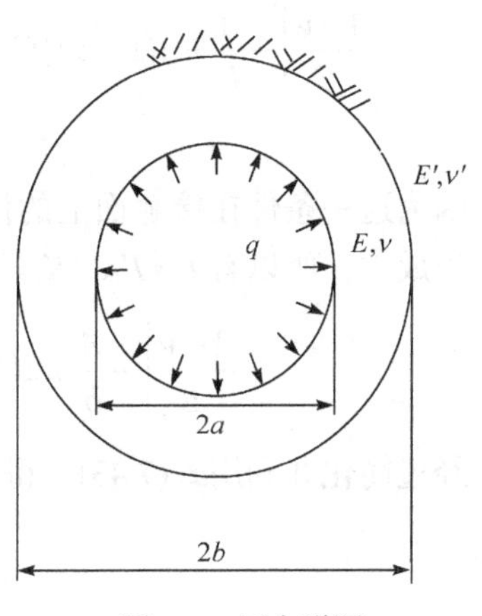

图 7-4　压力隧洞

下面我们利用边界条件和圆筒与无限大弹性体接触面上应力和位移的连续条件建立四个方程来求解常数 A 、C 、A' 和 C'.

首先，在圆筒的内面，有边界条件 $\left(\sigma_\rho\right)_{\rho=a} = -q$ ，由此得

$$\frac{A}{a^2} + 2C = -q \tag{7.42}$$

其次，在距离圆筒很远之处，按照圣维南原理，应当几乎没有应力，于是有

$$\left(\sigma'_\rho\right)_{\rho\to\infty} = \left(\sigma'_\varphi\right)_{\rho\to\infty} = 0$$

于是由式(7.41)得

$$2C' = 0 \tag{7.43}$$

再次，在圆筒与无限大弹性体接触面上的径向应力相等，有

$$\left(\sigma_\rho\right)_{\rho=b} = \left(\sigma'_\rho\right)_{\rho=b}$$

于是由式(7.40)和式(7.41)得

$$\frac{A}{b^2} + 2C = -\frac{A'}{b^2} + 2C' \tag{7.44}$$

最后，利用圆筒与无限大弹性体接触面上的径向位移相等，有

$$\left(u_\rho\right)_{\rho=b} = \left(u'_\rho\right)_{\rho=b}$$

利用(7.31)的第一式，并注意到这里是平面应变问题，而且 $B=0$ ，可以写出圆筒和无限大弹性体的径向位移表达式分别为

$$\begin{cases} u_\rho = \dfrac{1-\nu^2}{E}\left[-\left(1+\dfrac{\nu}{1-\nu}\right)\dfrac{A}{\rho} + 2\left(1-\dfrac{\nu}{1-\nu}\right)C\rho\right] + I\sin\varphi + K\cos\varphi \\ u'_\rho = \dfrac{1-\nu'^2}{E'}\left[-\left(1+\dfrac{\nu'}{1-\nu'}\right)\dfrac{A'}{\rho} + 2\left(1-\dfrac{\nu'}{1-\nu'}\right)C'\rho\right] + I'\sin\varphi + K'\cos\varphi \end{cases} \tag{7.45}$$

将式(7.45)代入位移连续条件，有

$$\frac{1+\nu}{E}\left[-\frac{A}{b}+2(1-2\nu)Cb\right]+I\sin\varphi+K\cos\varphi=\frac{1+\nu'}{E'}\left[-\frac{A'}{b}+2(1-2\nu')C'b\right]+I'\sin\varphi+K'\cos\varphi$$

因为这一条件在接触面上的任一点都应当成立，也就是说，在φ取任何值时都应当成立，所以有$I=I'$，$K=K'$，上式可简化为

$$\frac{1+\nu}{E}\left[-\frac{A}{b}+2(1-2\nu)Cb\right]=\frac{1+\nu'}{E'}\left[-\frac{A'}{b}+2(1-2\nu')C'b\right]$$

经过简化并利用式(7.43)，得

$$n\left[2C(1-2\nu)-\frac{A}{b^2}\right]+\frac{A'}{b^2}=0 \tag{7.46}$$

其中

$$n=\frac{E'(1+\nu)}{E(1+\nu')}$$

由方程(7.42)、方程(7.43)、方程(7.44)、方程(7.46)求出常数A、C、A'和C'，然后代入式(7.40)及式(7.41)，得

$$\begin{cases}\sigma_\rho=-q\dfrac{\left[1+(1-2\nu)n\right]\dfrac{b^2}{\rho^2}-(1-n)}{\left[1+(1-2\nu)n\right]\dfrac{b^2}{a^2}-(1-n)}\\[2ex]\sigma_\varphi=q\dfrac{\left[1+(1-2\nu)n\right]\dfrac{b^2}{\rho^2}+(1-n)}{\left[1+(1-2\nu)n\right]\dfrac{b^2}{a^2}-(1-n)}\\[2ex]\sigma'_\rho=-\sigma'_\varphi=-q\dfrac{2(1-\nu)n\dfrac{b^2}{\rho^2}}{\left[1+(1-2\nu)n\right]\dfrac{b^2}{a^2}-(1-n)}\end{cases} \tag{7.47}$$

这是一个最简单的接触问题，即两个不同弹性体互相接触的问题. 在接触问题中，通常假定各弹性体在接触面上保持“完全接触”，完全接触指既不互相脱离也不互相滑动. 这样，在接触面上应有应力和位移两方面的接触条件. 应力方面的接触条件是：两弹性体在接触面的正应力和剪应力分别相等. 位移方面的接触条件是：两弹性体在接触面的法向位移和切向位移也分别相等.

光滑接触是“非完全接触”. 在光滑接触面上，也有四个接触条件：两个弹性体的剪应力都等于零(这是两个条件)，两个弹性体的正应力相等，法向位移也相等(由于有滑动，切向位移并不相等).

对平面问题来说，在通常的应力或位移边界上有两个边界条件. 现在我们知道，在接触面上共有四个接触条件，因为接触面是两个弹性体的同样形状的边界，接触面上的四个接触条件相当于每个弹性体的边界上也是两个边界条件，条件并没有增加或减少.

7.4　曲梁的纯弯曲

设有一个内半径为 a 、外半径为 b 的矩形截面曲梁(截面的厚度为一单位)，两端受力偶矩 M 作用. 取曲率中心 O 为坐标原点，极角从曲梁的任一端量起，如图 7-5 所示. 由于梁的所有各径向截面上的弯矩相同，因而可以假设各截面上的应力分布相同，也就是说应力是轴对称的. 应力分量应具有式(7.21)所表示的形式，即

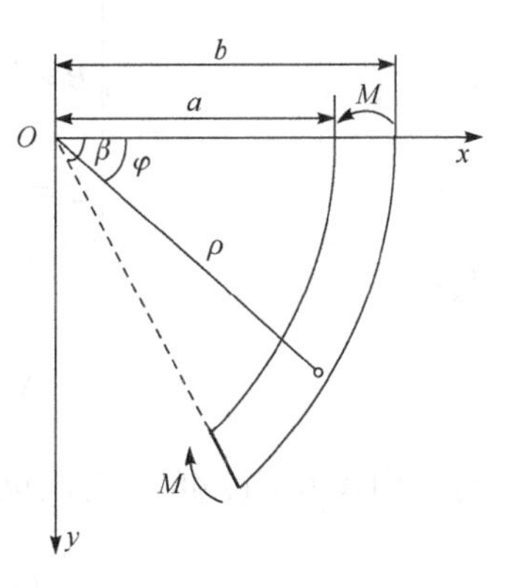

图 7-5　曲梁的纯弯曲

$$\begin{cases}\sigma_\rho=\dfrac{A}{\rho^2}+B(1+2\ln\rho)+2C\\ \sigma_\varphi=-\dfrac{A}{\rho^2}+B(3+2\ln\rho)+2C\\ \tau_{\rho\varphi}=\tau_{\varphi\rho}=0\end{cases}\tag{7.48}$$

根据边界条件确定常数 A 、B 和 C .

该问题的边界条件是

$$\begin{cases}\left(\sigma_\rho\right)_{\rho=a}=0,\quad\left(\tau_{\rho\varphi}\right)_{\rho=a}=0\\ \left(\sigma_\rho\right)_{\rho=b}=0,\quad\left(\tau_{\rho\varphi}\right)_{\rho=b}=0\\ \displaystyle\int_a^b\sigma_\varphi\mathrm{d}\rho=0,\quad\int_a^b\rho\sigma_\varphi\mathrm{d}\rho=M\end{cases}\tag{7.49}$$

将式(7.48)代入式(7.49)，可得

$$\begin{cases}\dfrac{A}{a^2}+B(1+2\ln a)+2C=0\\[2mm]\dfrac{A}{b^2}+B(1+2\ln b)+2C=0\\[2mm]b\left(\dfrac{A}{b^2}+2B\ln b+B+2C\right)-a\left(\dfrac{A}{a^2}+2B\ln a+B+2C\right)=0\\[2mm]A\ln\dfrac{b}{a}+B\left(b^2\ln b-a^2\ln a\right)+C\left(b^2-a^2\right)=-M\end{cases}\tag{7.50}$$

不难看出，式(7.50)的第三式是它的第一式、第二式的必然结果. 将其余三个方程联立求解，得

$$\begin{cases}A=\dfrac{4M}{N}a^2b^2\ln\dfrac{b}{a}\\[2mm]B=\dfrac{2M}{N}\left(b^2-a^2\right)\\[2mm]C=-\dfrac{M}{N}\left[b^2-a^2+2\left(b^2\ln b-a^2\ln a\right)\right]\end{cases}\tag{7.51}$$

其中

$$N=\left(b^2-a^2\right)^2-4a^2b^2\left(\ln\frac{b}{a}\right)^2\tag{7.52}$$

将它们代入式(7.48)，得曲梁纯弯曲时应力解答为

$$\begin{cases}\sigma_\rho=-\dfrac{4M}{N}\left(b^2\ln\dfrac{b}{\rho}+a^2\ln\dfrac{\rho}{a}-\dfrac{a^2b^2}{\rho^2}\ln\dfrac{b}{a}\right)\\[2mm]\sigma_\varphi=\dfrac{4M}{N}\left(b^2-a^2-b^2\ln\dfrac{b}{\rho}-a^2\ln\dfrac{\rho}{a}-\dfrac{a^2b^2}{\rho^2}\ln\dfrac{b}{a}\right)\\[2mm]\tau_{\rho\varphi}=\tau_{\varphi\rho}=0\end{cases}\tag{7.53}$$

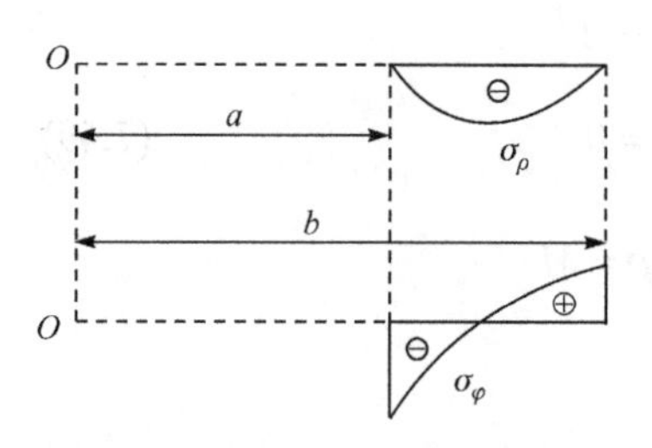

图 7-6　曲梁纯弯曲应力分布

应力分布大致如图 7-6 所示. 在$\rho=a$处，弯曲应力σ_φ的绝对值最大. 中性轴($\sigma_\varphi=0$处)靠近内边界一侧. 挤压应力σ_ρ的最大绝对值所在处，比中性轴更靠近内边界一侧.

应该指出，梁端表面力的分布和式(7.53)中的σ_φ完全相同，应力分量才完全满足边界条件，因而才是精确解. 如果力偶矩M是由其他分布的面力所合成，则靠近梁端处的应力分布将和式(7.53)

有显著的差别. 但是，根据圣维南原理，在离开梁端较远处，这个差别是无关紧要的.

为了求得曲梁弯曲后的位移，可将已求得的常数 A 、B 、C 代入式(7.31). 常数 H 、I 、K 则需由曲梁的约束条件确定. 例如，我们可以假定曲梁 $\varphi=0$ 的端面是固定的，即在 $\varphi=0$ ，$\rho=\rho_0=\dfrac{a+b}{2}$ 处，有位移边界条件

$$\left(u_{\rho}\right)_{\substack{\varphi=0\\ \rho=\rho_0}}=0\,,\quad \left(u_{\varphi}\right)_{\substack{\varphi=0\\ \rho=\rho_0}}=0,\quad \left(\frac{\partial u_{\varphi}}{\partial\rho}\right)_{\substack{\varphi=0\\ \rho=\rho_0}}=0 \tag{7.54}$$

将式(7.54)应用于式(7.31)，则可求得

$$\begin{cases} H=I=0 \\ K=\dfrac{1}{E}\left[(1+\nu)\dfrac{A}{\rho_0}-2(1-\nu)B\rho_0\ln\rho_0+(1+\nu)B\rho_0-2(1-\nu)C\rho_0\right] \end{cases} \tag{7.55}$$

将它们代入式(7.31)，即得所要求的位移. 这里不进行这些繁复的运算，下面我们只考虑环向位移，将 $H=I=0$ 代入式(7.31)，得

$$u_{\varphi}=\frac{4B\rho\varphi}{E}-K\sin\varphi \tag{7.56}$$

这是 φ 的多值函数. 例如，φ 从零变到 2π (在几何平面上是同一个点)，则 u_{φ} 从零变到 $\dfrac{8\pi B\rho}{E}$ ，表明圆环形板中同一点将具有不同的环向位移. 在完整的圆环形板中，这当然是不合理的，因此 B 在此情况下必须为零. 但在不完整的圆环形板中，u_{φ} 的多值性是可能的. 例如，图 7-7 所示的具有一个小切口(它所张的圆心角很小，设为 α)的不完整圆环形板，若用外力使两端压紧后焊起来，则焊后两端就有弯矩，这个弯矩的大小就是为了维持环向位移，即

$$u_{\varphi}=\alpha\rho \tag{7.57}$$

另一方面，带开口的圆环两端面分别作为径线，由于张角 α 很小，不妨设圆环右端的径线作为 $\varphi=0$ ，则圆环左端面的径线可近似认为 $\varphi=2\pi$ ，由式(7.55)知，环向位移增加了

$$u_{\varphi}=\frac{8\pi B\rho}{E} \tag{7.58}$$

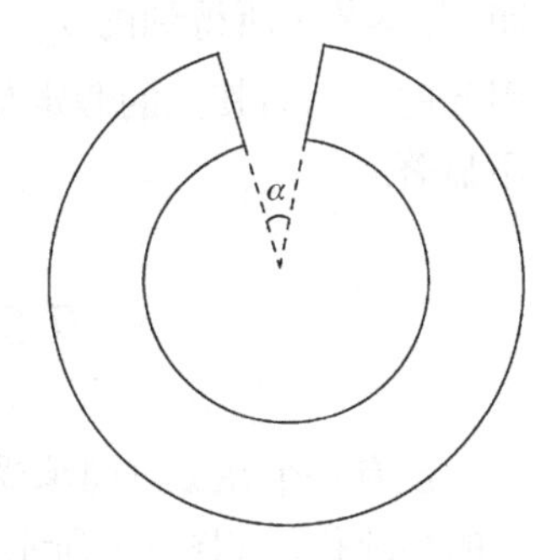

图 7-7　带开口的圆环形板

令式(7.57)和式(7.58)相等，有

$$B=\frac{\alpha E}{8\pi} \tag{7.59}$$

将式(7.59)代入式(7.51)的第二式，得

$$M=\frac{\alpha E}{16\pi\left(b^2-a^2\right)}\left[\left(b^2-a^2\right)^2-4a^2b^2\left(\ln\frac{b}{a}\right)^2\right] \tag{7.60}$$

再将式(7.60)代入式(7.53)，就得到图 7-7 所示的不完整圆环形板在其两端面被强行焊接后其内产生的预应力.

$$\begin{cases}\sigma_\rho=-\dfrac{\alpha E}{4\pi(b^2-a^2)}\left(b^2\ln\dfrac{b}{\rho}+a^2\ln\dfrac{\rho}{a}-\dfrac{a^2b^2}{\rho^2}\ln\dfrac{b}{a}\right)\\ \sigma_\varphi=\dfrac{\alpha E}{4\pi(b^2-a^2)}\left(b^2-a^2-b^2\ln\dfrac{b}{\rho}-a^2\ln\dfrac{\rho}{a}-\dfrac{a^2b^2}{\rho^2}\ln\dfrac{b}{a}\right)\\ \tau_{\rho\varphi}=\tau_{\varphi\rho}=0\end{cases} \tag{7.61}$$

下面证明平截面假设的正确性. 由于曲梁截面上任一径向微段 $\mathrm{d}\rho$ 的转角 $\theta=\dfrac{\partial u_\varphi}{\partial\rho}$，将式(7.31)第二式代入，得

$$\theta=\frac{4B\varphi}{E}+H$$

在曲梁的任一截面上，φ 是常数，因而转角 θ 也是常数. 这就是说，任一截面上的所有各个径向微段的转角相同，这也就表示，曲梁的截面保持为平面.

材料力学里假定截面保持为平面，又假定 $\sigma_\rho=\tau_{\rho\varphi}=0$，即假定各纤维只受简单的环向拉压，由此得出弯曲应力 σ_φ 的近似解答. 这个 σ_φ 在截面上按双曲线分布，与本节中所得到的 σ_φ 有差别. 显然，这个差别完全是由不正确地假定 $\sigma_\rho=0$ 所引起的，因为其他的假定是完全正确的. 对于曲率不是很大的曲梁，这个差别并不显著.

7.5 圆孔孔口的应力集中

设有一个在 x 方向承受均布拉力 q 作用的平板，在离开边界较远处有半径为 a 的小圆孔，如图 7-8 所示. 小圆孔的存在，必然对板内的应力分布产生影响. 后

面的分析可以证明，圆孔孔口的应力要远大于无孔时的应力，也远大于距孔稍远处的应力. 这种现象称为**圆孔孔口的应力集中**.

圆孔孔口的应力集中，绝不是什么由于截面面积减小了一些而应力有所增大. 即使截面面积比无孔时只减小了百分之几或千分之几，圆孔孔口的应力也会增大若干倍，而且圆孔孔口应力增大的倍数几乎与孔的大小无关. 实际上是，由于孔的存在，孔附近的应力状态与形变状态完全改观.

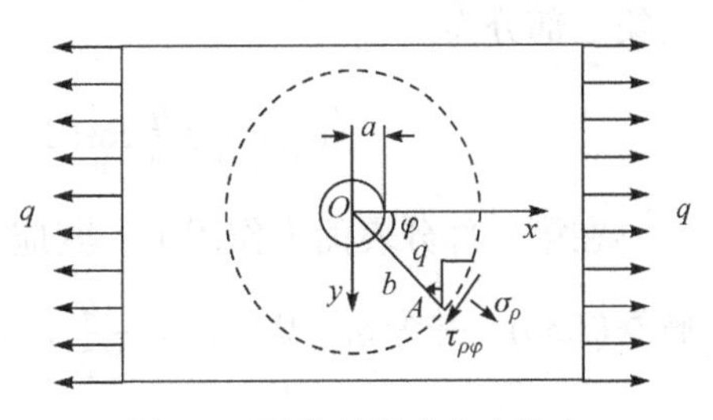

图 7-8　圆孔的孔边应力集中

根据圣维南原理，孔口的应力集中是局部现象. 在几倍孔径以外，应力几乎不受孔的影响，应力分布情况和数值的大小都几乎与无孔时相同. 一般说来，应力集中的程度越高，集中现象越是局部性的，也就是说，应力随着离孔边距离的增大而越快地趋近于无孔时的应力.

应力集中的程度，首先与孔的形状有关. 一般说来，圆孔孔口的应力集中程度最低. 因此，如果有必要在构件中开孔或留孔，应当尽可能用圆孔代替其他形状的孔. 如果不可能采用圆孔，也应当采用近似于圆形的孔(如椭圆孔)，以代替具有尖角的孔.

下面分析图 7-8 所示平板小圆孔附近的应力分布规律. 就直线的边界条件而论，宜采用直角坐标；就圆孔的边界条件而论，宜采用极坐标. 因为这里主要考察小圆孔附近的应力，所以用极坐标求解，为此需要将直线的边界条件转化为圆形的边界条件. 为此，以某一长度 $b\ (b \gg a)$ 为半径，以坐标原点为圆心，作一个大圆，如图 7-8 中虚线所示. 由应力集中的局部性可知，在大圆周处，如在 A 点，应力分布和没有圆孔的情况完全一样，即

$$(\sigma_x)_{\rho=b} = q\,,\quad (\sigma_y)_{\rho=b} = 0\,,\quad (\tau_{xy})_{\rho=b} = 0$$

代入应力分量的坐标变换式(7.13)，得到该处的极坐标应力分量为

$$(\sigma_\rho)_{\rho=b} = \frac{q}{2} + \frac{q}{2}\cos(2\varphi)\,,\quad (\tau_{\rho\varphi})_{\rho=b} = -\frac{q}{2}\sin(2\varphi) \tag{7.62}$$

于是，原问题变换成这样一个新问题：内半径为 a 、外半径为 b 的圆环或圆筒，在外边界上受有如式(7.62)所示的表面力.

上述表面力可分解为两部分，其中第一部分为

$$(\sigma_\rho)_{\rho=b} = \frac{q}{2},\quad (\tau_{\rho\varphi})_{\rho=b} = 0 \tag{7.63}$$

而第二部分为

$$\left(\sigma_{\rho}\right)_{\rho=b}=\frac{q}{2}\cos(2\varphi), \quad \left(\tau_{\rho\varphi}\right)_{\rho=b}=-\frac{q}{2}\sin(2\varphi) \tag{7.64}$$

在第一部分表面力作用下，其应力解答可以直接利用前面分析的结果. 应用解答(7.36)，并令 $q_1=0$，$q_2=-\frac{q}{2}$，这样就得到

$$\sigma_{\rho}=\frac{q}{2}\frac{1-\frac{a^2}{\rho^2}}{1-\frac{a^2}{b^2}}, \quad \sigma_{\varphi}=\frac{q}{2}\frac{1+\frac{a^2}{\rho^2}}{1-\frac{a^2}{b^2}}, \quad \tau_{\rho\varphi}=\tau_{\varphi\rho}=0$$

既然 $b \gg a$，就可以近似地取 $\frac{a^2}{b^2}=0$，从而得到在第一部分表面力作用下，其应力解答为

$$\sigma_{\rho}=\frac{q}{2}\left(1-\frac{a^2}{\rho^2}\right), \quad \sigma_{\varphi}=\frac{q}{2}\left(1+\frac{a^2}{\rho^2}\right), \quad \tau_{\rho\varphi}=\tau_{\varphi\rho}=0 \tag{7.65}$$

为了求得在第一部分表面力作用下所引起的应力，可以采用半逆解法. 假设 σ_{ρ} 为 ρ 的某一函数乘以 $\cos(2\varphi)$，而 $\tau_{\rho\varphi}$ 为 ρ 的另一函数乘以 $\sin(2\varphi)$. 但由式(7.14)，有

$$\sigma_{\rho}=\frac{1}{\rho}\frac{\partial\phi}{\partial\rho}+\frac{1}{\rho^2}\frac{\partial^2\phi}{\partial\varphi^2}, \quad \tau_{\rho\varphi}=-\frac{\partial}{\partial\rho}\left(\frac{1}{\rho}\frac{\partial\phi}{\partial\varphi}\right)$$

因此，可以假定应力函数 ϕ 的形式取为

$$\phi=f(\rho)\cos(2\varphi) \tag{7.66}$$

将上式代入相容方程(7.12)，得

$$\cos(2\varphi)\left[\rho^4\frac{\mathrm{d}^4 f(\rho)}{\mathrm{d}\rho^4}+2\rho^3\frac{\mathrm{d}^3 f(\rho)}{\mathrm{d}\rho^3}-9\rho^2\frac{\mathrm{d}^2 f(\rho)}{\mathrm{d}\rho^2}+9\rho\frac{\mathrm{d}f(\rho)}{\mathrm{d}\rho}\right]=0$$

上式对于任意的 φ 都应成立，因此，式(7.66)中的 $f(\rho)$ 所满足的方程为

$$\rho^4\frac{\mathrm{d}^4 f(\rho)}{\mathrm{d}\rho^4}+2\rho^3\frac{\mathrm{d}^3 f(\rho)}{\mathrm{d}\rho^3}-9\rho^2\frac{\mathrm{d}^2 f(\rho)}{\mathrm{d}\rho^2}+9\rho\frac{\mathrm{d}f(\rho)}{\mathrm{d}\rho}=0 \tag{7.67}$$

这是欧拉方程，只要作 $\rho=\mathrm{e}^t$ 的变换，上式变系数微分方程可变成常系数微分方程，即

$$\frac{\mathrm{d}^4 f}{\mathrm{d}t^4}-4\frac{\mathrm{d}^3 f}{\mathrm{d}t^3}-4\frac{\mathrm{d}^2 f}{\mathrm{d}t^2}+16\frac{\mathrm{d}f}{\mathrm{d}t}=0$$

其通解可写为

$$f = A\mathrm{e}^{4t} + B\mathrm{e}^{2t} + C + D\mathrm{e}^{-2t}$$

将$t = \ln\rho$代回，就可得到式(7.67)的通解为

$$f(\rho)=A\rho^4 + B\rho^2 + C + \frac{D}{\rho^2}$$

从而得到应力函数为

$$\phi = \left(A\rho^4 + B\rho^2 + C + \frac{D}{\rho^2}\right)\cos(2\varphi) \tag{7.68}$$

从而得到相应的应力分量为

$$\begin{cases} \sigma_\rho = \dfrac{1}{\rho}\dfrac{\partial\phi}{\partial\rho} + \dfrac{1}{\rho^2}\dfrac{\partial^2\phi}{\partial\varphi^2} = -\left(2B + \dfrac{4C}{\rho^2} + \dfrac{6D}{\rho^4}\right)\cos(2\varphi) \\ \sigma_\varphi = \dfrac{\partial^2\phi}{\partial\rho^2} = \left(12A\rho^2 + 2B + \dfrac{6D}{\rho^4}\right)\cos(2\varphi) \\ \tau_{\rho\varphi} = -\dfrac{\partial}{\partial\rho}\left(\dfrac{1}{\rho}\dfrac{\partial\phi}{\partial\varphi}\right) = \left(6A\rho^2 + 2B - \dfrac{2C}{\rho^2} - \dfrac{6D}{\rho^4}\right)\sin(2\varphi) \end{cases} \tag{7.69}$$

现利用边界条件确定常数A、B、C、D. 该问题的边界条件为

$$\left(\sigma_\rho\right)_{\rho=a}=0，\quad \left(\tau_{\rho\varphi}\right)_{\rho=a}=0$$

$$\left(\sigma_\rho\right)_{\rho=b}=\frac{q}{2}\cos(2\varphi)，\quad \left(\tau_{\rho\varphi}\right)_{\rho=b}=-\frac{q}{2}\sin(2\varphi)$$

将上述边界条件代入式(7.69)，得

$$2B + \frac{4C}{a^2} + \frac{6D}{a^4} = 0，\quad 6Aa^2 + 2B - \frac{2C}{a^2} - \frac{6D}{a^4} = 0$$

$$2B + \frac{4C}{b^2} + \frac{6D}{b^4} = -\frac{q}{2}，\quad 6Ab^2 + 2B - \frac{2C}{b^2} - \frac{6D}{b^4} = -\frac{q}{2}$$

上面四个方程联立求解，并注意到$\dfrac{a}{b} \approx 0$，得

$$A = 0，\quad B = -\frac{q}{4}，\quad C = qa^2，\quad D = -\frac{qa^4}{4}$$

再将A、B、C、D的值代入式(7.69)，并与式(7.65)相叠加，即得到基尔斯解答

$$\begin{cases}\sigma_\rho=\dfrac{q}{2}\left(1-\dfrac{a^2}{\rho^2}\right)+\dfrac{q}{2}\left(1-\dfrac{a^2}{\rho^2}\right)\left(1-3\dfrac{a^2}{\rho^2}\right)\cos(2\varphi)\\ \sigma_\varphi=\dfrac{q}{2}\left(1+\dfrac{a^2}{\rho^2}\right)-\dfrac{q}{2}\left(1+3\dfrac{a^4}{\rho^4}\right)\cos(2\varphi)\\ \tau_{\rho\varphi}=-\dfrac{q}{2}\left(1-\dfrac{a^2}{\rho^2}\right)\left(1+3\dfrac{a^2}{\rho^2}\right)\sin(2\varphi)\end{cases} \tag{7.70}$$

讨论：

① 沿孔边，$\rho=a$，环向正应力为

$$\sigma_\varphi=q(1-2\cos(2\varphi))$$

它的几个重要数值如表 7-1 所示. 最大环向正应力发生在小圆孔边界的 $\varphi=\pm 90^\circ$ 处，其值为

$$(\sigma_\varphi)_{\max}=3q$$

这表明，如果板很大，圆孔很小，则圆孔边上的最高和最低两点将产生最大的环向正应力. 通常人们将比值

$$\frac{(\sigma_\varphi)_{\max}}{q}=K$$

称为应力集中因子. 在该问题中，$K=3$.

表 7-1 沿孔边环向正应力 σ_φ 的几个重要数值

φ	0°	30°	45°	60°	90°
σ_φ	$-q$	0	q	$2q$	$3q$

② 沿 y 轴，$\varphi=90^\circ$，环向正应力为

$$\sigma_\varphi=q\left(1+\frac{1}{2}\frac{a^2}{\rho^2}+\frac{3}{2}\frac{a^4}{\rho^4}\right)$$

它的几个重要数值如表 7-2 所示.

表 7-2 沿 y 轴环向正应力 σ_φ 的几个重要数值

ρ	a	$2a$	$3a$	$4a$
σ_φ	$3q$	$1.22q$	$1.07q$	$1.04q$

可见，环向正应力随着远离孔边而急剧趋近于 q，如图 7-9 所示.

③ 沿着 x 轴，$\varphi=0°$，环向正应力为

$$\sigma_\varphi=-\frac{q}{2}\frac{a^2}{\rho^2}\left(3\frac{a^2}{\rho^2}-1\right)$$

在 $\rho=a$ 处，$\sigma_\varphi=-q$；在 $\rho=\sqrt{3}a$ 处，σ_φ=0. 环向正应力分布如图 7-9 所示. 在 $\rho=a$ 和 $\rho=\sqrt{3}a$ 之间，压应力的合力为

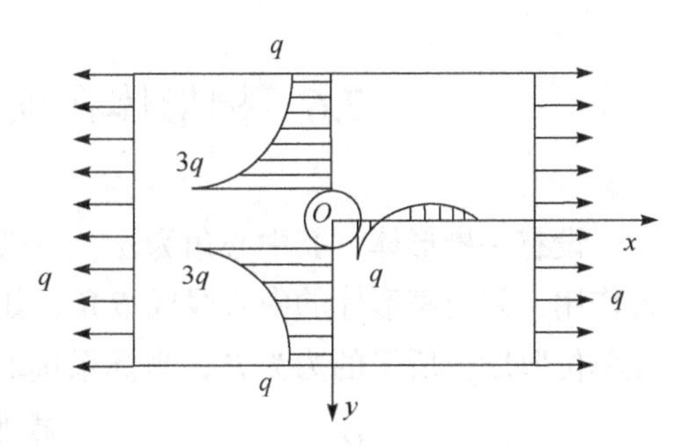

图 7-9　圆孔的孔边环向正应力

$$p=\int_a^{\sqrt{3}a}\left(\sigma_\varphi\right)_{\varphi=0}\mathrm{d}\rho=\int_a^{\sqrt{3}a}-\frac{q}{2}\frac{a^2}{\rho^2}\left(3\frac{a^2}{\rho^2}-1\right)\mathrm{d}\rho=-0.1924qa$$

显然，当 q 为均布压力时，在 $\rho=a$ 和 $\rho=\sqrt{3}a$ 之间将发生拉应力，其合力为 $0.1924qa$.

如果平板在左右两边受有均布拉力 q_1 作用，并在上下两边受有均布拉力 q_2 作用，如图 7-10 所示. 应用前面的分析结果，可直接得出圆孔附近内任一点的应力分量. 为此，首先令式(7.70)中的 q 等于 q_1，然后令式(7.70)中的 q 等于 q_2，而将 φ 用 $\varphi+90°$ 代替，最后再将两个结果相叠加. 这样就得到

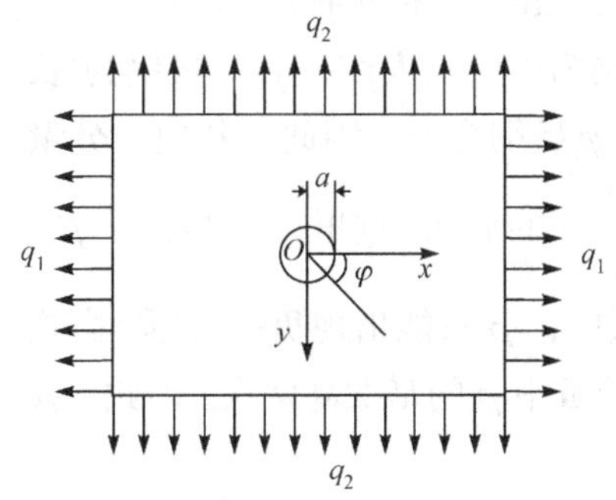

图 7-10　受双向拉力的带小孔的板

$$\begin{cases}\sigma_\rho=\dfrac{q_1+q_2}{2}\left(1-\dfrac{a^2}{\rho^2}\right)+\dfrac{q_1-q_2}{2}\left(1-\dfrac{a^2}{\rho^2}\right)\left(1-3\dfrac{a^2}{\rho^2}\right)\cos(2\varphi)\\ \sigma_\varphi=\dfrac{q_1+q_2}{2}\left(1+\dfrac{a^2}{\rho^2}\right)-\dfrac{q_1-q_2}{2}\left(1+3\dfrac{a^4}{\rho^4}\right)\cos(2\varphi)\\ \tau_{\rho\varphi}=\dfrac{q_2-q_1}{2}\left(1-\dfrac{a^2}{\rho^2}\right)\left(1+3\dfrac{a^2}{\rho^2}\right)\sin(2\varphi)\end{cases}\tag{7.71}$$

最后，设任意形状的平板受有任意表面力，而在距边界较远处有一个小圆孔. 只要已有了无孔时的应力解答，就可以计算圆孔附近的应力分量. 为此，可以先求出相应于圆孔中心处的应力分量，然后求出相应的两个应力主向及其主应力 σ_1 和 σ_2. 如果圆孔确实很小，圆孔附近应力就可以当成沿两个主向分别受均布拉力 $q_1=\sigma_1$ 和 $q_2=\sigma_2$，也就可以应用式(7.71)的解答. 但需注意，这时必须把 x 轴和 y 轴分别放在 σ_1 和 σ_2 的方向.

7.6 楔形体在顶端承受集中荷载

设有一楔形体，其中心角为α，下端可以认为伸向无穷，在其顶端受有集中力作用，并与楔形体的中心线成β角，如图 7-11 所示. 取单位厚度进行考虑，并设单位厚度上所受的力为P，坐标系选取如图 7-11 所示.

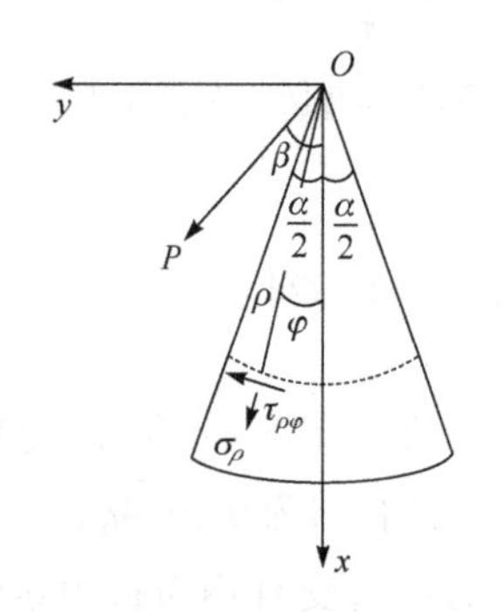

图 7-11 楔形体顶端受集中力作用

楔形体内任意一点的应力分量取决于α、β、P、ρ、φ，因而各应力分量的表达式只会包含这几个量. 下面通过量纲分析确定这个问题应力函数的形式. 根据直观分析，楔形体内任一点的应力分量应正比于力P的大小，并与α、β、ρ、φ有关. 由于P的量纲为[力][长度]$^{-1}$，应力分量的量纲为[力][长度]$^{-2}$，ρ的量纲为[长度]，α、β、φ量纲为一，因此，各应力分量表达式只能取$\frac{P}{\rho}N$的形式. 这里，N是α、β、φ组成的量纲为一的数量. 这表明，各应力分量中，ρ只能出现负一次幂. 由式(7.14)可知，应力函数ϕ中ρ的幂次要比各应力分量中ρ的幂次高两次. 因此，我们可以假定应力函数具有如下形式：

$$\phi=\rho f(\varphi) \tag{7.72}$$

将式(7.72)代入相容方程(7.12)，得到$f(\varphi)$所满足的方程

$$\frac{1}{\rho^3}\left[\frac{\mathrm{d}^4 f(\varphi)}{\mathrm{d}\varphi^4}+2\frac{\mathrm{d}^2 f(\varphi)}{\mathrm{d}\varphi^2}+f(\varphi)\right]=0$$

删去因子$\frac{1}{\rho^3}$，并求解这一常微分方程，得

$$f(\varphi)=A\cos\varphi+B\sin\varphi+\varphi(C\cos\varphi+D\sin\varphi)$$

式中，A、B、C、D为任意常数.

将上式代入式(7.72)，可得

$$\phi=A\rho\cos\varphi+B\rho\sin\varphi+\varphi\rho(C\cos\varphi+D\sin\varphi)$$

由于$A\rho\cos\varphi+B\rho\sin\varphi=Ax+By$，它们对求应力分量无影响，因此可以删去. 这

样，应力函数可取为

$$\phi=\rho\varphi\left(C\cos\varphi+D\sin\varphi\right) \tag{7.73}$$

由此得应力分量为

$$\begin{cases}\sigma_{\rho}=\dfrac{1}{\rho}\dfrac{\partial\phi}{\partial\rho}+\dfrac{1}{\rho^{2}}\dfrac{\partial^{2}\phi}{\partial\varphi^{2}}=\dfrac{1}{\rho}\left(D\cos\varphi-C\sin\varphi\right)\\ \sigma_{\varphi}=\dfrac{\partial^{2}\phi}{\partial\rho^{2}}=0\\ \tau_{\rho\varphi}=-\dfrac{\partial}{\partial\rho}\left(\dfrac{1}{\rho}\dfrac{\partial\phi}{\partial\varphi}\right)=0\end{cases} \tag{7.74}$$

该问题的边界条件为

$$\left(\sigma_{\varphi}\right)_{\varphi=\pm\frac{\alpha}{2}}=0,\quad\left(\tau_{\varphi\rho}\right)_{\varphi=\pm\frac{\alpha}{2}}=0$$

显然，由式(7.74)的后两式可见，这个边界条件已经满足了. 此外，还有一个应力边界条件：在楔形体顶部附近的一小部分边界上有一组表面力，它的分布没有给出，但已知它在单位厚度上的合力为 P. 如果取任意一个截面，如圆柱面(如图 7-11 中虚线所示)，则该截面上的应力必然和上述的表面力(合力为 P)组成一平衡力系. 于是得到由边界条件转换而来的平衡条件

$$\sum F_{x}=0:\quad\int_{-\frac{\alpha}{2}}^{\frac{\alpha}{2}}\rho\sigma_{\rho}\cos\varphi\mathrm{d}\varphi+P\cos\beta=0$$

$$\sum F_{y}=0:\quad\int_{-\frac{\alpha}{2}}^{\frac{\alpha}{2}}\rho\sigma_{\rho}\sin\varphi\mathrm{d}\varphi+P\sin\beta=0$$

将式(7.74)的第一式代入，积分后得

$$D\left(\alpha+\sin\alpha\right)+P\cos\beta=0$$

$$C\left(-\alpha+\sin\alpha\right)+P\sin\beta=0$$

解得

$$C=\frac{P\sin\beta}{\alpha-\sin\alpha},\quad D=-\frac{P\cos\beta}{\alpha+\sin\alpha}$$

代入式(7.74)，即得米切尔(Michell)解答

$$
\begin{cases}
\sigma_\rho = -\dfrac{2P\cos\beta\cos\varphi}{(\alpha+\sin\alpha)\rho} - \dfrac{2P\sin\beta\sin\varphi}{(\alpha-\sin\alpha)\rho} \\
\sigma_\varphi = 0 \\
\tau_{\rho\varphi} = 0
\end{cases}
\tag{7.75}
$$

讨论：

① 如果β=0，则式(7.75)可简化为

$$
\sigma_\rho = -\frac{2P\cos\varphi}{(\alpha+\sin\alpha)\rho}, \quad \sigma_\varphi = 0, \quad \tau_{\rho\varphi} = 0
$$

应力σ_ρ是φ的偶函数，应力分布对称于x轴.

② 如果$\beta=\dfrac{\pi}{2}$，则式(7.75)可简化为

$$
\sigma_\rho = -\frac{2P\sin\varphi}{(\alpha-\sin\alpha)\rho}, \quad \sigma_\varphi = 0, \quad \tau_{\rho\varphi} = 0
$$

应力σ_ρ是φ的奇函数，应力分布反对称于x轴.

③ 如果α=π，则式(7.75)可简化为

$$
\sigma_\rho = -\frac{2P}{\pi\rho}(\cos\beta\cos\varphi+\sin\beta\sin\varphi), \quad \sigma_\varphi = 0, \quad \tau_{\rho\varphi} = 0
$$

由上式可见，当ρ趋于无限小时，应力σ_ρ无限增大；而当ρ趋于无限大时，应力σ_ρ趋近于零.

例 7.1 设楔形体顶端受力偶作用，如图 7-12 所示. 设单位厚度内的力偶为M，求σ_ρ、σ_φ、$\tau_{\rho\varphi}$与M、α、ρ、φ的关系.

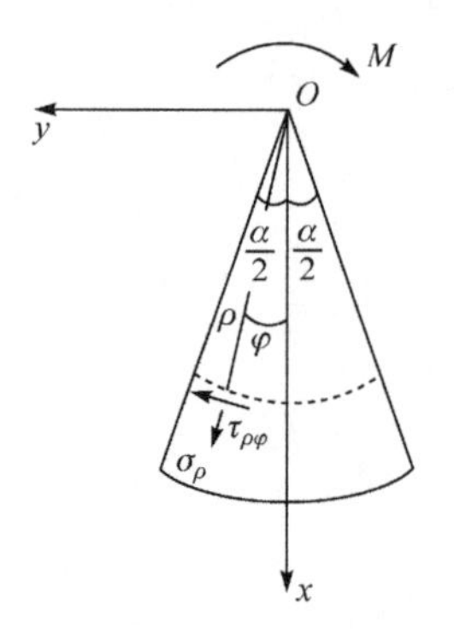

图 7-12 楔形体顶端受集中力偶作用

解 先进行量纲分析，M的量纲为[力]，ρ的量纲为[长度]，应力σ_ρ、σ_φ、$\tau_{\rho\varphi}$的量纲为[力][长度]$^{-2}$，α、φ量纲为一. 通过量纲分析可知，应力分量σ_ρ、σ_φ、$\tau_{\rho\varphi}$只能取$\dfrac{M}{\rho^2}N$的形式，这里的N为α和φ组成的量纲为一的数量. 这表明，各应力分量中，ρ只能出现负二次幂. 由式(7.14)可知，应力函数ϕ中ρ的幂次要比各应力分量中ρ的幂次高两次. 因此，我们可以假定应力函数具有如下形式：

$$
\phi(\rho, \varphi)=f(\varphi) \tag{a}
$$

将式(a)代入相容方程(7.12)，得到 $f(\varphi)$ 所满足的方程

$$\frac{1}{\rho^4}\left[\frac{\mathrm{d}^4 f(\varphi)}{\mathrm{d}\varphi^4}+4\frac{\mathrm{d}^2 f(\varphi)}{\mathrm{d}\varphi^2}\right]=0$$

删去因子 $\frac{1}{\rho^4}$，并求解这一常微分方程，得

$$f(\varphi)=A\cos(2\varphi)+B\sin(2\varphi)+C\varphi+D$$

式中，A、B、C、D 为任意常数. 上式代入式(a)，于是得

$$\phi=A\cos(2\varphi)+B\sin(2\varphi)+C\varphi+D$$

对于楔形体，形状关于 Ox 轴对称，而集中力偶 M 关于 Ox 轴反对称. 故 σ_ρ、σ_φ 应为 φ 的奇函数，而 $\tau_{\rho\varphi}=\tau_{\varphi\rho}$ 为 φ 的偶函数. 由应力表达式(7.14)，可知应力函数 ϕ 应为 φ 的奇函数. 故 $A=D=0$，所以应力函数 ϕ 可写为

$$\phi=B\sin(2\varphi)+C\varphi \tag{b}$$

由此得应力分量为

$$\begin{cases}\sigma_\rho=\dfrac{1}{\rho}\dfrac{\partial\phi}{\partial\rho}+\dfrac{1}{\rho^2}\dfrac{\partial^2\phi}{\partial\varphi^2}=-\dfrac{4B\sin(2\varphi)}{\rho^2}\\ \sigma_\varphi=\dfrac{\partial^2\phi}{\partial\rho^2}=0\\ \tau_{\rho\varphi}=-\dfrac{\partial}{\partial\rho}\left(\dfrac{1}{\rho}\dfrac{\partial\phi}{\partial\varphi}\right)=\dfrac{2B\cos(2\varphi)+C}{\rho^2}\end{cases} \tag{c}$$

该问题的边界条件为

$$\left(\sigma_\varphi\right)_{\varphi=\pm\frac{\alpha}{2}}=0,\quad \left(\tau_{\varphi\rho}\right)_{\varphi=\pm\frac{\alpha}{2}}=0$$

显然，从式(c)的第二式可见，第一个边界条件已经满足了. 第二个边界条件为

$$2B\cos\alpha+C=0$$

即

$$C=-2B\cos\alpha$$

这样，应力分量可写为

$$\sigma_\rho=-\frac{4B\sin(2\varphi)}{\rho^2},\quad \sigma_\varphi=\frac{\partial^2\phi}{\partial\rho^2}=0,\quad \tau_{\rho\varphi}=\frac{2B\left(\cos(2\varphi)-\cos\alpha\right)}{\rho^2} \tag{d}$$

此外，由图 7-12 所示的楔形体虚线以上部分的平衡，可知

$$\sum M_O(\boldsymbol{F})=0: \quad \int_{-\frac{\alpha}{2}}^{\frac{\alpha}{2}} \tau_{\rho\varphi}\rho \mathrm{d}\varphi \cdot \rho + M = 0$$

将式(d)的第三式代入，积分后得

$$B=-\frac{M}{2(\sin\alpha-\alpha\cos\alpha)}$$

代入式(d)，即得英格立斯(Inglis)解答

$$\begin{cases}\sigma_\rho=\dfrac{2M\sin(2\varphi)}{(\sin\alpha-\alpha\cos\alpha)\rho^2}\\ \sigma_\varphi=0\\ \tau_{\rho\varphi}=-\dfrac{M\left(\cos(2\varphi)-\cos\alpha\right)}{\left(\sin\alpha-\alpha\cos\alpha\right)\rho^2}\end{cases}$$

很容易证明，上述应力分量也能满足楔形体虚线以上部分的另外两个平衡条件，即$\sum F_x=0$及$\sum F_y=0$.

例 7.2 设楔形体一侧受均布荷载q作用，如图 7-13 所示. 设楔形体为单位厚度，试求应力分量的表达式.

解 在这里，楔形体内任意一点的应力分量取决于α、q、ρ、φ. 先进行量纲分析，q的量纲为[力][长度]$^{-2}$，ρ的量纲为[长度]，应力σ_ρ、σ_φ、$\tau_{\rho\varphi}$的量纲为[力][长度]$^{-2}$，α、φ量纲为一. 通过量纲分析可知，应力分量σ_ρ、σ_φ、$\tau_{\rho\varphi}$只能取qN的形式，这里的N为α和φ组成的量纲为一的数量. 这表明，各应力分量中，ρ不可能出现负值. 由式(7.14)可知，应力函数$\phi(\rho,\ \varphi)$应取为

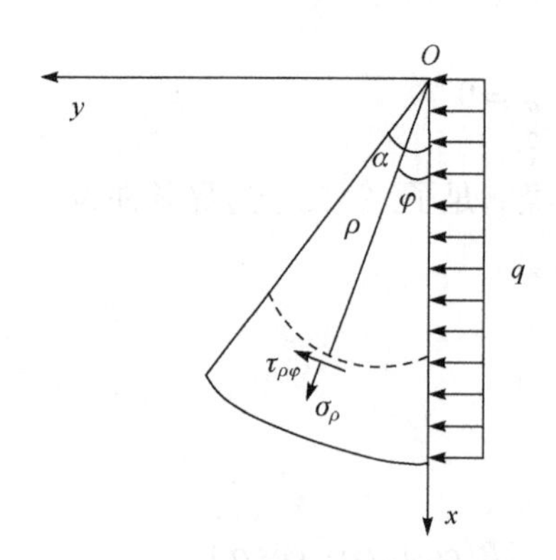

图 7-13 楔形体侧边受均布荷载作用

$$\phi(\rho,\ \varphi)=\rho^2 f(\varphi) \tag{a}$$

将式(a)代入相容方程(7.12)，得到$f(\varphi)$所满足的方程

$$\frac{1}{\rho^2}\left[\frac{\mathrm{d}^4 f(\varphi)}{\mathrm{d}\varphi^4}+4\frac{\mathrm{d}^2 f(\varphi)}{\mathrm{d}\varphi^2}\right]=0$$

删去因子$\dfrac{1}{\rho^2}$，并求解这一常微分方程，得

$$f(\varphi)=A\cos(2\varphi)+B\sin(2\varphi)+C\varphi+D$$

代入式(a)，得

$$\phi(\rho,\varphi)=\rho^2\left[A\cos(2\varphi)+B\sin(2\varphi)+C\varphi+D\right] \tag{b}$$

式中，A、B、C、D为任意常数. 由此得应力分量为

$$\begin{cases}\sigma_\rho=\dfrac{1}{\rho}\dfrac{\partial\phi}{\partial\rho}+\dfrac{1}{\rho^2}\dfrac{\partial^2\phi}{\partial\varphi^2}=-2A\cos(2\varphi)-2B\sin(2\varphi)+2C\varphi+2D\\ \sigma_\varphi=\dfrac{\partial^2\phi}{\partial\rho^2}=2A\cos(2\varphi)+2B\sin(2\varphi)+2C\varphi+2D\\ \tau_{\rho\varphi}=-\dfrac{\partial}{\partial\rho}\left(\dfrac{1}{\rho}\dfrac{\partial\phi}{\partial\varphi}\right)=2A\sin(2\varphi)-2B\cos(2\varphi)-C\end{cases} \tag{c}$$

该问题的边界条件为

$$\left(\sigma_\varphi\right)_{\varphi=0}=-q\,,\ \left(\tau_{\varphi\rho}\right)_{\varphi=0}=0\,,\ \left(\sigma_\varphi\right)_{\varphi=\alpha}=0\,,\ \left(\tau_{\varphi\rho}\right)_{\varphi=\alpha}=0$$

将式(c)代入，得到以A、B、C、D四个任意常数为未知数的四个线性方程

$$\begin{cases}2A+2D=-q\\ -2B-C=0\\ 2A\cos(2\alpha)+2B\sin(2\alpha)+2C\alpha+2D=0\\ 2A\sin(2\alpha)-2B\cos(2\alpha)-C=0\end{cases}$$

联立求解，可得

$$A=-\frac{q\tan\alpha}{4(\tan\alpha-\alpha)},\quad B=\frac{q}{4(\tan\alpha-\alpha)},\quad C=-\frac{q}{2(\tan\alpha-\alpha)},\quad D=\frac{q(2\alpha-\tan\alpha)}{4(\tan\alpha-\alpha)}$$

代入式(c)，可得到应力分量的莱维解答

$$\begin{cases}\sigma_\rho=-q+\dfrac{\tan\alpha[1+\cos(2\varphi)]-[2\varphi+\sin(2\varphi)]}{2(\tan\alpha-\alpha)}q\\ \sigma_\varphi=-q+\dfrac{\tan\alpha[1-\cos(2\varphi)]-[2\varphi-\sin(2\varphi)]}{2(\tan\alpha-\alpha)}q\\ \tau_{\rho\varphi}=\dfrac{[1-\cos(2\varphi)]-\tan\alpha\sin(2\varphi)}{2(\tan\alpha-\alpha)}q\end{cases} \tag{d}$$

7.7 半无限平面边界上受法向集中力

上节我们分析了楔形体在集中力作用下的应力解答，当楔形体的中心角α等于一个平角时，楔形体的两个侧边就连成一条直边，而楔形体就成为一个半

平面体，如图 7-14 所示．为了得到应力分量，只需在式(7.75)中令 $\alpha=\pi$ ，$\beta=0$ ，于是得

$$\begin{cases}\sigma_\rho=-\dfrac{2P}{\pi}\dfrac{\cos\varphi}{\rho}\\ \sigma_\varphi=0\\ \tau_{\rho\varphi}=0\end{cases}\tag{7.76}$$

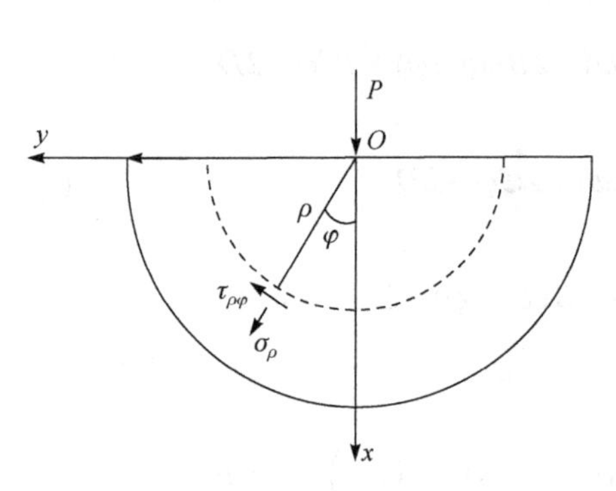

图 7-14　半无限体在边界上受法向集中力作用

利用坐标变换公式(7.15)，可由上式得出直角坐标系中的应力分量

$$\begin{cases}\sigma_x=-\dfrac{2P}{\pi}\dfrac{\cos^3\varphi}{\rho}\\ \sigma_y=-\dfrac{2P}{\pi}\dfrac{\sin^2\varphi\cos\varphi}{\rho}\\ \tau_{xy}=-\dfrac{2P}{\pi}\dfrac{\sin\varphi\cos^2\varphi}{\rho}\end{cases}\tag{7.77}$$

或将其中的极坐标改为直角坐标，即有

$$\begin{cases}\sigma_x=-\dfrac{2P}{\pi}\dfrac{x^3}{\left(x^2+y^2\right)^2}\\ \sigma_y=-\dfrac{2P}{\pi}\dfrac{xy^2}{\left(x^2+y^2\right)^2}\\ \tau_{xy}=-\dfrac{2P}{\pi}\dfrac{x^2y}{\left(x^2+y^2\right)^2}\end{cases}\tag{7.78}$$

现在求位移，先假定这里是平面应力情况．将应力分量(7.76)代入物理方程(7.9)，得应变分量为

$$\begin{cases}\varepsilon_\rho=\dfrac{1}{E}\left(\sigma_\rho-\nu\sigma_\varphi\right)=-\dfrac{2P}{\pi E}\dfrac{\cos\varphi}{\rho}\\ \varepsilon_\varphi=\dfrac{1}{E}\left(\sigma_\varphi-\nu\sigma_\rho\right)=\dfrac{2\nu P}{\pi E}\dfrac{\cos\varphi}{\rho}\\ \gamma_{\rho\varphi}=\dfrac{2\left(1+\nu\right)}{E}\tau_{\rho\varphi}=0\end{cases}\tag{7.79}$$

再将应变分量代入几何方程(7.8)，得

$$\begin{cases}\varepsilon_\rho=\dfrac{\partial u_\rho}{\partial\rho}=-\dfrac{2P}{\pi E}\dfrac{\cos\varphi}{\rho}\\ \varepsilon_\varphi=\dfrac{1}{\rho}\dfrac{\partial u_\varphi}{\partial\varphi}+\dfrac{u_\rho}{\rho}=\dfrac{2\nu P}{\pi E}\dfrac{\cos\varphi}{\rho}\\ \gamma_{\rho\varphi}=\dfrac{1}{\rho}\dfrac{\partial u_\rho}{\partial\varphi}+\dfrac{\partial u_\varphi}{\partial\rho}-\dfrac{u_\varphi}{\rho}=0\end{cases}\tag{7.80}$$

对式(7.80)进行运算，可以得到位移分量

$$\begin{cases}u_\rho=-\dfrac{2P}{\pi E}\cos\varphi\ln\rho-\dfrac{(1-\nu)P}{\pi E}\varphi\sin\varphi+I\cos\varphi+K\sin\varphi\\ u_\varphi=\dfrac{2P}{\pi E}\sin\varphi\ln\rho+\dfrac{(1+\nu)P}{\pi E}\sin\varphi-\dfrac{(1-\nu)P}{\pi E}\varphi\cos\varphi+H\rho-I\sin\varphi+K\cos\varphi\end{cases}\tag{7.81}$$

其中，H、I、K 都是任意待定常数.

根据问题的对称性，可知 $\left(u_\varphi\right)_{\varphi=0}=0$，代入式(7.81)，可得

$$H=K=0$$

这样位移分量可简化为

$$\begin{cases}u_\rho=-\dfrac{2P}{\pi E}\cos\varphi\ln\rho-\dfrac{(1-\nu)P}{\pi E}\varphi\sin\varphi+I\cos\varphi\\ u_\varphi=\dfrac{2P}{\pi E}\sin\varphi\ln\rho+\dfrac{(1+\nu)P}{\pi E}\sin\varphi-\dfrac{(1-\nu)P}{\pi E}\varphi\cos\varphi-I\sin\varphi\end{cases}\tag{7.82}$$

不难看出，常数 I 表示半平面体沿铅直方向(即 x 方向)的刚性位移. 如果半平面体不受铅直方向的约束，则常数 I 不能确定，如果半平面体受铅直方向的约束，就可以根据这个约束条件来确定常数 I.

为了求得边界上任意一点 M 的位移，即沉陷，可以应用式(7.82)的第二式，并令 $\varphi=\dfrac{\pi}{2}$. 注意到位移 u_φ 以沿 φ 的正方向为正，因此 M 点的沉陷为

$$-\left(u_\varphi\right)_{\varphi=\frac{\pi}{2}}^{M}=-\frac{2P}{\pi E}\ln\rho-\frac{(1+\nu)P}{\pi E}+I\tag{7.83}$$

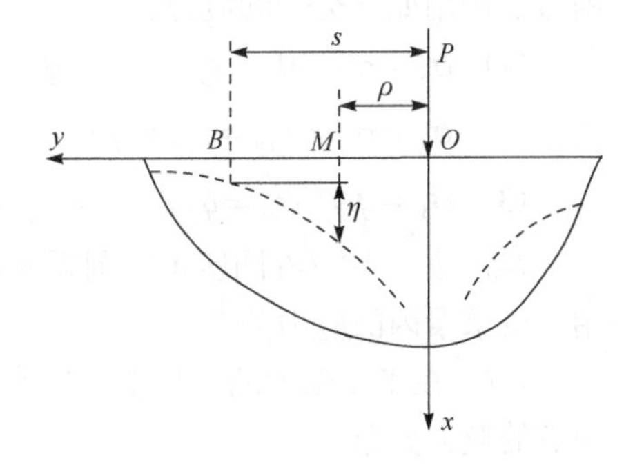

图 7-15　半无限体在边界上受法向集中力作用的位移

如果常数 I 未能确定(由于半平面体不受铅直方向约束)，则 M 点的沉陷也不能确定. 这时，只能求得相对沉陷. 试在边界上取定一个基点 B，如图 7-15 所示，它距荷

载作用点的水平距离为s. 和任意一点M的沉陷分析相同，其点B的沉陷为

$$-\left(u_{\varphi}\right)_{\varphi=\frac{\pi}{2}}^{B}=-\frac{2P}{\pi E}\ln s-\frac{(1+\nu)P}{\pi E}+I \tag{7.84}$$

任意一点M对于基点B的相对沉陷的弗拉曼(Flamant)解答为

$$\eta=\left[-\left(u_{\varphi}\right)_{\varphi=\frac{\pi}{2}}^{M}\right]-\left[-\left(u_{\varphi}\right)_{\varphi=\frac{\pi}{2}}^{B}\right]=\frac{2P}{\pi E}\ln\frac{s}{\rho} \tag{7.85}$$

对于平面应变问题的半平面体，在以上形变和位移的公式中，只需将E、ν变换为$\frac{E}{1-\nu^2}$、$\frac{\nu}{1-\nu}$.

习　　题

7-1　已知厚壁圆筒的内径为a，外径为b，圆筒只承受内压p_a作用，求厚壁圆筒在内压作用下内径的增加量.如果厚壁圆筒只承受外压p_b作用，求圆筒在外压作用下外径的减小量.

7-2　已知厚壁圆筒在内边界$\rho=a$处固定，在外径$\rho=b$处作用均布剪应力τ_0.若材料的剪切弹性模量为G，试用应力函数$\phi=c\varphi$（c为常数)求解此厚壁圆筒的应力分量和位移分量.

7-3　设有一刚体，具有半径为b的圆柱形孔道，孔道内放置外半径为b、内半径为a的厚壁圆管，受内压p作用，试求管壁的应力.

7-4　厚壁圆筒内半径为a，外半径为b，圆筒内承受内压p作用，外面施加刚性约束，如习题7-4图所示，试求厚壁圆筒的应力和位移.

7-5　矩形薄板，在中心处有一小孔，其远离边界，如习题7-5图所示. 若在周边上作用如下类型的应力：

(1)　$\sigma_x=\sigma_y=0$，$\tau_{xy}=\tau_{yx}=q$；

(2)　$\sigma_x=\sigma_y=\tau_{xy}=\tau_{yx}=q$；

(3)　$\sigma_x=q_1$，$\sigma_y=q_2$，$\tau_{xy}=\tau_{yx}=0$（$q_1>q_2$）.

7-6　如习题7-6图所示的圆弧曲梁，内径为a，外径为b，承受荷载F的作用，试求梁内的应力分布.

7-7　在半无限大的边界上作用水平力P，如习题7-7图所示. 求弹性体内任一点的应力分布.

7-8　三角形悬臂梁在自由端受集中荷载P，如习题7-8图所示，试用式(7.75)求任一铅垂截面上的正应力和剪应力，并与材料力学的结果进行对比.

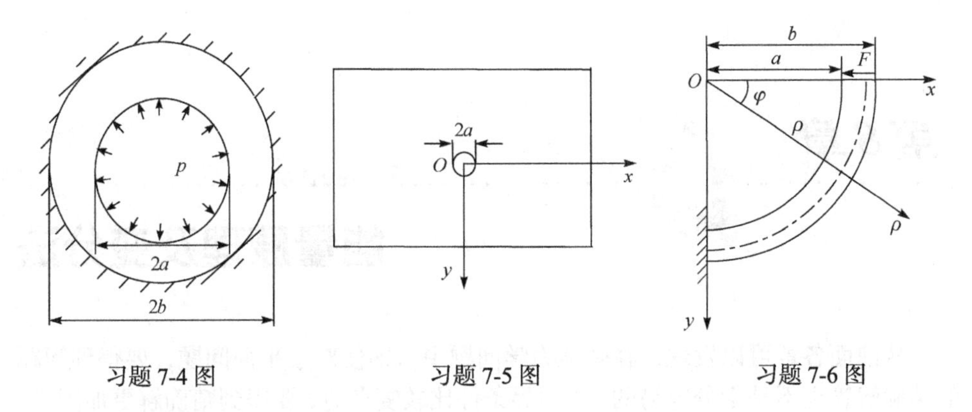

习题 7-4 图　　　　习题 7-5 图　　　　习题 7-6 图

7-9　楔形体在两侧面上受均布剪力 q 作用，如习题 7-9 图所示. 求弹性体内任一点的应力分量.

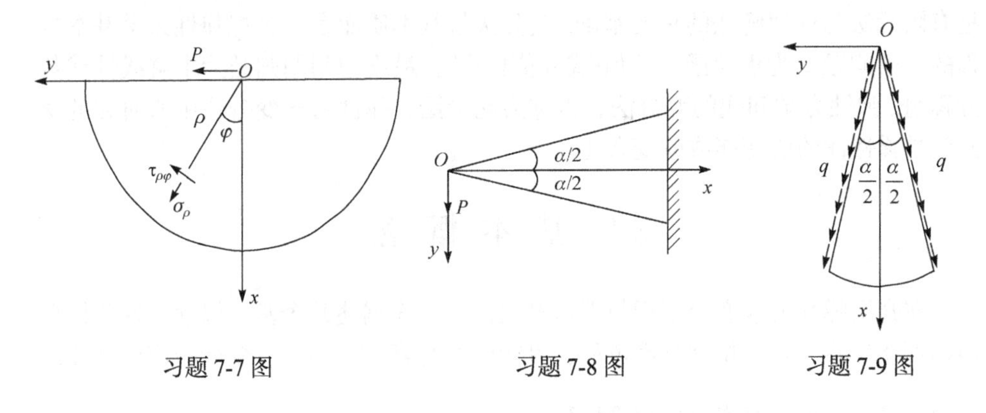

习题 7-7 图　　　　习题 7-8 图　　　　习题 7-9 图

第8章

能量原理及变分法

从前面各章可以发现，在弹性力学问题中，即使对于平面问题，要得到问题的精确解答也不是十分容易的. 当边界条件比较复杂时，要得到精确解更加困难，甚至是不可能的. 因此，对于弹性力学的大量实际问题，近似求解方法具有重大现实意义. 本章要介绍的变分法，不仅是近似解法中最有效的方法之一，而且也是有限元法等近似解法的重要基础. 变分法就其本质而言，是把弹性力学基本方程的定解问题变为求泛函的极值(或驻值)问题，最终把问题归结为求解线性代数方程组. 弹性力学问题的变分法，也称为能量法，弹性力学变分法中所研究的泛函就是弹性体的应变能或应变余能.

8.1 基本概念

在介绍弹性力学变分原理与近似解法之前，先阐述几个基本概念，这些概念包括可能位移、真实位移与虚位移，可能应力与真实应力，应变能与应变余能.

8.1.1 可能位移、真实位移与虚位移

从前面几章的叙述中知道，对于任何一个弹性力学问题是偏微分方程的初值问题，实际上是在一定边界条件下求解同时满足三类基本关系的位移、应力和应变. 这三类基本关系包括变形几何关系、静力学关系和物理(本构)关系.

在弹性力学变分原理中，把满足变形几何关系的位移称为可能位移. 其中只有一个能满足全部三类基本关系，这个满足全部三类基本关系的位移称为真实位移. 可能位移未必是真实位移,但真实位移必定是可能位移. 从可能位移和真实位移的概念出发，可得到虚位移的概念. 所谓虚位移，是指从真实位移变化到与其无限邻近的可能位移这一微小的位移变化，即真实位移的变分. 显然，虚位移具有任意的、微小的、约束许可的这几个特点. 虚位移不是实际外力产生的，而是假想由其他干扰产生的. 假设真实位移为$\boldsymbol{u}$，则虚位移可写为$\delta\boldsymbol{u}$，而$\boldsymbol{u}+\delta\boldsymbol{u}$即可能位移. 虚位移产生后，将产生虚应变. 所谓虚应变，是指由虚位移产生根据几何关系得到的应变，即

$$\begin{cases}\delta\varepsilon_x = \dfrac{\partial}{\partial x}\delta u = \delta\left(\dfrac{\partial u}{\partial x}\right) \\ \delta\varepsilon_x = \dfrac{\partial}{\partial y}\delta v = \delta\left(\dfrac{\partial v}{\partial y}\right) \\ \delta\varepsilon_z = \dfrac{\partial}{\partial z}\delta w = \delta\left(\dfrac{\partial w}{\partial z}\right) \\ \delta\varepsilon_{xy} = \dfrac{1}{2}\left[\dfrac{\partial}{\partial x}(\delta v) + \dfrac{\partial}{\partial y}(\delta u)\right] = \dfrac{1}{2}\left[\delta\left(\dfrac{\partial v}{\partial x}\right) + \delta\left(\dfrac{\partial u}{\partial y}\right)\right] \\ \delta\varepsilon_{yz} = \dfrac{1}{2}\left[\dfrac{\partial}{\partial y}(\delta w) + \dfrac{\partial}{\partial z}(\delta v)\right] = \dfrac{1}{2}\left[\delta\left(\dfrac{\partial w}{\partial y}\right) + \delta\left(\dfrac{\partial v}{\partial z}\right)\right] \\ \delta\varepsilon_{zx} = \dfrac{1}{2}\left[\dfrac{\partial}{\partial z}(\delta u) + \dfrac{\partial}{\partial x}(\delta w)\right] = \dfrac{1}{2}\left[\delta\left(\dfrac{\partial u}{\partial z}\right) + \delta\left(\dfrac{\partial w}{\partial x}\right)\right] \end{cases} \tag{8.1}$$

按张量记法，上式也可以写为

$$\delta\varepsilon_{ij} = \frac{1}{2}\left(\delta u_{i,j} + \delta u_{j,i}\right) \tag{8.2}$$

虚位移除满足式(8.1)外，还需满足位移边界条件，即

$$\delta\boldsymbol{u} = 0 \quad 或 \quad \delta u_i = 0 \quad (在\ S_u\ 上) \tag{8.3}$$

式中，S_u 为给定位移的边界表面.

8.1.2　可能应力与真实应力

与可能位移的定义类似，把满足静力学关系和应力边界条件的应力称为可能应力. 同样，可能应力有无数个，而只有一个能满足全部三类基本关系，这个应力称为真实应力. 可能应力未必是真实应力，但真实应力必然是可能应力. 从可能应力和真实应力的概念出发，可得到虚应力概念. 所谓虚应力，是指从真实应力变化到与其无限邻近的可能应力这一微小的应力变化，即真实应力 σ_{ij} 的变分 $\delta\sigma_{ij}$. 虚应力具有任意、微小的特点. 根据虚应力定义，在物体内任一点，虚应力都应满足体积力为零的平衡微分方程，即

$$\begin{cases}\dfrac{\partial(\delta\sigma_x)}{\partial x} + \dfrac{\partial(\delta\tau_{yx})}{\partial y} + \dfrac{\partial(\delta\tau_{zx})}{\partial z} = 0 \\ \dfrac{\partial(\delta\tau_{xy})}{\partial x} + \dfrac{\partial(\delta\sigma_y)}{\partial y} + \dfrac{\partial(\delta\tau_{zy})}{\partial z} = 0 \\ \dfrac{\partial(\delta\tau_{xz})}{\partial x} + \dfrac{\partial(\delta\tau_{yz})}{\partial y} + \dfrac{\partial(\delta\sigma_z)}{\partial z} = 0 \end{cases} \tag{8.4}$$

按张量记法，上式也可以写为

$$\delta\sigma_{ji,j}=0 \tag{8.5}$$

此外，在给定表面力边界上，虚应力还必须满足表面力为零的边界条件，即

$$\begin{cases}\delta\sigma_x n_1+\delta\tau_{xy}n_2+\delta\tau_{xz}n_3=0\\ \delta\tau_{yx}n_1+\delta\sigma_y n_2+\delta\tau_{yz}n_3=0\\ \delta\tau_{zx}n_1+\delta\tau_{zy}n_2+\delta\sigma_z n_3=0\end{cases} \tag{8.6}$$

按张量记法，上式也可以写为

$$\delta\sigma_{ij}n_j=0 \quad (\text{在 } S_\sigma \text{ 上}) \tag{8.7}$$

式中，S_σ 为给定表面力的边界表面；n_j 为物体表面一点外法线单位矢量 $\boldsymbol{n}$ 的分量.

式(8.5)和式(8.7)表明，要使 $(\sigma_{ij}+\delta\sigma_{ij})$ 成为可能应力，虚应力 $\delta\sigma_{ij}$ 必须满足无体积力的平衡微分方程和无表面力的静力边界条件.

8.1.3 应变能与应变余能

在第 4 章介绍过应变能的概念，为了知识体系的完整，这里再简单地回顾一下. 弹性体在发生变形时，在体内储存的能量称为应变能(变形能). 对于加载过程足够缓慢的情况，可认为外力做的功全部转化为应变能. 根据第 4 章应变能密度式(4.11)，有

$$v_\varepsilon(\varepsilon_{ij})=\int_0^{\varepsilon_{ij}}\sigma_{ij}\mathrm{d}\varepsilon_{ij} \tag{8.8}$$

而弹性体内的总应变能为

$$V=\int_V v_\varepsilon \mathrm{d}V \tag{8.9}$$

根据式(8.8)，显然有

$$\sigma_{ij}=\frac{\partial v_\varepsilon}{\partial\varepsilon_{ij}} \tag{8.10}$$

上式称为格林公式，是能量形式的物理方程，它不受变形大小和材料性能的限制. 注意，上式中的 v_ε 应由应变张量的九个分量来表示.

与应变能密度定义类似，可以定义应变余能密度，它是以应力分量作为状态变量，即

$$v_c(\sigma_{ij})=\int_0^{\sigma_{ij}}\varepsilon_{ij}\mathrm{d}\sigma_{ij} \tag{8.11}$$

由上面的定义可知，对于一般非线性弹性材料，在数值上 $v_c(\sigma_{ij})\neq v_\varepsilon(\varepsilon_{ij})$，但对于

线性弹性材料，在数值上 $v_c(\sigma_{ij}) = v_\varepsilon(\varepsilon_{ij})$. 利用分部积分，式(8.11)可写为

$$v_c(\sigma_{ij}) = \int_0^{\sigma_{ij}} \varepsilon_{ij} \mathrm{d}\sigma_{ij} = \int_0^{\sigma_{ij}} \mathrm{d}(\varepsilon_{ij}\sigma_{ij}) - \int_0^{\varepsilon_{ij}} \sigma_{ij} \mathrm{d}\varepsilon_{ij} = \varepsilon_{ij}\sigma_{ij} - v_\varepsilon(\varepsilon_{ij}) \tag{8.12}$$

根据应变余能密度定义式(8.11)，有

$$\varepsilon_{ij} = \frac{\partial v_c}{\partial \sigma_{ij}} \tag{8.13}$$

上式称为卡斯蒂利亚诺(Castigliano)公式，也是能量形式的物理方程.

对线弹性材料，应力与应变呈线性关系，应变能密度和应变余能密度是相等的，即有

$$v_\varepsilon\left(\varepsilon_{ij}\right) = v_c\left(\sigma_{ij}\right) = \frac{1}{2}\sigma_{ij}\varepsilon_{ij} \tag{8.14}$$

对于均匀各向同性线弹性材料，将应力应变关系 $\sigma_{ij} = \lambda\theta\delta_{ij} + 2\mu\varepsilon_{ij}$ 代入上式可得

$$v_\varepsilon\left(\varepsilon_{ij}\right) = v_c\left(\sigma_{ij}\right) = \frac{1}{2}\left(\lambda\varepsilon_{kk}\varepsilon_{ll} + 2\mu\varepsilon_{kl}\varepsilon_{kl}\right) \tag{8.15}$$

上式也可写成应力形式，即

$$v_\varepsilon\left(\varepsilon_{ij}\right) = v_c\left(\sigma_{ij}\right) = \frac{1}{2E}\left[(1+\nu)\sigma_{kl}\sigma_{kl} - \nu\sigma_{kk}\sigma_{ll}\right] \tag{8.16}$$

这里，虽然定义了应变余能密度，但它不像应变能密度那样具有明确的物理意义.

8.2 虚 功 原 理

8.2.1 虚位移原理

设弹性体的体积为 V ，给定表面力的表面为 S_σ ，受给定体积力 f_i 和表面力 $\overline{f}_i$ 的作用. 在这些外力作用下，物体产生应力 $\boldsymbol{\sigma}$ 、应变 $\boldsymbol{\varepsilon}$ 和位移 $\boldsymbol{u}$. 由能量转化与守恒定律可知，外力在虚位移 $\delta\boldsymbol{u}$ 上所做的虚功等于应力在虚应变上所做的功，即

$$\iiint_V f_i \delta u_i \mathrm{d}V + \iint_{S_\sigma} \overline{f}_i \delta u_i \mathrm{d}S = \iiint_V \sigma_{ij} \delta\varepsilon_{ij} \mathrm{d}V \tag{8.17}$$

这就是弹性体的**虚位移原理(也称虚功原理)**，上式亦称为高斯积分恒等式. 下面给出虚位移原理的详细证明.

由于在给定位移的表面上，表面力(约束反力)不做功，式(8.17)中第二个积分的积分区域 S_σ 可以换成物体的全部边界 S ，且由于 $\overline{f}_i = \sigma_{ij} n_j$ ，所以式(8.17)的左端可以改写为

$$\iiint_V f_i\delta u_i \mathrm{d}V+\iint_{S_\sigma}\bar{f}_i\delta u_i \mathrm{d}S=\iiint_V f_i\delta u_i \mathrm{d}V+\iint_S(\sigma_{ij}\delta u_i)n_j \mathrm{d}S$$

利用散度定理，可将上式右端第二项面积分转换为体积分，即有

$$\begin{aligned}\iiint_V f_i\delta u_i \mathrm{d}V+\iint_S(\sigma_{ij}\delta u_i)n_j \mathrm{d}S&=\iiint_V f_i\delta u_i \mathrm{d}V+\iiint_V(\sigma_{ij}\delta u_i)_{,j} \mathrm{d}V\\&=\iiint_V(f_i\delta u_i+\sigma_{ij,j}\delta u_i+\sigma_{ij}\delta u_{i,j})\mathrm{d}V\\&=\iiint_V(\sigma_{ij,j}+f_i)\delta u_i+\iiint_V\sigma_{ij}\delta u_{i,j}\mathrm{d}V\end{aligned}$$

根据平衡方程有 $\sigma_{ij,j}+f_i=0$，又因为 $\sigma_{ij}=\sigma_{ii}$ 及式(8.2)，有 $\sigma_{ij}\delta u_{i,j}=\sigma_{ij}\delta\varepsilon_{ij}$，故有

$$\iiint_V f_i\delta u_i \mathrm{d}V+\iint_{S_\sigma}\bar{f}_i\delta u_i \mathrm{d}S=\iiint_V\sigma_{ij}\delta\varepsilon_{ij}\mathrm{d}V$$

这样就证明了式(8.17)是一个恒等式. 虚位移原理可表述为：设一弹性体在已知体积力和表面力作用下处于平衡状态，当给予该弹性体虚位移时，外力在虚位移上所做的功等于弹性体所积累的虚应变能.

虚位移原理的证明只利用了平衡微分方程、几何方程和静力、位移边界条件，与材料的本构关系无关. 虚位移原理对于弹性体、弹塑性体都是成立的，它是弹塑性力学中一个普遍的能量原理.

8.2.2 虚应力原理

下面，我们讨论与虚位移原理相对应的虚应力原理. 设弹性体的体积为 V，给定表面力的表面为 S_σ，受给定体积力 f_i 和表面力 $\bar{f}_i$ 的作用. 在这些外力作用下，物体产生应力 σ_{ij}、应变 ε_{ij} 和位移 u_i. 假想物体内的应力分量由于某种原因发生了一个微小的虚应力 $\delta\sigma_{ij}$，则由于应力分量的变化，在给定位移的边界上，表面力也随之改变，且有

$$\delta\sigma_{ij}n_j=\delta\bar{f}_i \quad (\text{在 } S_u \text{ 上})$$

式中，$\delta\bar{f}_i$ 表示由虚应力在 S_u 上所引起的虚表面力.

构造下列恒等式：

$$\iiint_V\left[\varepsilon_{ij}-\frac{1}{2}\left(u_{i,j}+u_{j,i}\right)\right]\delta\sigma_{ij}\mathrm{d}V+\iint_{S_u}\left(u_i-\bar{u}_i\right)\delta\bar{f}_i \mathrm{d}S=0 \tag{8.18}$$

注意到 $u_{i,j}\sigma_{ij}=u_{j,i}\sigma_{ij}$，式(8.18)可改写为

$$\left(\iiint_V\varepsilon_{ij}\delta\sigma_{ij}\mathrm{d}V-\iint_{S_u}\bar{u}_i\delta\bar{f}_i \mathrm{d}S\right)+\left(\iint_{S_u}u_i\delta\bar{f}_i \mathrm{d}S-\iiint_V u_{i,j}\delta\sigma_{ij}\mathrm{d}V\right)=0 \tag{8.19}$$

根据虚应力 $\delta\sigma_{ij}$ 必须满足无体积力的平衡微分方程和无表面力的静力边界条件，即式(8.5)和式(8.7)，式(8.19)左边第二个括号内的表达式可化为

$$
\begin{aligned}
\iint_{S_u} u_i \delta \bar{f}_i \mathrm{d}S - \iiint_V u_{i,j} \delta\sigma_{ij} \mathrm{d}V &= \iint_{S_u} u_i \delta \bar{f}_i \mathrm{d}S - \iiint_V \left[\left(u_i \delta\sigma_{ij} \right)_{,j} - u_i \delta\sigma_{ij,j} \right] \mathrm{d}V \\
&= \iint_{S_u} u_i \delta \bar{f}_i \mathrm{d}S - \iint_{S_u} \left(u_i \delta\sigma_{ij} n_j \right) \mathrm{d}S - \iint_{S_\sigma} u_i \left(\delta\sigma_{ij} n_j \right) \mathrm{d}S \\
&= \iint_{S_u} u_i (\delta \bar{f}_i - \delta\sigma_{ij} n_j) \mathrm{d}S = 0
\end{aligned}
$$

所以式(8.19)可简化为

$$
\iint_{S_u} \bar{u}_i \delta \bar{f}_i \mathrm{d}S = \iiint_V \varepsilon_{ij} \delta\sigma_{ij} \mathrm{d}V \tag{8.20}
$$

这就是弹性体的虚应力原理，即当弹性体处于平衡状态时，在已知位移的边界上，虚表面力在真实位移上所做的总虚功等于虚应力在真实应变上所完成的总虚应变余能.

和虚位移原理的推导一样，虚应力原理的推导也未涉及材料的本构关系，因此也适用于任意性质的材料. 还应指出，在虚位移原理中包含了实际的外力和内力，因而可理解为，虚位移原理的位移变分方程是对物体平衡的要求，等价于平衡条件. 实际上,虚位移原理不难导出平衡微分方程和静力边界条件. 虚应力原理则包含了实际的位移和应变，所以可把虚应力原理的应力变分方程看成对物体变形协调的要求，等价于应变协调方程. 事实上，虚应力原理不难导出几何方程和位移边界条件. 于是，应用虚位移原理求解时，对于所设的应力函数，就无须预先满足变形协调方程和位移边界条件，而只需使选定的应力函数解答满足平衡微分方程和静力边界条件. 应用虚应力原理求解时，对于所选的位移函数，就无须预先满足平衡微分方程和静力边界条件，而只需使选定的位移函数解答满足几何方程和位移边界条件.

8.2.3　功的互等定理

将虚功方程(8.17)用于同一弹性体在两种不同受力和变形状态下的两种解答，便可得到功的互等定理. 设第一状态的体积力为 $f_i^{(1)}$，S_σ 上的表面力为 $\bar{f}_i^{(1)}$，S_u 上的位移为 $\bar{u}_i^{(1)}$，它们产生的应力、应变和位移分别为 $\sigma_{ij}^{(1)}$、$\varepsilon_{ij}^{(1)}$ 和 $u_i^{(1)}$. 相应地，第二状态分别为 $f_i^{(2)}$、$\bar{f}_i^{(2)}$、$\bar{u}_i^{(2)}$、$\sigma_{ij}^{(2)}$、$\varepsilon_{ij}^{(2)}$ 和 $u_i^{(2)}$. 两种状态的应力、应变和位移都是真实的，因此它们分别为静定可能的和几何可能的. 利用虚位移原理，有

$$
\iiint_V f_i^{(1)} u_i^{(2)} \mathrm{d}V + \iint_{S_\sigma} \bar{f}_i^{(1)} u_i^{(2)} \mathrm{d}S = \iiint_V \sigma_{ij}^{(1)} \varepsilon_{ij}^{(2)} \mathrm{d}V \tag{8.21}
$$

和

$$
\iiint_V f_i^{(2)} u_i^{(1)} \mathrm{d}V + \iint_{S_\sigma} \bar{f}_i^{(2)} u_i^{(1)} \mathrm{d}S = \iiint_V \sigma_{ij}^{(2)} \varepsilon_{ij}^{(1)} \mathrm{d}V \tag{8.22}
$$

对于线弹性体，有

$$\sigma_{ij}^{(1)} = C_{ijkl}\varepsilon_{kl}^{(1)}, \quad \sigma_{ij}^{(2)} = C_{ijkl}\varepsilon_{kl}^{(2)}$$

由式(8.21)和式(8.22)的右边被积函数相等，即

$$\sigma_{ij}^{(1)}\varepsilon_{ij}^{(2)} = C_{ijkl}\varepsilon_{kl}^{(1)}\varepsilon_{ij}^{(2)} = C_{ijkl}\varepsilon_{ij}^{(2)}\varepsilon_{kl}^{(1)} = C_{klij}\varepsilon_{ij}^{(2)}\varepsilon_{kl}^{(1)} = \sigma_{kl}^{(2)}\varepsilon_{kl}^{(1)} = \sigma_{ij}^{(2)}\varepsilon_{ij}^{(1)}$$

因此有

$$\iiint_V f_i^{(1)}u_i^{(2)}\mathrm{d}V + \iint_{S_\sigma}\overline{f}_i^{(1)}u_i^{(2)}\mathrm{d}S = \iiint_V f_i^{(2)}u_i^{(1)}\mathrm{d}V + \iint_{S_\sigma}\overline{f}_i^{(2)}u_i^{(1)}\mathrm{d}S \tag{8.23}$$

上式称为功的互等定理，它可表述为：作用在弹性体上第一状态的外力在第二状态位移上所做的功，等于第二状态外力在第一状态位移上所做的功. 由于证明过程中利用了 $C_{ijkl} = C_{klij}$ 这一条件，所以功的互等定理只适应于格林线弹性材料.

例 8.1 如图 8-1(a)所示为一等截面杆，杆的横截面高度为 h，承受一对大小相等、方向相反的竖向压力 P 作用，试求出杆的轴向总伸长 δ .

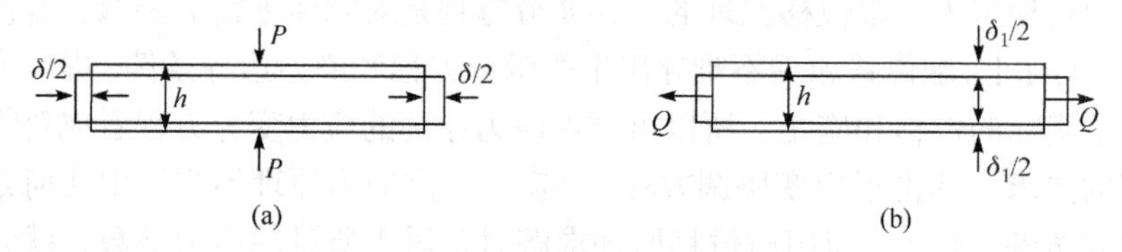

图 8-1 等截面杆受力

解 这一问题可以利用功的互等定理来求解. 为此，我们建立第二状态为同一杆件受一对大小相等、方向相反的拉力 Q 作用，使杆产生轴向拉伸变形，如图 8-1(b)所示. 这时，杆的横向变形为

$$\delta_1 = \nu\frac{Qh}{EA} \tag{a}$$

式中，ν 为泊松比；A 为杆的横截面面积；E 为材料的拉压弹性模量.

根据功的互等定理，有

$$P\cdot\delta_1 = Q\cdot\delta \tag{b}$$

将式(a)代入式(b)，得

$$P\cdot\nu\frac{Qh}{EA} = Q\cdot\delta$$

由此得

$$\delta = \frac{\nu Ph}{EA}$$

可见，杆的轴向总伸长 δ 与杆横截面的形状无关.

8.3　最小总势能原理

设给定弹性体的体积为 V，表面积为 S，并受体积力 f_i 和边界 S_σ 上表面力 $\overline{f}_i$ 的作用，同时在 S_u 上给定位移约束 $\overline{u}_i$. 我们可以定义弹性体的总势能为

$$\Pi(u_i)=\iiint_V v_\varepsilon \mathrm{d}V-\left(\iiint_V f_i u_i \mathrm{d}V+\iint_{S_\sigma}\overline{f}_i u_i \mathrm{d}S\right) \tag{8.24}$$

其中，$v_\varepsilon=v_\varepsilon(\varepsilon_{ij})$ 为弹性体的应变能密度，因而 $\iiint_V v_\varepsilon \mathrm{d}V$ 为弹性体的总应变能，而 $-\left(\iiint_V f_i u_i \mathrm{d}V+\iint_{S_\sigma}\overline{f}_i u_i \mathrm{d}S\right)$ 表示外力势能.

总势能的物理意义可以这样理解：设物体在外力作用下的变形过程是准静态的，即在整个变形的每一步都可以看成是静力平衡的，这种情况下，动能和热效应均可忽略不计. 于是，在这种情况下，外力所做的功全部以应变能的形式储存于物体内. 若取参考状态为物体变形前的状态，并取参考位置的势能为零，则弹性体的总势能可看成从物体的已变形状态恢复到参考状态的过程中，物体对外界所做的功.

最小总势能原理　在给定外力作用下而保持平衡的弹性体，在满足位移边界条件的所有各组位移中，实际存在的一组位移应使弹性体的总势能 Π 取最小值. 即

$$\delta\Pi=0,\quad \delta^2\Pi\geqslant 0 \tag{8.25}$$

证明　设平衡状态附近的虚位移为 δu_i，则由式(8.10)有

$$\sigma_{ij}\delta\varepsilon_{ij}=\frac{\partial v_\varepsilon(\varepsilon_{ij})}{\partial\varepsilon_{ij}}\delta\varepsilon_{ij}=\delta v_\varepsilon$$

于是虚位移原理(8.17)可写为

$$\iiint_V f_i\delta u_i \mathrm{d}V+\iint_{S_\sigma}\overline{f}_i\delta u_i \mathrm{d}S=\iiint_V \delta v_\varepsilon \mathrm{d}V$$

注意到虚位移发生过程中，外力的大小和方向可看成不变的，因此上式左边变分符号可移到积分号外面；对右边的积分，变分与积分可交换次序. 从而有

$$\delta\left(\iiint_V f_i u_i \mathrm{d}V+\iint_{S_\sigma}\overline{f}_i u_i \mathrm{d}S\right)=\delta\iiint_V v_\varepsilon \mathrm{d}V$$

移项后，可得

$$\delta\Pi=\delta\left[\iiint_V v_\varepsilon \mathrm{d}V-\left(\iiint_V f_i u_i \mathrm{d}V+\iint_{S_\sigma}\overline{f}_i u_i \mathrm{d}S\right)\right]=0$$

令 u_i^* 为可能位移，u_i 为真实位移，与之相应的应变为 ε_{ij}^* 和 ε_{ij} . 并且有 $u_i^*=u_i+\delta u_i$ ，$\varepsilon_{ij}^*=\varepsilon_{ij}+\delta\varepsilon_{ij}$. 将 $v_\varepsilon\left(\varepsilon_{ij}^*\right)$ 按泰勒级数展开，略去二阶以上微量，有

$$v_\varepsilon\left(\varepsilon_{ij}^*\right)=v_\varepsilon\left(\varepsilon_{ij}\right)+\frac{\partial v_\varepsilon\left(\varepsilon_{ij}\right)}{\partial\varepsilon_{ij}}\delta\varepsilon_{ij}+\frac{1}{2}\frac{\partial^2 v_\varepsilon\left(\varepsilon_{ij}\right)}{\partial\varepsilon_{ij}^2}\left(\delta\varepsilon_{ij}\right)^2 \tag{8.26}$$

可能位移与真实位移对应的总势能之差为

$$\begin{aligned}\Delta\Pi&=\Pi\left(\varepsilon_{ij}^*\right)-\Pi\left(\varepsilon_{ij}\right)\\&=\iiint_V v_\varepsilon\left(\varepsilon_{ij}+\delta\varepsilon_{ij}\right)\mathrm{d}V-\iiint_V v_\varepsilon\left(\varepsilon_{ij}\right)\mathrm{d}V-\left(\iiint_V f_i\delta u_i\mathrm{d}V+\iint_{S_\sigma}\overline{f}_i\delta u_i\mathrm{d}S\right)\\&=\iiint_V\frac{\partial v_\varepsilon}{\partial\varepsilon_{ij}}\delta\varepsilon_{ij}\mathrm{d}V+\frac{1}{2}\iiint_V\frac{\partial^2 v_\varepsilon}{\partial\varepsilon_{ij}^2}\left(\delta\varepsilon_{ij}\right)^2\mathrm{d}V-\left(\iiint_V f_i\delta u_i\mathrm{d}V+\iint_{S_\sigma}\overline{f}_i\delta u_i\mathrm{d}S\right)\end{aligned} \tag{8.27}$$

而另一方面，函数 ε_{ij} 变分引起的总势能的增量为

$$\Delta\Pi=\Pi\left(\varepsilon_{ij}^*\right)-\Pi\left(\varepsilon_{ij}\right)=\delta\Pi+\delta^2\Pi$$

其中总势能的一阶变分为

$$\delta\Pi=\iiint_V\frac{\partial v_\varepsilon}{\partial\varepsilon_{ij}}\delta\varepsilon_{ij}\mathrm{d}V-\left(\iiint_V f_i\delta u_i\mathrm{d}V+\iint_{S_\sigma}\overline{f}_i\delta u_i\mathrm{d}S\right)=0$$

所以总势能的二阶变分为

$$\delta^2\Pi=\frac{1}{2}\iiint_V\frac{\partial^2 v_\varepsilon(\varepsilon_{ij})}{\partial\varepsilon_{ij}^2}(\delta\varepsilon_{ij})^2\mathrm{d}V \tag{8.28}$$

令 $\varepsilon_{ij}=0$ ，从而 $\sigma_{ij}=0$ ，从而式(8.26)可化简为

$$v_\varepsilon(\delta\varepsilon_{ij})=\frac{1}{2}\frac{\partial^2 v_\varepsilon(\varepsilon_{ij})}{\partial\varepsilon_{ij}^2}(\delta\varepsilon_{ij})^2$$

从而得

$$\Delta\Pi=\delta^2\Pi=\iiint_V v_\varepsilon(\delta\varepsilon_{ij})\mathrm{d}V$$

上式中被积函数是与 $\delta\varepsilon_{ij}$ 对应的应变能密度，由应变能密度恒正性可知，$\delta^2\Pi\geqslant 0$. 而 $\delta^2\Pi=0$ 的充要条件是 $\delta\varepsilon_{ij}=0$ ，在这种情况下 $u_i^*=u_i$ ，$\varepsilon_{ij}^*=\varepsilon_{ij}$. 从而有

$$\Delta\Pi = \delta^2\Pi = \iiint_V v_\varepsilon(\delta\varepsilon_{ij})\mathrm{d}V \geqslant 0$$

亦即

$$\Pi(u_i^*) \geqslant \Pi(u_i)$$

这样，就证明了最小总势能原理. 最小总势能原理对于一般的线弹性体、非线性弹性体都是适用的. 最小势能原理说明：真实的位移场除满足几何边界条件外，还需要满足最小总势能原理的变分方程.

例 8.2　如图 8-2 所示为一悬臂梁，在自由端作用集中力 P. 已知梁长为 l，抗弯刚度为 EI，试用最小势能原理求最大挠度.

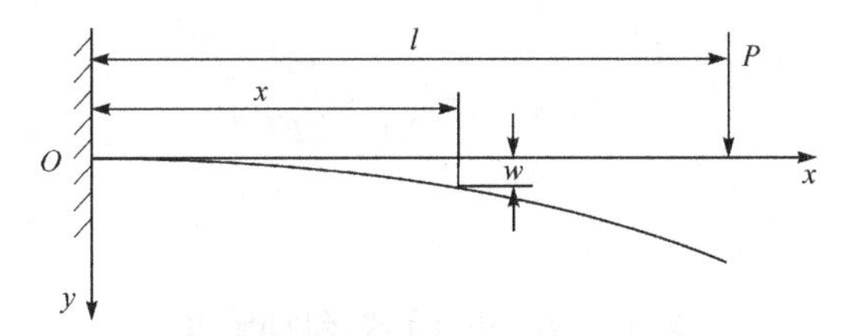

图 8-2　悬臂梁受集中力

解　设挠度曲线近似的表达式为

$$w = b_1x^2 + b_2x^3 \tag{a}$$

这里，b_1 和 b_2 是待定的常数. 能满足固定端的约束条件，即

$$(w)_{x=0} = 0, \quad \left(\frac{\partial w}{\partial x}\right)_{x=0} = 0$$

下面利用最小势能原理确定常数 b_1 和 b_2.

梁的弯矩为

$$M(x) = -EI\frac{\mathrm{d}^2w}{\mathrm{d}x^2} = -EI(2b_1 + 6b_2x)$$

梁的应变能为

$$V_\varepsilon = \frac{1}{2EI}\int_0^l M^2(x)\mathrm{d}x = \frac{EI}{2}\int_0^l (2b_1 + 6b_2x)^2\mathrm{d}x = 2EI(b_1^2l + 3b_1b_2l^2 + 3b_2^2l^3)$$

总势能为

$$\Pi = V_\varepsilon - P\cdot(w)_{x=l} = 2EI(b_1^2l + 3b_1b_2l^2 + 3b_2^2l^3) - P(b_1l^2 + b_2l^3) \tag{b}$$

由最小势能原理 $\delta\Pi = 0$，可得

$$\frac{\partial\Pi}{\partial b_1} = 0, \quad 2EI(2b_1l + 3b_2l^2) - Pl^2 = 0 \tag{c}$$

$$\frac{\partial \Pi}{\partial b_2}=0\,,\quad 2EI(3b_1l^2+6b_2l^3)-Pl^3=0 \tag{d}$$

联立求解式(c)和式(d)，得

$$b_1=\frac{Pl}{2EI}\,,\quad b_2=-\frac{P}{6EI}$$

故挠曲线近似方程为

$$w=\frac{Plx^2}{6EI}\left(3-\frac{x}{l}\right)$$

最大挠度为

$$w_{\max}=\left(w\right)_{x=l}=\frac{Pl^3}{3EI}$$

同精确解.

8.4 最小总余能原理

我们继续考察与上节中相同的弹性体的平衡问题. 我们可以定义弹性体的总余能为

$$\Pi_c(\sigma_{ij})=\iiint_V v_c\mathrm{d}V-\iint_{S_u}\bar{u}_i\bar{f}_i\mathrm{d}S \tag{8.29}$$

其中，$v_c=v_c\left(\sigma_{ij}\right)$为弹性体的应变余能密度，因而$\iiint_V v_c\mathrm{d}V$为弹性体的总应变余能，而$-\iint_{S_u}\bar{u}_i\bar{f}_i\mathrm{d}S$为已知边界位移的余能，其中$\bar{f}_i=\sigma_{ij}n_j$.

最小总余能原理 在给定外力作用下而保持平衡的弹性体，在所有静力可能的应力中，真实的应力使总余能取最小值，即

$$\delta\Pi_c=0\,,\quad \delta^2\Pi_c\geqslant 0 \tag{8.30}$$

证明 设平衡状态附近发生的虚应力为$\delta\sigma_{ij}$，于是可能应力状态则由式(8.13)有

$$\varepsilon_{ij}\delta\sigma_{ij}=\frac{\partial v_c(\sigma_{ij})}{\partial\sigma_{ij}}\delta\sigma_{ij}=\delta v_c$$

于是根据虚应力原理(8.20)，有

$$\iint_{S_u}\delta\bar{f}_i\bar{u}_i\mathrm{d}S=\iiint_V\delta\sigma_{ij}\varepsilon_{ij}\mathrm{d}V$$

注意到S_u上的位移是给定的，因此上式左边的变分号可提到积分号的外边，于是，上式可以写为

$$\delta\left(\iiint_V v_c \mathrm{d}V - \iint_{S_u} \bar{f}_i \bar{u}_i \mathrm{d}S\right) = 0$$

令

$$\Pi_{c(\sigma_{ij})} = \iiint_V v_c \mathrm{d}V - \iint_{S_u} \bar{f}_i \bar{u}_i \mathrm{d}S = \iiint_V v_c \mathrm{d}V - \iint_{S_u} \sigma_{ij} n_j \bar{u}_i \mathrm{d}S$$

则有

$$\delta \Pi_c = 0$$

式中，$\Pi_c\left(\sigma_{ij}\right)$称为总余能，它是应力分量函数的泛函. 式(8.30)表明，当应力从真实应力σ_{ij}变化到静力可能应力$\left(\sigma_{ij}+\delta\sigma_{ij}\right)$时，总余能的一阶变分为零，可见真实应力使总余能取驻值.

下面进一步计算总余能的二阶变分. 对于各向同性线弹性材料，可能应力状态的余应变能密度，由式(8.16)可写为

$$\begin{aligned} v_c\left(\sigma_{ij}+\delta\sigma_{ij}\right) &= \frac{1+\nu}{2E}\left(\sigma_{ij}+\delta\sigma_{ij}\right)\left(\sigma_{ij}+\delta\sigma_{ij}\right) - \frac{\nu}{2E}\left(\sigma_{kk}+\delta\sigma_{kk}\right)\left(\sigma_{ll}+\delta\sigma_{ll}\right) \\ &= \frac{1+\nu}{2E}\sigma_{ij}\sigma_{ij} - \frac{\nu}{2E}\sigma_{kk}\sigma_{ll} + \frac{1+\nu}{E}\sigma_{ij}\delta\sigma_{ij} - \frac{\nu}{E}\sigma_{kk}\delta\sigma_{ll} \\ &\quad + \frac{1+\nu}{2E}\delta\sigma_{ij}\delta\sigma_{ij} - \frac{\nu}{2E}\delta\sigma_{kk}\delta\sigma_{ll} \end{aligned}$$

而可能应力状态的应变余能密度又可写为

$$v_c\left(\sigma_{ij}+\delta\sigma_{ij}\right) = v_c\left(\sigma_{ij}\right) + \delta v_c + \delta^2 v_c$$

比较上面两式，可得

$$\delta v_c = \frac{1+\nu}{E}\sigma_{ij}\delta\sigma_{ij} - \frac{\nu}{E}\sigma_{kk}\delta\sigma_{ll}$$

$$\delta^2 v_c = \frac{1+\nu}{2E}\delta\sigma_{ij}\delta\sigma_{ij} - \frac{\nu}{2E}\delta\sigma_{kk}\delta\sigma_{ll}$$

同时，在S_u上有

$$\left(\sigma_{ij}+\delta\sigma_{ij}\right)n_j = \bar{f}_i + \delta\bar{f}_i$$

式中，$\sigma_{ij}n_j = \bar{f}_i$，$\delta\sigma_{ij}n_j = \delta\bar{f}_i$.

现在，计算总余能Π_c的增量. 根据总余能的表达式(8.29)，在弹性体应力从σ_{ij}变为$\sigma_{ij}+\delta\sigma_{ij}$的过程中，总余能的增量为

$$\begin{aligned}\Delta\Pi_c &= \Pi_c\left(\sigma_{ij}+\delta\sigma_{ij}\right)-\Pi_c\left(\sigma_{ij}\right)\\&=\left[\iiint_V v_c\left(\sigma_{ij}+\delta\sigma_{ij}\right)\mathrm{d}V-\iint_{S_u}\overline{u}_i\left(\overline{f}_i+\delta\overline{f}_i\right)\mathrm{d}S\right]-\left(\iiint_V v_c\sigma_{ij}\mathrm{d}V-\iint_{S_u}\overline{u}_i\overline{f}_i\mathrm{d}S\right)\\&=\iiint_V \delta v_c\mathrm{d}V-\iint_{S_u}\overline{u}_i\delta\overline{f}_i\mathrm{d}S+\iiint_V\delta^2 v_c\mathrm{d}V\\&=\delta\Pi_c+\delta^2\Pi_c\end{aligned}$$

由虚应力原理可知，$\delta\Pi_c=0$. 注意到v_c的恒正性，与$\delta\sigma_{ij}$对应的应变余能$\delta^2 v_c\geqslant 0$，并且$\delta^2 v_c=0$的充要条件是$\delta\sigma_{ij}=0$，在这种情况下，可能应力就是真实应力σ_{ij}，从而

$$\Delta\Pi_c=\delta^2\Pi_c=\iiint_V\delta^2 v_c\mathrm{d}V\geqslant 0$$

亦即

$$\Pi_c\left(\sigma_{ij}+\delta\sigma_{ij}\right)\geqslant\Pi_c\left(\sigma_{ij}\right)$$

这就证明了最小总余能原理.

8.5 位移变分法

由 8.3 节和 8.4 节我们看到，通过变分法把一个微分方程的边值问题转化为满足一定条件的函数中找出使泛函Π或Π_c为最小的函数，这就是问题的精确解. 虽然我们一般很难找到这些泛函极值问题的精确解，但是这些原理却为我们提供了寻求近似解的有效途径. 基于虚位移原理的位移变分方法，提供了以位移作为基本未知量的弹性力学近似解法. 瑞利-里兹和伽辽金提供了各自的解法，现分别介绍如下.

8.5.1 瑞利-里兹法

里兹(W. Ritz)于 1908 年在瑞利(D. C. L. Rayleigh)近似解法的基础上加以推广得到如今的里兹法，所以人们有时亦称为瑞利-里兹法. 此法先设某个位移函数，使其满足位移边界条件. 位移函数中所包含的若干个待定系数可由位移变分方程决定，从而得到问题的解答.

以三维弹性力学问题为例，选择一组允许的位移分量

$$
\begin{cases}
u = u_0(x,y,z) + \sum_{n=1}^{N} A_n u_n(x,y,z) \\
v = v_0(x,y,z) + \sum_{n=1}^{N} B_n v_n(x,y,z) \\
w = w_0(x,y,z) + \sum_{n=1}^{N} C_n w_n(x,y,z)
\end{cases}
\tag{8.31}
$$

式中，A_n、B_n、C_n是待定常数；u_0、v_0、w_0为设定的函数，其在给定位移的边界上等于已知的位移；而设定函数u_n、v_n、w_n在给定位移边界上等于零. 这样，不论A_n、B_n、C_n取何值，在S_u上的位移边界条件总能得到满足. 应当指出，此处位移的变分只由系数A_n、B_n、C_n的变分来实现，至于各个设定函数，只是坐标x、y、z的函数，与位移变分无关.

对允许位移(8.31)，由式(8.24)计算弹性体的总势能，即

$$
\Pi(u_i) = \iiint_V v_\varepsilon \mathrm{d}V - \left(\iiint_V f_i u_i \mathrm{d}V + \iint_{S_\sigma} \bar{f}_i u_i \mathrm{d}S \right)
$$

注意到，在线弹性理论中，应变能密度v_ε是应变分量ε_{ij}的二次函数，所以其中的应变能是系数A_n、B_n、C_n的二次齐次函数，而外力势能为A_n、B_n、C_n的一次函数. 因此，Π是系数A_n、B_n、C_n的二次函数.

令$\delta\Pi = 0$，得到

$$
\delta\Pi = \sum_{n=1}^{N} \left(\frac{\partial \Pi}{\partial A_n} \delta A_n + \frac{\partial \Pi}{\partial B_n} \delta B_n + \frac{\partial \Pi}{\partial C_n} \delta C_n \right) = 0
$$

由于系数的变分δA_n、δB_n、δC_n是完全任意的，彼此无关，因而得到

$$
\frac{\partial \Pi}{\partial A_n} = 0, \quad \frac{\partial \Pi}{\partial B_n} = 0, \quad \frac{\partial \Pi}{\partial C_n} = 0 \quad (n = 1, 2, \cdots, N)
\tag{8.32}
$$

这是关于A_n、B_n、C_n的$3N$个线性方程组. 由于v_ε是正定的，所以该方程组的系数行列式不等于零. 由此，可求出A_n、B_n、C_n ($n = 1, 2, \cdots, N$). 将其代入式(8.31)，即可求得位移分量而得到问题的近似解. 值得一提的是，一般地说，这样得到的位移解可能不是问题的真实解，但在允许函数的选择范围内，它是一组最接近真实状态的最优解. 当$\{u_n\}$、$\{v_n\}$、$\{w_n\}$为完备序列时，可以证明所得到的解当$N \to \infty$时是问题的精确解，因而增加项数可以提高精度.

例 8.3　如图 8-3 所示为一简支梁，受均布荷载q作用. 已知梁长为l，抗弯刚度为EI，试用瑞利-里兹法求挠度$w(x)$.

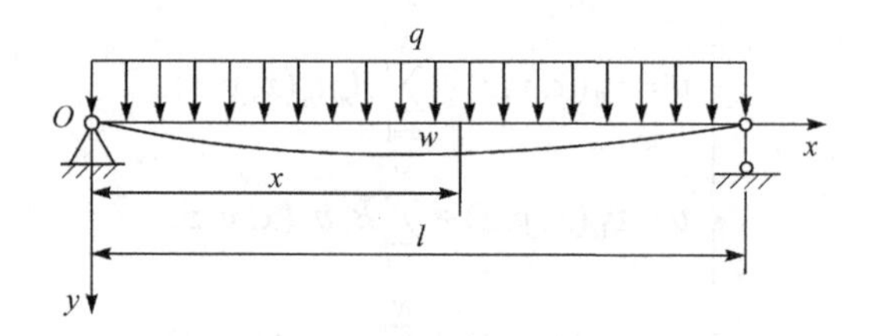

图 8-3　简支梁受均布力

解　此例中，梁在 $x=0$ 和 $x=l$ 端的位移边界条件为

$$(w)_{x=0}=0\ ,\ \ (w)_{x=l}=0$$

若设挠度

$$w(x)=\sum_{n=1}^{\infty}C_n\sin\frac{n\pi x}{l}$$

则位移边界条件得到满足，式中 C_n 为待定常数.

梁的总势能为

$$\Pi=\frac{EI}{2}\int_0^l\left(\frac{\mathrm{d}^2w}{\mathrm{d}x^2}\right)^2\mathrm{d}x-\int_0^l qw\mathrm{d}x$$

将 $w(x)$ 的表达式代入上式，并利用三角函数的正交性条件，得

$$\int_0^l\sin\frac{m\pi x}{l}\sin\frac{n\pi x}{l}\mathrm{d}x=\begin{cases}0 & (m\neq n)\\ \dfrac{l}{2} & (m=n)\end{cases}$$

梁的总势能为

$$\Pi=\frac{EI\pi^4}{4l^3}\sum_{n=1}^{\infty}n^4C_n^2-\frac{2ql}{\pi}\sum_{n=1,3,\cdots}^{\infty}\frac{C_n}{n}$$

令 $\delta\Pi=0$ ，得到

$$\frac{EI\pi^4}{2l^3}\sum_{n=1}^{\infty}n^4C_n\delta C_n=\frac{2ql}{\pi}\sum_{n=1,3,\cdots}^{\infty}\frac{1}{n}\delta C_n$$

由于 δC_n 的任意性，可得

$$C_n=\frac{4ql^4}{EI\pi^5}\cdot\frac{1}{n^5}\qquad(n=1,3,5,\cdots)$$

于是得到受均布荷载 q 作用的简支梁的挠度为

$$w(x)=\frac{4ql^4}{EI\pi^5}\sum_{n=1,3,\cdots}^{\infty}\frac{1}{n^5}\sin\frac{n\pi x}{l}$$

如果挠度取无穷多项，即无穷级数，则它恰好给出问题的精确解. 这个级数收敛很快，取少数几项就可达到足够的精度. 最大挠度发生在梁的中间，即 $x=l/2$ 处，于是有

$$w_{\max}=\frac{4ql^4}{EI\pi^5}\left(1-\frac{1}{3^5}+\frac{1}{5^5}-\cdots\right)$$

现只取一项，得

$$w_{\max}\approx\frac{4ql^4}{EI\pi^5}=\frac{ql^4}{76.5EI}$$

与精确解 $w_{\max}=\dfrac{ql^4}{76.8EI}$ 十分接近，其误差小于 0.5%，这足以看到瑞利-里兹法求近似解的有效性.

8.5.2　伽辽金法

伽辽金(Б. Г. Галёркин)于 1915 年提出了一种求解数学物理问题的另一种数值分析方法. 应用这种方法将求解微分方程问题简化成线性方程组的求解问题. 如果选取的位移函数不仅满足位移边界条件，而且也满足静力边界条件，则位移变分方程为

$$\iiint_V f_i\delta u_i\mathrm{d}V+\iint_{S_\sigma}\bar{f}_i\delta u_i\mathrm{d}S=\iiint_V\sigma_{ij}\delta\varepsilon_{ij}\mathrm{d}V \tag{8.33}$$

上式右边可变为

$$\begin{aligned}\iiint_V\sigma_{ij}\delta\varepsilon_{ij}\mathrm{d}V&=\iiint_V\sigma_{ij}\delta u_{i,j}\mathrm{d}V=\iiint_V\left(\sigma_{ij}\delta u_i\right)_{,j}\mathrm{d}V-\iiint_V\sigma_{ij,j}\delta u_i\mathrm{d}V\\&=\iint_{S_\sigma}\sigma_{ij}n_j\delta u_i\mathrm{d}S-\iiint_V\sigma_{ij,j}\delta u_i\mathrm{d}V=\iint_{S_\sigma}\bar{f}_i\delta u_i\mathrm{d}S-\iiint_V\sigma_{ij,j}\delta u_i\mathrm{d}V\end{aligned} \tag{8.34}$$

比较式(8.33)和式(8.34)，有

$$\iiint_V\left(\sigma_{ij,j}+f_i\right)\delta u_i\mathrm{d}V=0 \tag{8.35}$$

与瑞利-里兹法一样，选取位移函数为

$$
\begin{cases}
u = u_0(x,y,z) + \sum_{n=1}^{N} A_n u_n(x,y,z) \\
v = v_0(x,y,z) + \sum_{n=1}^{N} B_n v_n(x,y,z) \\
w = w_0(x,y,z) + \sum_{n=1}^{N} C_n w_n(x,y,z)
\end{cases}
$$

则位移的变分为

$$
\delta u = \sum_{n=1}^{N} \delta A_n u_n, \quad \delta v = \sum_{n=1}^{N} \delta B_n v_n, \quad \delta w = \sum_{n=1}^{N} \delta C_n w_n \tag{8.36}
$$

将式(8.36)代入式(8.35)，并根据δA_n、δB_n、δC_n的任意性，可得

$$
\begin{cases}
\iiint_V \left(\dfrac{\partial \sigma_x}{\partial x} + \dfrac{\partial \tau_{xy}}{\partial y} + \dfrac{\partial \tau_{xz}}{\partial z} + f_x \right) u_n \mathrm{d}V = 0 \\
\iiint_V \left(\dfrac{\partial \tau_{yx}}{\partial x} + \dfrac{\partial \sigma_y}{\partial y} + \dfrac{\partial \tau_{yz}}{\partial z} + f_y \right) v_n \mathrm{d}V = 0 \quad (n = 1, 2, \cdots, N) \\
\iiint_V \left(\dfrac{\partial \tau_{zx}}{\partial x} + \dfrac{\partial \tau_{zy}}{\partial y} + \dfrac{\partial \sigma_z}{\partial z} + f_z \right) w_n \mathrm{d}V = 0
\end{cases}
$$

将以上三个方程的应力分量可用位移分量表示(请参照以位移表示的平衡微分方程)，于是有

$$
\begin{cases}
\iiint_V \left[\dfrac{E}{2(1+\nu)} \left(\dfrac{1}{1-2\nu} \dfrac{\partial \theta}{\partial x} + \nabla^2 u \right) + f_x \right] u_n \mathrm{d}V = 0 \\
\iiint_V \left[\dfrac{E}{2(1+\nu)} \left(\dfrac{1}{1-2\nu} \dfrac{\partial \theta}{\partial y} + \nabla^2 v \right) + f_y \right] v_n \mathrm{d}V = 0 \quad (n = 1, 2, \cdots, N) \\
\iiint_V \left[\dfrac{E}{2(1+\nu)} \left(\dfrac{1}{1-2\nu} \dfrac{\partial \theta}{\partial z} + \nabla^2 w \right) + f_z \right] w_n \mathrm{d}V = 0
\end{cases} \tag{8.37}
$$

式中，$\theta = \varepsilon_x + \varepsilon_y + \varepsilon_z$为体积应变. 由式(8.31)可知，位移分量$u$、$v$、$w$是系数$A_n$、$B_n$、$C_n$的一次式，所以式(8.37)是这些系数的线性方程组. 求解这些方程组，可得到$3N$个系数，从而由式(8.31)求得位移分量的近似解. 这种方法称为**伽辽金法**.

比较以上两种基于虚位移原理的近似解法可知，在位移函数的选择上，伽辽金法比瑞利-里兹法更为严格，它不仅满足位移边界条件，还必须满足应力边界条件. 在应用上，伽辽金法则比较方便，因为可不必导出泛函. 仅根据熟知的平衡方程就可以列出伽辽金方程.

用位移变分法求解位移分量时，当选择的系数个数不多时，虽然可求得较精

确的位移，但是由此而得到的应力分量不一定很精确. 为了求得充分精确的应力分量，必须选择更多的系数，设定更为恰当的函数 u_n 、 v_n 、 w_n 形式.

例 8.4　试用伽辽金法求例 8.3 所述的简支梁在均布荷载作用下的挠度 $w(x)$.

解　简支梁的位移边界条件是两端的挠度为零，即 $(w)_{x=0}=0$, $(w)_{x=l}=0$. 力的边界条件是两端支承点的弯矩为零，即 $\left(\dfrac{\mathrm{d}^2w}{\mathrm{d}x^2}\right)_{x=0}=0$, $\left(\dfrac{\mathrm{d}^2w}{\mathrm{d}x^2}\right)_{x=l}=0$. 用伽辽金法求解，要求设定的挠度试函数既满足位移边界条件，又满足力的边界条件. 由于一次、两次多项式不能同时满足这两方面的要求，三次多项式不能满足对称性的要求，故选择下列四次多项式：

$$w=a_1x^4+a_2x^3+a_3x^2+a_4x+a_5$$

将上面所述的位移边界条件和力的边界条件代入上式，可得

$$a_3=a_5=0\ ,\quad a_2=-2a_1l\ ,\quad a_4=a_1l^3$$

故得

$$w=a_1(x^4-2lx^3+l^3x)$$

使用伽辽金法，注意此处 $w_1=x^4-2lx^3+l^3x$ ，于是近似求解方程为

$$\int_0^l\left(EI\frac{\mathrm{d}^4w}{\mathrm{d}x^4}-q\right)\left(x^4-2lx^3+l^3x\right)\mathrm{d}x=0$$

由此解得 $a_1=\dfrac{q}{24EI}$. 最后得到简支梁在均布荷载作用下的挠度为

$$w=\frac{q}{24EI}(x^4-2lx^3+l^3x)$$

此解就是材料力学的解.

8.6　基于最小余能原理的近似解法

根据最小余能原理，如果将所有静力可能的应力都列出来，则其中使总余能取最小值的那组应力分量即真实的应力分量. 在实际计算时，我们虽然很难列出所有静力可能的应力，但可凭经验和直觉缩小选择的范围. 这样，在所选择的一族静力可能的应力中，也能找到一组应力使总余能取最小值，虽然一般来说，这组应力不是真实的，但肯定是在所选择的一族应力中与真实的应力靠得最近的，因此可以作为问题的近似解答.

巴博考维奇建议将应力取为如下形式：

$$\begin{cases}\sigma_x=\sigma_x^0+\sum_{n=1}^{N}A_n\sigma_x^{(n)}, & \tau_{yz}=\tau_{yz}^0+\sum_{n=1}^{N}A_n\tau_{yz}^{(n)}\\ \sigma_y=\sigma_y^0+\sum_{n=1}^{N}A_n\sigma_y^{(n)}, & \tau_{zx}=\tau_{zx}^0+\sum_{n=1}^{N}A_n\tau_{zx}^{(n)}\\ \sigma_z=\sigma_z^0+\sum_{n=1}^{N}A_n\sigma_z^{(n)}, & \tau_{xy}=\tau_{xy}^0+\sum_{n=1}^{N}A_n\tau_{xy}^{(n)}\end{cases} \tag{8.38}$$

式中，A_n 是互相独立的 N 个常数；σ_{ij}^0 是满足平衡微分方程和应力边界条件的设定函数；$\sigma_{ij}^{(n)}$ 是满足无体积力的平衡微分方程及表面力为零的应力边界条件的设定函数. 不论常数 A_n 取何值，由式(8.38)所选取的应力分量都是静力可能的. 把应力分量代入总余能表达式，总余能 V_c 变成 A_1，A_2，A_3，$\cdots$ 的二次函数. 其取极值的条件为

$$\frac{\partial V_c}{\partial A_n}=0 \quad (n=1,2,\cdots,N) \tag{8.39}$$

此为关于待定常数 A_n 的线性代数方程组. 解出 A_n 后，便可得到问题的近似解.

8.6.1 最小余能原理在平面问题中的应用

在平面应力问题中仅存在应力分量 σ_x、σ_y、τ_{xy}，且不随坐标 z 而变化. 如在 z 方向取单位长度，则弹性体的总应变余能表达式为

$$V_c=\frac{1}{2E}\iint_S\left[\sigma_x^2+\sigma_y^2-2\nu\sigma_x\sigma_y+2(1+\nu)\tau_{xy}^2\right]\mathrm{d}x\mathrm{d}y \tag{8.40}$$

对于平面应变问题，以 $\dfrac{E}{1-\nu^2}$ 代替 E，$\dfrac{\nu}{1-\nu}$ 代替 ν，可得

$$V_c=\frac{1+\nu}{2E}\iint_S\left[(1-\nu)\left(\sigma_x^2+\sigma_y^2\right)-2\nu\sigma_x\sigma_y+2\tau_{xy}^2\right]\mathrm{d}x\mathrm{d}y \tag{8.41}$$

如果我们研究的问题是单连通的，应力分量与弹性常数无关. 此时，为了计算方便，可在式(8.40)和式(8.41)中取 $\nu=0$，于是对于平面应力和平面应变两种情况，弹性体的总应变余能可统一写成

$$V_c=\frac{1}{2E}\iint_S(\sigma_x^2+\sigma_y^2+2\tau_{xy}^2)\mathrm{d}x\mathrm{d}y \tag{8.42}$$

当体积力为常数时，应力分量用应力函数 ϕ 可表示为

$$\sigma_x=\frac{\partial^2\phi}{\partial y^2}-f_x x, \quad \sigma_y=\frac{\partial^2\phi}{\partial x^2}-f_y y, \quad \tau_{xy}=-\frac{\partial^2\phi}{\partial x\partial y} \tag{8.43}$$

将式(8.43)代入式(8.42)，便有

$$V_c=\frac{1}{2E}\iint_S\left[\left(\frac{\partial^2\phi}{\partial y^2}-f_x x\right)^2+\left(\frac{\partial^2\phi}{\partial x^2}-f_y y\right)^2+2\left(\frac{\partial^2\phi}{\partial x\partial y}\right)^2\right]\mathrm{d}x\mathrm{d}y \tag{8.44}$$

在求近似解时，可取应力函数

$$\phi=\phi_0+\sum_{n=1}^{N}A_n\phi_n \tag{8.45}$$

为使静力边界条件得到满足，设由 ϕ_0 给定的应力分量满足实际的应力边界条件，而 ϕ_n 给定的应力分量满足表面力为零的应力边界条件，A_n 为相互独立的 N 个待定常数. 将式(8.45)代入式(8.44)，于是，弹性体的总应变余能可表示为 A_n ($n=1,2,\cdots,N$)的二次函数，其取极值的条件为

$$\frac{\partial V_c}{\partial A_n}=0 \quad (n=1,2,\cdots,N) \tag{8.46}$$

解上述方程组，可决定 N 个待定常数. 求出 A_n 后，代入式(8.45)，即得问题的近似解.

例 8.5　如图 8-4 所示矩形薄板，在 $x=\pm a$ 的边界上受抛物线分布的拉力作用，其最大集度为 q. 如不计体积力，试用应力变分法确定板内的应力分量.

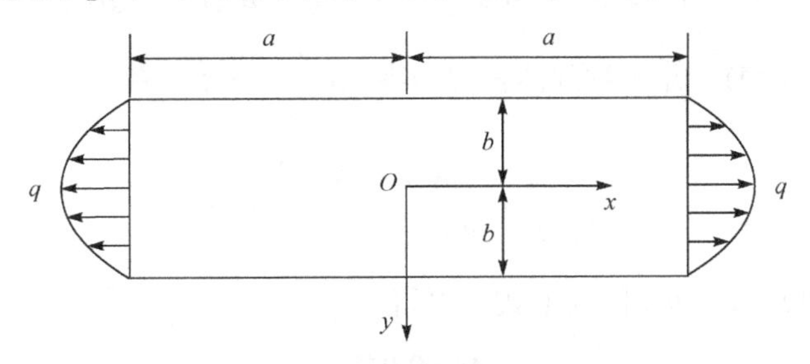

图 8-4　矩形薄板受拉力作用

解　该问题的边界条件为

$$\begin{cases}(\tau_{xy})_{x=\pm a}=0, & (\sigma_x)_{x=\pm a}=q\left(1-\dfrac{y^2}{b^2}\right)\\ (\tau_{yx})_{y=\pm b}=0, & (\sigma_y)_{y=\pm b}=0\end{cases} \tag{a}$$

取 $\phi_0=\frac{1}{2}qy^2\left(1-\frac{1}{6}\frac{y^2}{b^2}\right)$，显然，它满足边界条件(a)，因为

$$\sigma_x=\frac{\partial^2\phi_0}{\partial y^2}=q\left(1-\frac{y^2}{b^2}\right),\quad \sigma_y=\frac{\partial^2\phi_0}{\partial x^2}=0,\quad \tau_{xy}=-\frac{\partial^2\phi_0}{\partial x\partial y}=0$$

再选 ϕ_n ，由它算出的应力分量在边界上为零. 为保证这一点，可取 $\left(1-\dfrac{x^2}{a^2}\right)^2$ $\left(1-\dfrac{y^2}{b^2}\right)^2$ 作为应力函数 ϕ_n 的因子，则这些函数对 x 的二阶偏导数在 $y=\pm b$ 处等于零，对 y 的二阶偏导数在 $x=\pm a$ 处为零，二阶偏导数 $\dfrac{\partial^2}{\partial x\partial y}$ 在 $x=\pm a$ 和 $y=\pm b$ 处为零. 因此取

$$\begin{aligned}\phi(x,y)=&\frac{q}{2}y^2\left(1-\frac{y^2}{6b^2}\right)\\&+qb^2\left(1-\frac{x^2}{a^2}\right)^2\left(1-\frac{y^2}{b^2}\right)^2\left(A_1+A_2\frac{x^2}{a^2}+A_3\frac{y^2}{b^2}+A_4\frac{x^4}{a^4}+A_5\frac{x^2y^2}{a^2b^2}+A_6\frac{y^4}{b^4}+\cdots\right)\end{aligned} \tag{b}$$

式(b)中的级数只取 x 和 y 的偶次项，这是因为应力分布应对称于 Ox 轴和 Oy 轴. 首先对式(b)只取一次项，即

$$\phi(x,y)=\frac{q}{2}y^2\left(1-\frac{y^2}{6b^2}\right)+A_1qb^2\left(1-\frac{x^2}{a^2}\right)^2\left(1-\frac{y^2}{b^2}\right)^2 \tag{c}$$

将式(c)代入式(8.44)，并注意到体积力为零. 由 $\dfrac{\partial V_c}{\partial A_1}=0$ ，有

$$A_1\left(\frac{64}{7}+\frac{256}{49}\frac{b^2}{a^2}+\frac{64}{7}\frac{b^4}{a^4}\right)=1$$

对于正方形薄板，$a=b$. 代入上式，可得

$$A_1=0.0425$$

相应的应力分量为

$$\sigma_x=q\left(1-\frac{y^2}{a^2}\right)-0.1702q\left(1-\frac{x^2}{a^2}\right)^2\left(1-\frac{3y^2}{a^2}\right)$$

$$\sigma_y=-0.1702q\left(1-\frac{3x^2}{a^2}\right)\left(1-\frac{y^2}{a^2}\right)^2$$

$$\tau_{xy}=-0.6805q\left(1-\frac{x^2}{a^2}\right)\left(1-\frac{y^2}{a^2}\right)\frac{xy}{a^2}$$

在板的中心处，即 $x=y=0$，有

$$\sigma_x = 0.8298q，\quad \sigma_y = -0.1702q，\quad \tau_{xy} = 0$$

如需进一步提高计算的精确性，可在应力函数式(b)中取三项，将其代入式(8.44)，并注意到体积力为零. 由 $\dfrac{\partial V_c}{\partial A_1}=0$，$\dfrac{\partial V_c}{\partial A_2}=0$，$\dfrac{\partial V_c}{\partial A_3}=0$，得

$$\begin{cases} A_1\left(\dfrac{64}{7}+\dfrac{256}{49}\dfrac{b^2}{a^2}+\dfrac{64}{7}\dfrac{b^4}{a^4}\right)+A_2\left(\dfrac{64}{77}+\dfrac{64}{49}\dfrac{b^4}{a^4}\right)+A_3\left(\dfrac{64}{49}\dfrac{b^2}{a^2}+\dfrac{64}{77}\dfrac{b^6}{a^6}\right)=1 \\ A_1\left(\dfrac{64}{11}+\dfrac{64}{7}\dfrac{b^4}{a^4}\right)+A_2\left(\dfrac{192}{143}+\dfrac{256}{77}\dfrac{b^2}{a^2}+\dfrac{192}{7}\dfrac{b^4}{a^4}\right)+A_3\left(\dfrac{64}{77}\dfrac{b^2}{a^2}+\dfrac{64}{77}\dfrac{b^6}{a^6}\right)=1 \\ A_1\left(\dfrac{64}{7}+\dfrac{64}{11}\dfrac{b^4}{a^4}\right)+A_2\left(\dfrac{64}{77}+\dfrac{64}{77}\dfrac{b^4}{a^4}\right)+A_3\left(\dfrac{192}{7}\dfrac{b^2}{a^2}+\dfrac{256}{77}\dfrac{b^4}{a^4}+\dfrac{192}{143}\dfrac{b^6}{a^6}\right)=1 \end{cases} \tag{d}$$

对于正方形薄板，有 $a=b$. 代入式(d)，可解得

$$A_1 = 0.040405，\quad A_2 = A_3 = 0.011716$$

在板的中心处，即 $x=y=0$，有

$$\sigma_x = 0.8619q$$

若在式(b)中选取的项数进一步增加，包含的待定常数会更多，则所得的结果将更为精确，当然，随之带来的计算工作量也会更大.

8.6.2　最小余能原理在扭转问题中的应用

对于实心等截面直杆，在两端受到等值反向的扭转作用时，其每一横截面上将产生相同的剪应力 τ_{zx}、τ_{zy}，而其他的应力分量都等于零. 应变余能的表达式可写成

$$V_c = \frac{l}{2G}\iint_R \left(\tau_{zx}^2 + \tau_{zy}^2\right)\mathrm{d}x\mathrm{d}y$$

式中，l 为柱体的长度.

按应力解法，杆的横截面上的剪应力 τ_{zx}、τ_{zy} 可表示为

$$\tau_{zx} = \alpha G\frac{\partial \Psi}{\partial y},\quad \tau_{zy} = -\alpha G\frac{\partial \Psi}{\partial x}$$

式中，α 是单位长度的扭转角；$\Psi = \Psi(x,y)$ 称为普朗特应力函数.

总应变余能又可以写为

$$V_c = \frac{\alpha^2 Gl}{2} \iint_R \left[\left(\frac{\partial \Psi}{\partial x} \right)^2 + \left(\frac{\partial \Psi}{\partial y} \right)^2 \right] \mathrm{d}x\mathrm{d}y$$

柱体两端外力偶矩为M_z，则外力功为

$$M_z \alpha l = 2\alpha^2 Gl \iint_R \Psi \mathrm{d}x\mathrm{d}y$$

于是总余能为

$$\Pi_c = \frac{\alpha^2 Gl}{2} \iint_R \left[\left(\frac{\partial \Psi}{\partial x} \right)^2 + \left(\frac{\partial \Psi}{\partial y} \right)^2 - 4\Psi \right] \mathrm{d}x\mathrm{d}y \tag{8.47}$$

可以证明，这里变分方程

$$\delta \Pi_c = 0$$

等价于$\nabla^2 \Psi = -2$.

求近似解时，取应力函数为下列形式：

$$\Psi = \sum_{n=1}^{N} A_n \Psi_n \tag{8.48}$$

这里的Ψ_n($n = 1,2,\cdots,N$)在柱形杆横截面周界上为零，从而保证了Ψ在周界上为零. 将式(8.48)代入式(8.47)，使总余能成为A_n的二次函数，其取极值的条件为

$$\frac{\partial \Pi_c}{\partial A_n} = 0 \quad (n = 1,2,\cdots,N) \tag{8.49}$$

由线性非奇次方程组(8.49)求出A_n后代入式(8.48)，得到要求的应力函数的近似解，由此可求出应力分量.

例 8.6 如图 8-5 所示矩形截面柱体受自由扭转，截面尺寸为$2a \times 2b$，试用应力变分法计算单位扭转角和最大剪应力.

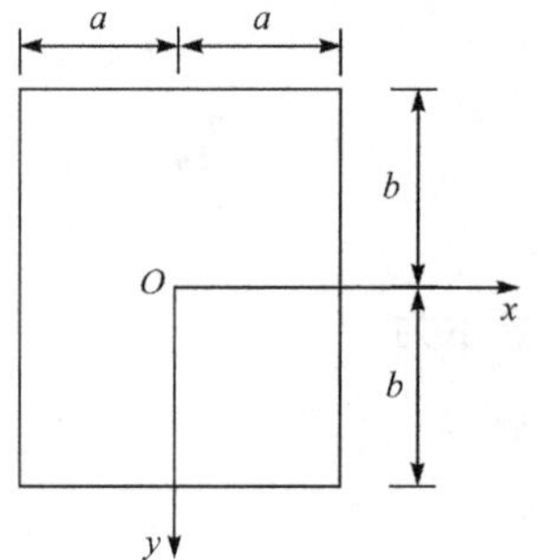

图 8-5 矩形截面柱体受自由扭转

解 矩形截面的边界处，扭转应力函数为零，并考虑到应力函数对称于坐标轴，因此，可选取多项式

$$\Psi = \left(x^2 - a^2\right)\left(y^2 - b^2\right)\left(A_1 + A_2 x^2 + A_3 y^2 + \cdots\right) \tag{a}$$

作为扭转应力函数. 作为一次近似，取

$$\Psi = A_1 \left(x^2 - a^2\right)\left(y^2 - b^2\right) \tag{b}$$

将式(b)代入式(8.47)，积分后得

$$\Pi_c = \frac{\alpha^2 Gl}{2} \frac{64}{45} \left[2A_1^2 a^3 b^3 \left(a^2 + b^2\right) - 5A_1 a^3 b^3 \right]$$

由 $\dfrac{\partial \Pi_c}{\partial A_1}=0$，解得

$$A_1=\frac{5}{4\left(a^2+b^2\right)}$$

于是

$$\Psi=\frac{5}{4\left(a^2+b^2\right)}\left(x^2-a^2\right)\left(y^2-b^2\right)$$

抗扭截面系数为

$$D=2\iint_R \Psi \mathrm{d}x\mathrm{d}y=\frac{40}{9}\frac{(b/a)^3}{1+(b/a)^2}a^4$$

单位长度的扭转角为

$$\alpha=\frac{M}{GD}=\frac{M}{G\cdot 2\iint_R F\mathrm{d}x\mathrm{d}y}=\frac{9M\left(a^2+b^2\right)}{40Ga^3b^3}$$

最大剪应力发生在长边中点处，即

$$\tau_{\max}=-\left(\alpha G\frac{\partial \Psi}{\partial x}\right)_{\substack{x=a\\y=0}}=\frac{9}{16}\left(\frac{a}{b}\right)\frac{M}{a^3}$$

对于正方形截面柱($a=b$)，上面给定的 D 的近似值为 $2.222a^4$，与精确值 $2.250a^4$ 相比，误差为 -1.2%. 最大剪应力的近似值为 $0.563\dfrac{M}{a^3}$，与精确值 $0.6\dfrac{M}{a^3}$ 相比，误差为 -6.2%.

如果取三项，即 $\Psi=\left(x^2-a^2\right)\left(y^2-b^2\right)\left(A_1+A_2x^2+A_3y^2\right)$，进行第二次近似计算，则 D 和 $\tau_{\max}$ 的误差分别为 -0.18% 和 4.2%.

习　　题

8-1　习题 8-1 图所示的简支梁受集中力 P 作用，用瑞利–里兹法和伽辽金法求梁挠度近似解.

8-2　有一铅直平面内的正方形薄板，边长为 $2a$，四边固定，如习题 8-2 图所示. 只受重力作用，设容重为 p，取材料泊松比 $\nu=0$，试取位移分量的表达式为

$$u=\left(1-\frac{x^2}{a^2}\right)\left(1-\frac{y^2}{a^2}\right)\frac{x}{a}\cdot\frac{y}{a}\left(A_1+A_2\frac{x^2}{a^2}+A_3\frac{y^2}{a^2}+\cdots\right)$$

$$v=\left(1-\frac{x^2}{a^2}\right)\left(1-\frac{y^2}{a^2}\right)\left(B_1+B_2\frac{x^2}{a^2}+B_3\frac{y^2}{a^2}+\cdots\right)$$

试用瑞利-里兹法求其近似解.

8-3　习题 8-3 图矩形薄板，三边固定，一边受均布压力 q 作用，试求总余能取极值的条件，按如下应力函数求解：$\varphi=-\frac{qx^2}{2}+\frac{qa^2}{2}\left(A_1\frac{x^2y^2}{a^2b^2}+A_2\frac{y^3}{b^3}\right)$.

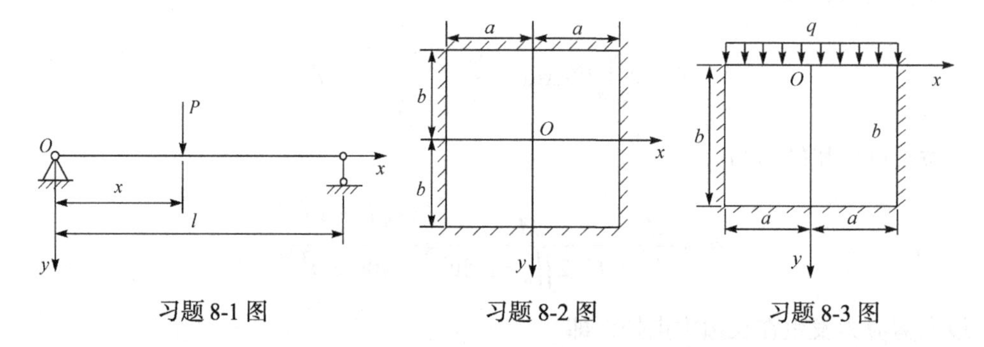

习题 8-1 图　　习题 8-2 图　　习题 8-3 图

8-4　等直杆沿轴向受均匀荷载 q，并同时在自由端受集中荷载 P，如习题 8-4 图所示. 如杆长为 l，横截面积为 A，试求此杆的应变余能表达式.

8-5　正方形薄板，边长为 $2a$，垂直于 Ox 轴的边界上受抛物线分布的拉力，即 $(\sigma_x)_{x=\pm a}=q\left(\frac{y}{a}\right)^2$，如习题 8-5 图所示. 试用变分法求此薄板的应力分量.

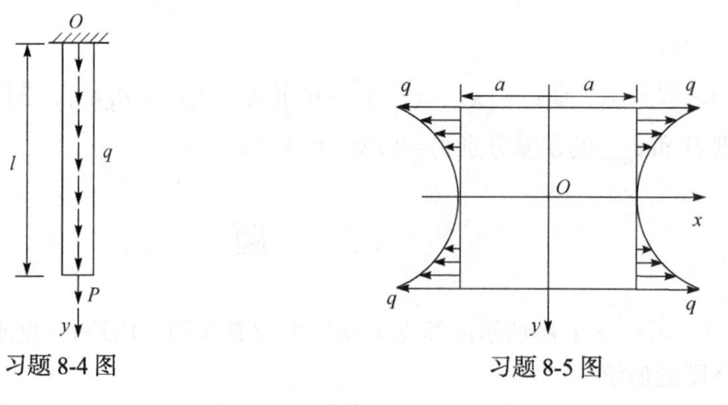

习题 8-4 图　　习题 8-5 图

8-6　超静定梁受集中力 P，如习题 8-6 图所示. 已知梁的抗弯刚度为 EI，试按最小势能原理求梁的最大挠度. (提示：可设 $w=a\left(1-\cos\frac{2\pi x}{l}\right)$)

8-7　超静定梁受均布荷载 q 作用，如习题 8-7 图所示. 已知梁的抗弯刚度为 EI，试按最小势能原理求梁的最大挠度. (提示：可设 $w=a\left(\cos\dfrac{2\pi x}{l}-1\right)$)

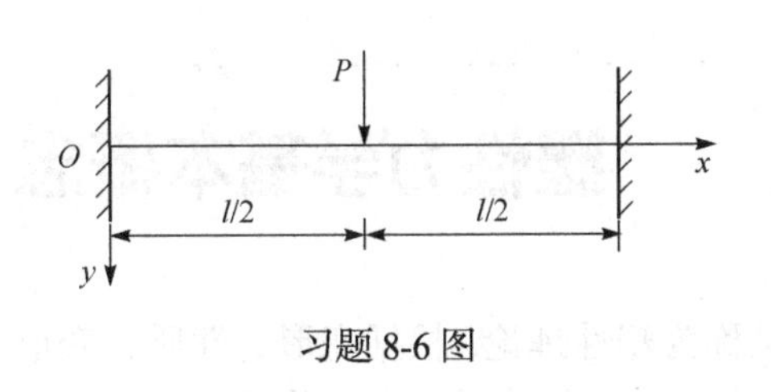

习题 8-6 图

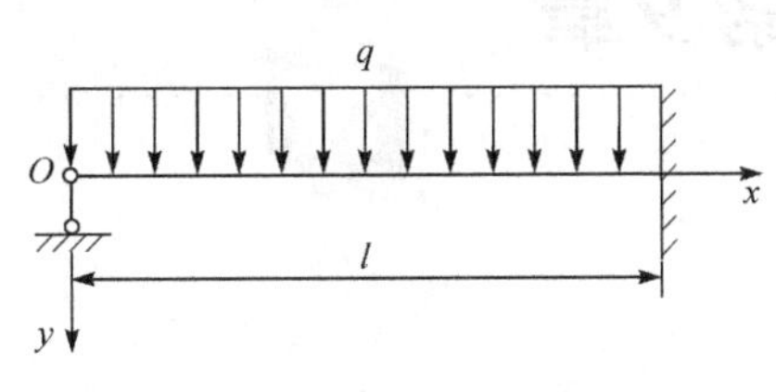

习题 8-7 图

第9章

塑性力学基本概念

塑性力学是固体力学的一个分支，又称为塑性理论. 根据变形的性质，变形固体在受载过程中产生两种变形. 当外力小于一定数值时，在卸除外力后，固体能完全恢复原有的形状，这种能恢复的变形称为弹性变形. 变形固体在外界环境和加载条件下，其变形具有非弹性性质，非弹性变形主要有塑性变形和黏性变形两种. 塑性变形是指物体在除去外力后，除消失的弹性变形外残留下来的永久变形. 在外力作用下塑性变形不随时间而改变，黏性变形则随时间而改变，如蠕变、应力松弛等. 塑性力学就是研究应力超过弹性极限后产生的塑性变形与作用力的关系，以及应力和应变的规律.

塑性力学比弹性力学复杂,塑性力学没有符合广义胡克定律的统一的应力-应变关系. 塑性变形是一个非常复杂的过程，它随不同的材料和外界条件改变，目前存在的塑性理论只是解决塑性问题的某个方面. 由于控制塑性变形的方程是非线性的，变形与加载的历史过程有关，求解问题时存在数学上的困难.

9.1 基本实验

实验分析是研究塑性变形基本规律和建立各种塑性理论的依据，材料的单向拉伸实验和静水压力实验是塑性力学中的两个基本实验，这两个实验的结果是建立各种塑性理论的基础.

9.1.1 单向拉伸实验

一般金属材料根据其塑性变形可分为两类：

(1) 应力-应变曲线有明显的屈服流动阶段，如低碳钢和某些合金钢，有明显的屈服阶段，屈服点即可作为屈服极限，用σ_s表示，如图 9-1(a)所示.

(2) 应力-应变曲线没有明显的屈服流动阶段，如优质钢、合金钢和有色金属等. 屈服极限规定具有 0.2% 的残余应变的应力作为屈服极限，用名义屈服极限$\sigma_{0.2}$表示如图 9-1(b)所示.

材料在产生一定的塑性变形后，若减小荷载(卸载)，则应力-应变曲线沿着与弹性阶段相平行的直线变化，斜率为 E .

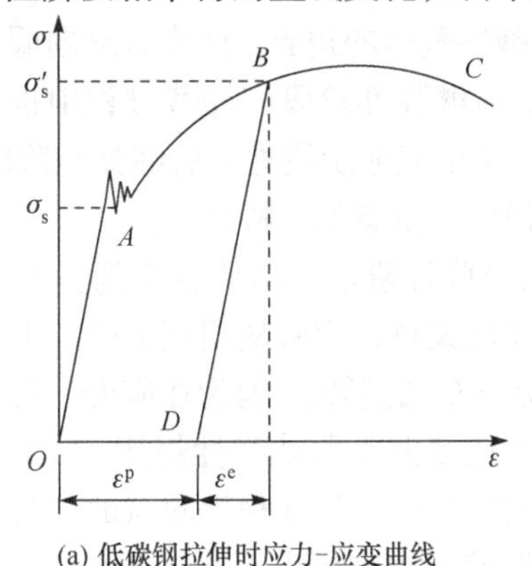

(a) 低碳钢拉伸时应力-应变曲线

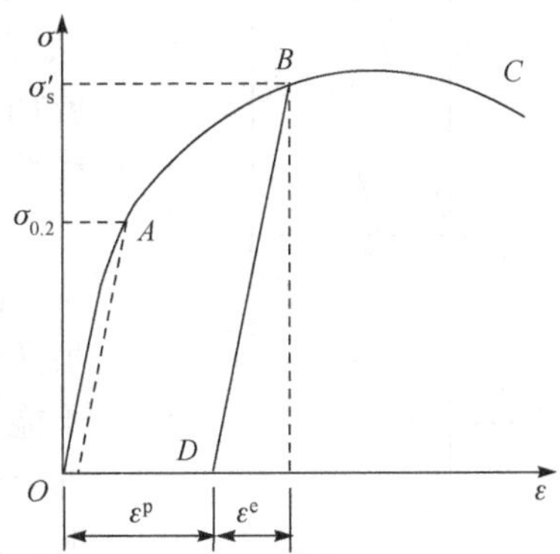

(b) 没有明显屈服流动阶段的材料拉伸时应力-应变曲线

图 9-1　单向拉伸时的应力-应变曲线

当荷载完全卸载以后，应变的弹性部分 ε^{e} 可以恢复，塑性应变 ε^{p} 残存下来. 那么，应变可分解为弹性应变和塑性应变两部分，即

$$\varepsilon = \varepsilon^{\mathrm{e}} + \varepsilon^{\mathrm{p}} \tag{9.1}$$

若卸载后又重新加载，曲线基本上仍沿着 DB 线上升到 B 点，又开始产生新的塑性变形，又进入了新的屈服沿着原来的 BC 线上升，就像未曾卸载一样. 继续发生新的塑性变形时材料的再度屈服称为继续屈服或后继屈服，相应的屈服点称为**后继屈服点**，屈服极限用 σ_{s}' 表示. 材料强化屈服阶段后，材料又恢复了抵抗变形的能力. 在第二次加载过程中，弹性系数仍保持不变，但弹性极限和屈服极限有升高现象，其升高程度与塑性变形的历史有关，这种现象称为材料的**强化或硬化**. 材料强化阶段的应力-应变曲线变为一段斜率渐减的曲线，其斜率称为切线模量，用 E_{t} 表示. 由于硬化的作用，材料的后继屈服极限比初始屈服极限提高了，即 $\sigma_{\mathrm{s}} < \sigma_{\mathrm{s}}'$ ；而且 σ_{s}' 与 σ_{s} 不同，σ_{s}' 不是材料常数，它的大小是和塑性变形的大小和历史有关的.

9.1.2　包辛格效应

若将试件在一个方向拉伸超过屈服点，即塑性变形发展到如图 9-2 中的 B 点开始卸载到 C 点，然后反方向压缩，反向加载时屈服点 B' 的应力 σ_{s}'' 的绝对值比点 B 的应力 σ_{s}' 小，即反向抵抗变形的能力减小，而且也比初始屈服点 A 的应力 σ_{s} 小，即正向强化、反向弱化.

这种具有强化性质的材料随着塑性变形的增加，屈服极限在一个方向提高而在反方向降低的效应，是德国包辛格(J. Bauschinger)于 1886 年通过对一系列钢材

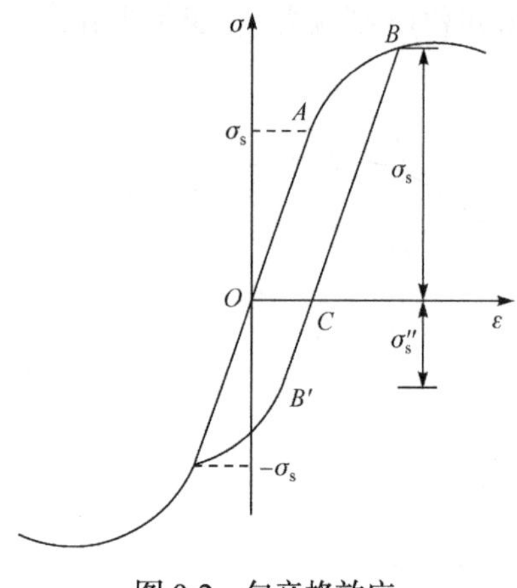

图 9-2　包辛格效应

进行拉伸和压缩试验后发现的，称为包辛格效应(Bauschinger effect). 后继屈服点 σ_s'' 与 σ_s' 是后继弹性范围的边界，称为后继屈服点或加载点. 后继弹性阶段在卸载过程中也是线性关系，这个变形阶段称为后继弹性阶段.

后继弹性阶段有如下特点：

(1) 后继弹性阶段，即从点 B 到点 B'，虽然也是线性关系，应服从胡克定律，但是不能写成 $\sigma = E\varepsilon$ 的形式，因为在应变中有一部分的塑性应变并不服从弹性规律. 后继屈服点就是它的界限，且这种界限点的位置是随塑性变形的大小和历史而改变的. 即应变后继弹性范围及其边界不是固定的，而与应力历史或变形历史有关.

(2) 塑性应变 ε^{p} 是 $\sigma = \sigma_s''$ 或 σ_s' 时产生的，当应力在后继弹性范围变化时，ε^{p} 是不变的，它是总应变中不可逆的那部分(所以又称为残余应变)，在初始和后继弹性范围，材料的弹性性质相同，即材料的塑性和弹性各自独立. 在一般的塑性理论中都不考虑包辛格效应，因为它会给处理塑性问题带来很大困难. 但在生产中遇到材料经受变向加载时，应充分注意. 包辛格效应可用缓慢退火消除.

通过上述实验，可知塑性变形有以下特点：

(1) 判断材料是处于弹性阶段还是塑性阶段的判别式，对简单的拉伸或压缩应力状态，有初始屈服 $\sigma = \sigma_s$，后继屈服 $\sigma = \sigma_s'$. 其中 σ_s 是常量，σ_s' 的大小由塑性变形的大小和历史决定.

(2) 应力-应变关系是非线性的，线性关系是有一定的适用范围的.

(3) 应力-应变不存在弹性阶段那样的简单单值对应关系，因为加载和卸载分别服从不同的规律，应力与应变之间的关系依赖于加载路径；在单向拉伸和压缩应力状态下，这些关系可表示为

弹性阶段($\sigma < \sigma_s$)：$\varepsilon = \sigma / E$

$$\text{塑性阶段}(\sigma \geqslant \sigma_s):\begin{cases}\sigma \mathrm{d}\sigma > 0\ (\text{加载}), & \mathrm{d}\sigma = E_t \mathrm{d}\varepsilon \text{或} \\ & \varepsilon = \varepsilon^{\mathrm{e}} + \varepsilon^{\mathrm{p}} = \sigma/E + f(\sigma)\ (\text{非线性}) \\ \sigma \mathrm{d}\sigma < 0\ (\text{卸载}), & \mathrm{d}\sigma = E\mathrm{d}\varepsilon\end{cases}$$

因此，塑性力学问题应该是从某一已知的初始状态(可以是弹性阶段)开始，随着加载过程用应力增量和应变增量之间的关系，逐步将每个时刻的各个增量叠加起来得到物体内的应力应变分布.

(4) 由于塑性应变不可恢复，所以外力所做的塑性功具有不可逆性，在一个加卸载循环中外力做功恒大于零，这部分能量为塑性变形损耗.

(5) 温度和加载速率对简单拉伸实验结果也会产生影响.

温度升高将使屈服点 σ_s 下降而塑性变形能力增强. 在高温下材料会发生蠕变现象，即当应力不变时，应变会随时间不断增长，塑性力学一般不考虑这种与时间有关的变形. 提高加载速率会使材料的屈服点 σ_s 升高而韧性降低，对一般加载速率，可不考虑这种影响. 若不指明变形路径，不能由应力确定应变或由应变确定应力. 由此可知，塑性变形的规律远比弹性变形的规律复杂得多，它是非线性的.

9.1.3　拉伸实验和压缩实验曲线的比较

一般金属材料的拉伸和压缩实验曲线在较小的弹塑性阶段基本重合，而在大塑性变形阶段，压缩曲线略高于拉伸曲线.

一般应变量不超过10%时，可认为两者一致. 对于一般金属材料，在变形不大的情况下，用单向拉伸实验代替压缩实验进行强度设计是偏于安全的.

9.1.4　静水压力实验

物体受大小相等的均匀压力称为静水压力. 布里奇曼(P. W. Bridgman)曾经就各向均匀压力对变形过程的影响做过较系统的研究，通过实验分析，得到两点重要结论：

(1) 静水压力到达1500MPa，体积改变仍然是弹性的，除去静水压力后，体积完全可以恢复到初始状态. 即在塑性理论中，一般认为体积变形是弹性的，即体积是不可压缩的，相应的体积应变表达式为 $\varepsilon_x + \varepsilon_y + \varepsilon_z = 0$.

(2) 材料的塑性变形与静水压力无关. 钢试件的实验表明，静水压力对初始屈服应力影响很小，可以忽略不计. 因此，可以认为塑性变形不受静水压力影响，静水压力不影响材料屈服限，但对于岩石、岩土等具有颗粒性质的物质，静水压力对于屈服限有影响.

9.2　材料应力-应变关系的简化模型

塑性变形是非线性的，对于不同的材料，不同的应用领域，建立理想化的模型有助于问题的解决，对应力-应变曲线进行简化即应力-应变简化模型. 模型的简化标准必须符合材料的实际性质，同时模型在数学上必须足够简单. 针对不同的具体问题，提出以下几种简化模型.

(1) **理想弹塑性模型**(图 9-3). 若不考虑材料强化性质，材料具有明显的塑性流动性，适用于强化率较低的材料，在应变不太大时，可忽略强化效应，应力-应变关系可写为

$$\begin{cases}\sigma = E\varepsilon & (\varepsilon < \varepsilon_{\rm s}) \\ \sigma = \sigma_{\rm s} = E\varepsilon_{\rm s} & (\varepsilon \geqslant \varepsilon_{\rm s})\end{cases} \tag{9.2}$$

(2) **线性强化弹塑性模型**(图 9-4). 若考虑材料强化性质，强化阶段应力-应变呈近似的直线关系，适用材料的强化率高且在一定范围内变化不大，应力-应变关系可写为

$$\begin{cases}\sigma = E\varepsilon & (\varepsilon < \varepsilon_{\rm s}) \\ \sigma = \sigma_{\rm s} + E'(\varepsilon - \varepsilon_{\rm s}) & (\varepsilon \geqslant \varepsilon_{\rm s})\end{cases} \tag{9.3}$$

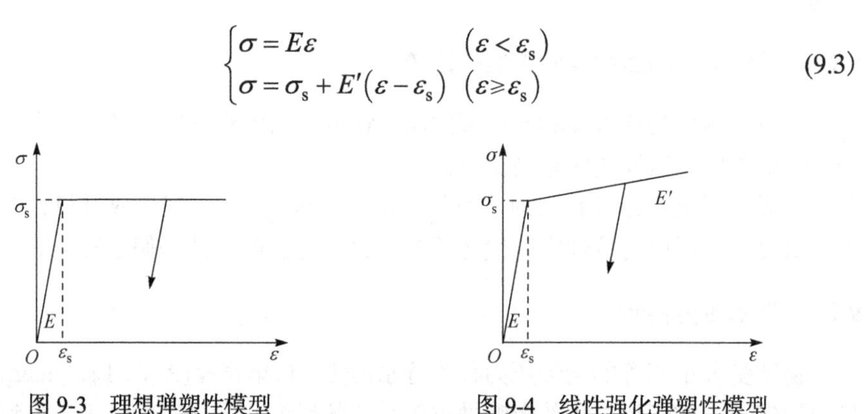

图 9-3 理想弹塑性模型　　图 9-4 线性强化弹塑性模型

(3) **理想刚塑性模型**(图 9-5). 材料屈服前弹性极微小，可视为绝对刚体. 应力-应变关系可写为

$$\sigma = \sigma_{\rm s} \quad (\varepsilon \geqslant 0) \tag{9.4}$$

(4) **线性强化刚塑性模型**(图 9-6). 材料屈服前弹性微小，强化阶段应力-应变呈近似直线关系，应力-应变关系可写为

$$\sigma = \sigma_{\rm s} + H \cdot \varepsilon^{\rm p} \quad (\varepsilon \geqslant 0) \tag{9.5}$$

(5) **幂次强化模型(幂次硬化模型)**(图 9-7). 该模型更适用许多金属材料的实际变形规律，幂次强化模型的优点是应力-应变曲线是连续光滑曲线. 而前面几个模型都是分段函数.

$$\sigma = A \cdot \varepsilon^n \quad (A > 0\,,\ \ 0 < n < 1) \tag{9.6}$$

式中，n 为强化系数，是介于 0 和1之间的正数，当 n=0 时为理想塑性体模型，当 n=1 时为理想弹性体模型. 表 9-1 给出了几种工程中常用金属的 n 值.

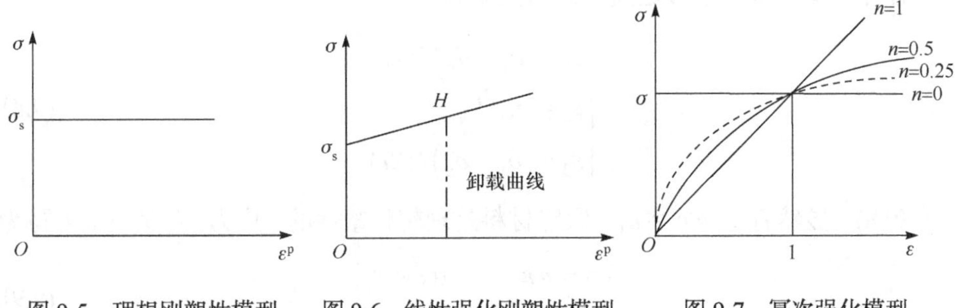

图 9-5 理想刚塑性模型　　图 9-6 线性强化刚塑性模型　　图 9-7 幂次强化模型

表 9-1 几种工程中常用金属的 *n* 值

材料	不锈钢	黄铜	铜	铝	铁
n	0.45～0.55	0.35～0.40	0.30～0.35	0.15～0.25	0.05～0.15

9.3 理想弹塑性材料的简单桁架

如图 9-8(a)所示为一次超静定三杆桁架，三根杆的截面面积均为 A，中间杆 2 的杆长为 l，它与相邻的杆 1 和杆 3 的夹角均为 45°，在其交汇点 O 处作用有铅垂力 P 和水平力 Q. 在外力作用下，产生水平位移 δ_x 和垂直位移 δ_y，如图 9-8(b)所示. 定义第 i 个杆的名义应力为 σ_i，名义应变为 ε_i.

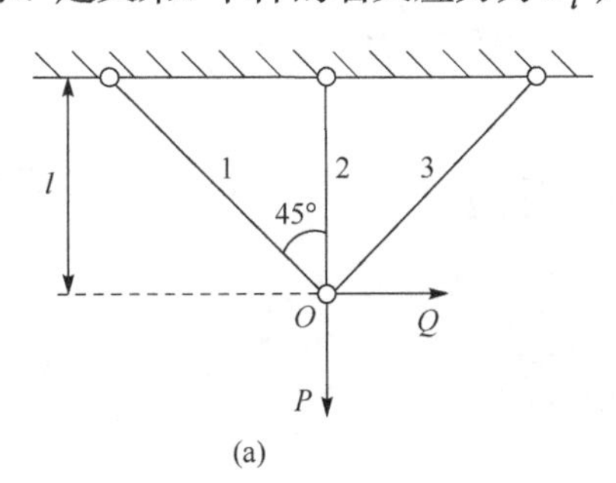

(a)

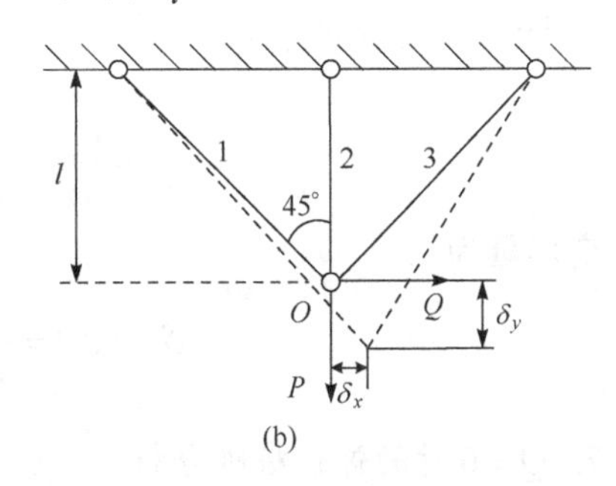

(b)

图 9-8 三杆桁架问题

在上述荷载作用下，桁架的平衡关系为

$$\begin{cases}\sigma_2+\dfrac{\sqrt{2}}{2}(\sigma_1+\sigma_3)=\dfrac{P}{A}\\ \dfrac{\sqrt{2}}{2}(\sigma_1-\sigma_3)=\dfrac{Q}{A}\end{cases} \tag{9.7}$$

各杆应变与节点位移之间的几何关系为

$$\begin{cases}\varepsilon_1=\left(\delta_x+\delta_y\right)/(2l)\\ \varepsilon_2=\delta_y/l\\ \varepsilon_3=\left(\delta_y-\delta_x\right)/(2l)\end{cases}\tag{9.8}$$

由式(9.8)，显然有 $\varepsilon_2=\varepsilon_1+\varepsilon_3$. 假定材料是理想弹塑性的，应力-应变关系可写为

$$\begin{cases}\sigma=E\varepsilon & (\varepsilon<\varepsilon_{\rm s})\\ \sigma=\sigma_{\rm s}=E\varepsilon_{\rm s} & (\varepsilon\geqslant\varepsilon_{\rm s})\end{cases}\tag{9.9}$$

1. $Q=0$ 时的弹性解分析

当 Q=0 时，结构变形如图 9-9 所示. 假定水平荷载 Q 始终为零，由平衡方程(9.7)可得 $\sigma_1=\sigma_3$，$\sqrt{2}\sigma_1+\sigma_2=P/A$. 由于 $\Delta l_1=\Delta l_2\cdot\cos 45°$，又 $\Delta l_1=\varepsilon_1\cdot\sqrt{2}l$，$\Delta l_2=\varepsilon_2\cdot l$，得 $\varepsilon_2=2\varepsilon_1=2\varepsilon_3$. 当 P 从零开始增长时，材料起初处于弹性阶段，本构方程为 $\sigma_i=E\varepsilon_i$ (i=1,2,3). 因此，$\sigma_2=2\sigma_1=2\sigma_3$，$\sqrt{2}\sigma_1+\sigma_2=\dfrac{P}{A}$，基于线弹性假设联立求解得

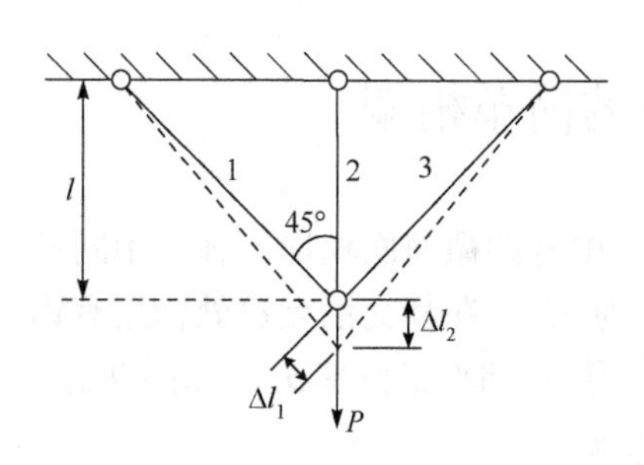

图 9-9 水平荷载 Q 为零

$$\begin{cases}\sigma_1=\sigma_3=\dfrac{P}{A}\cdot\dfrac{1}{2+\sqrt{2}}\\ \sigma_2=\dfrac{P}{A}\cdot\dfrac{1}{1+\sqrt{2}/2}\end{cases}\tag{9.10}$$

$$\varepsilon_2=\frac{\sigma_2}{E}=\frac{P}{EA}\cdot\frac{1}{1+\sqrt{2}/2}\tag{9.11}$$

变形量为

$$\delta_y=\varepsilon_2 l=\frac{Pl}{EA}\cdot\frac{1}{1+\sqrt{2}/2}\tag{9.12}$$

2. $Q=0$ 时的弹性极限分析

通过以上分析得知杆 2 先达到屈服，当应力 $\sigma_2=\sigma_{\rm s}$ 时，$P=P_{\rm e}$ 为垂直方向上的弹性极限荷载，$P_{\rm e}=\sigma_{\rm s}A(1+\sqrt{2}/2)$，代入弹性解可得极限应力和极限变形量为

$$\begin{cases}\sigma_1=\sigma_3=\dfrac{P}{A}\cdot\dfrac{1}{2+\sqrt{2}}=\dfrac{\sigma_{\rm s}}{2}\cdot\dfrac{P}{P_{\rm e}}\\ \sigma_2=\dfrac{P}{A}\cdot\dfrac{1}{1+\sqrt{2}/2}=\sigma_{\rm s}\cdot\dfrac{P}{P_{\rm e}}\end{cases}\tag{9.13}$$

$$\delta_y = \varepsilon_2 l = \frac{\sigma_s l}{E} \cdot \frac{P}{P_e} \qquad (9.14)$$

由此可求得弹性极限位移 $\delta_e = (\sigma_s l)/E$. 在弹性阶段，有 $P/P_e = \delta_y/\delta_s$，当达到屈服时有 $\delta_y = \delta_s$，$P = P_s$，即 $P/P_e = \delta_y/\delta_s = 1$. 弹性极限荷载-位移曲线如图 9-10 所示，当 P 从零开始增长到 P_e 时，从图中可以看出直线段 OA 的斜率等于1.

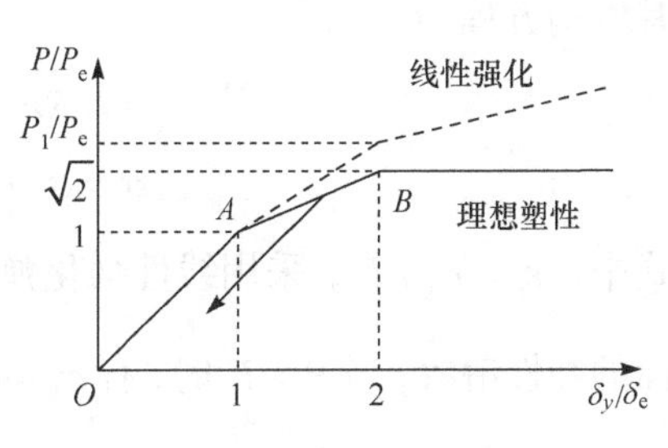

图 9-10　弹性极限荷载-位移曲线

3. 弹塑性阶段分析

当 P 由零逐渐增大到 P_e 时，杆 2 的应力也逐渐增大而达到屈服状态，即 $\sigma_2 = \sigma_s$. 若 P 的值再继续增加，则平衡关系和几何关系不变，弹塑性本构关系将变为 $\sigma_2 = \sigma_s$，$\sigma_1 = E\varepsilon_1$，$\sigma_3 = E\varepsilon_3$，代入平衡方程可得弹塑性解为

$$\begin{cases} \sigma_1 = \sigma_3 = \dfrac{\sqrt{2}}{2}\left(\dfrac{P}{A} - \sigma_s\right) = \dfrac{\sigma_s}{2}\left[\left(1+\sqrt{2}\right)\cdot\dfrac{P}{P_e} - \sqrt{2}\right] \\ \sigma_2 = \sigma_s \end{cases} \qquad (9.15)$$

此时杆 2 虽然屈服而失去了进一步的承载能力，但还受到杆 1 和杆 3 弹性变形的制约，其塑性变形不能任意增长，这种状态称为**约束塑性变形**.

4. 塑性极限分析

当 P 值逐渐增大到使 $\sigma_1 = \sigma_3 = \sigma_s$ 塑性屈服时，三杆将全部进入屈服阶段，变形已不再受任何约束，结构完全丧失进一步的承载能力，由 $(P/A - \sigma_s)\cdot\sqrt{2}/2 = \sigma_1 = \sigma_3$ ($P > P_e$ 时)，令 $\sigma_1 = \sigma_3 = \sigma_s$，则 $P_s = A\sigma_s(1+\sqrt{2})$，称为**塑性极限荷载**. 此时 $P_s/P_e = \sqrt{2}$，折算比例为 $(P_s - P_e)/P_e \times 100\% = 41.4\%$，即按塑性极限分析，结构承载能力提高 40%以上. 相应的垂直向下的位移 $\delta_y = \Delta l_2 = \varepsilon_2 l = 2\varepsilon_1 l = (2l/E)\cdot\sigma_1$，当 $P = P_s$ 时，$P/P_e = \sqrt{2}$，$\delta_y/\delta_e = 2$. 对应荷载-位移曲线图 9-10 线段 AB 的斜率为 $1/(1+\sqrt{2})$，可见当考虑塑性变形时，结构的变形要比纯弹性变形更大，但仍属于一个数量级，而相应的承载能力将会有相当的提高.

9.4　线性强化弹塑性材料的简单桁架

本节仍以图 9-8 所示的一次超静定三杆桁架为例，现假定材料为线性强化的，

其本构方程为

$$\begin{cases}\sigma = E\varepsilon & (\varepsilon < \varepsilon_s) \\ \sigma = \sigma_s + E'(\varepsilon - \varepsilon_s) & (\varepsilon > \varepsilon_s)\end{cases} \tag{9.16}$$

式中，$\varepsilon_s = \sigma_s / E$，采用线性强化弹塑性模型后，当$P \leqslant P_e$时，杆中的应力值为前面的弹性解答；当$P > P_e$时，有$\sigma_1 = \sigma_3$，$\sqrt{2}\sigma_1 + \sigma_2 = P / A$，$\begin{cases}\sigma_1 = \sigma_3 = E\varepsilon_1 = E\varepsilon_2 \\ \sigma_2 = \sigma_s + E'(\varepsilon_2 - \varepsilon_s)\end{cases}$.

联立求解，可得

$$\begin{cases}\sigma_1 = \sigma_3 = \sigma_s / 2 \cdot [\alpha_0 (P / P_e - 1) + 1] \\ \sigma_2 = \sigma_s [\alpha_0 (E / E')(P / P_e - 1) + 1]\end{cases} \tag{9.17}$$

其中，$\alpha_0 = \dfrac{1+\sqrt{2}}{1+\sqrt{2}E' / E}$.

垂直向下的位移可表示为

$$\delta_y / \delta_e = (E / \sigma_s)\varepsilon_2 = 2(E / \sigma_s)\varepsilon_1 = 2(\sigma_1 / \sigma_s) = \alpha_0 (P / P_e - 1) + 1 \tag{9.18}$$

在图 9-10 中的对应虚线斜率为$1/\alpha_0$，因为$0 \leqslant E'/E \leqslant 1$，故斜率$1/\alpha_0$的值在$1/(1+\sqrt{2})$和 1 之间. 当$P$增至$\sigma_1 = \sigma_3 = \sigma_s$时，杆 1 和杆 3 也开始屈服，此时的塑性荷载值为$P_1 = P_s[1 + 1/(1+\sqrt{2}) \cdot (E'/E)]$，因为$E' \ll E$，一般在10倍左右，若取$E'/E = 1/10$，则$P_1 = 1.041P_s$. 与理想弹塑性材料相比，相应的荷载值并没有很大的增加. 说明：采用理想弹塑性模型可得到较好的近似，但计算却有相当的简化. 当$P \leqslant P_1$时，结构的变形仍属于弹性变形的量级，而当$P > P_1$后继续增加时，由于强化效应，结构并不会进入塑性流动状态，但这时的变形将会有较快的增长. 塑性流动状态指塑性变形不可控，即荷载不增加而变形增加的状态，也就是理想塑性模型所处的状态.

9.5 加载路径对桁架内应力和应变的影响

塑性力学分析要考虑加载路径的影响，首先分析两种荷载共同作用时，即同时受横向荷载和垂直荷载的情况，其受力图和变形图如图 9-8 所示，其平衡方程见式(9.7)，几何关系见式(9.8). 材料起初处于弹性阶段，本构方程为$\sigma_i = E\varepsilon_i$ ($i = 1, 2, 3$)，代入平衡关系中求得

$$\sigma_2 = 2 / (2+\sqrt{2}) \cdot (P / A)$$

$$\sigma_1 + \sigma_3 = 2 / (2+\sqrt{2}) \cdot (P / A)$$

$$\sigma_1 - \sigma_3 = \sqrt{2} \cdot (Q / A)$$

联立求解得

$$\begin{cases}\sigma_1=(2-\sqrt{2})/2\cdot(P/A)+\sqrt{2}/2\cdot(Q/A)\\ \sigma_2=(2-\sqrt{2})\cdot(P/A)\\ \sigma_3=(2-\sqrt{2})/2\cdot(P/A)-\sqrt{2}/2\cdot(Q/A)\end{cases} \tag{9.19}$$

弹性极限分析中，$P_e=A\cdot\sigma_s\cdot(2+\sqrt{2})/2$，定义 Q_e 表示只作用水平力时的弹性极限荷载. 将 $P=0$ 代入式(9.19)，可得 $\sigma_1=(\sqrt{2}/2)\cdot(Q/A)$，$\sigma_2=0$，$\sigma_3=-(\sqrt{2}/2)\cdot(Q/A)$. 当 $\sigma_1=-\sigma_3=\sigma_s$ 时，杆 1 和杆 3 达到屈服应力，此时的 $Q=Q_e$ 即水平方向上的弹性极限荷载，由 $\sigma_1-\sigma_3=\sqrt{2}\cdot(Q/A)$，可得 $Q_e=\sqrt{2}A\sigma_s$，可求得杆中应力为

$$\begin{cases}\sigma_1=(2-\sqrt{2})/2\cdot P/A+\sqrt{2}/2\cdot Q/A=\sigma_s/2\cdot(P/P_e)+\sigma_s(Q/Q_e)\\ \sigma_2=(2-\sqrt{2})\cdot(P/A)=\sigma_s(P/P_e)\\ \sigma_3=(2-\sqrt{2})/2\cdot P/A-\sqrt{2}/2\cdot Q/A=\sigma_s/2\cdot(P/P_e)-\sigma_s(Q/Q_e)\end{cases} \tag{9.20}$$

成立的条件为 $|\sigma_i|\leqslant\sigma_s(i=1,2,3,)$，其中 $Q_e=\sqrt{2}A\sigma_s$. P 和 Q 的限制条件为

$$|P/(2P_e)\pm Q/Q_e|\leqslant 1,\ |P/P_e|\leqslant 1 \tag{9.21}$$

1. 第一种路径 $P\to Q$

荷载 (Q,P) 先由(0, 0)线性地变化为 $(0,P_s)$，再在垂直位移不变的条件下，施加荷载 Q 达到 Q_e，加载路径对应于图 9-11 的路径标号为①.

由塑性极限分析可知，当 $Q=0, P=P_s$ 时

$$\sigma_1=\sigma_2=\sigma_3=\sigma_s,\quad \delta_y=2\delta_e=2(\sigma_s l/E) \tag{9.22}$$

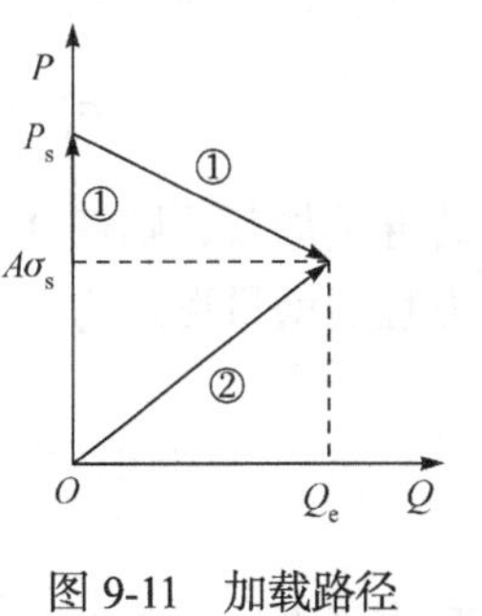

图 9-11　加载路径

如果保持 $\delta_y=2\delta_e$ 不变而施加水平方向的荷载 Q，使点 O 有一个水平方向的位移增量 $\Delta\delta_x=\delta_x>0$，则由几何关系

$$\begin{cases}\varepsilon_1=\left(\delta_x+\delta_y\right)/(2l)\\ \varepsilon_2=\delta_y/l\\ \varepsilon_3=\left(\delta_y-\delta_x\right)/(2l)\end{cases} \tag{9.23}$$

可得 $\Delta\varepsilon_1=\Delta\delta_x/(2l)>0$，$\Delta\varepsilon_2=\Delta\delta_y/l=0$，$\Delta\varepsilon_3=-\Delta\delta_x/(2l)<0$，杆 1 和杆 2 并未卸载，$\sigma_1=\sigma_2=\sigma_s, \Delta\sigma_1=\Delta\sigma_2=0$，而杆 3 以弹性规律卸载，即 $\Delta\sigma_3=E\Delta\varepsilon_3=-E\delta_x/(2l)$. 于是，由平衡方程 $\sigma_2+\dfrac{\sqrt{2}}{2}(\sigma_1+\sigma_3)=P/A$，$\dfrac{\sqrt{2}}{2}\left(\sigma_1-\sigma_3\right)=Q/A$ 可

求得荷载增量$\Delta P=(\sqrt{2}A/2)\Delta\sigma_3$，$Q=\Delta Q=-(\sqrt{2}A/2)\Delta\sigma_3=-\Delta P$，即$Q$与$P$之间的变化规律是线性的. 当杆 3 卸载到$\sigma_3=-\sigma_s$时，由$\Delta\sigma_3=-2\sigma_s$，可得$Q=\Delta Q=\sqrt{2}A\sigma_s$，$\Delta P=-\sqrt{2}A\sigma_s$，$P=P_s+\Delta P=A\sigma_s$. 当三杆同时屈服时，即结构再次进入塑性流动状态，各杆的应力为$(\sigma_1,\sigma_2,\sigma_3)=(\sigma_s,\sigma_s,-\sigma_s)$. 水平位移$\delta_x$可由$\Delta\sigma_3=E\Delta\varepsilon_3=-E\delta_x/(2l)$中取$\Delta\sigma_3=-2\sigma_s$求得，垂直位移$\delta_y$始终保持不变. 因此有

$$(\bar{\delta}_x,\bar{\delta}_y)=(4\delta_e,2\delta_e) \tag{9.24}$$

2. 第二种路径$(Q,P)\to(\sqrt{2}A\sigma_s,A\sigma_s)$

在第二种路径下，(Q,P)由$(0,0)$作单调比例加载而达到$(\sqrt{2}A\sigma_s,A\sigma_s)$，这时对应于图 9-11 中的路径②. 由于加载时始终有关系式$Q=\sqrt{2}P$，将其代入式(9.20)可得初始弹性阶段的解为

$$\begin{cases}\sigma_1=(2-\sqrt{2}/2)P/A>0\\ \sigma_2=(2-\sqrt{2})P/A>0\\ \sigma_3=(-\sqrt{2}/2)P/A<0\end{cases} \tag{9.25}$$

上式表明，随着P ($Q=\sqrt{2}P$)的增长，杆 1 最先达到屈服，当$\sigma_1=\sigma_s$时，$P=\bar{P}_e=(2+\sqrt{2})/(3+\sqrt{2})\cdot A\sigma_s$，而各杆的应力为

$$\sigma_1^e=\sigma_s,\quad \sigma_2^e=2\sigma_s/\left(3+\sqrt{2}\right),\quad \sigma_3^e=-\left(1+\sqrt{2}\right)\sigma_s/\left(3+\sqrt{2}\right) \tag{9.26}$$

再由各杆的应变值$\varepsilon_i^e=\sigma_i^e/E$和几何关系式可求得此时$O$点的位移值为

$$\delta_x^e=2\left(2+\sqrt{2}\right)\delta_e/\left(3+\sqrt{2}\right),\quad \delta_y^e=2\delta_e/\left(3+\sqrt{2}\right) \tag{9.27}$$

若继续加载，则杆 1 进入屈服阶段，$\sigma_1=\sigma_s$，$\Delta\sigma_1=0$. 故由$\Delta Q=\sqrt{2}\Delta P$和平衡方程的增量形式为

$$\begin{cases}\Delta\sigma_2+\sqrt{2}\left(\Delta\sigma_1+\Delta\sigma_3\right)/2=\Delta P/A\\ \sqrt{2}\left(\Delta\sigma_1-\Delta\sigma_3\right)/2=\Delta Q/A\end{cases} \tag{9.28}$$

联立可得$\Delta\sigma_2=(1+\sqrt{2})\Delta P/A>0$，$\Delta\sigma_3=-2\Delta P/A<0$. 上式表明杆 2 继续受拉，杆 3 继续受压，各杆应力可由式(9.26)和式(9.28)计算得到，即

$$\sigma_1=\sigma_s,\quad \sigma_2=\sigma_2^e+\Delta\sigma_2,\quad \sigma_3=\sigma_3^e+\Delta\sigma_3 \tag{9.29}$$

当$\Delta P=A\sigma_s/(3+\sqrt{2})$时，三杆同时进入塑性状态，即$(\sigma_1,\sigma_2,\sigma_3)=(\sigma_s,\sigma_s,-\sigma_s)$，

$\Delta\varepsilon_2=\Delta\sigma_2/E=(1+\sqrt{2})\Delta P/(AE)$， $\Delta\varepsilon_3=\Delta\sigma_3/E=-2\Delta P/(AE)$，联立几何关系的增量形式$\Delta\delta_x=(\Delta\varepsilon_2-2\Delta\varepsilon_3)l$和$\Delta\delta_y=\Delta\varepsilon_2 l$，求出对应于$\Delta P=A\sigma_s/(3+\sqrt{2})$时的位移增量，即

$$\Delta\delta_x=(5+\sqrt{2})\delta_e/(3+\sqrt{2}),\quad \Delta\delta_y=(1+\sqrt{2})\delta_e/(3+\sqrt{2}) \tag{9.30}$$

最终位移则是式(9.30)和$\delta_x^e=2(2+\sqrt{2})\delta_e/(3+\sqrt{2})$，$\delta_y^e=2\delta_e/(3+\sqrt{2})$的叠加，即

$$\bar{\delta}_x=3\delta_e,\quad \bar{\delta}_y=\delta_e \tag{9.31}$$

比较式(9.24)与式(9.31)，可知在两种加载路径下，虽然可得到相同的应力值，但各杆的应变和O点最终位移值却是不相同的，对于更复杂的超静定结构或更复杂的加载路径，结构中的应力值一般也是不相同的.

习　题

9-1　在拉杆中，设A_0和l_0为试件的原始截面积和长度，A和l为拉伸后的截面积和长度. 如截面收缩率为$\Psi=(A_0-A)/A_0$，而应变$\varepsilon=(l-l_0)/l_0$，试证明当体积不变时，有如下关系：$(1+\varepsilon)(1-\Psi)=1$.

9-2　为了使幂强化应力-应变曲线在$\varepsilon\leqslant\varepsilon_s$时能满足胡克定律，采用以下应力应变方程：

$$\sigma=\begin{cases}E\varepsilon & (0\leqslant\varepsilon\leqslant\varepsilon_s)\\ B(\varepsilon-\varepsilon_0)^m & (\varepsilon>\varepsilon_s)\end{cases}$$

为保证σ及$\mathrm{d}\sigma/\mathrm{d}\varepsilon$在$\varepsilon=\varepsilon_s$处连续，试确定$B$、$\varepsilon_0$值；如果将该曲线表示成$\sigma=E\varepsilon[1-\omega(\varepsilon)]$的形式，试给出$\omega(\varepsilon)$的表达式.

9-3　如习题9-3图所示的等截面杆，截面积为A，且长度$b>a$. 在$x=a$处作用一个逐渐增加的力P. 该杆材料为线性强化弹塑性，拉伸和压缩性能相同，求左端反力F_1与力P的关系.

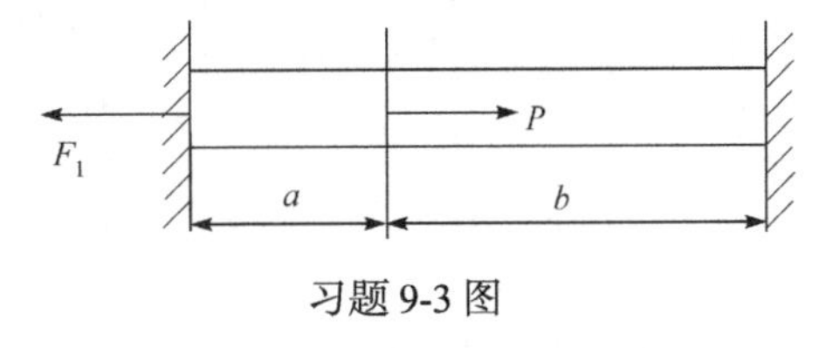

习题9-3图

9-4　如习题9-3图所示等截面直杆，截面积为A，且$b>a$. 在$x=a$处作用一个逐渐增加的力P，该杆材料为理想弹塑性，拉伸和压缩性能相同. 按加载过

程分析结构所处的不同状态，并求力 P 作用截面的位移 δ 与 P 的关系.

9-5　如习题 9-5 图所示三杆桁架，若 $\theta_1=\theta_2=60°$，杆件截面积均为 A，为理想弹塑性材料. 加载时保持 $P=Q$ 并从零开始增加，求三杆内力随 P 的变化规律.

9-6　如习题 9-6 图所示三杆桁架，理想弹塑性材料，杆件截面积均为 A，求下述两种加载路径的节点位移和杆件应变：

(1) 先加竖向力 $P(\delta_x=0)$，使结构刚到达塑性极限状态，保持 δ_y 不变，开始加力 Q，使桁架再次达到塑性极限状态；

(2) 先加水平力 $Q(\delta_y=0)$，使结构刚到达塑性极限状态，保持 δ_x 不变，开始加力 P，使桁架再次达到塑性极限状态.

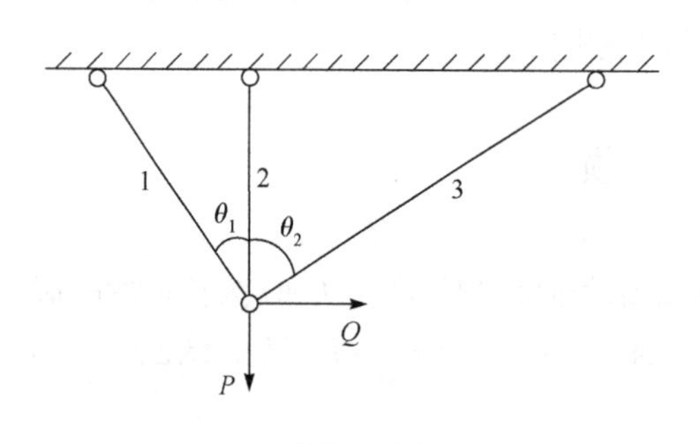

习题 9-5 图

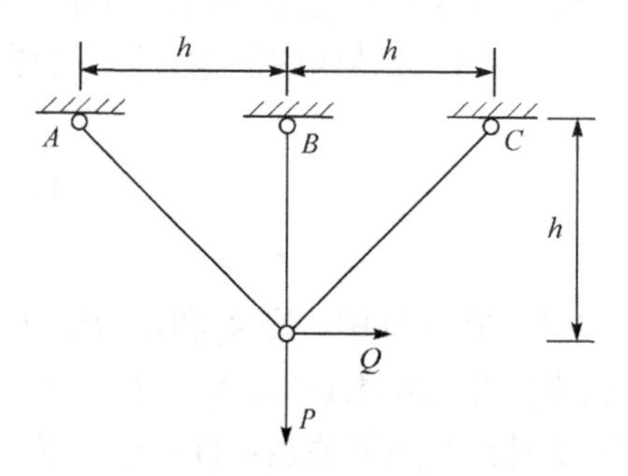

习题 9-6 图

第10章 屈服准则

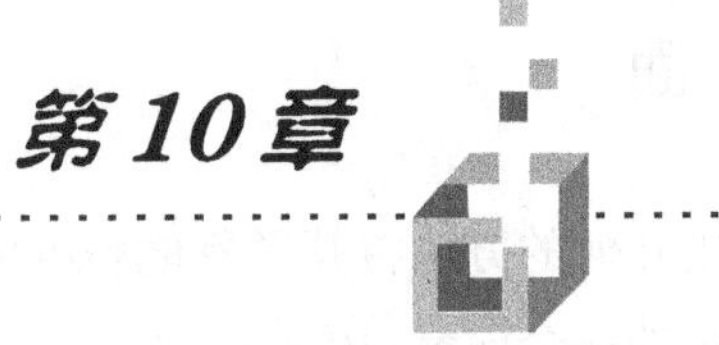

物体受到荷载作用后，随着荷载增大，物体内一点由弹性状态进入塑性状态的这种过渡，称为屈服. 在单向拉伸或压缩时，材料由弹性状态进入塑性状态时的应力值称为屈服应力或屈服极限，它是初始弹塑性状态的分界点. 复杂应力状态下材料初始弹塑性状态界限称为初始屈服准则(屈服准则又叫屈服条件). 对于复杂应力状态，人们关心的是材料何时开始进入塑性，是否可以建立一个统一的函数表达式表达屈服准则？物体中一点在由弹性状态转变到塑性状态时各应力分量的组合所应满足的条件称为屈服准则，区分弹性区和塑性区的分界面，这个分界面称为屈服面. 复杂应力状态下，确定材料后继弹性状态界限的准则就称为后继屈服准则，又称为加载条件. 本章将研究当应力达到什么程度时开始产生初始屈服，应力继续增加时发生后继屈服问题.

10.1 基本假设和屈服准则的概念

在实验的基础上，经典塑性力学一般采用以下假设：①材料是连续的，均匀的；②平均正应力(静水压力)不影响屈服准则和加载条件；③体积的变化是弹性的；④不考虑时间因素对材料性质的影响.

材料在单向拉伸或压缩时，材料初始屈服准则是 $\sigma=\sigma_s$. 在复杂应力状态下，材料应力状态可由应力张量 σ_{ij} 表示，屈服准则用函数 $F(\sigma_{ij})=0$ 表示. 在应力空间中，$F(\sigma_{ij})=0$ 表示一个曲面，称为**屈服曲面**. 当应力点 σ_{ij} 位于曲面之内时，材料处于弹性状态，当应力点 σ_{ij} 位于曲面之上时 $F(\sigma_{ij})=0$，材料开始屈服进入塑性状态. 讨论屈服曲面的一般形式之前，先给出两种材料的塑性屈服准则.

(1) 材料初始各向同性，屈服准则与应力方向无关，因此屈服准则在主应力空间中表示为主应力形式或应力不变量形式，即

$$f(\sigma_1,\ \sigma_2,\ \sigma_3)=0 \quad 或 \quad f(I_1,\ I_2,\ I_3)=0 \tag{10.1}$$

(2) 静水压力不影响材料的塑性性质，屈服准则只与应力偏量有关，因此屈服准则表示为应力偏量形式或应力偏量不变量形式，即

$$f(S_1, S_2, S_3)=0 \quad 或 \quad f(J_2, J_3)=0 \quad (J_1=0) \tag{10.2}$$

10.2 屈服曲面

屈服准则是三个变量或两个变量的函数，可用几何的方法将其形象地表示出来，主应力空间任意一个应力状态都可用该空间中的一个向量$\overrightarrow{OP}$表示为

$$\overrightarrow{OP}=\sigma_1\boldsymbol{i}_1+\sigma_2\boldsymbol{i}_2+\sigma_3\boldsymbol{i}_3 \tag{10.3}$$

上式可以分解为主偏应力矢量$\overrightarrow{OQ}$和静水应力矢量$\overrightarrow{ON}$，其中

$$\left|\overrightarrow{ON}\right|=(\sigma_1\boldsymbol{i}_1+\sigma_2\boldsymbol{i}_2+\sigma_3\boldsymbol{i}_3)\cdot\left(\frac{1}{\sqrt{3}}\boldsymbol{i}_1+\frac{1}{\sqrt{3}}\boldsymbol{i}_2+\frac{1}{\sqrt{3}}\boldsymbol{i}_3\right)=\frac{1}{\sqrt{3}}(\sigma_1+\sigma_2+\sigma_3)=\sqrt{3}\sigma_{\mathrm{m}}$$

由于$\overrightarrow{ON}$与各坐标轴夹角相等，投影相等，ON的长度等于三个投影的平方和，则在各个坐标轴上的投影为σ_{m}，即$\overrightarrow{ON}=\sigma_{\mathrm{m}}\boldsymbol{i}_1+\sigma_{\mathrm{m}}\boldsymbol{i}_2+\sigma_{\mathrm{m}}\boldsymbol{i}_3$.

$\overrightarrow{OQ}$可以表示为

$$\overrightarrow{OQ}=(\sigma_1-\sigma_{\mathrm{m}})\boldsymbol{i}_1+(\sigma_2-\sigma_{\mathrm{m}})\boldsymbol{i}_2+(\sigma_3-\sigma_{\mathrm{m}})\boldsymbol{i}_3=S_1\boldsymbol{i}_1+S_2\boldsymbol{i}_2+S_3\boldsymbol{i}_3$$

代入式(10.3)整理后，可得

$$\overrightarrow{OP}=(S_1\boldsymbol{i}_1+S_2\boldsymbol{i}_2+S_3\boldsymbol{i}_3)+(\sigma_{\mathrm{m}}\boldsymbol{i}_1+\sigma_{\mathrm{m}}\boldsymbol{i}_2+\sigma_{\mathrm{m}}\boldsymbol{i}_3)=\overrightarrow{OQ}+\overrightarrow{ON} \tag{10.4}$$

其中，$\overrightarrow{ON}$为向量$\overrightarrow{OP}$在L直线上的投影；$\overrightarrow{OQ}$为向量$\overrightarrow{OP}$在π平面上的投影.

由于$\overrightarrow{ON}$与塑性变形无关，塑性变形由$\overrightarrow{OQ}$确定，过P点取L'直线与L直线平行，L'直线上的所有点在π平面上的投影均相等，若L'直线上任一点P'达到了屈服，则L'直线上所有点均达到屈服. 以此能做出无数这样的直线，这些直线构成了一个柱面，其母线与L直线平行，即垂直于π平面的柱面，此柱面即屈服曲面，如图 10-1 所示.

若三个主应力在π平面上的投影为σ_1'、σ_2'、σ_3'，屈服曲线即屈服曲面与π平面的交线，即为一封闭的曲线，π平面中的屈服曲线性质如下：

(1) 自原点O出发的任一条射线必与屈服曲线相交，因为射线代表比例加载，射线与屈服曲线相交表示比例加载时总存在一个初始屈服极限.

(2) 根据初始各向同性假设，屈服准则不因坐标而变化，若(S_1, S_2, S_3)为屈服曲面上的一点，根据π平面方程，则(S_1, S_2, S_3)也为屈服曲线上的点，故屈服曲线关于投影轴对称，在π平面上的屈服曲线有3条对称轴，通过实验确定在60°范围内的屈服曲线，就可由对称性确定整个平面上的屈服曲线.

(3) 若拉伸和压缩时屈服极限相等，(S_1, S_2, S_3)为屈服曲线上的一点，则$(-S_1, -S_2, -S_3)$也为屈服曲线上的点，可知它也关于投影轴对称，屈服曲面是一

个柱面，在 π 平面上的屈服曲线有 6 条对称轴，通过实验确定在 30° 范围内的屈服曲线也是对称的，确定整个平面上的屈服曲线，如图 10-2 所示.

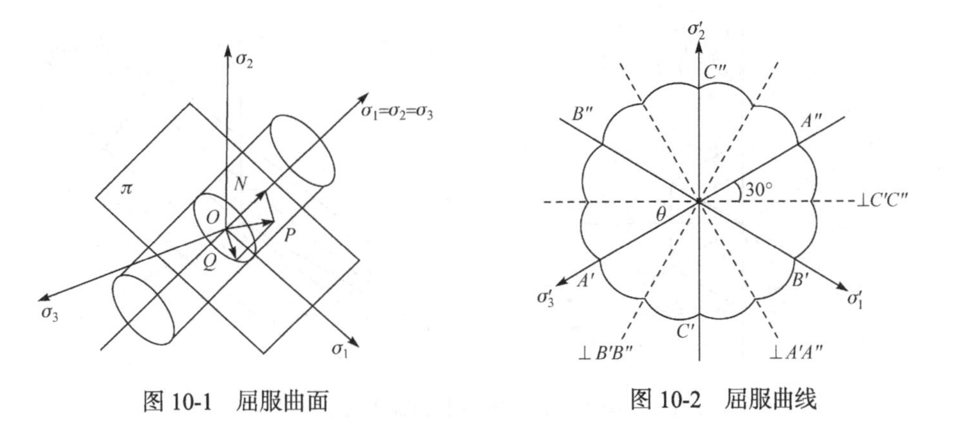

图 10-1 屈服曲面

图 10-2 屈服曲线

10.3 特雷斯卡屈服准则和米泽斯屈服准则

屈服准则表示在复杂应力状态下材料开始进入屈服的准则，它的作用是控制塑性变形的开始阶段. 屈服准则在主应力空间中为屈服方程. 在多种形式的屈服准则中，常见的屈服准则为特雷斯卡屈服准则和米泽斯屈服准则.

10.3.1 特雷斯卡屈服准则

特雷斯卡认为在最大剪应力达到极限 k_1 时，材料进入屈服. 在 $\sigma_1 \geqslant \sigma_2 \geqslant \sigma_3$ 的假设下，特雷斯卡屈服准则表示为

$$\tau_{\max} = \frac{\sigma_1 - \sigma_3}{2} = k_1 \tag{10.5}$$

根据第三强度理论，材料达到屈服即达到强度极限，在 π 平面上，根据 $x = \sqrt{2}(\sigma_1 - \sigma_3)/2$，可知

$$x = \sqrt{2}(\sigma_1 - \sigma_3)/2 = \sqrt{2}k_1 = \text{const} \tag{10.6}$$

因此，只要在 $-30° \leqslant \theta_\sigma \leqslant 30°$ 范围内，由 $x = \sqrt{2}k_1$ 直线段，利用对称性，便可确定特雷斯卡屈服曲面为正六棱柱，在 π 平面中屈服曲线为正六边形. 若不能确定三个主应力大小顺序，则特雷斯卡屈服准则表示为

$$\begin{cases} \sigma_1 - \sigma_2 = \pm 2k_1 \\ \sigma_2 - \sigma_3 = \pm 2k_1 \\ \sigma_3 - \sigma_1 = \pm 2k_1 \end{cases} \tag{10.7}$$

它们在主应力空间中是 6 个平面，由它们构成一个正六边形柱面，柱面的母线平行于等倾轴线 $L(\sigma_1=\sigma_2=\sigma_3)$，如图 10-3 所示.

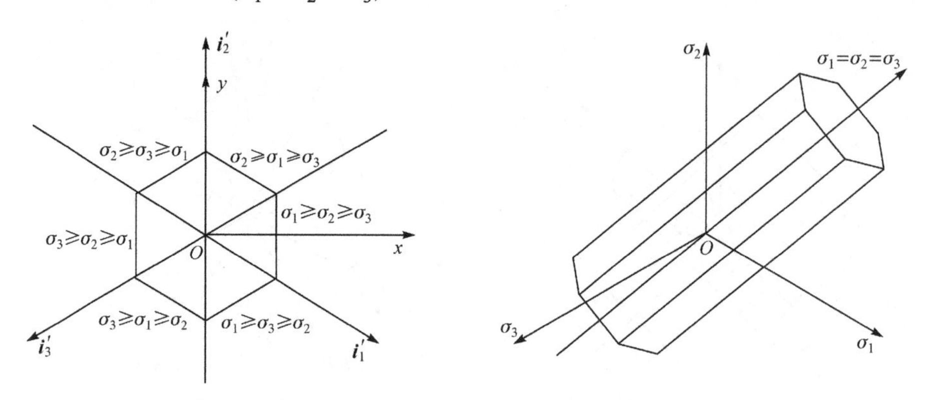

图 10-3 特雷斯卡屈服曲面

屈服曲面的母线与 L 直线平行，主应力空间中与 L 直线平行的直线上任一点应力，分解在 π 平面上的分量是相同的，不同的是分解在 L 直线上的分量与塑性变形无关，因此屈服曲面是一个柱面，且母线与 L 直线平行，即得到屈服曲线之后，沿 L 直线拉伸的屈服曲面. 对于平面应力状态，总有一个主应力为零，假设 $\sigma_3=0$，特雷斯卡屈服准则表示为

$$\begin{cases}\sigma_1-\sigma_2=\pm 2k_1\\ \sigma_2=\pm 2k_1\\ \sigma_1=\pm 2k_1\end{cases} \tag{10.8}$$

平面应力状态下，在 σ_1-σ_2 应力平面上，等倾正六边形柱体与 $\sigma_3=0$ 平面相截得斜六边形，如图 10-4 所示.

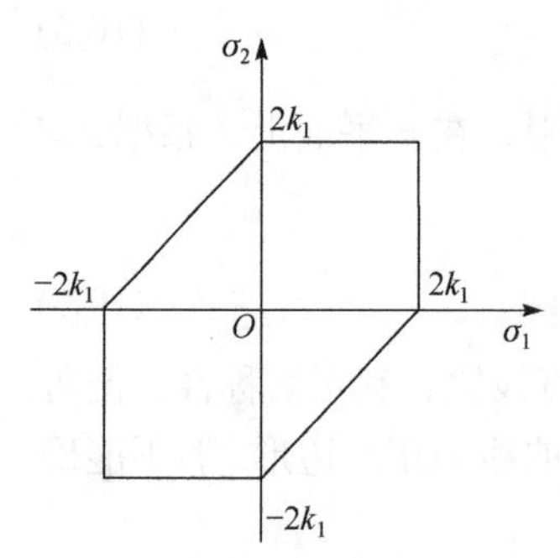

图 10-4 平面应力状态下的特雷斯卡屈服曲面

以上各式中的 k_1 值与材料性质有关，可用简单拉伸实验确定. 根据 $\sigma_1=\sigma_s$，$\sigma_2=\sigma_3=0$，有 $\sigma_1-\sigma_3=\sigma_s$，此时 $k_1=\sigma_s/2$. 若用纯剪切实验确定，根据 $\sigma_1=\tau_s$，$\sigma_2=0$，$\sigma_3=-\tau_s$，则 $\sigma_1-\sigma_3=2\tau_s$，此时 $k_1=\tau_s$. 比较以上两式，可得特雷斯卡屈服准则为

$$\tau_s=\frac{\sigma_s}{2} \tag{10.9}$$

在主方向已知的情况下，用特雷斯卡屈服准则解决问题是比较方便的，因为在一定的范围内，应力之间满足线性关系；在主方向未知的情况下，用特雷斯卡屈服准则就很复杂了.

10.3.2 米泽斯屈服准则

特雷斯卡屈服准则并没有考虑中间主应力的影响，而且屈服线上有角点，数学处理上有困难. 米泽斯克服特雷斯卡屈服面具有角点的缺点，提出了米泽斯屈服准则，即

$$J_2 = k_2^2 \tag{10.10}$$

其中

$$\begin{aligned} J_2 &= \frac{1}{6}\left[\left(\sigma_x - \sigma_y\right)^2 + \left(\sigma_y - \sigma_z\right)^2 + \left(\sigma_z - \sigma_x\right)^2 + 6\left(\tau_{xy}^2 + \tau_{yz}^2 + \tau_{zx}^2\right)\right] \\ &= \frac{1}{6}\left[\left(\sigma_1 - \sigma_2\right)^2 + \left(\sigma_2 - \sigma_3\right)^2 + \left(\sigma_3 - \sigma_1\right)^2\right] \end{aligned}$$

由 $r_\sigma = \sqrt{x^2 + y^2} = \sqrt{\frac{1}{2}(\sigma_1 - \sigma_3)^2 + \frac{1}{6}(2\sigma_2 - \sigma_1 - \sigma_3)^2} = \sqrt{2J_2}$，可得 $r_\sigma = \sqrt{2J_2} = \sqrt{2}k_2$.

米泽斯屈服准则与材料力学中的第四强度理论吻合，米泽斯在 π 平面中的屈服曲线为圆，而在主应力空间中为圆柱面，如图 10-5 所示.

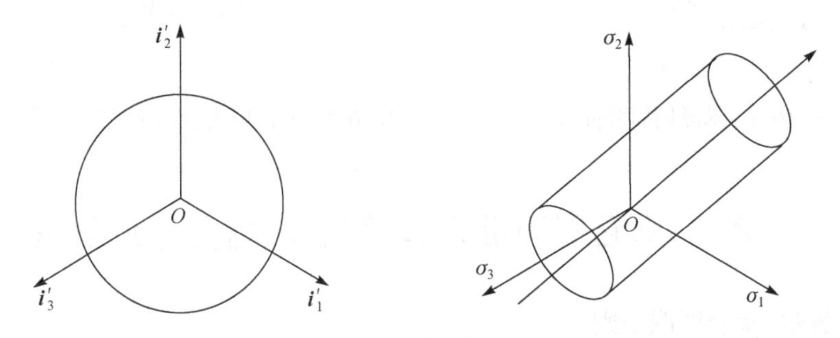

图 10-5 米泽斯屈服面

k_2 值与材料性质有关，可用简单拉伸实验确定. 根据简单拉伸实验有 $\sigma_1 = \sigma_s$，$\sigma_2 = \sigma_3 = 0$，则 $\sigma_1 - \sigma_3 = \sigma_s$，此时 $k_2 = \sigma_s / \sqrt{3}$. 若用纯剪切实验确定，有 $\sigma_1 = \tau_s$，$\sigma_2 = 0$，$\sigma_3 = -\tau_s$，则 $\sigma_1 - \sigma_3 = 2\tau_s$，此时 $k_2 = \tau_s$. 比较以上两式，可得米泽斯屈服准则下的材料拉伸和剪切屈服极限的关系为

$$\sigma_s = \sqrt{3}\tau_s \tag{10.11}$$

讨论：

(1) 若拉伸时特雷斯卡屈服准则与米泽斯屈服准则吻合，则有

$$x = \sqrt{2}k_1 = \sqrt{2}\sigma_s / 2$$

$$r_{\sigma}=\sqrt{2}k_2=\sqrt{2/3}\sigma_{\mathrm{s}}$$

所以有 $x=\sqrt{3}r_{\sigma}/2$，即特雷斯卡正六边形内接于米泽斯圆，如图 10-6 所示.

(2) 若纯剪切时特雷斯卡屈服准则与米泽斯屈服准则相吻合，则有

$$x=\sqrt{2}k_1=\sqrt{2}\tau_{\mathrm{s}}$$

$$r_{\sigma}=\sqrt{2}k_2=\sqrt{2}\tau_{\mathrm{s}}$$

所以有 $x=r_{\sigma}$，即特雷斯卡正六边形外切于米泽斯圆，如图 10-6 所示.

(3) 若为平面应力状态，有 $\sigma_3=0$. 代入式(10.10)，可得 $\sigma_1^2-\sigma_1\sigma_2+\sigma_2^2-3k_2^2=0$，其屈服准则为一个椭圆，如图 10-7 所示.

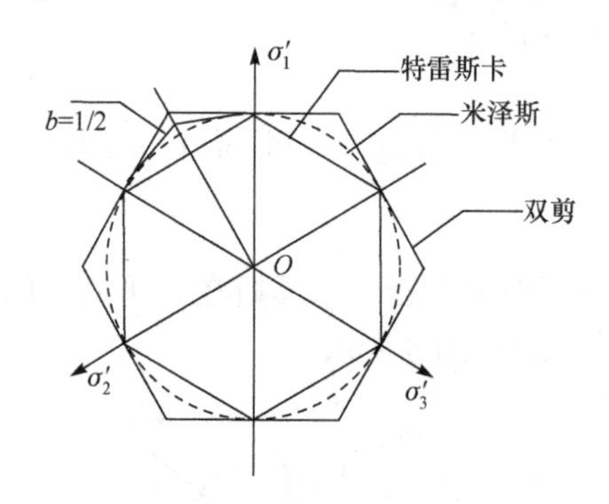

图 10-6　米泽斯屈服曲线

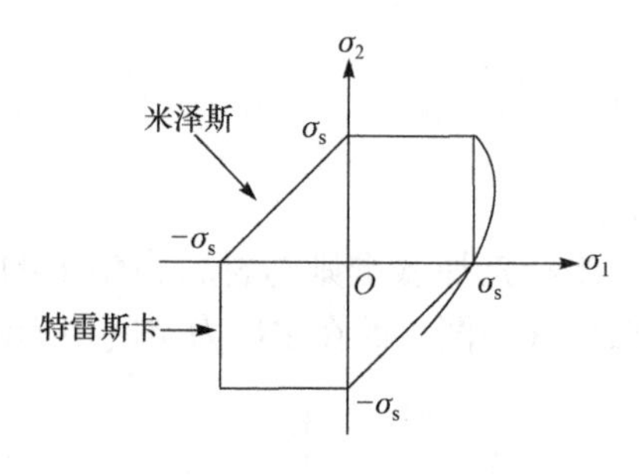

图 10-7　平面应力状态下的米泽斯屈服曲线

10.4　莫尔-库仑屈服准则和德鲁克-普拉格屈服准则

10.4.1　莫尔-库仑屈服准则

1910 年莫尔(O. Mohr)提出材料的破坏是剪切破坏，由库仑公式表示莫尔包线的土体抗剪强度理论称为莫尔-库仑(Mohr-Coulomb)强度理论. 该屈服准则更多的是用来描述岩土材料的力学性质. 库仑认为屈服与静水压力有关，则材料屈服曲面方程为

$$f(I_1,J_2,J_3)=0 \tag{10.12}$$

由土力学可知

$$|\tau_n|+\sigma_n\tan\varphi-c=0 \tag{10.13}$$

式中，φ 为内摩擦角；τ_n 为土的抗剪强度；σ_n 为剪切面上的正应力；c 为黏结力.

由图 10-8 所示的几何条件，可以用主应力来计算剪切面上 B 点的正应力 σ_n 和切应力 τ_n，即

$$\sigma_n = \frac{\sigma_1+\sigma_3}{2} + \frac{\sigma_1-\sigma_3}{2}\sin\varphi \tag{10.14}$$

$$\tau_n = \frac{\sigma_1-\sigma_3}{2}\cos\varphi \tag{10.15}$$

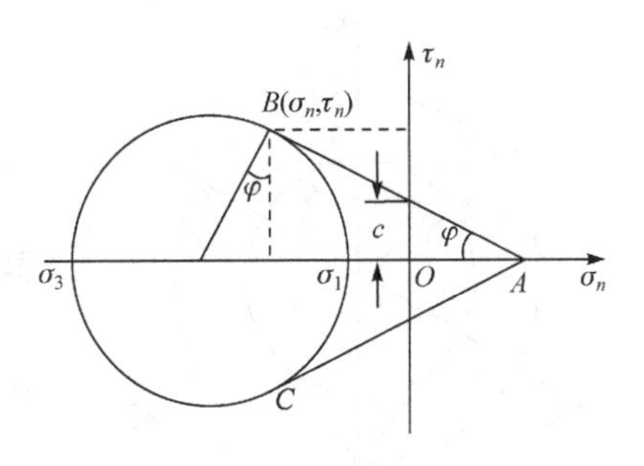

图 10-8 莫尔-库仑屈服准则

将式(10.14)和式(10.15)代入式(10.13)，可得

$$\frac{1}{2}(\sigma_1-\sigma_3) + \frac{1}{2}(\sigma_1+\sigma_3)\sin\varphi - c\cos\varphi = 0 \tag{10.16}$$

考虑岩土材料发生的是剪切破坏，应用平均应力和偏应力可将式(10.16)变换成

$$\frac{1}{2}(S_1-S_3) + \frac{1}{2}(S_1+S_3)\sin\varphi + \sigma_{\mathrm{m}}\sin\varphi - c\cos\varphi = 0 \tag{10.17}$$

由于岩土材料拉伸极限和压缩极限不相等，在 π 平面中丧失了轴的对称性，屈服曲线为非对称的六边形，又因为岩土材料屈服准则与静水压力有关(岩土材料具有压硬性)，所以在三向主应力空间中屈服曲面收缩为一个点，形成一个锥面，莫尔-库仑屈服面是一个非正六棱锥，如图 10-9 所示.

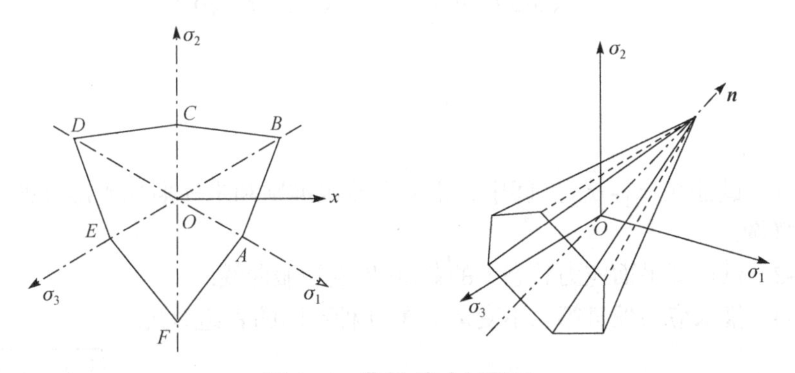

图 10-9 莫尔-库仑屈服面

10.4.2 德鲁克-普拉格屈服准则

德鲁克、普拉格为了改进莫尔-库仑屈服面不光滑、有角点，屈服面法线不连续，曲线存在数学计算问题，于 1952 年提出光滑屈服曲面模型，屈服曲线为莫尔-库仑六边形的内接圆或外接圆，屈服曲面为一圆锥，圆锥顶点与莫尔-库仑六棱锥顶点重合，德鲁克-普拉格屈服曲线如图 10-10 所示.

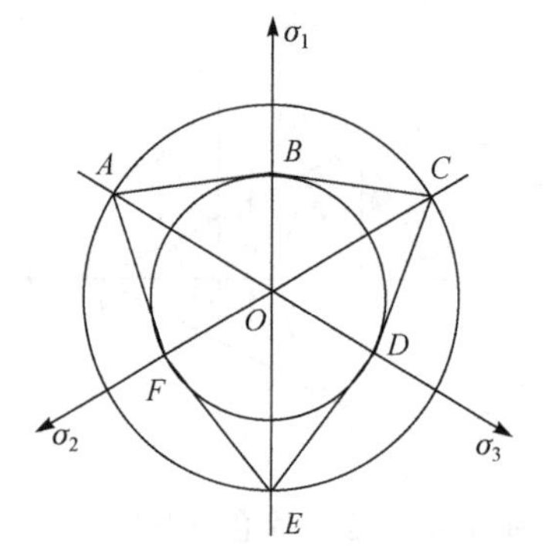

图 10-10 德鲁克-普拉格屈服曲线

在π平面中，德鲁克-普拉格屈服曲线为莫尔-库仑屈服曲线的外接圆，其屈服表达式为

$$f=\alpha I_1+\sqrt{J_2}-k=0 \tag{10.18}$$

其中，α和k为非负的材料参数，与φ和c有关.

当德鲁克-普拉格屈服曲线与莫尔-库仑六棱锥外接时，式(10.18)变换为

$$\alpha I_1+\sqrt{J_2}-k=0 \tag{10.19}$$

式中，α和k的取值为

$$\begin{cases}\alpha=\dfrac{2\sin\varphi}{\sqrt{3}(3-\sin\varphi)}\\ k=\dfrac{6c\cos\varphi}{\sqrt{3}(3-\sin\varphi)}\end{cases} \tag{10.20}$$

当德鲁克-普拉格屈服曲线与莫尔-库仑六棱锥内接时，式(10.18)变换为

$$\alpha I_1+\sqrt{J_2}-k=0 \tag{10.21}$$

式中，α和k的取值为

$$\alpha=\frac{2\sin\varphi}{\sqrt{3}(3+\sin\varphi)},\quad k=\frac{6c\cos\varphi}{\sqrt{3}(3+\sin\varphi)} \tag{10.22}$$

习 题

10-1 试证在σ_{11}-σ_{12}空间中特雷斯卡屈服准则和米泽斯屈服准则的屈服曲线均为椭圆.

10-2 试计算平面应力状态下的莫尔-库仑屈服曲线.

10-3 推求应力偏量第二不变量J_2的几种不同的表达形式.

10-4 若$\sigma_1\geqslant\sigma_2\geqslant\sigma_3$及$\mu_\sigma=\dfrac{2\sigma_2-\sigma_1-\sigma_3}{\sigma_1-\sigma_3}$，试证明$\dfrac{\tau_8}{\tau_{\max}}=\dfrac{\sqrt{2\left(3+\mu_\sigma^2\right)}}{3}$，而此值介于0.816～0.943.

10-5 设有厚度为h、平均半径为R的薄管，承受轴向拉力P和扭转力偶矩M作用，试求此时的应力洛德参数μ_σ.

10-6 设S_1、S_2、S_3为应力偏量，试证明用应力偏量表示米泽斯屈服准则

时，其形式为 $\sqrt{\frac{3}{2}\left(S_1^2+S_2^2+S_3^2\right)}=\sigma_s$.

10-7 试用应力不变量 I_1 和 I_2 表示米泽斯屈服准则.

10-8 试用应力洛德参数 μ_σ 表达米泽斯屈服准则.

10-9 物体中某点的应力状态为 $\begin{bmatrix} -100 & 0 & 0 \\ 0 & -200 & 0 \\ 0 & 0 & -300 \end{bmatrix}$ (MPa)，该物体在单向拉伸时 $\sigma_s=190\text{MPa}$ ，试用米泽斯屈服准则和特雷斯卡屈服准则分别判断该点是处于弹性状态还是塑性状态，如主应力方向均作相反的改变(即同值异号)，则对被研究点所处状态的判断有无变化?

10-10 已知薄壁圆球，其半径为 r_0，厚度为 t_0，受内压 p 的作用，如采用特雷斯卡屈服准则，试求内壁开始屈服时的内压 p 值.

第11章

塑性本构关系

塑性力学与连续介质力学其他分支的主要区别就在于本构关系不同，本构关系的建立不仅是塑性力学的基础，而且也是塑性力学的重要研究课题之一. 弹塑性体的本构关系是基于小变形假设和忽略应变率大小(或黏性效应)条件下建立的. 任何与时间呈单调递增关系的参数都可作为变形过程的时间参数，由此得到的本构关系将会简化. 在德鲁克(D. C. Drucker)公设基础上，可以导出屈服面的一个重要而普遍的几何性质，即屈服面必定是外凸的. 而且根据这个假设，可以建立材料在塑性状态下的塑性变形规律，即塑性本构关系.

迄今为止，描述塑性状态下本构关系的理论可分为两大类：一类是增量理论，它建立了应力与应变增量的关系；另一类是全量理论，它建立了应力与应变全量的关系.

11.1 概　　述

为了建立塑性本构关系，需要考虑初始屈服准则，根据屈服准则可以判断塑性变形是从何时开始的，以及划分塑性区和弹性区的范围，以便分别采用不同的本构关系来分析. 初始屈服曲面和后继屈服曲面遵循相关联的流动法则，由此可建立应力和应变间的定性关系. 确定材料硬化特性的硬化条件，即后继屈服准则函数，在增量理论中有了这个条件才能确定增量间的定量关系.

下面将介绍一下关于材料强化的假设——杜拉克公设. 在这个公设的基础上，可以导出屈服面的普遍几何性质，即屈服面必定是外凸的，而且在此假设下建立材料塑性状态的塑性变形规律，即塑性本构关系.

1. 稳定材料和不稳定材料

材料的拉伸应力-应变曲线有可能呈图 11-1 所示的 2 种情况，根据材料的变形特点给出稳定材料和不稳定材料的定义.

如图 11-1(a)所示，随着加载，应力增量 $\mathrm{d}\sigma > 0$ 时，产生相应的应变增量 $\mathrm{d}\varepsilon > 0$ 的材料是硬化的. 在这个变形过程中，$\mathrm{d}\sigma \cdot \mathrm{d}\varepsilon > 0$，表明附加应力 $\mathrm{d}\sigma$ 在应变增量

$d\varepsilon$ 上做正功，具有这种特性的材料称为稳定材料或硬化材料. 如图 11-1(b)所示，材料应力-应变曲线在 D 点以后有一段是下降的，随着应变增加 $d\varepsilon>0$，但应力减小 $d\sigma<0$. 此时，虽然总的应力仍做正功，但应力增量做负功，即 $d\sigma\cdot d\varepsilon<0$，这样的材料称为不稳定材料或软化材料，曲线下降部分为软化阶段.

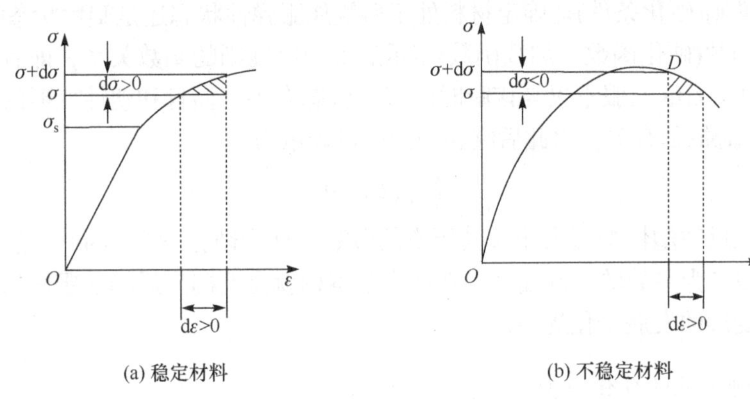

图 11-1　材料拉伸时应力-应变曲线

2. 后继屈服准则

在单向拉伸的情况下，当材料进入塑性状态后，此后再重新加载，拉伸应力和应变的变化仍服从弹性关系，直至应力到达卸载前曾经达到的最高应力点时，材料才再次进入塑性状态，产生新的塑性变形. 这个应力点就是材料经过塑性变形后新的屈服点. 由于材料的硬化特性,它比初始的屈服点高. 为了和初始屈服点相区别，将它称为**后继屈服点**或**硬化点**. 在复杂应力状态下，材料也有初始屈服和后继屈服问题.

在复杂应力状态下，由于会有各种应力状态的组合能达到初始屈服或后继屈服，在应力空间中这些应力点集合而成的面就是**初始屈服面**或**后继屈服面**.

如图 11-2 所示，当代表应力状态的应力点由点 O 移至初始屈服面 Σ_0 上一点 A，材料开始屈服. 当荷载的变化使应力点突破初始屈服面而达到邻近的后继屈服面 Σ_1 的 B 点时，由于加载，材料产生新的塑性变形. 若由 B 点卸载，应力点退回到后继屈服面内而进入后继弹性状态；若再重新加载，当应力点重新达到卸载开始时曾经达到过的后继屈服面 Σ_1 上的某点 C (C 点不一定与 B 点重合)时，重新进入塑性状态，继续加载，应力点又会突破原来的后继屈

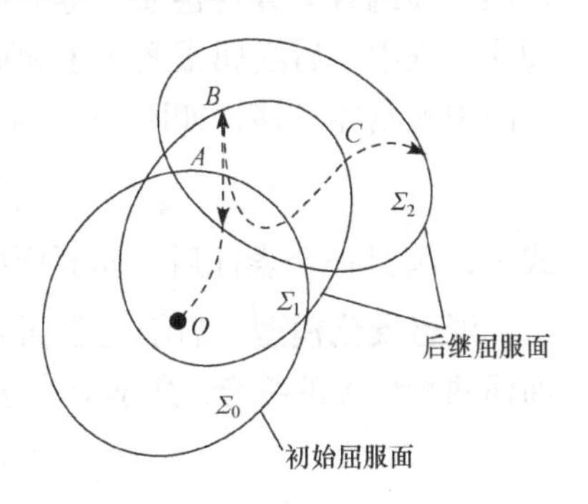

图 11-2　初始屈服和后继屈服面

服面Σ_1而达到另一个相邻近的后继屈服面Σ_2.

若是理想弹塑性材料，后继屈服面是和初始屈服面重合的，对于硬化材料，由于硬化效应，两者是不重合的. 随着塑性变形的不断发展，后继屈服面是不断变化的，所以又将后继屈服面称为硬化面或加载面，它是后继弹性阶段的界限面. 后继屈服准则(硬化条件)是确定材料处于后继屈服弹性状态还是塑性状态的准则. 后继屈服函数(硬化函数、加载函数)表示后继屈服准则的函数关系，即后继屈服面方程. 由于后继屈服不仅与该瞬时的应力状态有关，而且和塑性变形的大小及其历史(加载路径)有关，因此后继屈服准则可表示为

$$f\left(\sigma_{ij},\xi\right)=0 \tag{11.1}$$

式中，ξ是反映塑性变形大小及其历史的参数，称为硬化参数. 因此，后继屈服曲面就是以ξ为参数的一族曲面，塑性力学本构就是要确定后继屈服面的形状及其随塑性变形的发展变化规律.

3. 几种常见的硬化模型

由于后继屈服的问题是一个复杂的问题，不易用实验的方法来完全确定后继屈服函数f的具体形式，特别是随着塑性变形的增长，材料的各向异性效应更加显著，问题变得更加复杂. 通常从实验出发做一些假定来建立一些简化模型，并由此给出硬化条件. 下面介绍几种常用的模型及其相应的硬化条件.

等向硬化模型 加载面形状和中心位置都不变，只有大小变化，即在应力空间中做形状相似的扩大，如图 11-3 所示. 等向硬化面用数学式表达为

$$f\left(\sigma_{ij}\right)+k(\xi)=0 \tag{11.2}$$

式中，$k(\xi)$是硬化函数.

随动硬化模型 当塑性变形较大，特别是应力反复循环变化时，金属材料表现出明显的各向异性性质，等向硬化模型不再适用. 在复杂应力状态下，认为在硬化过程中，后继屈服面大小和形状不变，只是中心移动，即后继屈服面在应力空间中做刚体平移，如图 11-4 所示. 后继屈服准则用数学式表达为

$$f\left(\sigma_{ij}-b_{ij}\right)-k=0 \tag{11.3}$$

式中，b_{ij}是一个表征后继屈服面中心移动的二阶对称张量；k为材料常数.

混合硬化模型 后继屈服面大小、形状和中心位置都随加载过程改变，它是前面两种情况的综合. 数学上表达式为

$$f\left(\sigma_{ij}-\alpha_{ij}\right)-k(\xi)=0 \tag{11.4}$$

式中，$k(\xi)$值与随动硬化模型不同的是，它随着塑性变形历史而变化.

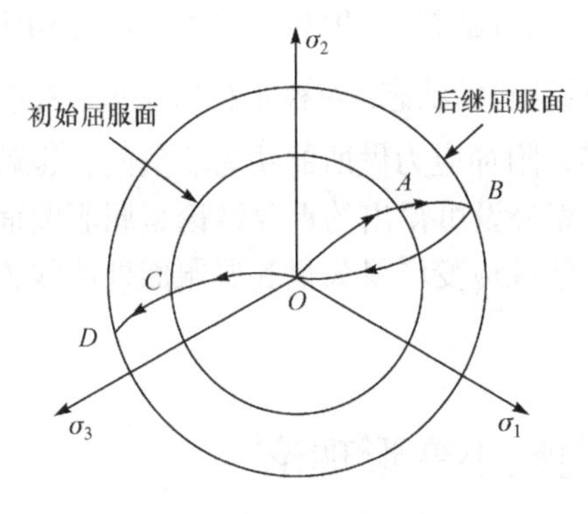

图 11-3　等向硬化模型

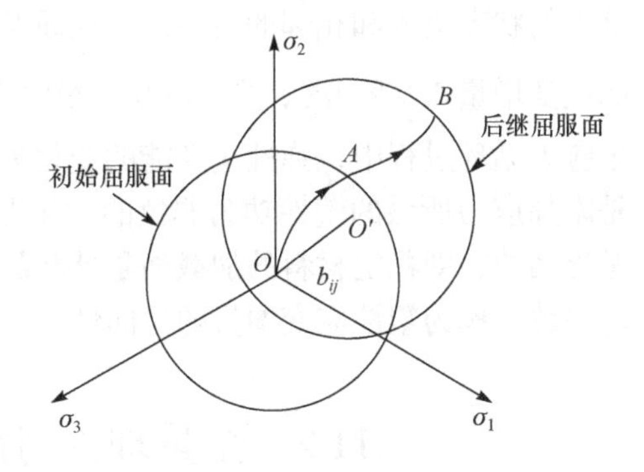

图 11-4　随动硬化模型

4. 杜拉克公设

由稳定材料的拉伸曲线可知，材料在应力状态 σ_{ij}^0 下处于平衡，在材料上施加附加力，使应力达到 σ_{ij} ，开始发生塑性变形. 继续加载至 $\sigma_{ij}+\mathrm{d}\sigma_{ij}$ ，在这期间，将产生塑性应变增量 $\mathrm{d}\varepsilon_{ij}^{\mathrm{p}}$. 最后，将应力又卸回到 σ_{ij}^0 ，完成应力循环，如图 11-5 所示.

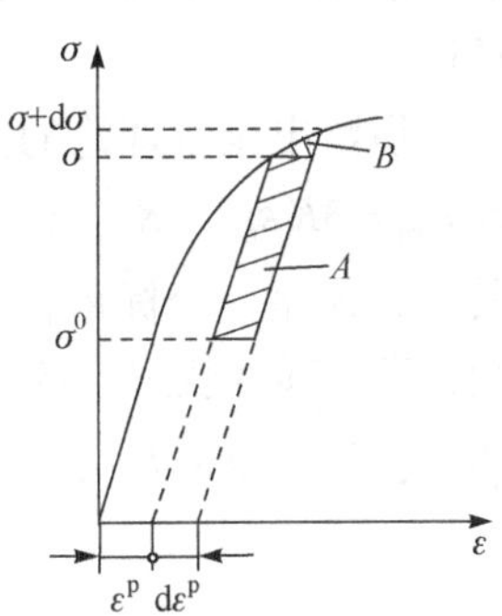

图 11-5　材料加载过程曲线

在这个应力循环中，虽然应力回到了原来的水平，但是变形不会回到原来的水平上. 在应力循环中，由于加载阶段产生的弹性应变在卸载阶段可以恢复，相应的弹性应变能也可完全释放，当增加的塑性应变不可恢复而被保留时，消耗这部分塑性应变增量的应变功是不可逆的，将恒大于零. 如果在应力循环过程中，塑性应变增量的应变功可以分为图中所示 A (平行四边形)、B (三角形)两部分. 结合热力学第一定律，推广于一般应力状态的加载过程，美国力学家杜拉克就稳定材料的这一性质，提出了一个关于稳定材料塑性功不可逆的公设，称为杜拉克公设. 根据杜拉克公设，可得

$$(\sigma_{ij}-\sigma_{ij}^0)\mathrm{d}\varepsilon_{ij}^{\mathrm{p}}\geqslant 0 \tag{11.5}$$

$$\mathrm{d}\sigma_{ij}\mathrm{d}\varepsilon_{ij}^{\mathrm{p}}\geqslant 0 \tag{11.6}$$

式(11.6)适用于理想塑性材料. 根据杜拉克公设可以得出，物体内某一点经历任意应力历史后，在某一后继屈服面内某一应力状态 σ_{ij}^0 下处于平衡状态，然后对物体加载，使该点正好进入相应的屈服应力状态，此时再继续施加一个微小荷载，

该点的状态进入和相邻的另一个后继屈服面上，此时将产生和应力增量 $\mathrm{d}\sigma_{ij}$ 相应的应变增量 $\mathrm{d}\varepsilon_{ij}^{\mathrm{e}}$ 和 $\mathrm{d}\varepsilon_{ij}^{\mathrm{p}}$，然后以某一线路恢复到起始状态. 对稳定材料来说，在整个应力循环过程中，弹性应变能的变化为零，附加应力做所的功为非负的，也就是附加应力所做的塑性功为非负的. 由杜拉克公设可得出的重要结论是屈服曲面是外凸的，即稳定材料的加载面是外凸的，塑性应变增量矢量和屈服面外法线方向一致，称为塑性应变增量的法向性.

11.2 全量理论-弹塑性小变形理论

全量理论认为应力和应变之间存在对应关系，由应力 σ_{ij} 和应变的终值(全量) ε_{ij} 建立起来的塑性本构方程称为**全量理论**. 全量理论与增量理论是平行发展起来的，首先是亨基于 1924 年建立了理想弹塑性材料的全量理论；随后纳达依于 1937 年提出了刚塑性材料大变形条件下的全量理论；苏联的伊留申于 1943 年更系统地提出了弹塑性材料小变形条件下的全量理论. 本节重点介绍伊留申全量理论.

伊留申全量理论的基本假定是物体是各向同性的，体积改变服从弹性定律，即 $\sigma_{\mathrm{m}}=3K\varepsilon_{\mathrm{m}}$， $K=E/3(1-2\nu)$. 偏应力张量与偏应变张量成正比，即 $e_{ij}=\psi S_{ij}$. 其中，ψ 是一个标量，它是应力张量和应变张量不变量的待定函数. 如果 ψ 取常数，可得弹性状态下的应力应变关系，即胡克定律. 应力-应变曲线符合单一曲线假定，并呈幂函数分布，即 $\sigma_i=A\varepsilon_i^n$，将 $e_{ij}=\psi S_{ij}$ 两边自乘后开方，可得

$$\psi=\frac{3\varepsilon_i}{2\sigma_i}=\frac{\Gamma}{2T} \tag{11.7}$$

式中，$\sigma_i=\sqrt{\frac{3}{2}S_{ij}S_{ij}}$，$\varepsilon_i=\sqrt{\frac{2}{3}e_{ij}e_{ij}}$，$T=\frac{\sigma_i}{\sqrt{3}}$，$\Gamma=\sqrt{3}\varepsilon_i$，分别为应力强度、应变强度、剪应力强度和剪应变强度.

应力应变关系可表示为

$$\begin{cases} S_{ij}=\dfrac{2}{3}\dfrac{\sigma_i(\varepsilon_i)}{\varepsilon_i}e_{ij} \quad \text{或} \quad S_{ij}=\dfrac{2T}{\Gamma}e_{ij} \\ \sigma_{kk}=\dfrac{E}{1-2\nu}\varepsilon_{kk} \end{cases} \tag{11.8}$$

全量理论方程最大的特点可描述为：在整个加载路径中若不考虑卸载发生，它给出了应力应变之间存在一一对应关系，这就相当于非线性弹性应力-应变关

系. 用全量理论求解问题时，不必按照增量理论考虑加载历史，这给解题带来了极大的方便.

11.3　塑性流动法则

在加载过程中会产生塑性应变，为了得到弹塑性变形的应力-应变关系，需要知道塑性应变增量 $\mathrm{d}\varepsilon_{ij}^{\mathrm{p}}$ 的方向和大小，以及各应变分量之间的数量关系及应力增量 $\mathrm{d}\sigma_{ij}$ 的关系. 1928 年，由米泽斯提出的流动法则给出了 $\mathrm{d}\varepsilon_{ij}^{\mathrm{p}}$ 各分量之间的关系，并指明加载过程中应变增量的变化方向. 引入塑性势函数 g ，并规定流动法则为

$$\mathrm{d}\varepsilon_{ij}^{\mathrm{p}} = \mathrm{d}\lambda \frac{\partial g}{\partial \sigma_{ij}} \tag{11.9}$$

式中，$\mathrm{d}\lambda$ 为一个为非负的比例系数，是一个标量，它只规定塑性应变增量的长度或大小；梯度 $\dfrac{\partial g}{\partial \sigma_{ij}}$ 完全给出了塑性应变增量的方向，即势能面 $g=0$ 在当前应力点的外法线方向.

对于服从杜拉克公设的稳定材料，应取塑性势能面与屈服函数有相同的形状，屈服面即等势面($g=f$)，那么流动法则与屈服函数相关联，称为**关联流动法则**，或**正交流动法则**. 若 $g \neq f$ ，则称为**非关联流动法则**. 在非关联流动法则下，塑性应变增量与屈服曲面不正交. 非稳定材料，如岩土材料的塑性本构关系一般认为服从非关联流动法则. 关联流动法则又称为正交流动法则，即

$$\mathrm{d}\varepsilon_{ij}^{\mathrm{p}} = \mathrm{d}\lambda \frac{\partial f}{\partial \sigma_{ij}} \tag{11.10}$$

关联流动法则规定，塑性应变增量总是沿着当前屈服面的外法线方向，这便是塑性势理论的基础，此式也是正交流动法则的表达式.

11.4　理想刚塑性材料的增量理论

塑性本构关系与弹性本构关系的最大区别在于应力与应变之间一般不存在一一对应的关系，只能建立应力与应变增量之间的关系，这种用增量形式表示的塑性本构关系称为**增量理论**或**流动理论**.

11.4.1　莱维-米泽斯增量理论

莱维-米泽斯增量理论有如下假设：材料是刚塑性的，弹性应变增量为零；对理想刚塑性体，符合米泽斯屈服准则，即简单拉伸实验有 $J_2' = k_2^2 = (\sigma_{\mathrm{s}} / \sqrt{3})^2$ ，又

$\sigma_i=\sqrt{3J_2'}$，则有 $\sigma_i=\sigma_s$. 塑性变形时体积不变，即塑性应变增量的偏量等于塑性应变增量的全量，$\mathrm{d}e_{ij}^{\mathrm{p}}=\mathrm{d}\varepsilon_{ij}^{\mathrm{p}}$. 应力主轴与应变增量主轴重合，应力偏量与对应的应变增量成正比，如引入比例系数 $\mathrm{d}\lambda$，则有

$$\mathrm{d}\varepsilon_{ij}^{\mathrm{p}}=S_{ij}\mathrm{d}\lambda \tag{11.11}$$

式中，$\mathrm{d}\lambda$ 是一个瞬时的非负的比例系数，在塑性变形中它是变化的.

将 $\mathrm{d}\varepsilon_{ij}^{\mathrm{p}}=S_{ij}\mathrm{d}\lambda$ 表达成直角坐标分量式，为

$$\begin{cases}\mathrm{d}\varepsilon_x^{\mathrm{p}}=S_x\mathrm{d}\lambda, & \mathrm{d}\gamma_{xy}^{\mathrm{p}}=2\tau_{xy}\mathrm{d}\lambda\\ \mathrm{d}\varepsilon_y^{\mathrm{p}}=S_y\mathrm{d}\lambda, & \mathrm{d}\gamma_{yz}^{\mathrm{p}}=2\tau_{yz}\mathrm{d}\lambda\\ \mathrm{d}\varepsilon_z^{\mathrm{p}}=S_z\mathrm{d}\lambda, & \mathrm{d}\gamma_{zx}^{\mathrm{p}}=2\tau_{zx}\mathrm{d}\lambda\end{cases} \tag{11.12}$$

或

$$\begin{cases}\dfrac{\mathrm{d}\varepsilon_x^{\mathrm{p}}-\mathrm{d}\varepsilon_y^{\mathrm{p}}}{\sigma_x-\sigma_y}=\dfrac{\mathrm{d}\varepsilon_y^{\mathrm{p}}-\mathrm{d}\varepsilon_z^{\mathrm{p}}}{\sigma_y-\sigma_z}=\dfrac{\mathrm{d}\varepsilon_z^{\mathrm{p}}-\mathrm{d}\varepsilon_x^{\mathrm{p}}}{\sigma_z-\sigma_x}\\ \dfrac{\mathrm{d}\gamma_{xy}^{\mathrm{p}}}{2\tau_{xy}}=\dfrac{\mathrm{d}\gamma_{yz}^{\mathrm{p}}}{2\tau_{yz}}=\dfrac{\mathrm{d}\gamma_{zx}^{\mathrm{p}}}{2\tau_{zx}}=\mathrm{d}\lambda\end{cases} \tag{11.13}$$

以上两式是莱维-米泽斯增量理论常用的两种形式. $\mathrm{d}\lambda$ 是塑性变形中某瞬时由 ε_i 和 σ_i 确定的数值，对于理想刚塑性材料，有 $\sigma_i=\sigma_s$，将式(11.13)中的分子和分母分别平方后再相加可以计算出 $\mathrm{d}\lambda$ 的定量表达式，即

$$\mathrm{d}\lambda=\frac{3}{2}\frac{\mathrm{d}\varepsilon_i^{\mathrm{p}}}{\sigma_s} \tag{11.14}$$

11.4.2 普朗特-罗伊斯增量理论

在莱维-米泽斯增量理论的基础上，1924 年和 1930 年分别由普朗特和罗伊斯建立了另一个增量理论. 该增量理论是针对理想弹塑性材料建立的，并认为小弹塑性变形时，即弹性应变与塑性应变相比属同一数量级，弹性应变不能忽略，本构方程中应当计入弹性应变部分.

将总的偏应变增量 $\mathrm{d}e_{ij}$ 分成弹性与塑性两部分，即

$$\mathrm{d}e_{ij}=\mathrm{d}e_{ij}^{\mathrm{e}}+\mathrm{d}e_{ij}^{\mathrm{p}} \tag{11.15}$$

式中，$\mathrm{d}e_{ij}^{\mathrm{e}}$ 可由式 $e_{ij}^{\mathrm{e}}=\dfrac{1}{2G}S_{ij}$ 微分求得；$\mathrm{d}e_{ij}^{\mathrm{p}}$ 使用 $\mathrm{d}e_{ij}^{\mathrm{p}}=S_{ij}\mathrm{d}\lambda$ (莱维-米泽斯增量理论)求得，这样，式(11.15)可写为

$$de_{ij} = \frac{1}{2G} dS_{ij} + d\lambda \cdot S_{ij} \tag{11.16}$$

式(11.16)即普朗特-罗伊斯增量理论方程. 因此从某种意义上说，普朗特-罗伊斯增量理论方程是莱维-米泽斯增量理论的修正和推广. 将式(11.14)代入式(11.16)，可得到普朗特-罗伊斯增量理论方程的定量表达式，即

$$de_{ij} = \frac{1}{2G} dS_{ij} + \frac{3}{2} \frac{d\varepsilon_i^p}{\sigma_s} S_{ij} \tag{11.17}$$

11.5 全量理论与增量理论的比校

1. 全量理论与增量理论的一致性

全量理论在整个加载接近比例加载，而且不考虑卸载发生，应力应变之间存在一一对应关系，使用全量理论求解问题时带来了极大的方便，但只是适用于简单加载. 增量理论的本构关系是与路径相关的，求应变必须按加载路径积分，求解一般加载问题时比较合理. 因此，在简单加载条件下，增量理论与全量理论是等价的. 简单加载路径在 π 平面上可表示为 $\theta_\sigma = \text{const}$ 的射线. 对于莱维-米泽斯增量理论条件，不论强化模型如何，加载路径始终沿半径方向，即 $d\varepsilon_{ij}^p$ 沿 r_σ 的方向. 而 r_σ 的方向由 S_{ij} 表示，则 $d\varepsilon_{ij}^p = d\lambda \cdot S_{ij}$，加入弹性应变增量，即

$$de_{ij} = \frac{1}{2G} dS_{ij} + d\lambda \cdot S_{ij}, \quad d\varepsilon_{kk} = \frac{1-2\nu}{E} d\sigma_{kk} \tag{11.18}$$

此即理想弹塑性材料的普朗特-罗伊斯关系. 可见在简单加载条件下增量理论与全量理论是等价的.

2. 全量理论与增量理论的相异性

增量理论满足正交流动法则，即塑性应变增量与屈服面正交，全量理论不满足正交流动法则. 增量理论中塑性应变增量随应力增量的变化是连续的，而全量理论不满足这种连续性. 增量理论可以用于反向屈服的情况，而全量理论不能.

综上所述，全量理论在理论上有严重的缺点，由于它在简单加载情况下给出与增量理论相同的结果，所以严格地说，全量理论只有在简单加载情况下可以使用，但通常认为，全量理论在接近比例加载中也可以近似地使用，这样造成的误差有时并不大，如屈曲分析.

11.6 塑性势理论

前面介绍的几种塑性本构关系是一般通用的理论，在此应用塑性势的概念讨论屈服和塑性流动的问题. 在弹性力学中，应变和弹性应变比能有如下关系：

$$\varepsilon_{ij}=\frac{\partial V_0(\sigma_{ij})}{\partial \sigma_{ij}} \tag{11.19}$$

式中，$V_0(\sigma_{ij})$ 是弹性应变比能. 对理想弹性体，它是正定的势函数，称为弹性势. $V_0(\sigma_{ij})=C$ 是应力空间中的一个等势面，则上式可以理解为应变矢量的方向与弹性势的梯度方向相同，即与等势面的外法向一致. 类似于弹性势，米泽斯提出了塑性势理论. 如果引进塑性势函数 g，由于塑性变形的特点，函数 g 不仅和应力状态有关，而且与加载历史有关，在此用一个强化参数 K 表示加载历史，则塑性势函数可表示为 $g=g(\sigma_{ij},K)$，类似于弹性状态，有

$$\mathrm{d}\varepsilon_{ij}^{\mathrm{p}}=\mathrm{d}\lambda\frac{\partial g}{\partial \sigma_{ij}} \tag{11.20}$$

式中，$\mathrm{d}\lambda$ 是一个非负的比例系数. 如果令 $g=C$ (常数)，它在应力空间中表示的面就是等势面. 上式即表示塑性应变增量矢量的方向与塑性势的梯度方向相同，即与等势面的外法向一致. 在杜拉克公设成立的前提下，显然可取屈服函数 f 作为塑性势函数 g，即屈服面与塑性势面重合，$g=f$，则有

$$\mathrm{d}\varepsilon_{ij}^{\mathrm{p}}=\mathrm{d}\lambda\frac{\partial f}{\partial \sigma_{ij}} \tag{11.21}$$

这样将屈服准则和塑性本构关系联系起来考虑，所得到的流动法则称为与屈服准则相关联的流动法则.

1. 米泽斯屈服流动法则

米泽斯屈服准则可表示为：$f=J_2-k^2$. 式中，J_2 为应力偏量第二不变量，即

$$J_2=\frac{1}{6}\left[\left(\sigma_x-\sigma_y\right)^2+\left(\sigma_y-\sigma_z\right)^2+\left(\sigma_z-\sigma_x\right)^2+6\left(\tau_{xy}^2+\tau_{yz}^2+\tau_{zx}^2\right)\right]$$

k 为材料的剪切屈服极限. 将 f 表达式代入式(11.21)，可得

$$\mathrm{d}\varepsilon_{ij}^{\mathrm{p}}=\mathrm{d}\lambda\frac{\partial f}{\partial \sigma_{ij}}=\mathrm{d}\lambda\frac{\partial J_2}{\partial \sigma_{ij}}=\mathrm{d}\lambda\cdot S_{ij} \tag{11.22}$$

上式为不计弹性变形的莱维-米泽斯本构方程. 若计入弹性变形，由广义胡克定律

得 $\mathrm{d}e_{ij}^{\mathrm{e}}=\dfrac{1}{2G}\mathrm{d}\lambda\cdot S_{ij}$，再利用 $\mathrm{d}\varepsilon_{ij}^{\mathrm{p}}=\mathrm{d}e_{ij}^{\mathrm{p}}$ 的关系得普朗特–罗伊斯本构方程为

$$\mathrm{d}e_{ij}=\mathrm{d}e_{ij}^{\mathrm{e}}+\mathrm{d}e_{ij}^{\mathrm{p}}=\frac{1}{2G}\mathrm{d}\lambda\cdot S_{ij}+\mathrm{d}\lambda\cdot S_{ij} \tag{11.23}$$

2. 特雷斯卡流动法则

按塑性势理论屈服函数连续可微才可作为势函数，后来又提出了广义势函数概念，从而解决了将特雷斯卡屈服准则作为势函数的问题. 在主应力空间，特雷斯卡屈服面由六个平面组成，即

$$\begin{aligned}
&f_1=\sigma_2-\sigma_3-\sigma_{\mathrm{s}}=0, \quad f_2=-\sigma_3+\sigma_1-\sigma_{\mathrm{s}}=0\\
&f_3=\sigma_1-\sigma_2-\sigma_{\mathrm{s}}=0, \quad f_4=-\sigma_2+\sigma_3-\sigma_{\mathrm{s}}=0\\
&f_5=\sigma_3-\sigma_1-\sigma_{\mathrm{s}}=0, \quad f_6=-\sigma_1+\sigma_2-\sigma_{\mathrm{s}}=0
\end{aligned} \tag{11.24}$$

以 AB 面为例，当应力点处在 AB 面上时(图 11-6)，相应的塑性势函数 $f_1=0$，代入式(11.21)，可得

$$\begin{aligned}
\mathrm{d}\varepsilon_1^{\mathrm{p}}&=\mathrm{d}\lambda_1\frac{\partial f_1}{\partial\sigma_1}=\mathrm{d}\lambda_1\\
\mathrm{d}\varepsilon_2^{\mathrm{p}}&=\mathrm{d}\lambda_1\frac{\partial f_1}{\partial\sigma_2}=-\mathrm{d}\lambda_1\\
\mathrm{d}\varepsilon_3^{\mathrm{p}}&=\mathrm{d}\lambda_1\frac{\partial f_1}{\partial\sigma_3}=0
\end{aligned} \tag{11.25}$$

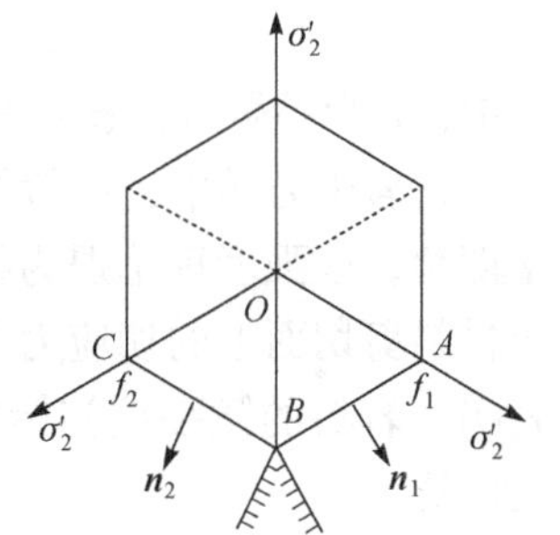

图 11-6　与特雷斯卡屈服准则相关联的流动法则

AB 面上的流动法则为

$$\mathrm{d}\varepsilon_1^{\mathrm{p}}:\mathrm{d}\varepsilon_2^{\mathrm{p}}:\mathrm{d}\varepsilon_3^{\mathrm{p}}=1:-1:0 \tag{11.26}$$

同理可分析 BC 面上的流动法则，对于其他面边和交点的塑性应变增量及其方向可类似地得出. 在交点处的塑性应变增量方向，将根据周围单元对它的约束来确定，特雷斯卡屈服准则相关联的流动法则除在一些特殊问题中应用外，一般较少采用.

11.7　岩土力学中的库仑剪切破坏条件和流动法则

金属材料讨论屈服准则时，都假定静水压力不影响材料的屈服，并假定在单向应力状态时拉伸与压缩的屈服极限相等. 当静水压力不很大时，这些假定对金属材料及饱和土符合实验结果，因而这时屈服函数与 $I=\sigma_1+\sigma_2+\sigma_3$ 无关，屈服

函数可取$f\left(J_2, J_3\right)=0$的形式. 然而，对于一般的岩土材料，随着静水压力的增加，岩土材料因剪切滑动而破坏时屈服函数必须包含静水应力的因素，这时屈服准则应为

$$F(\sigma_1, \sigma_2, \sigma_3)=0 \quad 或 \quad f(I_1, I_2, I_3)=0 \tag{11.27}$$

莫尔强度理论认为，当一点处某一截面上的剪应力达到极限值τ_n时，材料就沿该截面发生滑动. 但库仑摩擦定律中的摩擦力τ_n并不是一个常数，而且与滑动面上的正应力σ_n有关，滑动面上的极限剪应力可以表示为该面上正应力的函数，其一般形式为

$$\left|\tau_n\right|=g(\sigma_n) \tag{11.28}$$

由试验可确定各种应力状态下在σ-τ平面上做出相应的极限应力圆，如图 11-7 所示. 式(11.28)就是图中应力圆的包络线方程. 随着静水压力的增加(应力圆左移)，φ逐渐减小. 采用简化的模型，假定φ为常数，包络线简化为图 11-8 中的两条直线. 由图 11-8 可得库仑剪切破坏条件为

$$\tau_n = c-\sigma_n \tan\varphi \tag{11.29}$$

式中，c为黏聚力；φ为内摩擦角，不同岩土的c和φ值可参考有关书籍.

在岩土力学中，一般规定压应力为正，公式中的符号变为正号. 若材料无内摩擦角，该强度理论退为特雷斯卡屈服准则，常数c退为纯剪切屈服应力. 当岩土材料剪切面上的切应力和正应力满足式(11.29)时，材料将发生剪切破坏. 实验表明，岩石的微裂纹初始破坏符合此情况，因此该强度条件在岩土力学中应用极广泛.

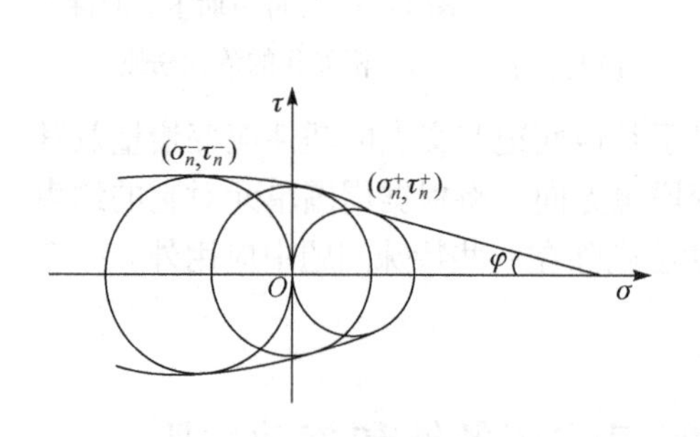

图 11-7 莫尔强度理论

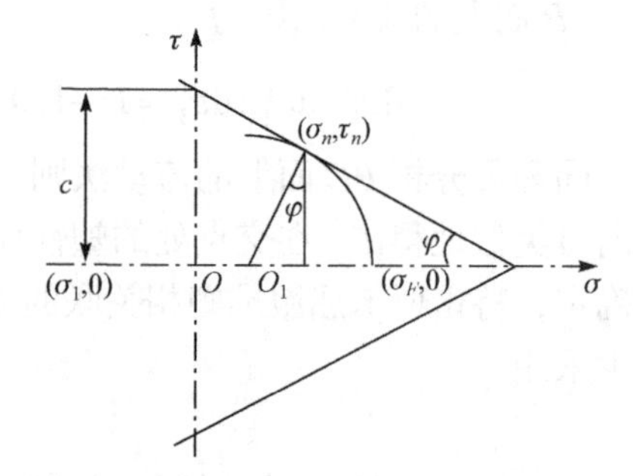

图 11-8 库仑剪切破坏条件

在一般应力状态下，库仑剪切破坏条件是考虑静水应力影响的米泽斯屈服准则的推广形式，将米泽斯屈服准则$\sqrt{J_2}-\tau_s=0$加入静水应力因子，即

$$f=\alpha I_1+\sqrt{J_2}-\tau_s=0 \tag{11.30}$$

式中，α、τ_s均为正的常数，随着静水压力的增加($I_1<0$)，应用塑性流动法则，代入米泽斯屈服流动法则(11.22)，在π平面上米泽斯屈服圆的半径在扩大，采用相关流动法则，应力主轴与塑性应变增量主轴一致，在平面应变条件下库仑屈服准则与实验基本一致，由此可以定出α、τ_s与c、φ的关系为

$$\alpha=\tan\varphi/\left(9+12\tan^2\varphi\right)^{1/2}$$

$$\tau_s=3c/\left(9+12\tan^2\varphi\right)^{1/2} \tag{11.31}$$

按照塑性势理论屈服准则相关联的流动法则得一般坐标系下的库仑塑性应变增量的流动法则为

$$\mathrm{d}\varepsilon_{ij}^{\mathrm{p}}=\mathrm{d}\lambda\frac{\partial f}{\partial\sigma_{ij}}=\mathrm{d}\lambda\left(\alpha\delta_{ij}+\frac{S_{ij}}{2\sqrt{J_2}}\right) \tag{11.32}$$

习　　题

11-1　已知单向拉伸时的应力-应变曲线$\sigma=f_1(\varepsilon)$，如习题 11-1 图所示，并可用下式表示：

$$\sigma=f_1(\varepsilon)=\begin{cases}E\varepsilon & (0\leqslant\varepsilon\leqslant\varepsilon_s)\\ \sigma_s & (\varepsilon_s\leqslant\varepsilon\leqslant\varepsilon_t)\\ \sigma_s+E_1(\varepsilon-\varepsilon_t) & (\varepsilon\geqslant\varepsilon_t)\end{cases}$$

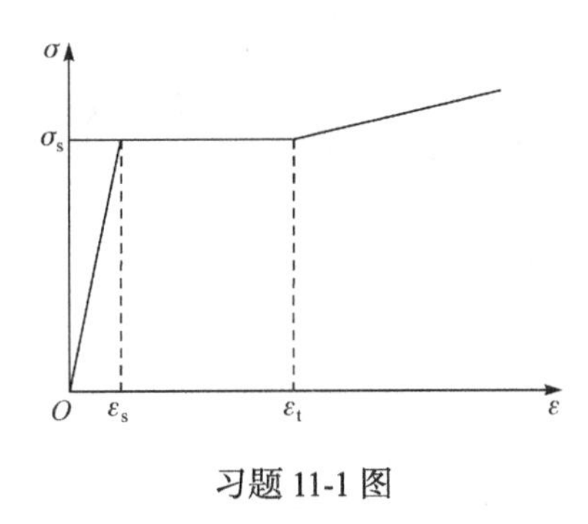

习题 11-1 图

现在考虑横向应变ε_2、ε_3与轴向拉伸应变$\varepsilon_1=\varepsilon$的比值，用$\nu(\varepsilon)=-\dfrac{\varepsilon_2}{\varepsilon_1}=-\dfrac{\varepsilon_3}{\varepsilon_1}$表示．在弹性阶段，$\nu(\varepsilon)=\nu$为泊松比，进入塑性后由于塑性体积变形为零，将有

$$-\frac{\mathrm{d}\varepsilon_2^{\mathrm{p}}}{\mathrm{d}\varepsilon_1^{\mathrm{p}}}=-\frac{\mathrm{d}\varepsilon_3^{\mathrm{p}}}{\mathrm{d}\varepsilon_1^{\mathrm{p}}}=0.5$$

因此，$\nu(\varepsilon)$将从ν逐渐变为 0.5，试给出$\nu(\varepsilon)$的变化规律.

11-2　已知一长封闭薄圆筒半径为r，薄壁为t，受内压p的作用，从而产生塑性变形，材料为各向同性，如果忽略弹性应变，试求周向、轴向和径向塑性应变增量的比.

11-3　在如下两种情况下，试求塑性应变增量的比.

(1) 单向拉伸应力状态，$\sigma_1=\sigma_s$；

(2) 纯剪切状态，$\tau=\dfrac{\sigma_{\mathrm{s}}}{\sqrt{3}}$.

11-4　已知薄壁圆筒受拉力$\sigma_z=\dfrac{\sigma_{\mathrm{s}}}{2}$的作用，若采用米泽斯屈服准则，试问屈服时扭转应力应为多大？并求出此时塑性应变增量的比.

11-5　证明等式：$\dfrac{\partial J_2}{\partial\sigma_{ij}}=\dfrac{\partial J_2}{\partial\varepsilon_{ij}}=S_{ij}$.

11-6　试证明在二向应力状态下，土块在主应力σ_1和σ_3(均为压应力且$|\sigma_3|>|\sigma_1|$)作用下的滑移面与σ_3所在的主平面成$\left(\dfrac{\pi}{4}+\dfrac{\varphi}{2}\right)$角度.

第12章

简单弹塑性问题

由于弹塑性力学本构方程的复杂性,求解弹塑性力学的解析解是相当困难的,但对于某些简单的变形问题,边界条件简单、未知量较少的问题有可能得到解析解. 本章以几种简单的弹塑性问题为例,讲解弹塑性力学问题求解的基本方法.

12.1 梁的弹塑性分析

杆件承受弯曲变形时称为**梁**. 对于理想的弹塑性梁,梁的弹塑性变形分析依然要满足材料力学中关于梁的三个假设:

(1) **平截面假设.** 梁的横截面在变形之后仍然保持平面,并且与变形后的梁轴线垂直.

(2) **单向受力假设.** 截面上只受正应力作用,其他应力分量的影响可以忽略. 因此,应力-应变关系可简化为正应力 σ 和正应变 ε 之间的关系.

(3) **小变形假设.** 挠度比横截面的尺寸小得多.

基于以上假设,只需考虑梁横截面正应力 σ_x 对材料屈服的影响,因此特雷斯卡和米泽斯屈服准则均为 $\sigma_x = \sigma_s$.

如图 12-1 所示,轴线为 x 轴,横截面对称轴为 y 轴,中性轴为 z 轴. 由平截面假设,截面上的正应变可表示为 $\varepsilon = Ky + \varepsilon_0$. 这里,$K$ 和 ε_0 都只是 x 的函数,其中 K 为曲率,对于小变形情形,有

$$K = -\frac{\partial^2 w}{\partial x^2} \tag{12.1}$$

式中,w 为挠度,负号是由于定义的 y 轴正向为梁凸出的一侧. 正应力 σ 和正应变 ε 都与坐标 z 无关,故轴力 F_N 和弯矩 M 可写为

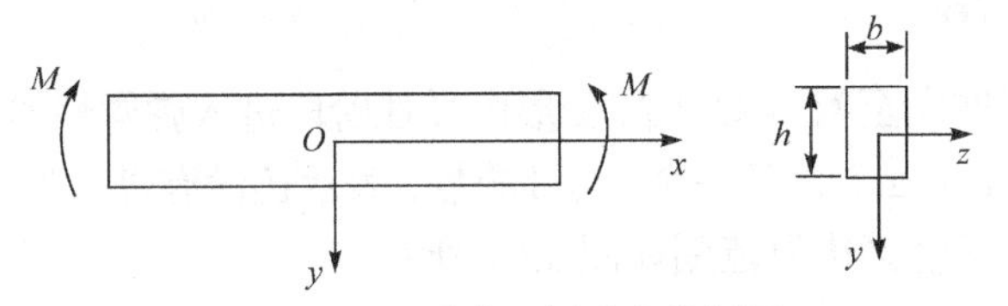

图 12-1 矩形截面梁受力分析图

$$F_N = b\int_{-h/2}^{h/2} \sigma(x,y)\mathrm{d}y \tag{12.2}$$

$$M = b\int_{-h/2}^{h/2} y\cdot\sigma(x,y)\mathrm{d}y \tag{12.3}$$

对于纯弯曲问题，轴力 $F_N = 0$，弯矩 M 与 x 轴无关.

12.1.1 弹性阶段

弹性阶段横截面的正应力 $\sigma = E\varepsilon = E(Ky + \varepsilon_0)$，代入式(12.2)，再由 $F_N = 0$，可得

$$bEK\int_{-h/2}^{h/2} y\mathrm{d}y + bE\int_{-h/2}^{h/2} \varepsilon_0 \mathrm{d}y = 0 \tag{12.4}$$

由式(12.4)可解得 $\varepsilon_0 = 0$．因此有 $\varepsilon = Ky$，横截面正应力表达式为 $\sigma = E\varepsilon = EKy$，代入式(12.3)得弯矩的表达式，即

$$M = b\int_{-h/2}^{h/2} y\cdot EKy\mathrm{d}y = bEK\int_{-h/2}^{h/2} y^2\mathrm{d}y = EK\frac{bh^3}{12} = EIK \tag{12.5}$$

式中，$I = \frac{1}{12}bh^3$ 为矩形截面的惯性矩. 由材料力学中平面弯曲梁正应力公式，即

$$\sigma = \frac{M}{I}y = \frac{M}{W_z} \tag{12.6}$$

可知，应力分布与 y 成比例，梁的最上层和最下层应力的绝对值最大，即 $|\sigma|_{\max} = \left|\sigma|_{y=\pm h/2}\right|$，开始屈服时的弹性极限弯矩为

$$M_{\mathrm{e}} = \frac{bh^2}{6}\sigma_{\mathrm{s}} \tag{12.7}$$

式中，M_{e} 称为弹性极限弯矩. 欲求相应的曲率，可将 $\sigma = \sigma_{\mathrm{s}}$ 及 $y = h/2$ 代入 $\sigma = EKy$，解得极限曲率，即

$$K_{\mathrm{e}} = \frac{2\sigma_{\mathrm{s}}}{Eh} = \frac{2\varepsilon_{\mathrm{s}}}{h} \tag{12.8}$$

12.1.2 弹塑性阶段

当弯矩继续增大至 $M > M_{\mathrm{e}}$ 时，变形由弹性阶段进入弹塑性阶段，设弹塑性交界处 y 值为 $y_0 = \zeta h/2$，ζ 是一个小于1的数，表示还没有进入塑性部分所占的比例，弯矩取值与塑性区边界范围如图 12-2 所示.

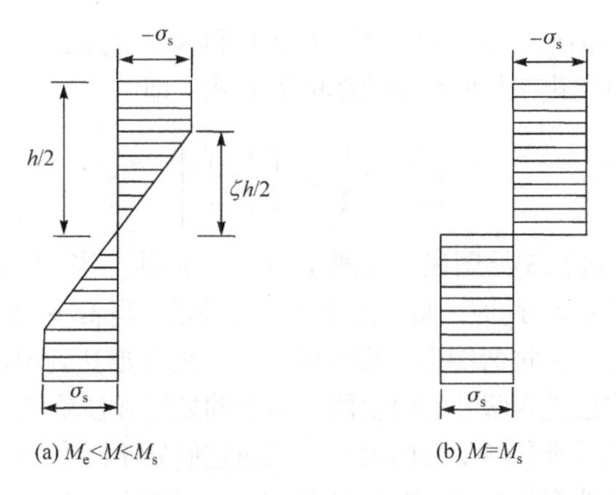

图 12-2 梁截面塑性区边界分析

当弯矩大于极限弹性弯矩且小于屈服极限弯矩时，梁的弯曲变形由弹性阶段进入弹塑性阶段，此时截面正应力不仅仅在梁截面的上下边缘 $y=h/2$ 处，还在其附近继续增加到屈服应力 $\sigma=\sigma_s$，该处形成应力均匀分布的塑性区. 梁的中性轴没有达到屈服阶段，应力分布仍然为线性分布，弹塑性交界线为 $y_0=\zeta h/2$ 处. 当弯矩继续增大到 $M=M_s$ 时，弹性区逐渐减小，塑性区继续扩大，当达到屈服极限时，即控制区参数 ζ 为零，则截面中性轴处出现应力间断，截面应力从 σ_s 变到 $-\sigma_s$. 综合以上分析得梁弹塑性阶段正应力表达式，即

$$\sigma=\begin{cases}EKy,\ 当-y_0<y<y_0\\ \sigma_s,\ 当\ y_0\leqslant y\leqslant h/2\\ -\sigma_s,\ 当-h/2\leqslant y\leqslant -y_0\end{cases}\tag{12.9}$$

将上式代入式(12.3)，得截面上的弯矩表达式为

$$M\left(y_0\right)=2b\left(\int_0^{y_0}y\cdot\frac{y}{y_0}\cdot\sigma_s\mathrm{d}y+\int_{y_0}^{h/2}y\cdot\sigma_s\mathrm{d}y\right)\tag{12.10}$$

由式 $M_e=\dfrac{bh^2}{6}\sigma_s$ 可得 $\sigma_s=\dfrac{6M_e}{bh^2}$，将弹塑性交界线 $y_0=\zeta h/2$ 代入式(12.10)，可得弯矩与塑性区控制参数的关系式，即

$$\left|M\left(\zeta\right)\right|=\frac{M_e}{2}\left(3-\zeta^2\right)\quad\left(0\leqslant\zeta\leqslant1\right)\tag{12.11}$$

对应于 $y=y_0$ 的应力为 $\sigma=\sigma_s$，可得 $\sigma_s=EKy_0$. 由 $K_e=\dfrac{2\sigma_s}{Eh}$ 可得

$$\sigma_s=\frac{1}{2}EhK_e\tag{12.12}$$

将 $y_0 = \zeta h/2$ 和 $\sigma_s = EKy_0$ 代入式(12.12)可得 $K = K_e/\zeta$，将此式与(12.11)综合分析可得到弯矩变化率与曲率变化率的关系式，即

$$\left|\frac{M}{M_e}\right| = \frac{1}{2}\left[3 - \left(\frac{K_e}{K}\right)^2\right] \tag{12.13}$$

将上述关系式(12.13)绘图表示为图 12-3 所示曲线，当 $M > M_e$ 时，曲率随着弯矩线性变化，当 $M > M_e$ 时，曲率变化是非线性的，当 $M = 1.5M_e = M_s$ 时，曲率趋近于无限大，梁失去抗弯能力，形成塑性铰，梁变形达到塑性极限状态. 虽然梁截面的外层纤维已进入塑性屈服阶段，中性轴处于弹性阶段，“平截面”的变形特性限制了外层纤维塑性变形的大小，因而它们处于约束塑性变形状态，梁的曲率完全由中间弹性部分控制. 随着 M 的增大，ζ 将逐渐减小. 当 ζ 趋于零时，M 趋近于塑性极限弯矩，将 $\zeta = 0$ 代入式(12.11)，可得

$$M = M_s = \frac{3}{2}M_e = \frac{bh^2}{4}\sigma_s \tag{12.14}$$

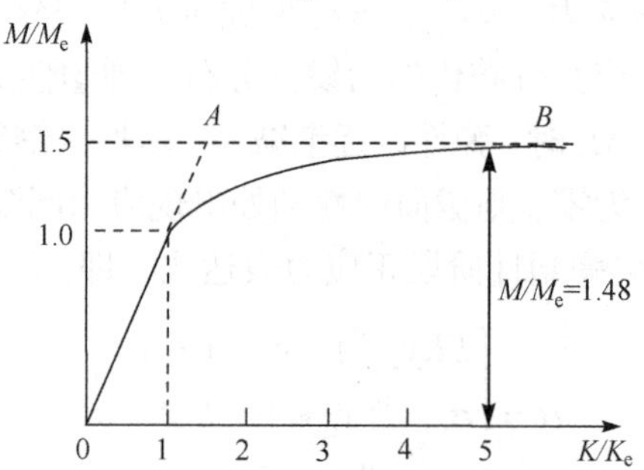

图 12-3　弯矩变化率与曲率关系图

此时，梁丧失了进一步承受弯矩的能力，而弹性区也收缩为零. 在 $y = \pm 0$ 处上下纤维的正应力从 $+\sigma_s$ 跳到 $-\sigma_s$，出现了正应力的强间断. 当 $K = 5K_e$ 时，$M = 1.48M_e$，说明当变形限制在弹性变形的量级时，材料的塑性变形可以使梁的抗弯能力得到提高. 对于矩形截面梁，一般取值为 $M_s/M_e = 1.5$. 对于不同形状的截面，M_s/M_e 的值不同，如圆形截面 $M_s/M_e \approx 1.7$，薄圆管截面 $M_s/M_e \approx 1.27$，工字型梁 $M_s/M_e \approx 1.07$.

12.2　圆杆的弹塑性扭转

12.2.1　等直圆杆的弹性扭转

等直圆杆的两端作用有大小相等、转向相反的力偶时，其受扭矩 T 作用的扭

转问题如图 12-4 所示，截面切应力分布如图 12-5 所示. 在弹性范围内，材料力学中圆轴扭转变形平面假设依然成立，根据材料力学关于轴的扭转分析，推导出圆杆横截面上任意点的切应力

$$\tau=\frac{Tr}{I_{\mathrm{p}}} \tag{12.15}$$

式中，$I_{\mathrm{p}}=\dfrac{\pi R^4}{2}$，为截面极惯性矩；$r$ 为截面上任意点到轴心的距离.

单位长度扭转角为

$$\theta=\frac{T}{GI_{\mathrm{p}}} \tag{12.16}$$

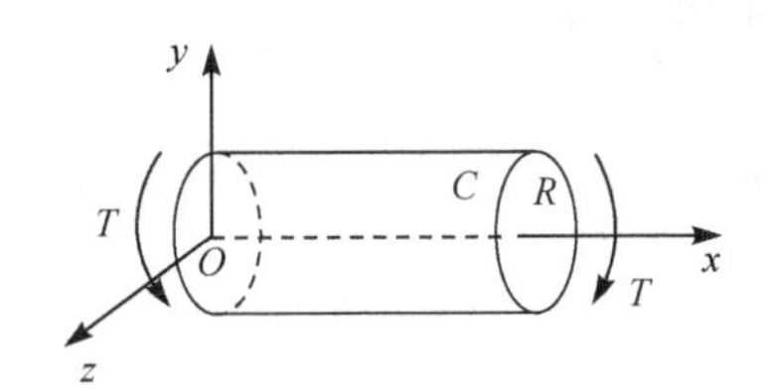

图 12-4　等直圆杆扭转问题

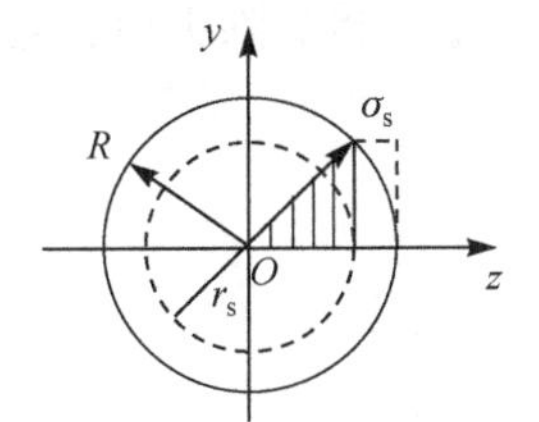

图 12-5　扭转切应力分布

12.2.2　弹塑性扭转

设圆杆为理想弹塑性材料，扭转为纯剪切应力状态，屈服准则为

$$\tau=k \tag{12.17}$$

按米泽斯屈服准则，$k=\dfrac{\sigma_{\mathrm{s}}}{\sqrt{3}}$，按特雷斯卡屈服准则，$k=\dfrac{\sigma_{\mathrm{s}}}{2}$. 随着扭矩的增加，根据圆轴扭转截面切应力分布关系图 12-5，圆杆最外层开始屈服，设 r_{s} 为截面弹、塑性区分界线半径，截面应力分布可写成如下形式：

$$\tau=\begin{cases}\dfrac{r}{r_{\mathrm{s}}}k & (\text{弹性区}0\leqslant r<r_{\mathrm{s}})\\ k & (\text{塑性区}r_{\mathrm{s}}\leqslant r\leqslant R)\end{cases} \tag{12.18}$$

由式(12.18)按截面进行积分的合内力弹塑性扭矩为

$$T=\int_0^{r}2\pi\left(\frac{r}{r_{\mathrm{s}}}k\right)r^2\mathrm{d}r+\int_{r_{\mathrm{s}}}^{R}2\pi kr^2\mathrm{d}r=\frac{2}{3}\pi R^3k\left[1-\frac{1}{4}\left(\frac{r_{\mathrm{s}}}{R}\right)^3\right]^3 \tag{12.19}$$

式(12.19)即 T-r_{s} 关系式，已知 T 可确定 r_{s} 值. 根据扭转切应力分布图 12-5 可知，

当$r_s = R$时，圆杆外层最先开始屈服，可得其弹性极限扭矩为

$$T_e = \frac{1}{2}\pi R^3 k \tag{12.20}$$

当屈服控制半径$r_s = 0$时，圆杆截面全部屈服，得其塑性极限扭矩为

$$T_s = \frac{2}{3}\pi R^3 k \tag{12.21}$$

从而有

$$\frac{T_s}{T_e} = \frac{4}{3} = 1.33 \tag{12.22}$$

卸载时，塑性变形不可完全恢复，如图 12-6 所示，圆形截面杆扭矩$T > T_e$时发生塑性变形，将T除去后，若$k = \frac{\sigma_s}{\sqrt{3}}$，残余应力为

$$\tau^* = k - \frac{T}{I_p} r \tag{12.23}$$

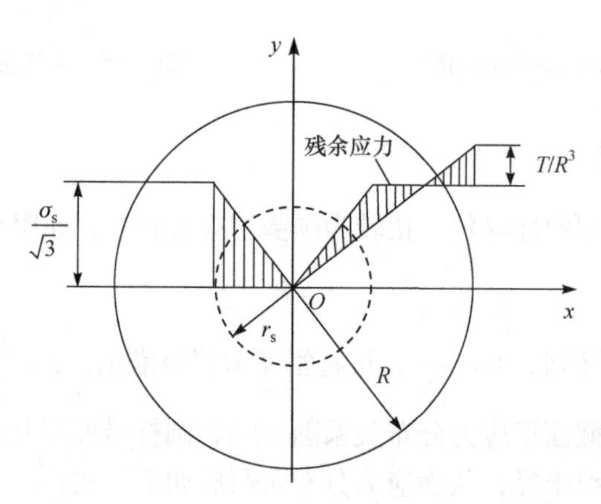

图 12-6 扭转截面应力分布和残余应力分布图

12.3 理想弹塑性材料的厚壁圆筒

受内压的厚壁圆筒容器在工程中为常见的结构，在弹性范围内进行分析设计时材料的潜力不能得到充分的发挥，应力范围放大到塑性范围内使用时，结构承压能力可以得到相当程度的提高. 现设计一个内径为a、外径为b的长圆柱筒，在均匀内压p作用下的厚壁结构如图 12-7 所示.

这类问题属于轴对称问题，材料为理想弹塑性材料，取柱坐标形式 r 、θ 、z ，圆筒只受内压作用，圆筒有较大长度，可假设为平面应变问题，则 $\varepsilon_z = 0$. 认为整个截面上 z 向应变相同，即 $\varepsilon_z = \varepsilon_0 = \text{const}$ ，两端的力学边界条件满足圣维南原理，总轴向力 $F_N = \int \sigma_z \mathrm{d}A$ ，在轴对称荷载作用下满足小位移理论，认为内径为 a ，外径为 b 不变.

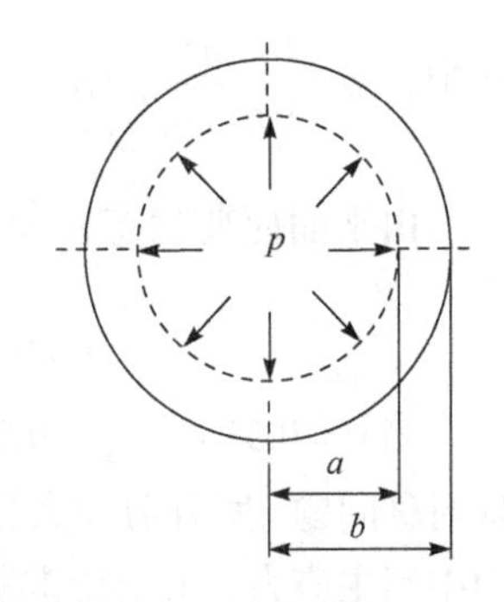

图 12-7　厚壁圆筒横截面

12.3.1　弹性极限分析

厚壁圆筒弹性力学基本方程包括

平衡方程：
$$\frac{\mathrm{d}\sigma_r}{\mathrm{d}r} + \frac{\sigma_r - \sigma_\theta}{r} = 0 \tag{12.24}$$

几何方程：
$$\varepsilon_r = \frac{\mathrm{d}u}{\mathrm{d}r}, \quad \varepsilon_\theta = \frac{u}{r} \tag{12.25}$$

变形协调方程：
$$\frac{\mathrm{d}\varepsilon_\theta}{\mathrm{d}r} + \frac{\varepsilon_\theta - \varepsilon_r}{r} = 0 \tag{12.26}$$

弹性力学本构方程：

$$\begin{cases} \varepsilon_r = \dfrac{1}{E}\left[\sigma_r - \nu\left(\sigma_\theta + \sigma_z\right)\right] \\ \varepsilon_\theta = \dfrac{1}{E}\left[\sigma_\theta - \nu\left(\sigma_r + \sigma_z\right)\right] \\ \varepsilon_z = \dfrac{1}{E}\left[\sigma_z - \nu\left(\sigma_\theta + \sigma_r\right)\right] \end{cases} \tag{12.27}$$

静力边界条件为 $\sigma_r\big|_{r=a} = -p$ ， $\sigma_r\big|_{r=b} = 0$ ，两端满足圣维南边界条件，即 $T = \int_a^b 2\pi r \sigma_z \mathrm{d}r$ ，由弹性力学部分的轴对称问题得到厚壁圆筒的弹性解为

$$\begin{cases} \sigma_r = \dfrac{pa^2}{b^2 - a^2}\left(1 - \dfrac{b^2}{r^2}\right) = \overline{p}\left(1 - \dfrac{b^2}{r^2}\right) \\ \sigma_\theta = \dfrac{pa^2}{b^2 - a^2}\left(1 + \dfrac{b^2}{r^2}\right) = \overline{p}\left(1 + \dfrac{b^2}{r^2}\right) \\ \tau_{r\theta} = 0 \end{cases} \tag{12.28}$$

式中，$\overline{p}=\left(\dfrac{a^2}{b^2-a^2}\right)p$.

由平面应变状态$\varepsilon_z=\dfrac{1}{E}\left[\sigma_z-\nu\left(\sigma_\theta+\sigma_r\right)\right]=\varepsilon_0=0$，可得

$$\sigma_z=\nu\left(\sigma_\theta+\sigma_r\right)+E\varepsilon_0=2\overline{p}+E\varepsilon_0=\text{const} \tag{12.29}$$

当$\nu=0.5$时，$\sigma_z=0.5\left(\sigma_\theta+\sigma_r\right)$，则有$\sigma_\theta\geqslant\sigma_z\geqslant\sigma_r$，$\sigma_z$为中间应力，又因为是轴对称问题，所有剪应力为零，则三个正应力为主应力，即σ_z为中间主应力. 设σ_z为中间主应力，采用特雷斯卡屈服准则解决这类问题比较简单，特雷斯卡屈服准则为$\sigma_\theta-\sigma_r=2\overline{p}\dfrac{b^2}{r^2}=\sigma_{\mathrm{s}}$（$k_1$值设为与简单拉伸相同，$k_1=\dfrac{\sigma_{\mathrm{s}}}{2}$）. 由$\sigma_\theta=\overline{p}\left(1+\dfrac{b^2}{r^2}\right)$可知，$r$越小，$\sigma_\theta$越大，在$r=a$处先进入塑性. 通过计算，弹性极限压力为

$$p_{\mathrm{e}}=\frac{\sigma_{\mathrm{s}}}{2}\left(1-\frac{a^2}{b^2}\right) \tag{12.30}$$

由式(12.30)可知，如果在弹性范围内进行设计，对于给定的a和σ_{s}，要增加筒体所能承受的内压，就必须增加壁厚b. 采用特雷斯卡屈服准则，p_{e}的值不可能超过$\dfrac{\sigma_{\mathrm{s}}}{2}$，如果允许部分材料产生塑性变形，就可能提高材料实际使用的弹性范围.

12.3.2 弹塑性分析

当内压逐渐增大到$p>p_{\mathrm{e}}$时，塑性区将逐渐从内径$r=a$处向外扩张. 设弹性区和塑性区的交界处在$r=c$，则可分别对塑性区$a\leqslant r\leqslant c$和弹性区$c<r\leqslant b$进行计算. 对于塑性区($a\leqslant r\leqslant c$)，假定σ_z为中间应力，根据特雷斯卡屈服准则有$\sigma_\theta-\sigma_r=2\overline{p}\dfrac{b^2}{r^2}=\sigma_{\mathrm{s}}$，将屈服准则代入平衡条件(12.24)，可得

$$\frac{\mathrm{d}\sigma_r}{\mathrm{d}r}=\frac{\sigma_{\mathrm{s}}}{r} \tag{12.31}$$

应用边界条件$\sigma_r\big|_{r=a}=-p$积分，可得

$$\begin{cases}\sigma_r=-p+\sigma_{\mathrm{s}}\ln r/a\\ \sigma_\theta=-p+\sigma_{\mathrm{s}}(1+\ln r/a)\end{cases} \tag{12.32}$$

对于弹性区($c<r\leqslant b$)，如果将内层塑性区对外层弹性区的压应力$\sigma_r\big|_{r=c}$看成作用于内径为c、外径为b的弹性圆筒上的内压力，把以上公式中的a改为c，需将内压p改写为

$$\sigma_r\big|_{r=c} = \overline{p}_{\mathrm{e}} = p = \frac{\sigma_{\mathrm{s}}}{2}\left(1-\frac{c^2}{b^2}\right) \tag{12.33}$$

因为在 $r=c$ 处，材料刚达到屈服，所以对外层弹性圆筒来说，$p=\dfrac{\sigma_{\mathrm{s}}}{2}\left(1-\dfrac{a^2}{b^2}\right)$ 代入式(12.28)，$\overline{p}$ 应改为 $\overline{p}_{\mathrm{c}}=\left(\dfrac{c^2}{b^2-c^2}\right)\overline{p}_{\mathrm{e}}=\left(\dfrac{c^2}{2b^2}\right)\sigma_{\mathrm{s}}$，于是有

$$\begin{cases} \sigma_r = \dfrac{c^2\sigma_{\mathrm{s}}}{2b^2}\left(1-\dfrac{b^2}{r^2}\right) \\ \sigma_\theta = \dfrac{c^2\sigma_{\mathrm{s}}}{2b^2}\left(1+\dfrac{b^2}{r^2}\right) \end{cases} \tag{12.34}$$

在塑性和弹性交界处的连续性要求，要求式(12.32)和式(12.34)中的应力分量 σ_r 在 $r=c$ 处连续，由此得到 c 与 p 之间所满足的关系式为

$$\frac{p}{\sigma_{\mathrm{s}}} = \ln\frac{c}{a} + \frac{1}{2}\left(1-\frac{c^2}{b^2}\right) \tag{12.35}$$

当 $c=b$ 时，塑性区扩展到整个圆筒，内压 p 已不能再增加. 在式(12.35)中令 $c=b$，可求得塑性极限荷载，即

$$p_{\mathrm{s}} = \sigma_{\mathrm{s}}\ln\frac{b}{a} \tag{12.36}$$

12.4　理想弹塑性材料的厚壁球壳

理想弹塑性材料的厚壁球壳体承受均匀内压力 q，球壳内半径为 a、外半径为 b，如图 12-8 所示. 对于该类问题，可将极坐标系扩展为球面坐标系研究，由对称性，切应变 $\gamma_{r\theta}$、$\gamma_{\theta\varphi}$、$\gamma_{\varphi r}$ 以及切应力 $\tau_{r\theta}$、$\tau_{\theta\varphi}$、$\tau_{\varphi r}$ 等于零，而 $\varepsilon_\theta=\varepsilon_\varphi$ 和 $\sigma_\theta=\sigma_\varphi$. 根据球体受力特性可知，$\sigma_r\leqslant 0$ 而 $\sigma_\theta=\sigma_\varphi>0$，如果按 $\sigma_1\geqslant\sigma_2\geqslant\sigma_3$ 排列，则有 $\sigma_1=\sigma_2=\sigma_\theta=\sigma_\varphi$，$\sigma_3=\sigma_r$，类似地有，$\varepsilon_1=$

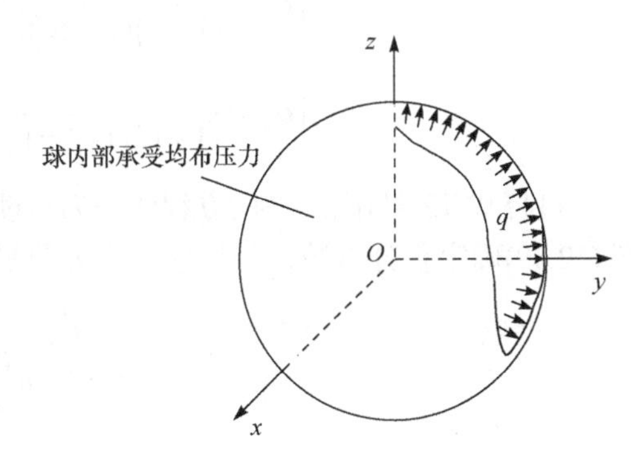

图 12-8　内部受均匀压力的厚壁球壳体

$\varepsilon_2=\varepsilon_\theta=\varepsilon_\varphi$，$\varepsilon_3=\varepsilon_r$，$\mu_\sigma=\mu_\varepsilon=1$. 在加载过程中，应力主方向和应变主方向重合且保持不变，洛德参数也保持不变，可根据全量理论来解决这个问题.

在球对称的情况下，应力 σ_r 、σ_θ 应该满足平衡方程

$$\frac{\mathrm{d}\sigma_r}{\mathrm{d}r}+2\frac{\sigma_r-\sigma_\theta}{r}=0 \tag{12.37}$$

而应变分量为 $\varepsilon_{\mathrm{r}}=\dfrac{\mathrm{d}u}{\mathrm{d}r}$，$\varepsilon_\theta=\varepsilon_\varphi=\dfrac{u}{r}$，这里 u 是径向位移，ε_r 和 ε_θ 应满足应变连续性方程

$$\frac{\mathrm{d}\varepsilon_\theta}{\mathrm{d}r}+\frac{\varepsilon_\theta-\varepsilon_r}{r}=0 \tag{12.38}$$

边界条件可写为

$$\begin{cases}\sigma_r\big|_{r=a}=-q\\ \sigma_r\big|_{r=b}=0\end{cases} \tag{12.39}$$

12.4.1 理想弹塑性材料的厚壁球壳弹性状态

当球体处于弹性状态时，根据球面坐标下的广义胡克定律，可得

$$\begin{cases}\sigma_r=\dfrac{E}{(1+\nu)(1-2\nu)}\left[(1-\nu)\varepsilon_r+2\nu\varepsilon_\theta\right]\\ \sigma_\theta=\sigma_\varphi=\dfrac{E}{(1+\nu)(1-2\nu)}(\varepsilon_\theta+\nu\varepsilon_r)\end{cases} \tag{12.40}$$

将 $\varepsilon_r=\dfrac{\mathrm{d}u}{\mathrm{d}r}$，$\varepsilon_\theta=\varepsilon_\varphi=\dfrac{u}{r}$ 代入式(12.40)，可得位移表示的应力为

$$\begin{cases}\sigma_r=\dfrac{E}{(1+\nu)(1-2\nu)}\left[(1+\nu)\dfrac{\mathrm{d}u}{\mathrm{d}r}+2\nu\dfrac{u}{r}\right]\\ \sigma_\theta=\dfrac{E}{(1+\nu)(1-2\nu)}\left(\dfrac{u}{r}+\nu\dfrac{\mathrm{d}u}{\mathrm{d}r}\right)\end{cases} \tag{12.41}$$

再将式(12.41)代入平衡方程(12.37)整理得关于位移的微分方程，利用边界条件(12.39)确定积分常数，最后求得应力分量为

$$\sigma_r=\frac{a^3q}{r^3\left(b^3-a^3\right)}\left(r^3-b^3\right)$$

$$\sigma_\theta=\frac{a^3q}{2r^3\left(b^3-a^3\right)}\left(2r^3+b^3\right) \tag{12.42}$$

将式(12.42)代入壳体屈服准则 $\sigma_\theta - \sigma_r = \sigma_s$，可得

$$\sigma_\theta - \sigma_r = \frac{a^3 q}{r^3\left(b^3 - a^3\right)} \frac{3b^3}{2} \tag{12.43}$$

由式(12.43)可知，其最大值在球壳内壁 $r=a$ 处，内壁开始屈服时球壳达到弹性极限状态，由屈服准则得相应的**弹性极限压力**为

$$q_e = \frac{2\sigma_s\left(b^3 - a^3\right)}{3b^3} \tag{12.44}$$

由式(12.44)可以看出，当 b 趋于无穷大时，q_e 趋于 $2\sigma_s / 3$，为一常数，对于压力容器来讲，如果只处于弹性状态，就不能通过增加壁厚的办法来提高其承载能力.

12.4.2 理想弹塑性材料的厚壁球壳弹塑性状态

当压力 $q < q_e$ 时，环壳处于纯弹性状态，当 $q = q_e$ 时，壳内壁开始屈服. 压力进一步增加时，塑性区由内向处扩展，壳体进入弹塑性状态，设 r_s 为塑性区和弹性区边界半径，如图 12-9 所示.

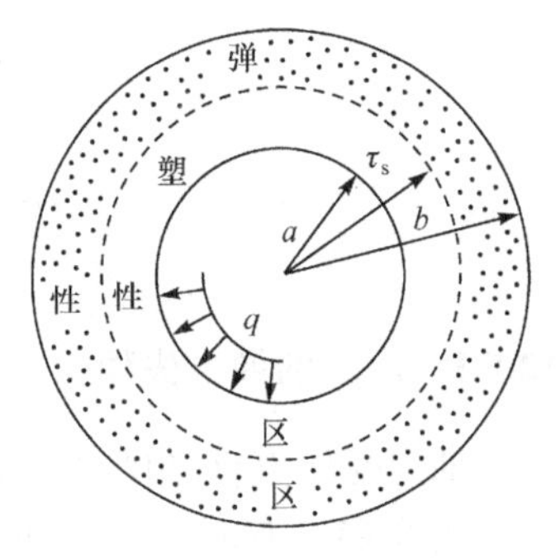

图 12-9 弹性区与塑性区

若壳体为理想弹塑性材料，塑性区的应力既要满足平衡方程，又要满足屈服准则，根据这两个条件就可以确定出壳体塑性区的应力，将屈服准则 $\sigma_\theta - \sigma_r = \sigma_s$ 代入式(12.37)，可得

$$\frac{d\sigma_r}{dr} - \frac{2\sigma_s}{r} = 0 \tag{12.45}$$

将上式积分得到 $\sigma_r = 2\sigma_s \ln r + C$，$\sigma_\theta = \sigma_\varphi = \sigma_s + \sigma_r = \sigma_s\left(1 + 2\ln r\right) + C$，利用边界条件 $\sigma_r\big|_{r=a} = -q$ 确定积分常数 $C = -(q + 2\sigma_s \ln a)$，可得塑性区应力公式为

$$\begin{cases} \sigma_r = 2\sigma_s \ln\dfrac{r}{a} - q \\ \sigma_\theta = \sigma_\varphi = \sigma_s\left(1 + 2\ln\dfrac{r}{a}\right) - q \end{cases} \tag{12.46}$$

在式(12.42)中令 $q = q_e$、$a = r_s$，得到弹性区($r_s < r \leqslant b$)中的应力为

$$\begin{cases} \sigma_r = -\dfrac{2\sigma_s r_s^3}{3b^3 r^3}\left(b^3 - r^3\right) \\ \sigma_\theta = \sigma_\varphi = \dfrac{\sigma_s r_s^3}{3b^3 r^3}\left(2r^3 + b^3\right) \end{cases} \tag{12.47}$$

塑性区边界面半径r_s对应于塑性压力极限q的大小，利用弹、塑性区交界面($r=r_s$处)径向应力的连续条件，即$\sigma_r(塑)\big|_{r=r_s}=\sigma_r(弹)\big|_{r=r_s}$，求得

$$q=\frac{2\sigma_s}{3}\left(3\ln\frac{r_s}{a}+1-\frac{r_s^3}{b^3}\right) \tag{12.48}$$

当$r_s=b$时，壳体全部达到塑性状态，由于材料为无强化的理想弹塑性体，壳体全部达到塑性状态后，其承载能力已达到极限状态. 根据式(12.48)，塑性极限内压力为

$$q_s=2\sigma_s\ln\frac{b}{a} \tag{12.49}$$

将式(12.49)代入式(12.46)，可得厚壁球壳塑性极限状态时的应力，即

$$\begin{cases}\sigma_r=2\sigma_s\ln\dfrac{r}{b}\\ \sigma_\theta=\sigma_\varphi=\sigma_s\left(1+2\ln\dfrac{r}{b}\right)\end{cases} \tag{12.50}$$

12.5 压杆的塑性失稳

12.5.1 压杆的弹性失稳

轴向受压直杆如图 12-10 所示，压杆丧失直线平衡形式过渡为曲线平衡形式称为失稳，有时称为屈曲. 随遇平衡通常是从稳定平衡向不稳定平衡过渡的中间状态.

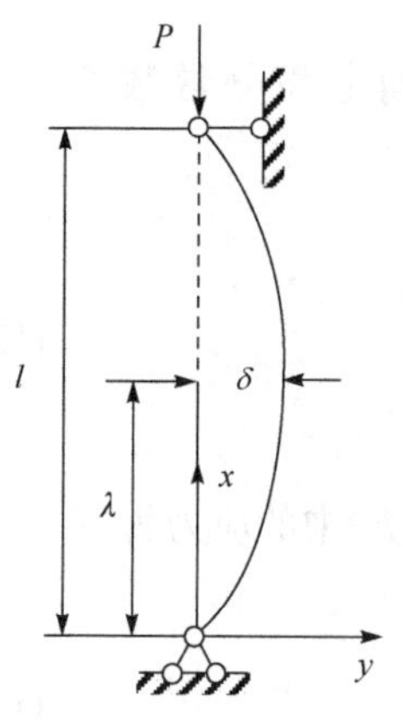

图 12-10 理想压杆受轴向荷载

受压直杆保持直线形状平衡的最大荷载称为临界荷载，即随遇平衡状态的最小荷载. 图示两端铰支的理想压杆，采用小变形假设，可建立其挠曲线微分方程为

$$\frac{\mathrm{d}^2y}{\mathrm{d}x^2}+\frac{Py}{EI}=0 \tag{12.51}$$

式中，P为轴向荷载；E为材料弹性模量；I为截面最小惯性矩.

由上式可求得临界荷载为

$$P_{cr}=\frac{\pi^2EI}{l^2} \tag{12.52}$$

式(12.52)即著名的**欧拉公式**，它也可以表示为临界应力的形式，即

$$\sigma_{cr}=\frac{P_e}{A}=\frac{\pi^2 E}{\lambda^2} \tag{12.53}$$

式中，A 为杆件横截面面积；λ 为最小惯性半径下的长细比，即**柔度**. 公式仅适用于弹性阶段，即 σ_{cr} 小于材料的比例极限，这个条件可表示成

$$\lambda \geqslant \sqrt{\frac{\pi^2 E}{\sigma_p}} \tag{12.54}$$

式中，σ_p 为材料的比例极限(近似等于弹性极限). 对于长度较小的压杆，往往是在荷载达到欧拉临界荷载之前，杆中的轴向应力已超过材料的比例极限，此时必须考虑材料的塑性变形.

12.5.2　压杆塑性失稳的切线模量理论

轴向压杆的应力-应变曲线如图 12-11 所示，在应力达到 σ_p 以后则为一曲线，其斜率 E_t 称为切线模量，其表达式可写为

$$\frac{d\sigma}{d\varepsilon}=E_t \tag{12.55}$$

切线模量理论就是假定当压杆临界压力 σ_{cr} 超过了比例极限时，其弹性模量 E 应以相应于该临界应力的切线模量 E_r 来代替，用弹性状态时求临界荷载的同样方法，导出两端铰支轴向压杆塑性状态的临界荷载为

$$P_t=\frac{\pi^2 E_t I}{l^2} \tag{12.56}$$

式中，P_t 为切线模量临界荷载；E_t 为变量.

为了方便应用，将式(12.56)写成临界应力形式为

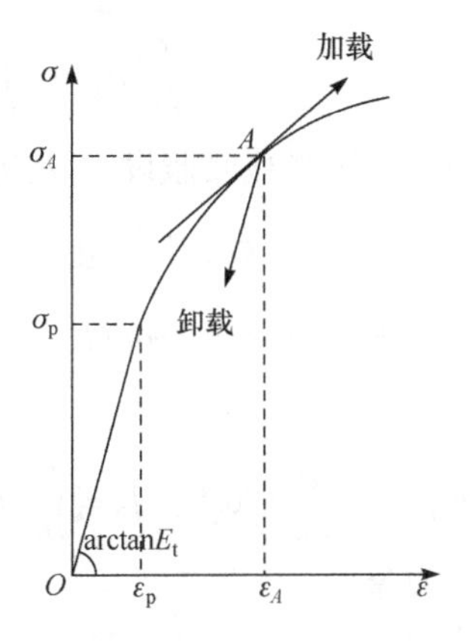

图 12-11　轴向压杆应力-应变曲线

$$(\sigma_{cr})_t=\frac{P_t}{A}=\frac{\pi^2 E_t}{\lambda^2} \tag{12.57}$$

根据式(12.57)画出 $(\sigma_{cr})_t$ - λ 曲线，由此曲线可以计算适用于某种材料压杆的临界应力.

12.5.3　压杆塑性失稳的双模量理论

双模量理论弯曲应力和弯曲应变间的关系与材料在轴向拉伸(压缩)时的应力-

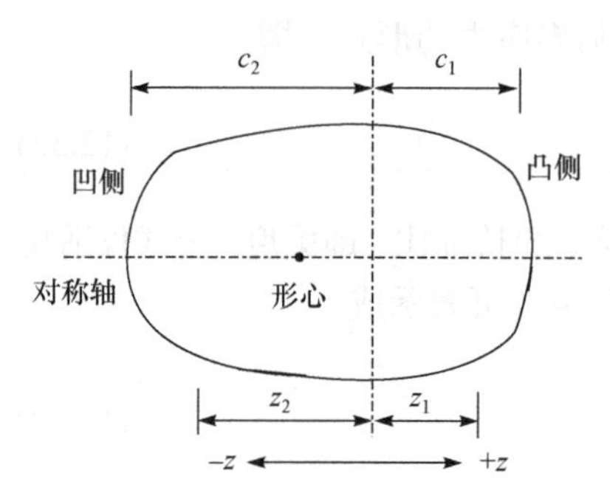

图 12-12 双模量理论压杆截面图

应变关系相同，采用平截面假设，纵向纤维应变与该纤维到中性轴的距离成正比. 如图 12-12 所示为两端简支受轴力的压杆，处于微弯状态时的任意形状截面变形图，凹侧应力有所增大而凸侧应力有所减小. 此时轴向压力 P_{cr} 保持不变，且杆中临界应力 $\sigma_{\mathrm{cr}}=\dfrac{P_{\mathrm{cr}}}{A}$ 在弯曲前已超过材料的比例极限.

在压杆凸侧和凹侧距中性轴分别为 z_1 和 z_2 处的弯曲拉应变和压应变为 ε_1、ε_2. 压杆弯曲后，凸侧卸载而凹侧加载，拉应力区和压应力区的应力分别为

$$\sigma_1=E\varepsilon_1,\quad \sigma_2=E_{\mathrm{t}}\varepsilon_2 \tag{12.58}$$

拉应力区为卸载，采用弹性模量 E，压应力区为加载，但弯曲应力 σ_2 与轴向应力 σ_{cr} 相比较小，因而式(12.58)中近似地采用与 σ_{cr} 相对应的切线模量 E_{t}，并用于整个弯曲压应力区. 拉、压应力区分界线位置可根据整个截面上的弯曲应力的总和为零来确定，即

$$\int_0^{c_1}\sigma_1\mathrm{d}A+\int_0^{c_2}\sigma_2\mathrm{d}A=0\quad 即\quad ES_1+E_{\mathrm{t}}S_2=0 \tag{12.59}$$

式中，采用平截面假设，纵向纤维应变与该纤维离中性轴的距离成正比，因此得 $S_1=\int_0^{c_1}z_1\mathrm{d}A$、$S_2=\int_0^{c_2}z_2\mathrm{d}A$，分别为中性轴以右和以左截面对中性轴的静矩，利用此式确定分界线的位置. 弯曲应力合成的内力偶矩应等于外力偶矩，即

$$y''(EI_1+E_tI_2)+Py=0 \tag{12.60}$$

式中，$I_1=\int_0^{c_1}z_1^2\mathrm{d}A$、$I_2=\int_0^{c_2}z_2^2\mathrm{d}A$ 分别为中性轴以右和以左截面对该轴的惯性矩.

如令

$$E_{\mathrm{r}}=\frac{EI_1+E_{\mathrm{t}}I_2}{I} \tag{12.61}$$

式中，I 为整个截面对形心轴的惯性矩.

式(12.60)还可以写为

$$E_{\mathrm{r}}Iy''+Py=0 \tag{12.62}$$

式(12.62)与弹性阶段的挠曲线微分方程的形式相同，只是用 E_{r} 替代了 E，由此可对比得出临界荷载为

$$P_{\mathrm{r}}=\frac{\pi E_{\mathrm{r}}I}{l^2} \tag{12.63}$$

式中，E_r 为折算模量，E_r 值不仅与材料的应力-应变曲线有关，还与杆件截面的形状有关. P_r 为折算模量临界荷载，这个理论就称为**折算模量理论**或**双模量理论**. 由于 $E > E_r > E_t$，因此 $P_e > P_r > P_t$. 双模量理论比切线模量理论更严密，但事实上，许多压杆的试验结果反而与切线模量理论结果更为接近.

习　题

12-1　理想弹塑性材料组成的梁，试求弯曲时塑性极限弯矩比弹性极限弯矩增加的百分比. 梁截面如习题 12-1 图所示，图中(a)正方形；(b)圆形；(c)外半径比 $\alpha = a/b$；(d)正方形沿对角线受弯；(e)工字形截面，尺寸如习题 12-1 图所示.

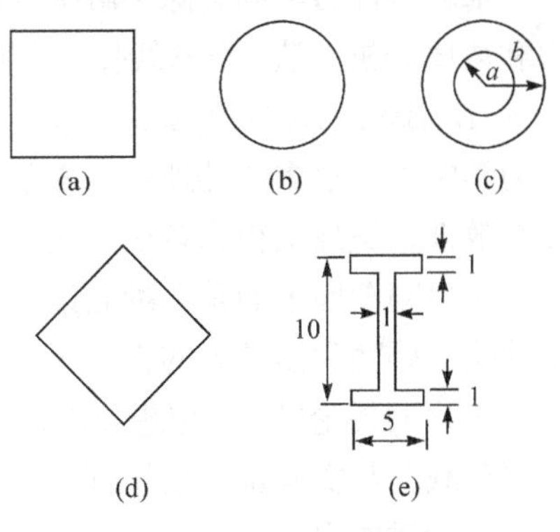

习题 12-1 图(单位：cm)

12-2　设有理想弹塑性材料高为 $2h$、宽为 b 的矩形截面梁，受外力作用，截面弹性区高 $h_e = \dfrac{h}{2}$，试问此时弯矩值为多少？并求出卸载后残余曲率半径与受载时曲率半径之比.

12-3　设有一个理想弹塑性材料制成的内半径为 a、外半径为 b 的空心圆截面直杆，其内外半径之比为 α，试求弹性极限扭矩 T_e 和塑性极限扭矩 T_s，以及弹、塑性区分界半径与扭矩 T 的关系.

12-4　已知厚壁筒内半径为 a、外半径为 b，理想弹塑性材料屈服极限为 σ_s，试求在如下情况时筒内壁进入塑性状态时内压 q 值.

(1) 两端封闭；(2) 两端自由 $\sigma_z = 0$；(3) 两端受约束 $\varepsilon_z = 0$.

12-5　设有一封闭厚壁圆筒，服从米泽斯屈服准则，同时受内压 q 及扭矩 T 的作用，如果外径与内径之比 $b/a = \beta$，试求在内表面与外表面都达到屈服状态时 T/q 的表达式.

12-6　理想弹塑性材料厚壁球壳，内半径为 7.6cm，外半径为 17.6cm，受内压 q 作用，试求此厚壁球壳的弹性极限压力 q_e、塑性极限压力 q_s 以及当弹塑性半径 $r_s = 12.6\text{cm}$ 时的内压 q 值. 材料屈服极限 $\sigma_s = 60\text{kg/mm}^2$.

第13章 理想刚塑性的平面应变问题

求解塑性力学问题除了解析方法之外，通常还有滑移线场理论、极限分析方法和数值分析方法. 滑移线作为一种分析和作图相结合的方法，首先是由巴特多夫(S. B. Batdorf)和布迪安斯基(B. Budiansky)在 1949 年提出的. 滑移线理论在塑性力学中占有很重要的地位，由于它在求解理想刚塑性平面应变问题时的方便性和有效性，该理论得到较快的发展.

理想刚塑性平面是一种假设，真实材料在塑性加工和成型过程中往往存在加工硬化、蠕变和惯性力的影响等，滑移线理论忽略这些因素，把问题作为准静态的理想化的理论模型. 理想化的理论计算在工程上有其有利的一面，即方便求出极限荷载，与实验也比较相符，因而滑移线理论是值得深入研究和进一步发展的塑性力学重要内容.

本章讨论理想刚塑性体平面应变情况下的塑性流动问题，这是经典塑性理论中研究最多且有实际应用背景的一类问题. 采用滑移线场理论找出极限状态下的极限荷载，以及塑性区的应力场和速度场.

13.1 平面应变问题的基本方程

平面应变问题的基本方程包括以下几组方程.

(1) **平衡方程**. 对于平面应变问题，物体内各点的位移平行于 xy 平面，且与 z 无关，即

$$u_x = u_x(x,y)\,,\quad u_y = u_y(x,y)\,,\quad u_z = 0 \tag{13.1}$$

其速度场满足

$$\frac{\mathrm{d}u_x}{\mathrm{d}t} = v_x(x,y)\,,\quad \frac{\mathrm{d}u_y}{\mathrm{d}t} = v_y(x,y)\,,\quad \frac{\mathrm{d}u_z}{\mathrm{d}t} = v_z(x,y) = 0 \tag{13.2}$$

其应变率张量为

$$\dot{\varepsilon}_{ij}=\begin{bmatrix} \dfrac{\partial v_x}{\partial x} & \dfrac{1}{2}\left(\dfrac{\partial v_y}{\partial x}+\dfrac{\partial v_x}{\partial y}\right) & 0 \\ \dfrac{1}{2}\left(\dfrac{\partial v_x}{\partial y}+\dfrac{\partial v_y}{\partial x}\right) & \dfrac{\partial v_y}{\partial y} & 0 \\ 0 & 0 & 0 \end{bmatrix} \tag{13.3}$$

根据不可压缩条件表示为 $\dot{\varepsilon}_x+\dot{\varepsilon}_y+\dot{\varepsilon}_z=0$，因为 $\dot{\varepsilon}_z=0$，故有

$$\frac{\partial v_x}{\partial x}+\frac{\partial v_y}{\partial y}=0 \tag{13.4}$$

不考虑体积力，各分量与 z 坐标无关，得平面应变下的平衡方程为

$$\begin{cases} \dfrac{\partial \sigma_x}{\partial x}+\dfrac{\partial \tau_{yx}}{\partial y}=0 \\ \dfrac{\partial \tau_{xy}}{\partial x}+\dfrac{\partial \sigma_y}{\partial y}=0 \end{cases} \tag{13.5}$$

(2) **屈服准则**. 米泽斯屈服准则可写为 $f=J_2-k^2=0$，按正交流动法则，并且 $\dot{\varepsilon}_z=0$，$J_2=\frac{1}{2}S_{ij}S_{ij}=\frac{1}{2}\left(S_x^2+S_y^2+2S_{xy}^2\right)=S_x^2+S_{xy}^2=\left(\frac{\sigma_x-\sigma_y}{2}\right)^2+\tau_{xy}^2$，米泽斯屈服准则可进一步可表示为

$$(\sigma_x-\sigma_y)^2+4\tau_{xy}^2=4k^2 \tag{13.6}$$

特雷斯卡屈服准则也可以表示为相同的形式，即

$$(\sigma_x-\sigma_y)^2+4\tau_{xy}^2=4k^2 \tag{13.7}$$

式(13.6)中的 $k=\sigma_s/\sqrt{3}$，而式(13.7)中的 $k=\sigma_s/2$. 以上分析可知，弹性区控制方程为

$$(\sigma_x-\sigma_y)^2+4\tau_{xy}^2<4k^2 \tag{13.8}$$

由于 $\dot{\varepsilon}_{ij}=\dot{\lambda}S_{ij}$，得莱维-米泽斯本构关系，即

$$\frac{\sigma_y-\sigma_x}{2\tau_{xy}}=\frac{\dot{\varepsilon}_y-\dot{\varepsilon}_x}{\dot{\gamma}_{xy}}=\frac{\partial v_y/\partial y-\partial v_x/\partial x}{\partial v_y/\partial x+\partial v_x/\partial y} \tag{13.9}$$

13.2　滑移线概念

滑移线理论是研究金属塑性变形过程中，发现光滑试样表面出现“滑移带”

现象，经过力学分析逐步形成的一种求解平面塑性流动问题的理论方法. 这里所谓的“滑移线”是一个**纯力学概念**，它是塑性变形区内最大切应力等于材料屈服应力时的轨迹线.

在塑性区内每一点都能找到正交的极值切应力方向，在塑性区取单元体如图 13-1 所示，过单元体做两组正交的曲线，曲线沿一点的切线方向即该点极值切应力作用面的法线方向，即极值切应力的方向，分别称为α和β族滑移线. 滑移线是空间曲线，曲线上的任意一点都和该点的临界剪应力相切，由于剪应力互等定理，过任一点有两条滑移线，以两族滑移线作为曲线坐标，取微元体，图中α线两侧最大剪应力为顺时针方向，β线两侧最大剪应力为逆时针方向.

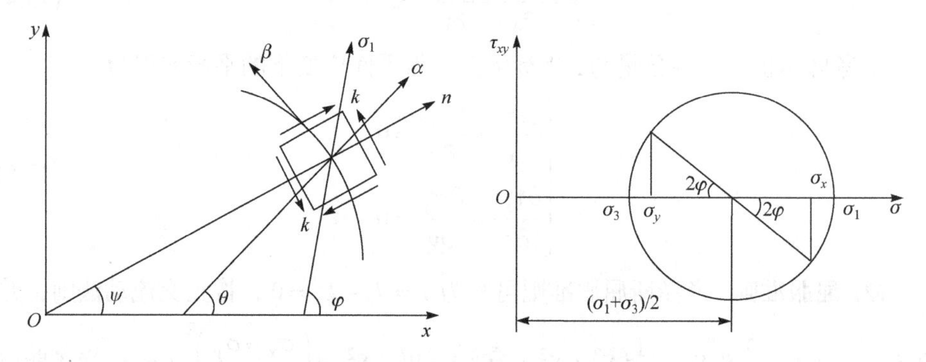

图 13-1 塑性区单元体上的应力状态

由式(13.6)屈服准则，以 $2k$ 为直径做莫尔应力圆，由图 13-1 应力圆方程可以计算出塑性区内一点的应力为

$$\begin{cases}\sigma_x = \sigma + k\cos(2\varphi)\\ \sigma_y = \sigma - k\cos(2\varphi)\\ \tau_{xy} = k\sin(2\varphi)\end{cases} \tag{13.10}$$

通过单元体分析，φ为σ_1与x轴的夹角，而α线与x轴的夹角为θ，则有$\varphi=\theta+\pi/4$，进而有$\cos(2\varphi)=-\sin(2\theta)$，$\sin(2\varphi)=\cos(2\theta)$，将以上关系代入式(13.10)可得单元体上的应力状态为

$$\begin{cases}\sigma_x = \sigma - k\sin(2\theta)\\ \sigma_y = \sigma + k\sin(2\theta)\\ \tau_{xy} = k\cos 2\theta\end{cases} \tag{13.11}$$

将式(13.11)代入平衡方程可得

$$\begin{cases} \dfrac{\partial \sigma}{\partial x} - 2k\cos(2\theta)\dfrac{\partial \theta}{\partial x} - 2k\sin(2\theta)\dfrac{\partial \theta}{\partial y} = 0 \\ \dfrac{\partial \sigma}{\partial y} - 2k\sin(2\theta)\dfrac{\partial \theta}{\partial x} + 2k\cos(2\theta)\dfrac{\partial \theta}{\partial y} = 0 \end{cases} \tag{13.12}$$

将 x 、 y 坐标系转换为 α 、 β 坐标系，$\theta(x,y)$ 是各点的位置函数，则有

$$\begin{cases} \dfrac{\partial}{\partial S_\alpha}(\sigma - 2k\theta) = 0 \\ \dfrac{\partial}{\partial S_\beta}(\sigma + 2k\theta) = 0 \end{cases} \tag{13.13}$$

式中，$\dfrac{\partial}{\partial S_\alpha}$ 、$\dfrac{\partial}{\partial S_\beta}$ 是沿 α 、 β 线的导数. 设 $\sigma - 2k\theta = C_\alpha$ (沿 α 线)、$\sigma + 2k\theta = C_\beta$ (沿 β 线)为常数，此为**亨基方程**，也常称为**塑性方程的积分**. 同一族滑移线的参数不变，但不同族滑移线的参数不同，因此该方程能描述 σ-θ 沿着滑移线变化的规律，这也是压力加工中塑性流动的基本方程. 沿 α 族滑移线的微分方程可表示为 $\mathrm{d}y/\mathrm{d}x = \tan\theta$，沿 β 族滑移线的微分方程可表示为 $\mathrm{d}y/\mathrm{d}x = -\cot\theta$. 如果给定速度边界条件，还可以得到滑移线的速度方程，即

$$\left(\frac{\partial v_x}{\partial x} - \frac{\partial v_y}{\partial y}\right) + \tan(2\theta)\left(\frac{\partial v_x}{\partial y} + \frac{\partial v_y}{\partial x}\right) = 0 \tag{13.14}$$

13.3 滑移线的性质

1. 亨基第一定理

在同族两条滑移线和另一族滑移线的交点上，其切线间的夹角不变，即图 13-2 中 $\Delta\theta_{AB} = \Delta\theta_{CD}$，其平均应力变化量也是相同的.

证明 设沿 α_1 线 $\eta = \eta_1$，沿 α_2 线 $\eta = \eta_2$，沿 β_1 线 $\xi = \xi_1$，沿 β_2 线 $\xi = \xi_2$，则由沿 α 线 $\dfrac{\mathrm{d}y}{\mathrm{d}x} = \tan\theta$，$\dfrac{\sigma}{2k} - \theta = \eta = \mathrm{const}$，沿 β 线 $\dfrac{\mathrm{d}y}{\mathrm{d}x} = -\cot\theta$，$\dfrac{\sigma}{2k} + \theta = \xi = \mathrm{const}$，可得

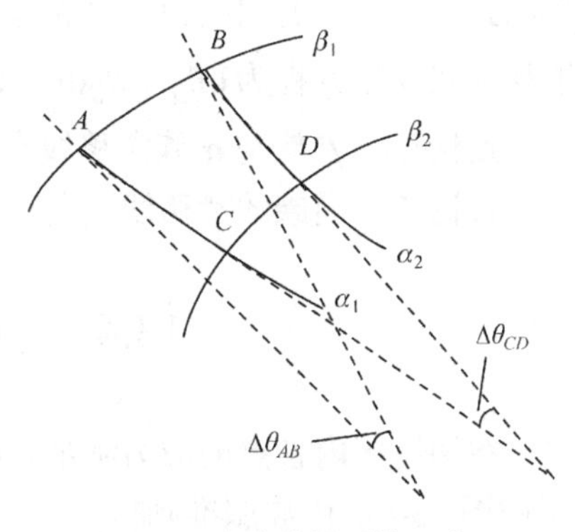

图 13-2 滑移线性质第一定理

$$\theta_A = \frac{1}{2}(\xi_1 - \eta_1)，\quad \theta_B = \frac{1}{2}(\xi_1 - \eta_2)，\quad \Delta\theta_{AB} = \theta_B - \theta_A = \frac{1}{2}(\eta_1 - \eta_2)$$

$$\theta_C=\frac{1}{2}(\xi_2-\eta_1)\,,\quad \theta_D=\frac{1}{2}(\xi_2-\eta_2)\,,\quad \Delta\theta_{CD}=\theta_D-\theta_C=\frac{1}{2}(\eta_1-\eta_2)$$

由此得$\Delta\theta_{AB}=\Delta\theta_{CD}$. 同理对$\sigma$的变化,有等式$\Delta\sigma_{AB}=\sigma_B-\sigma_A=\Delta\sigma_{CD}=\sigma_D-\sigma_C$.

推论一 若一族滑移线中有一根是直线，则同族其他各线段都是直线.

推论二 在直的滑移线上，应力是常数.

2. 亨基第二定理

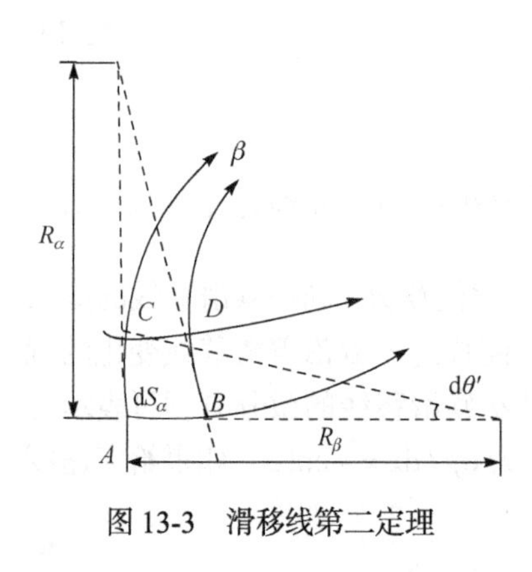

图 13-3 滑移线第二定理

沿一族的某一滑移线移动,则另一族滑移线的曲率半径变化量等于其所走过的距离. 在图 13-3 中即$\mathrm{d}R_\beta=\mathrm{d}S_\alpha$.

证明 曲率半径R_α、R_β定义为$\dfrac{1}{R_\alpha}=\dfrac{\partial\theta}{\partial S_\alpha}$，$\dfrac{1}{R_\beta}=-\dfrac{\partial\theta}{\partial S_\beta}$，这里规定$R_\alpha$、$R_\beta$若位于正的$\alpha$和$\beta$方向为正，$\Delta S_\beta=-R_\beta\Delta\theta$，则对$\overset{\frown}{CA}$弧，有$\overset{\frown}{CA}=-R_\beta\Delta\theta_{AC}=-R_\beta\mathrm{d}\theta'$. 类似地，对$\overset{\frown}{BD}$弧，有

$$\overset{\frown}{BD}=-\left(R_\beta+\frac{\partial R_\beta}{\partial S_\alpha}\mathrm{d}S_\alpha\right)\Delta\theta_{BD}=-\left(R_\beta+\frac{\partial R_\beta}{\partial S_\alpha}\mathrm{d}S_\alpha\right)\mathrm{d}\theta'$$

另外，从图 13-3 所示的几何关系，可以近似得出$\overset{\frown}{BD}=-(R_\beta-\mathrm{d}S_\alpha)\mathrm{d}\theta'$，比较以上两式可得 $\partial R_\beta/\partial S_\alpha=-1$，$\partial R_\alpha/\partial S_\beta=-1$，其中第二式是用类似的方法得出的，将两式结合在一起可得沿α线的滑移形状控制方程为$\mathrm{d}R_\beta+R_\alpha\mathrm{d}\theta=0$，沿$\beta$线的滑移形状控制方程为$\mathrm{d}R_\alpha+R_\beta\mathrm{d}\theta=0$.

推论一 β族与α族滑移线交点曲率中心的轨迹形成α线的渐伸线.

推论二 同族的滑移线必向一个方向凹，并且曲率半径逐渐变为零.

13.4 塑性区的边界条件

在塑性区内各点的应力满足屈服准则，由边界应力σ_n、τ_n所做应力圆的半径为k(图 13-4). 由屈服准则得$\sigma_t=\pm 2k$，通过(σ_n，τ_n)点所做半径为k的应力圆有两个(图 13-5)，因而与边界面垂直的截面上的应力τ_t有两个值. 应力圆确定后，即确定了主应力，边界上的α、β线也就可以确定了. 下面讨论用数学公式表示边界条件.

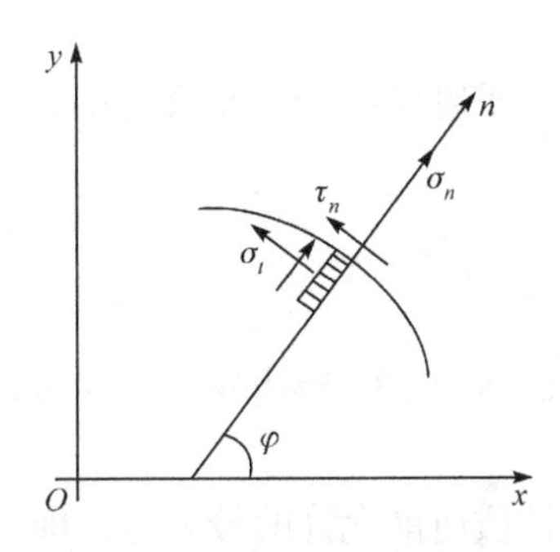

图 13-4　给定应力的边界图

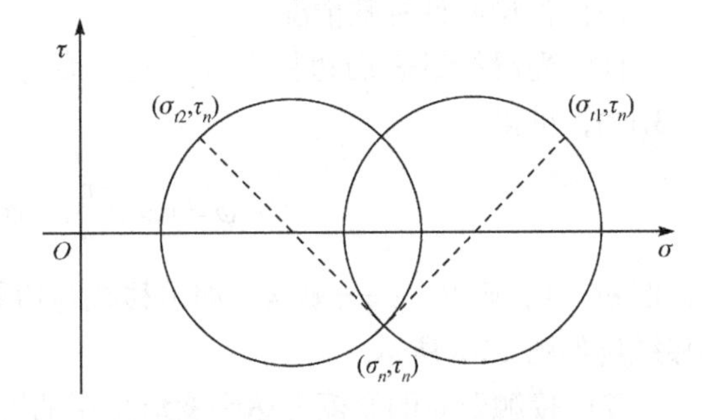

图 13-5　边界上一点的应力图

设物体表面Σ上任一点的外法线n与x轴的夹角为φ，如图 13-4 所示，则该点的应力σ_n和τ_n可由应力分量σ_x、σ_y和τ_{xy}表示为

$$\begin{cases}\sigma_n=\dfrac{\sigma_x+\sigma_y}{2}+\dfrac{\sigma_x-\sigma_y}{2}\cos(2\varphi)+\tau_{xy}\sin(2\varphi)\\ \tau_n=\dfrac{\sigma_x-\sigma_y}{2}\sin(2\varphi)+\tau_{xy}\cos(2\varphi)\end{cases}\tag{13.15}$$

在塑性区内，有

$$\begin{cases}\sigma_x=\sigma-k\sin(2\theta)\\ \sigma_y=\sigma-k\sin(2\theta)\\ \tau_{xy}=k\cos(2\theta)\end{cases}\tag{13.16}$$

将式(13.16)代入式(13.15)，可得塑性区的边界条件，即

$$\begin{cases}\sigma_n=\sigma-k\sin\left[2(\theta-\varphi)\right]\\ \tau_n=k\cos\left[2(\theta-\varphi)\right]\end{cases}\tag{13.17}$$

如果边界上给定σ_n、τ_n，则可求得边界处沿滑移线的平均应力σ以及θ值，即

$$\begin{cases}\sigma=\sigma_n+k\sin2\left[(\theta-\varphi)\right]\\ \theta-\varphi=m\pi\pm\dfrac{1}{2}\arccos\dfrac{\tau_n}{k}\end{cases}\tag{13.18}$$

式中，$\arccos\dfrac{\tau_n}{k}$应理解为它的主值；m为任意正、负整数或零，可从θ的选取中确定. 对应于给定的σ_n、τ_n，σ和θ并不是唯一的，还需根据具体问题来正确选取，可以根据边界各点的切向正应力σ_t的性质来确定，因为平均应力为$\sigma=(\sigma_t+\sigma_n)/2$，所以有

$$\sigma_t=2\sigma-\sigma_n\tag{13.19}$$

下面讨论两种特殊情况：

(1) 光滑接触表面边界上$\sigma_n \neq 0$，而$\tau_n = 0$，即边界面为主平面之一. 由式(13.18)，可得

$$\theta - \varphi = m\pi \pm \frac{\pi}{4}, \quad \sigma = \sigma_n \pm k$$

如取$m = 0$，则$\theta - \varphi = \pm\pi/4$，即滑移线与边界成 45°夹角. 当边界为直线时，滑移线场如图 13-6 所示.

(2) 接触表面的摩擦力达到变形金属的物理性质所能允许的最大值，即边界上$\tau_n = \pm k$. 边界面即为极值剪力作用面. 因此，在这种情况下，一族滑移线与边界成 90°，另一族则与边界线公切或以边界线为其包络线. 当边界线为直线时，滑移线场如图 13-7 所示.

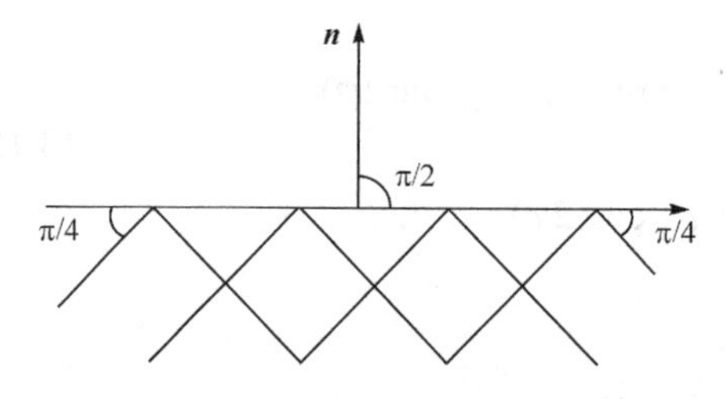

图 13-6　光滑接触的直线边界

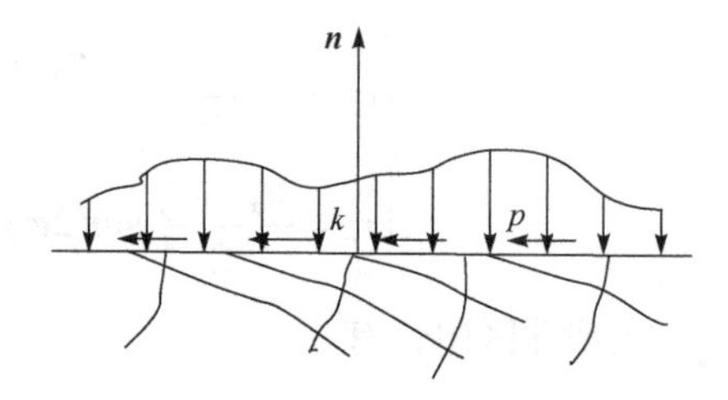

图 13-7　粗糙接触的直线边界

上面讨论的是两种极端情况，对于其他情况，即$0 < \tau_n < k$时，滑移线与边界的夹角介于上述两者之间.

1) 刚塑性区交界线

如果不计整体的刚体位移，可以认为在刚性区内，速度$v_\alpha = v_\beta = 0$，而在塑性区内，v_α和v_β不能全为零，所以在刚塑性区交界线上必有速度间断，可以证明：速度间断面必为滑移线或滑移线族的包络线. 若用$[\sigma_t]$表示间断值，则有

$$[\sigma_t] = \left|\sigma_t^+ - \sigma_t^-\right| = 4\sqrt{k^2 - \tau_{nt}^2} \tag{13.20}$$

2) 两个塑性区的交界线

如果两个塑性区的交界线不是滑移线，则α和β通过时要发生间断. 这种间断相当于通过一点有两个不同的应力圆，即法向应力σ_n、τ_n连续，而切向正应力σ_t间断，则界面控制方程为

$$\begin{cases} (\sigma_n^+ - \sigma_t^+)^2 + 4\tau_{nt}^{+2} = 4k^2 & \text{（界面一侧）} \\ (\sigma_n^- - \sigma_t^-)^2 + 4\tau_{nt}^{-2} = 4k^2 & \text{（界面另一侧）} \end{cases} \tag{13.21}$$

13.5 塑性极限荷载的实例

设边坡顶部作用一均布荷载 p，张角为 2γ，滑移线如图 13-8 所示，试求其塑性极限荷载.

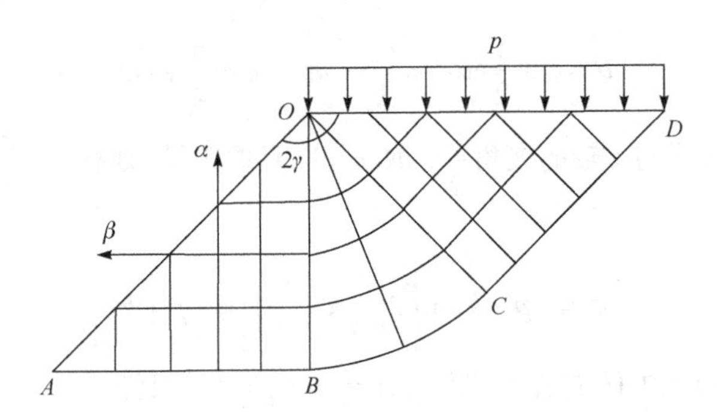

图 13-8 均布荷载下的边坡滑移线

方法 1 在 OCD 均布应力区的 OD 边界上有 $\sigma_n=-p$，$\tau_{nt}=0$，由式(13.18)可知

$$\theta=\varphi\pm\frac{1}{2}\arccos\frac{\tau_{nt}}{k}+m\pi=\varphi\pm\frac{\pi}{4}+m\pi$$

式中，φ 为 OD 法线与 x 轴的夹角，$\varphi=\frac{\pi}{2}$. 取 $m=0$，且取正号，则有 $\theta=\frac{\pi}{2}+\frac{\pi}{4}=\frac{3}{4}\pi$，由式(13.18)可得

$$\sigma=\sigma_n+k\sin[2(\theta-\varphi)]=-p+k$$

在 OAB 均布应力区的 OA 边界上有 $\sigma_n=\tau_{nt}=0$，可知

$$\theta=\varphi\pm\frac{1}{2}\arccos\frac{\tau_{nt}}{k}+m\pi=\varphi\pm\frac{\pi}{4}+m\pi$$

式中，φ 为 OA 法线与 x 轴的夹角，$\varphi=\frac{\pi}{2}+2\gamma$. 取 $m=0$，且取负号，则有 $\theta=\frac{1}{4}\pi+2\gamma$，由式(13.18)可得

$$\sigma=\sigma_n+k\sin[2(\theta-\varphi)]=-k$$

在 OBC 简单应力区，BC 为 β 线的一段，有 $\sigma_C-\sigma_B=-2k(\theta_C-\theta_B)=-2k\Delta\theta_{CB}$，考虑到 $\sigma_C=-p+k$，$\sigma_B=-k$，$\Delta\theta_{CB}=2\gamma-\frac{\pi}{2}$，故有

$$-p+2k=-2k\left(2\gamma-\frac{\pi}{2}\right)$$

故得塑性极限荷载 $p_s=2k\left(1+2\gamma-\frac{\pi}{2}\right)$.

方法 2 取 α、β 线方向均反向，OCD 均布应力区的边界 OD 上有 $\sigma_n=-p$，$\tau_{nt}=0$，可知

$$\theta=\varphi\pm\frac{1}{2}\arccos\frac{\tau_{nt}}{k}+m\pi=\varphi\pm\frac{\pi}{4}+m\pi$$

式中，φ 为 OD 法线与 x 轴的夹角 $\frac{\pi}{2}$. 取 $m=1$，且取正号，则有 $\theta=\frac{\pi}{2}+\frac{\pi}{4}+\pi=\frac{7}{4}\pi$，可得

$$\sigma=-p+k\sin\left[2\left(\frac{7}{4}\pi-\frac{\pi}{2}\right)\right]=-p+k$$

在 OAB 均布应力区的边界 OA 上有 $\sigma_n=\tau_{nt}=0$，可知

$$\theta=\varphi\pm\frac{\pi}{4}+m\pi$$

式中，φ 为 OA 法线与 x 轴的夹角，$\varphi=\frac{\pi}{2}+2\gamma$. 取 $m=1$，且取负号，则有 $\theta=\frac{\pi}{2}+2\gamma-\frac{\pi}{4}+\pi=\frac{5}{4}\pi+2\gamma$，可得

$$\sigma=0+k\sin\left[2\left(\frac{5}{4}\pi+2\gamma-\frac{\pi}{2}-2\gamma\right)\right]=-k$$

同法求 OBC 简单应力区，故得塑性极限荷载为

$$p_s=2k\left(1+2\gamma-\frac{\pi}{2}\right)$$

以上两种计算方法得到相同的极限值，说明极限荷载是唯一的，滑移线只是表明塑性流动的趋势，与方向设定无关，满足滑移线性质的设定，当达到塑性极限 $ABCD$ 刚塑性边界线时，若给定荷载的速度函数，还可进一步分析约束塑性变形区，以及沿着滑移线的速度分布情况，对进一步分析边坡稳定性有重要意义.

习　题

13-1 试证明：

(1) 在塑性区中与均匀应力场紧接的区域是简单应力场，常见的为中心扇形区.

(2) 中心扇形区中，同一条径向线上各点的 $\sigma_r=\sigma_\theta=\sigma$.

13-2 如习题 13-2 图所示，如果边界是圆，且其上无切应力作用的轴对称问

题，试证明两族滑移线都是对数螺旋线.

13-3　对称楔块顶部被削平的面积上受有均匀压力 q，如习题 13-3 图所示，试求极限荷载.

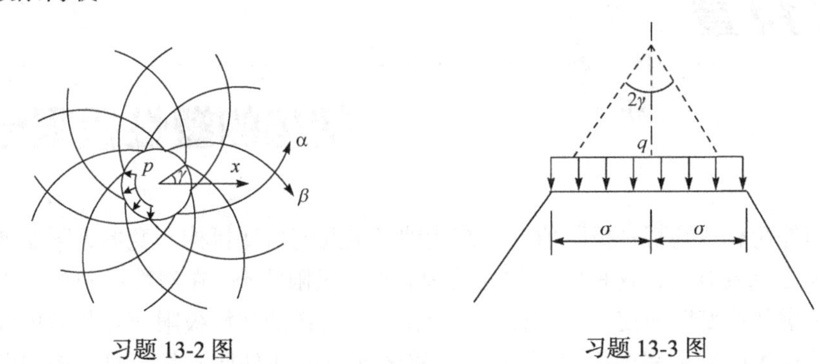

习题 13-2 图　　习题 13-3 图

13-4　设具有角形深切口的厚板，其滑移线场构造如习题 13-4 图所示，试求此时该板所能承受的弯矩.

13-5　具有尖角为 2γ 的模体，在外力 P 的作用下插入具有相同角度的 V 形缺口内，如习题 13-5 图所示. 若楔体与 V 形缺口间完全光滑，试画出其滑移线场并求出极限荷载.

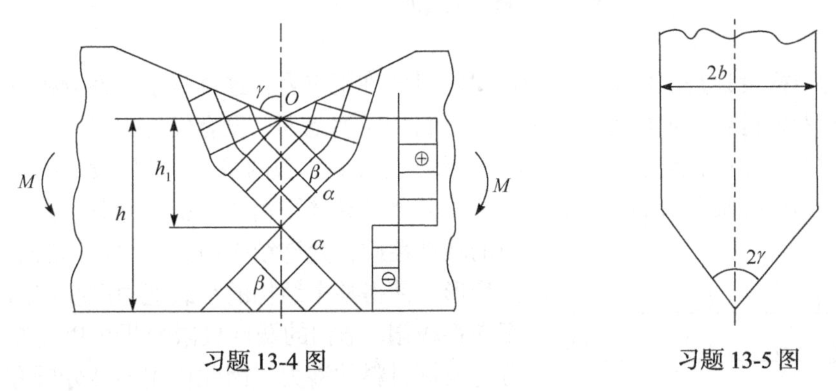

习题 13-4 图　　习题 13-5 图

13-6　带有对称角形切口的板条如习题 13-6 图所示，试求：(1)受拉伸时的极限荷载；(2)受弯曲时的极限荷载.

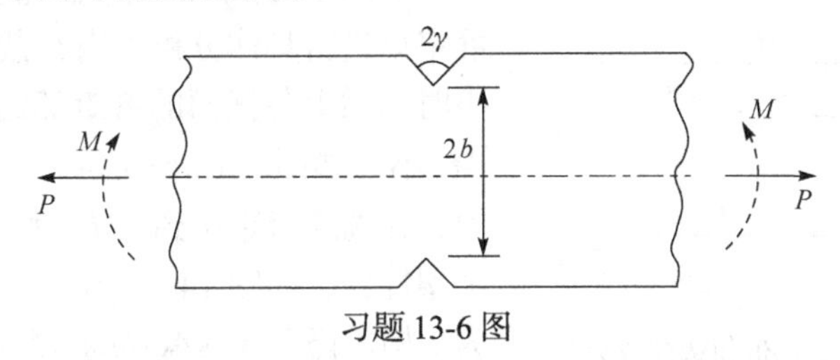

习题 13-6 图

第14章

结构的塑性极限分析

当外荷载达到某一极限值时，结构即变成几何可变机构，变形无限制增长，从而失去承载能力，这种状态称为结构的塑性极限状态. 在塑性极限分析中，由于不考虑弹性变形而使分析过程大为简化，且所得的塑性极限荷载与考虑弹塑性过程所得到的结果完全相同. 当结构上有若干截面达到屈服状态时，结构即变成机构，开始无限制地增加变形，结构达到极限状态. 结构塑性极限分析，又称结构破损分析，是对结构在**塑性极限状态**下的特性的研究，是**塑性力学**的研究内容之一.

14.1 基本概念

传统的结构设计是工作应力不得超过材料的许用应力，这种基于弹性分析设计方法没有考虑材料的塑性性质，限制了材料的应用范围，没有发挥出材料在塑性区应力重新分布的优势，从而使结构能承担更大的荷载的特点. 结构设计的另一种方法是塑性极限分析的方法，这种方法是基于整体平衡的分析，充分发挥材料的塑性性质，允许结构内部产生局部的永久变形，使得整个结构的承载能力继续增加至塑性极限. 结构的塑性极限分析可以更充分地发挥材料的潜力，因此比用弹性分析方法设计结构更为经济.

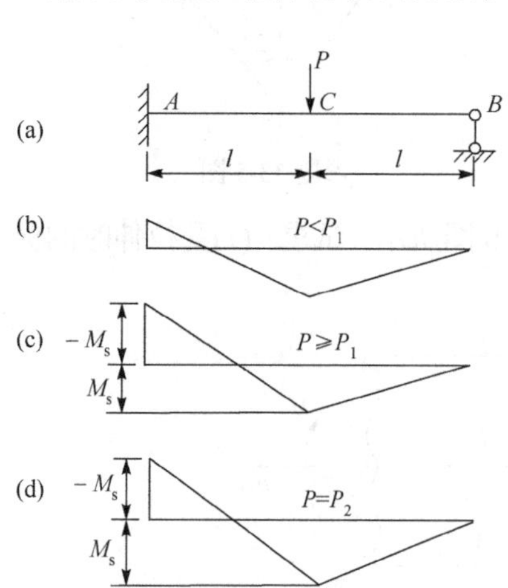

图 14-1 梁的弯矩分布和塑性铰分析

以图 14-1(a)所示理想弹塑性材料一次超静定梁进行具体分析，当C截面集中力P较小时，梁上各截面的弯矩都比塑性极限弯矩M_s小，如图 14-1(b)所示. 当荷载P增加到P_1，A端的弯矩达到$-M_s$时，A端就成为一个塑性铰，如图 14-1(c)所示，这时梁并未成为机构，仍可继续承载. 在继续加载过程中，

A 点的弯矩不再增加，而 C 点的弯矩可断续增加，当 $P=P_2$ 时 C 点的弯矩达到 M_s，截面 C 也变成一个塑性铰，如图 14-1(d)所示. 由于两个塑性铰的出现，梁变成几何可变机构. 这种由于出现塑性铰而形成的几何可变机构称为**塑性机构或破损机构**. 荷载 P_2 就是梁的塑性极限荷载 P_s，此时塑性铰 A 和 C 处的弯矩均为极限弯矩 M_s，容易求得极限荷载 $P_s=3M_s/l$. 如果取截面为矩形，弹性极限荷载 $P_e=8M_e/(3l)$，此时 $M_e=2M_s/3$，可得 $P_e=16M_s/(9l)$. 在这种情况下，塑性极限分析得出的承载能力比弹性分析提高了 68.8%.

在工程实践中，往往只需要计算结构塑性极限荷载，而不考虑极限状态前的变形过程，这种分析方法称为**结构的塑性极限分析**，或简称**结构的极限分析**. 在结构的极限分析中采用的基本假设包括：材料是理想刚塑性的，在极限分析中一般采用理想刚塑性模型；不考虑变形所引起的几何尺寸的改变；结构有足够的刚度，在达到极限荷载前不失去稳定；所有荷载都按同一比例增加，加载速度不计惯性力的影响. 这些基本假设简化了分析计算，所得结果也与实际相符.

14.2　塑性极限分析的上、下限定理

在塑性极限分析中，由于不考虑弹性变形，分析过程大为简化，且所得的塑性极限荷载与考虑弹塑性过程所得到的结果完全相同. 凡是在极限条件中起作用的内力，称为**广义应力**. 当某点的广义应力满足极限条件时，表示结构上该点已进入屈服状态. 当结构上有若干截面达到屈服状态时，结构即变成机构，开始无限制地增加变形，结构达到了极限状态. 当作用在结构上的荷载增大至某一极限值时，理想塑性材料结构将变成几何可变机构，它的变形无限制地增大，从而使结构失去承载能力，这种状态称为结构的塑性极限状态，对应于此状态的荷载称为塑性极限荷载.

为了解决上述问题，除了要知道材料的有关参数外，还应知道静力和机动条件，即结构的外力和几何约束边界条件. 这些条件包括屈服准则(结构出现屈服时其广义应力应满足的条件)和破损机构条件(在极限状态下结构的运动规律或结构失去承载能力时的运动形式). 这两个条件是结构极限分析的物理依据. 平衡条件和几何条件是结构处于弹性状态或塑性状态都必须满足的条件，如果上述条件完全满足，则为极限分析的完全解.

1. 结构极限状态

对于实际工程中广泛采用的梁和刚架结构，一般总可以定义截面上的弯矩 M 作为广义应力，同时以截面的转角 θ 作为相应的广义应变，结构内的应力应变

状态可由 M 和 θ 来描述，我们可以定义下述三种状态.

真实极限状态：外力 P_s 为极限荷载，与之相对应的有广义位移 Δ 、截面 i 的弯矩 M_i 和相应的转角 θ_i . 由真实极限状态求出的结构塑性极限荷载除了满足平衡条件，即外力 P_s 与内力 M 互相平衡的条件外，还应满足不破坏塑性极限弯矩条件，即 $M \leqslant M_s$. 满足以上条件的解称为塑性极限分析的**完全解**.

机动场状态：运动许可状态，一组满足运动约束条件的位移 Δ^* 和转角 θ^* ，且对应的外力 P^* 在 Δ^* 上做正功，即 $P^*\Delta^* > 0$.

静力场状态：静力许可状态，一组满足内部平衡条件的弯矩分布 M_i^0 ，它与外力 P^0 相平衡，并且各处弯矩在数值上不超过极限弯矩 M_s .

2. 上限定理

如果有任意机动许可的速度场存在，则极限荷载是所有 P^+ 中最小的一个即为上限，即 $P_s \leqslant P^+$ ，此处 P^+ 与一种机动许可的速度场相对应，可证明为极限荷载上限.

证明 设取定一机动场 Δ^* 、θ^* ，则由下列内外力功等式可求出极限荷载的一个上限 $P^* \geqslant P_s$ ，由 $\int P^*\Delta^* \mathrm{d}x = \sum M_i^*\theta_i^*$ ，式中 M_i^* 是与 θ_i^* 相对应的荷载乘子，且 $M_i^* = M_s \operatorname{sgn}\theta_i^*$. 由机动场内力功与外力功相等的原理，得

$$\int P^*\Delta^* \mathrm{d}x = \sum M_i^*\theta_i^* > 0 \tag{14.1}$$

式中积分是对结构上所有荷载(包括分布荷载)而言的. 以机动场的位移 Δ^* 和转角 θ^* 作为虚位移，对真实极限状态的荷载及内力列出虚功方程，即

$$\int P_s\Delta^* \mathrm{d}x = \sum M_i\theta_i^* \tag{14.2}$$

以上两式相减，得

$$\left(P^* - P_s\right)\int \Delta^* \mathrm{d}x = \sum\left(M_i^* - M_i\right)\theta_i^* \tag{14.3}$$

在塑性铰处 $M_i^* = \pm M_s$ ， $-M_s \leqslant M_i \leqslant M_s$ ，且 M_i^* 与 θ_i^* 总是同号. 若 θ_i^* 为正，则 $M_i^* = M_s$ ，而 $M_i \leqslant M_s$ ，故有

$$\left(M_i^* - M_i\right)\theta_i^* \geqslant 0$$

若 θ_i^* 为负，则 $M_i^* = -M_s$ ，而 $M_i \geqslant -M_s$ ，上式仍然成立. 因此，式(14.3)右端总不小于零，就有 $\left(P^* - P_s\right)\int \Delta^* \mathrm{d}x \geqslant 0$ ，而单位外力功 $\int \Delta^* \mathrm{d}x$ 为正值，从而得到

$$P^* \geqslant P_s \tag{14.4}$$

显然，P^* 为极限荷载 P_s 的一个上限，此即上限定理，$P^+ \geqslant P_s$.

上限定理可表述为：与机动容许场对应的外荷载不小于真实的极限荷载. 所谓机动容许场，是指满足几何约束条件并能形成破损机构的位移速度场. 外力在此速度场上做功的功率大于等于结构内部的耗散功率. 上限定理提出了结构破坏的充分条件，用它可求得极限荷载的上限，这样的上限也有无穷多个. 在用上限定理求极限荷载时，由于假设结构已经破坏，应选取所求得的极限荷载上限中最小的一个作为极限荷载的近似值，它和真实的极限荷载最接近. 只考虑机动方面的要求，而不考虑屈服准则和平衡条件的要求，按上限定理求极限荷载最小上限值的方法称为极限分析的机动法. 对于复杂的结构或复杂的荷载分布，常需用实验方法得出一个破坏机构的形态，据此求出极限荷载的一个较好的上限值. 如果一个荷载既是极限荷载的上限，又是极限荷载的下限，它便是完全解的极限荷载.

3. 下限定理

如果有任意静力许可的速度场存在，则极限荷载是所有 P^- 中最大的一个，即 $P^- \leqslant P_s$，此处 P^- 与静力许可的应力场相对应，为极限荷载的下限.

证明　因为静力场的内力 M_i^0 和外荷载 P^0 是平衡的，以极限荷载作用下的位移 $\varDelta$ 和转角 θ_i 作为虚位移，由虚功原理得

$$\int P^0 \varDelta \mathrm{d}x = \sum M_i^0 \theta_i$$

同理，在真实极限状态时，有

$$\int P_s \varDelta \mathrm{d}x = \sum M_i \theta_i$$

以上两式相减得

$$(P_s - P^0)\int \varDelta \mathrm{d}x = \sum (M_i - M_i^0)\theta_i \tag{14.5}$$

若 θ_i 为正，则 $M_i = M_s$，而静力许可弯矩 M_i^0 不超过 M_s，故有

$$(M_i - M_i^0)\theta_i \geqslant 0$$

若 θ_i 为负，则 $M_i = -M_s$，而静力许可弯矩 $M_i^0 \geqslant -M_s$，上式仍成立. 因此，式(14.5)右端总不小于零，就有 $(P_s - P^0)\int \varDelta \mathrm{d}x \geqslant 0$. 而单位外力功 $\int \varDelta \mathrm{d}x$ 为正值，从而得出 $P_s \geqslant P^0$. 显然，P^0 为极限荷载 P_s 的一个下限. 此即下限定理

$$P_s \geqslant P^- \tag{14.6}$$

下限定理可表述为：与静力容许场对应的外荷载不大于真实的极限荷载. 所谓静力容许场，是指满足平衡方程和外力边界条件并且不违背屈服准则的应力场. 下限定理提出了结构不破坏的必要条件，用它可计算结构承载能力的下限，这样

的下限有无穷多个. 由于结构不破坏时所能承受的最大荷载与结构的真实极限荷载最接近，应选取由下限定理求出的极限荷载下限中最大的一个作为极限荷载的近似值. 按平衡条件、屈服准则用下限定理求极限荷载最大下限的方法称为极限分析的静力法. 综合上、下限定理得出

$$P^{-} \leqslant P_{s} \leqslant P^{+} \tag{14.7}$$

以上两个重要定理给极限分析提供了理论基础，在实用上往往由于不易选取合适的应力场，下限解与上限解的差距很大. 由于不容易得到完全解，在极限分析理论中发展了两个定理，即下限定理和上限定理，如果一个荷载既是极限荷载的上限，又是极限荷载的下限，则这个荷载必满足极限分析中的全部条件. 用以上两个定理求极限荷载的方法分别称为静力法和机动法. 对于复杂结构，为了求出极限荷载，可以放松对极限条件的要求，即对极限条件进行简化，以便找出解的上限或下限. 对于梁、桁架、刚架、轴对称圆板和旋转轴对称薄壳，都可用静力法或机动法分别找出下限解或上限解.

14.3 梁和刚架的极限分析

14.3.1 超静定梁的塑性极限分析

在静定梁中，若能形成一个塑性铰，则该梁具有一个自由度，从而成为破损机构. 在超静定梁中，若使该梁成为具有一个自由度的机构，则需在梁中形成塑性铰的个数要比它的超静定次数多1才能形成破损机构. 当梁的超静定次数为 n 时，该梁成为破损机构所需的塑性铰数目 $R=n+1$.

例 14.1 如图 14-2(a)所示两端固支梁，跨中受集中荷载，试求其极限荷载.

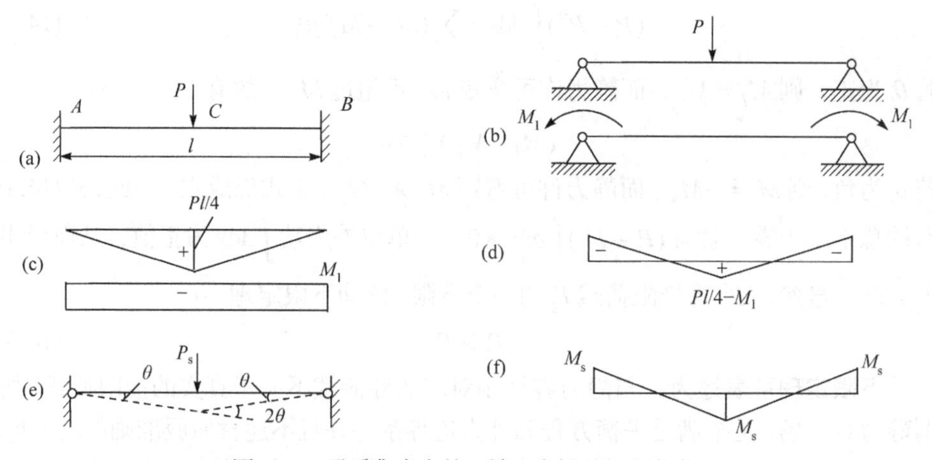

图 14-2 承受集中力的两端固定梁的极限荷载

解　由于梁仅受垂直荷载作用，不考虑梁轴向的位移，可作为 2 次超静定梁求解.

静力法　为求弯矩图，可将其视为图 14-2(b)所示的两个静定梁. 分别求出其弯矩图，如图 14-2(c)所示. 然后将其叠加即可得到该超静定梁的弯矩图，如图 14-2(d)所示. 由弯矩图可知，$|M|_{\max}$ 在梁的固定端及跨中，令其达到塑性极限弯矩，即

$$-M_1=-M_s$$
$$Pl/4-M_1=M_s$$

由以上两式可以求得极限荷载的下限为

$$P^0=8M_s/l$$

梁超静定次数 $n=2$，形成破损机构所需塑性铰数 $R=n+1=3$，当跨中及两个固支端截面上的弯矩(绝对值)为 M_s 时，即形成三个塑性铰，亦即在 P^0 作用下，该梁能够形成具有一个自由度的破损机构，如图 14-2(e)所示. 因此，$P^0=8M_s/l$ 即该梁的完全解极限荷载，$P_s=P^0=8M_s/l$.

机动法　要使梁成为一个自由度的破损机构需形成三个塑性铰，其破损机构取图 14-2(e)所示机构. 外力 P 所做的功为

$$W_e=P\delta$$

塑性铰处 M_s 与 θ 转向一致，内力功为

$$W_i=4M_s\theta=8M_s\delta/l$$

由 $W_e=W_i$，可求得该机构所对应的极限荷载上限为 $P^*=8M_s/l$. 在 P^* 作用下，梁内弯矩如图 14-2(f)所示，该内力场弯矩 $|M|\leqslant M_s$. 因此，上式所示荷载即完全解的极限荷载.

例 14.2　求图 14-3(a)所示在均布荷载作用下的超静定梁的极限荷载 q_s.

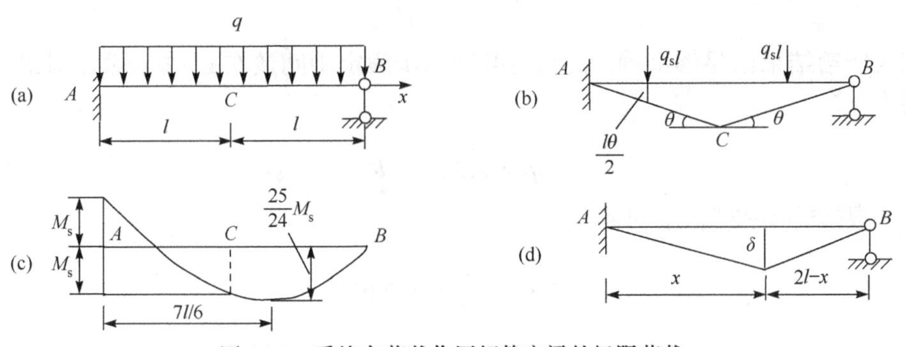

图 14-3　受均布荷载作用超静定梁的极限荷载

解 这是一次超静定梁，除了在固定端形成塑性铰外，还需要有一个塑性铰才能成为机构. 设第二个塑性铰在梁的中点C处，应用内力功与外力功相等的原理，得

$$3M_s\theta = 2q_1^* l \cdot \frac{l\theta}{2}$$

所以

$$q_1^* = 3\frac{M_s}{l^2} \tag{a}$$

塑性铰A处弯矩为$-M_s$，C处弯矩为M_s，由平衡条件可算出A和B处的支反力，它们分别为$F_{yB} = 3.5M_s / l$，$F_{yA} = 2.5M_s / l$. 以A为坐标原点，可以得弯矩分布为

$$M(x) = M_s\left[5\left(1-\frac{x}{2l}\right) - 6\left(1-\frac{x}{2l}\right)^2\right]$$

弯矩最大值在$\frac{x}{l}=\frac{7}{6}$处，且$M_{\max} = \frac{25}{24}M_s > M_s$，如图 14-3(c)所示. 因此，$q_1^*$并非真实的极限荷载. 若将图 14-3(c)所示的弯矩都乘以$\frac{24}{25}$的因子，则所得结果将与$\frac{24}{25}q_1^*$相平衡，并且各截面上的弯矩都不超过极限弯矩M_s，所以$\frac{24}{25}q_1^*$是一个静力解，即

$$q^0 = \frac{24}{25}\frac{3M_s}{l^2} = 2.88\frac{M_s}{l^2} \tag{b}$$

根据式(a)和式(b)，得

$$\bar{q}_s = 2.94\frac{M_s}{l^2} \tag{c}$$

该式所给结果已足够准确. 我们还可进一步假定中间铰在$x = 7l/6$处，求出上限为

$$q_2^* = 2.92M_s / l^2 \tag{d}$$

根据式(c)和式(d)，可解得

$$2.88 \leqslant \frac{q_s}{M_s}l^2 \leqslant 2.92$$

为了求得 q_s，可假设中间铰出现在距固定端 A 为 x 处，如图 14-3(d)所示，由外力功与内力功相等，得

$$q^* x \cdot \frac{\delta}{2} + q^*(2l - x) \cdot \frac{\delta}{2} = M_s\left(\frac{\delta}{x} + \frac{\delta}{x} + \frac{\delta}{2l - x}\right)$$

即

$$q^* = \frac{M_s}{l}\left(\frac{2}{x} + \frac{1}{2l - x}\right) \tag{e}$$

因为 x 变化将包含所有可能的破损机构，所以由 $\mathrm{d}q^* / \mathrm{d}x = 0$，得 $x = 2l(2 - \sqrt{2})$，代入式(e)得其最小值为

$$q_s = \frac{(3 + 2\sqrt{2})M_s}{2l^2} \approx 2.91\frac{M_s}{l^2}$$

这就是该梁的极限荷载.

14.3.2　简单刚架的塑性极限分析

在刚架的塑性极限分析中，只考虑杆中弯矩对塑性变形的影响. 对于超静定梁的极限分析，当梁中形成塑性铰的个数比超静定次数多 1 时，该梁就成为破损机构. 这种分析方法也可用于刚架的极限分析. 例如，图 14-4(a)所示的刚架为三次超静定，当 A、B、C、D、E 有四个截面形成塑性铰时，刚架变成了机构(图 14-4(b)～(d))，从而丧失了承载能力；当 B、C、D 三个截面形成塑性铰时，虽然杆件 AB 和 ED 还可能再单独承载，但是已破坏了 $\alpha_1 P$ 与 $\alpha_2 P$ 之间按比例加载的关系，它也可能成为刚架最后的破损机构形式. 刚架的最后破损机构形式不仅与荷载的组成有关，还与梁和柱的塑性极限弯矩有关.

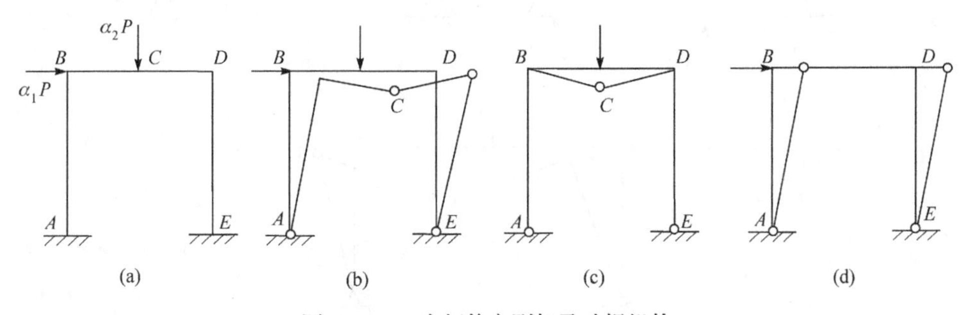

图 14-4　三次超静定刚架及破损机构

为进行刚架的极限分析，需要规定截面上弯矩的正负号规则，如图 14-5(a)中，假设使刚架内侧纤维受拉的弯矩为正，并以虚线表示纤维受拉的一侧.

若刚架中出现塑性铰，为使塑性功为正值，则塑性铰处杆件相对转角的符号规定应与弯矩相同. 本例刚架为两次超静定，即 $n=2$. 要使该刚架成为破损机构，需要形成的塑性铰个数为 $R=n+1=3$. 刚架中可能形成塑性铰的截面有四个，即图 14-5(b)中的截面 1、2、3、4，可能的破损机构如图 14-6 所示.

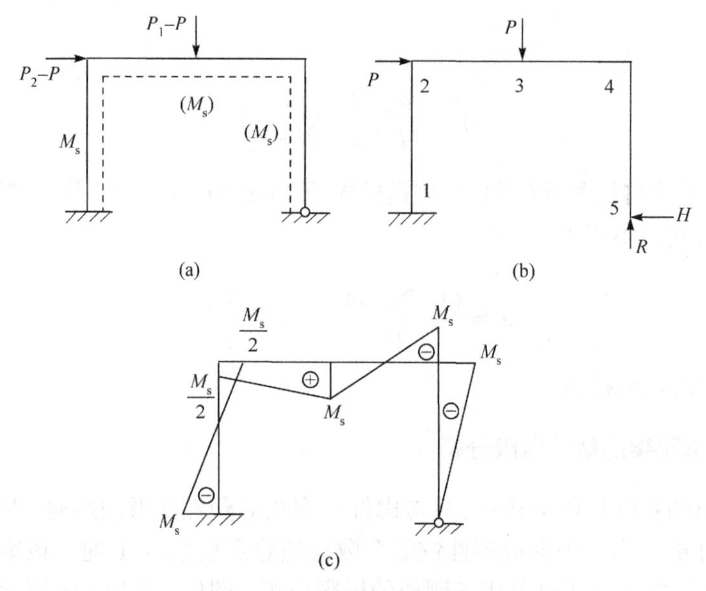

图 14-5　两次超静定刚架

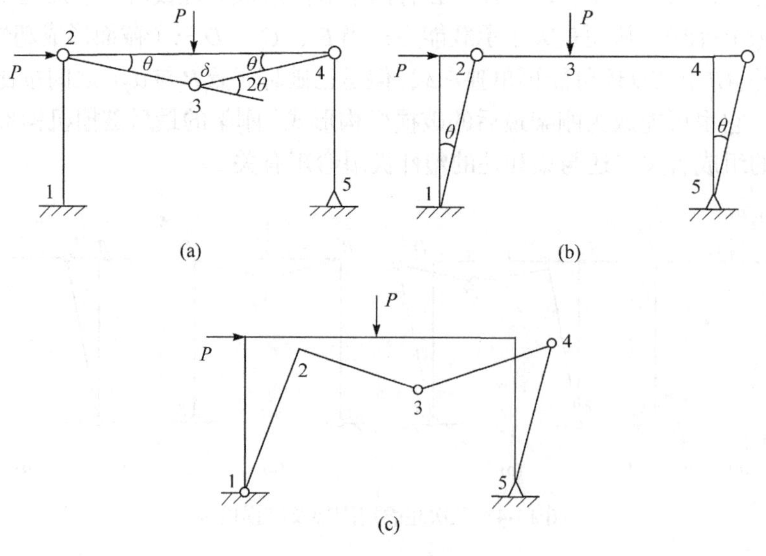

图 14-6　刚架破损机构

现按机动法进行分析,对于图 14-5(a)所示的破损机构,外力功 $W_e = P\delta = Pl\theta$，内力功可表示为 $W_i = M_s\theta + M_s \cdot 2\theta + M_s\theta$. 令 $W_e = W_i$，则得 $P_a^* = 4\frac{M_s}{l}$.

对于图 14-5(b)所示的破损机构，按机动法分析可得

$$P_b^* = 3\frac{M_s}{l}$$

对于图 14-5(c)所示的破损机构,转角 $\theta_1 = \theta_s$,两个集中力的相应位移均为 $\theta_1 l$. 由外力功与内力功相等，有 $Pl\theta_1 + Pl\theta_1 = M_s \cdot 2\theta_1 + M_s \cdot 2\theta_1$，可得

$$P_c^* = \frac{5}{2}\frac{M_s}{l}$$

比较三种破损机构的破坏荷载，显然 P_c^* 最小，现在检查 P_c^* 对应的弯矩分布是否满足极限条件 $|M| \leqslant M_s$. 如果截面1、2、3、4上的弯矩已知，则整个刚架的弯矩图便可作出. 将刚架铰支座(截面 5)用未知力 R 和 H 代替，如图 14-5(b)所示，刚架变为静定的，有

$$\begin{cases} M_1 = 2Rl - 2Pl \\ M_2 = 2Rl - Hl - Pl \\ M_3 = Rl - Hl \\ M_4 = -Hl \end{cases} \tag{14.8}$$

将 P_c^* 及 $M_1 = -M_s, M_3 = M_s, M_4 = -M_s$ 代入式(14.8)，可得

$$H = \frac{M_s}{l}, \quad R = 2\frac{M_s}{l}, \quad M_2 = \frac{M_s}{2} < M_s \tag{14.9}$$

刚架此时的弯矩图如图 14-5(c)所示，满足 $|M| \leqslant M_s$，从而 P_c^* 就是该刚架完全解的极限荷载，即

$$P_s = P_c^* = \frac{5M_s}{2l} \tag{14.10}$$

如果将破损机构图 14-6(a)、(b)的破坏荷载及相应的塑性铰极限弯矩值代入式(14.9)，将不会满足极限条件 $|M| \leqslant M_s$. 设其中 $|M|_{\max} = \alpha M_s$，则将对应的破坏荷载乘以 $1/\alpha$ 因子，就得一个静力解，它满足极限条件，可作为极限荷载的一个下限.

14.4 轴对称圆板的极限荷载

14.4.1 基本方程和极限条件

圆板承受均布荷载,周边简支或固定,如图 14-7 所示. 此时板内 $\tau_{r\theta}=0$,仅有应力分量 σ_θ 和 σ_r ，且均为主应力. 对于轴对称圆板，平衡方程为

$$\frac{\mathrm{d}M_r}{\mathrm{d}r}+\frac{M_r-M_\theta}{r}=F_\mathrm{s} \tag{14.11}$$

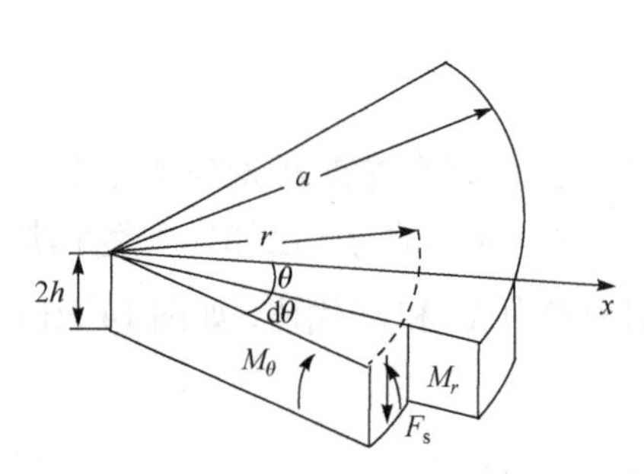

图 14-7 圆板的单元结构内力分析图

图 14-7 中给出了弯矩 M_r 、M_θ 及剪力 F_s 的正方向，极坐标给出半径 r 单元体，由垂直方向的平衡可求出剪力 F_s ,当全板受均布荷载 q 作用时，有

$$F_\mathrm{s}=-\frac{1}{r}\int_0^r qr\mathrm{d}r=-\frac{1}{2}qr \tag{14.12}$$

平面应力状态下的米泽斯屈服准则为 $\sigma_r^2-\sigma_r\sigma_\theta+\sigma_\theta^2=\sigma_\mathrm{s}^2$ ，而弯矩与应力间的关系与矩形板相同，$M_r=\sigma_r h^2$ ，$M_\theta=\sigma_\theta h^2$ ，$M_\mathrm{s}=\sigma_\mathrm{s}h^2$ ，代入米泽斯屈服准则，有

$$M_r^2-M_rM_\theta+M_\theta^2=M_\mathrm{s}^2 \tag{14.13}$$

式(14.13)即对应米泽斯屈服准则的塑性分析极限条件. 同理在平面应力状态下，相应特雷斯卡屈服准则用内力表示的极限条件为

$$\begin{cases}|M_r-M_\theta|=M_\mathrm{s}\\ |M_r|=M_\mathrm{s}\\ |M_\theta|=M_\mathrm{s}\end{cases} \tag{14.14}$$

14.4.2 受均布荷载周边简支圆板的极限荷载

对于圆板的情况，采用米泽斯极限条件求解时，代入平衡方程后，得到一个非线性微分方程，因而得不到封闭解. 在主应力已知的情况下，采用特雷斯卡极限条件是可行的. 由弹性薄板的解答可知，此时板内有 $M_r>0$ ，$M_\theta>0$. 在圆板中心处 $M_r=M_\theta$ ，在极限状态时 $M_r=M_\theta=M_\mathrm{s}$ ，对应图 14-8 中的 B 点. 在简支边处又有 $M_r=0$ ，极限状态时对应图 14-8 中的 C 点，全板的极限条件可用图中

的 BC 边表示为

$$M_\theta = M_s \tag{14.15}$$

将式(14.15)代入平衡方程(14.11)，再利用式(14.12)，可得 $\frac{dM_r}{dr}+\frac{M_r-M_s}{r}=-\frac{1}{2}qr$. 对应积分变量变化为 $\frac{d(rM_r)}{dr}=M_s-\frac{1}{2}qr^2$ ，积分得

$$M_r = M_s - \frac{1}{6}qr^2 + \frac{C}{r} \tag{14.16}$$

当 $r=0$ 时，M_r 应为有限值，因而积分常数 $C=0$. 当 $r=a$ 时，$M_r=0$ ，得 $M_s-\frac{1}{6}qa^2=0$ ，故有

$$q_s = 6\frac{M_s}{a^2} \tag{14.17}$$

q_s 为静力法得出的极限荷载的下限，由于轴对称内力场是唯一的，所以它就是完全解的极限荷载. 板内极限弯矩为

$$M_\theta = M_s = \frac{1}{6}q_s a^2 \tag{14.18}$$

将式(14.18)代入式(14.16)，径向极限弯矩可表示为

$$M_r = M_s - \frac{1}{6}q_s r^2 = M_s\left(1-\frac{r^2}{a^2}\right) \tag{14.19}$$

径向极限弯矩如图 14-9 所示.

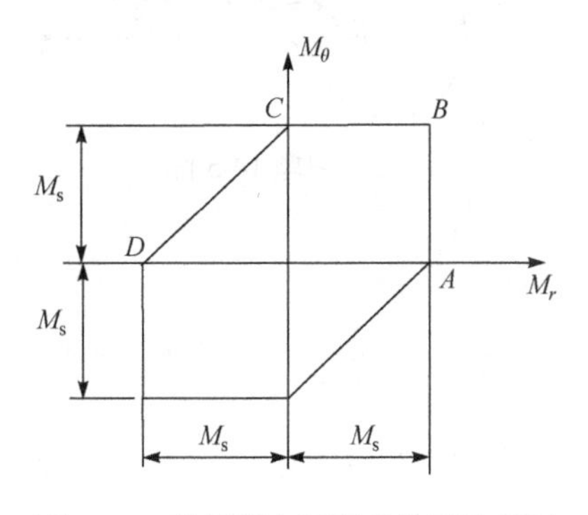

图 14-8　特雷斯卡极限条件下的弯矩

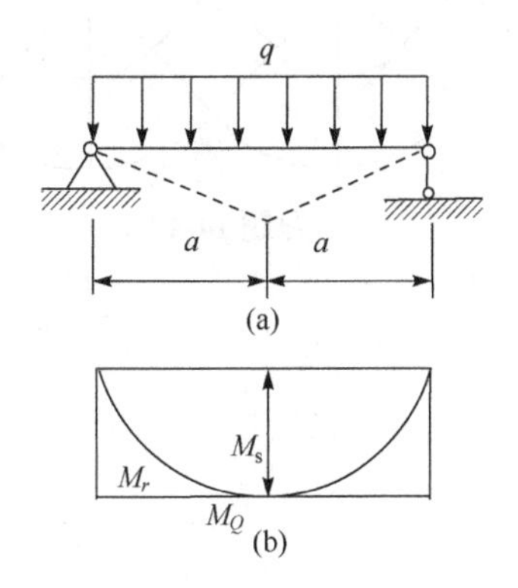

图 14-9　均布荷载下的极限弯矩

习　　题

14-1　如习题 14-1 图所示两端固支梁，跨中受集中荷载，试求其极限荷载.

14-2　承受均布荷载固支圆板的极限状态如习题 14-2 图所示，计算受均布荷载周边固支圆板的极限荷载.

14-3　假设习题 14-3 图所示的平面框架，在 $2P$ 和 $3P$ 作用下，用极限分析法来确定框架塑性极限荷载.

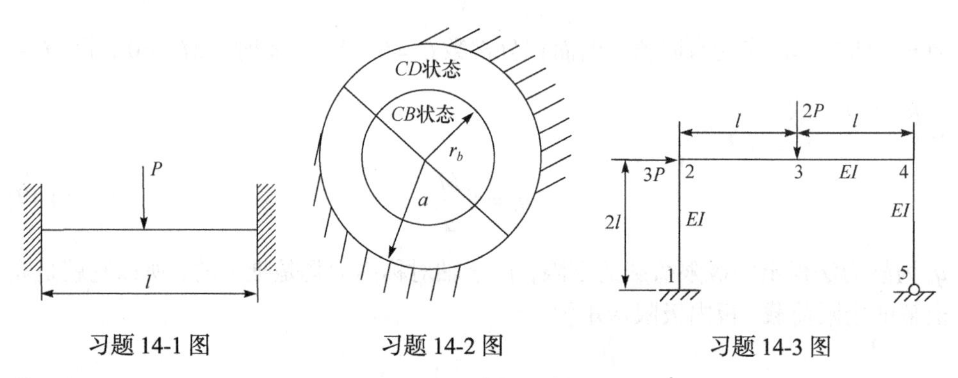

习题 14-1 图　　习题 14-2 图　　习题 14-3 图

14-4　半平面上刚性冲模压入(土力学中条形基础)限于不排水条件，滑移线如习题 14-4 图所示，试求其塑性极限荷载.

14-5　厚壁圆筒的内半径为 a，外半径为 b，内径处的压力为 p，滑移线如习题 14-5 图所示，试求其塑性极限荷载.

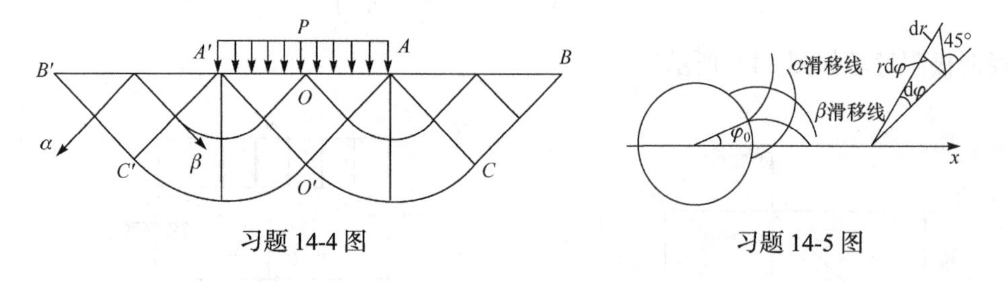

习题 14-4 图　　习题 14-5 图

参 考 文 献

陈笃. 2005. 塑性力学概要. 北京: 高等教育出版社.

陈明祥. 2007. 弹塑性力学. 北京: 科学出版社.

程昌钧. 1995. 弹性力学. 兰州: 兰州大学出版社.

戴宏亮. 2016. 弹塑性力学. 长沙: 湖南大学出版社.

朗道 Л П, 栗弗席兹 E M. 2009. 理论物理学教程: 第 7 卷　弹性理论. 5 版. 武际可, 刘寄星, 译. 北京: 高等教育出版社.

李同林, 殷绥域. 2006. 弹塑性力学. 武汉: 中国地质大学出版社.

李铀. 2008. 塑性力学引论. 北京: 科学出版社.

米海珍, 胡燕妮. 2014. 塑性力学. 北京: 清华大学出版社.

尚福林, 王子昆. 2011. 塑性力学基础. 西安: 西安交通大学出版社.

孙炳南, 洪滔, 杨骊先. 1999. 工程弹塑性力学. 杭州: 浙江大学出版社.

铁摩辛柯 S P, 古地尔 J N. 2004. 弹性理论. 3 版. 徐芝纶, 译. 北京: 高等教育出版社.

王仁, 黄文彬, 黄筑平. 1992. 塑性力学引论. 北京: 北京大学出版社.

王仲仁, 苑世剑, 胡连喜, 等. 2007. 弹性与塑性力学基础. 2 版. 哈尔滨: 哈尔滨工业大学出版社.

沃国纬, 王元淳. 1998. 弹性力学. 上海: 上海交通大学出版社.

吴家龙. 2004. 弹性力学. 北京: 高等教育出版社.

夏志皋. 1991. 塑性力学. 上海: 同济大学出版社.

徐秉业. 1993. 塑性力学教学研究和学习指导. 北京: 清华大学出版社.

徐秉业, 黄炎, 刘信声, 等. 1985. 弹性力学与塑性力学解题指导及习题集. 北京: 高等教育出版社.

徐秉业, 刘信声. 1995. 应用弹塑性力学. 北京: 清华大学出版社.

徐秉业, 王建学. 2007. 弹性力学. 北京: 清华大学出版社.

徐芝纶. 1990. 弹性力学. 3 版. 北京: 高等教育出版社.

薛守义. 2005. 弹塑性力学. 北京: 中国建材工业出版社.

严宗达. 1988. 塑性力学. 天津: 天津大学出版社.

杨桂通. 1998. 弹性力学. 北京: 高等教育出版社.

杨桂通. 2005. 弹塑性力学引论. 北京: 清华大学出版社.

张宏. 2011. 应用弹塑性力学. 西安: 西北工业大学出版社.

张靖华. 2016. 弹塑性力学基础. 北京: 航空工业出版社.

张鹏, 初冠南, 陈刚. 2014. 弹塑性力学基础理论与解析应用. 哈尔滨: 哈尔滨工业大学出版社.

周益春. 2005. 材料固体力学(上、下). 北京: 科学出版社.

参考文献